U0948700

博雅经典阅读文丛

The Interpretation Of Dreams

梦的解析

(奥)弗洛伊德 ◎著 / 夏金玲 ◎译

煤炭工业出版社

·北　京·

图书在版编目（CIP）数据

梦的解析 /（奥）弗洛伊德著；夏金玲译 . --北京：煤炭工业出版社，2016

ISBN 978-7-5020-5161-7

Ⅰ.①梦… Ⅱ.①弗… ②夏… Ⅲ.①梦—精神分析 Ⅳ.①B845.1

中国版本图书馆 CIP 数据核字(2015)第 314684 号

梦的解析

著　　者（奥）弗洛伊德
译　　者 夏金玲
责任编辑 马明仁
责任校对 郭浩亮
封面设计 文贤阁 · 上上设计

出版发行 煤炭工业出版社（北京市朝阳区芍药居 35 号　100029）
电　　话 010-84657898（总编室）
010-64018321（发行部）　010-84657880（读者服务部）
电子信箱 cciph612@126.com
网　　址 www.cciph.com.cn
印　　刷 北京市松源印刷有限公司
经　　销 全国新华书店

开　　本 710mm×1000mm 1/16　**印张** 22　**字数** 420 千字
版　　次 2016 年 1 月第 1 版　2018 年 3 月第 2 次印刷
社内编号 8012　**定价** 45.00 元

第一版序言

我将在本书中对梦的解析作一阐明。我认为解析梦这种做法仍在神经病理学的范畴之内。心理学的研究证实，梦是大量变态精神现象的首要成分，这一现象的其他成分如歇斯底里性恐怖、强迫观念、妄想症等也是如此，但鉴于它们有现实意义，所以成为医生们关心的问题。正如我们在以后的文章中所见到的，梦没有这类现实方面的重要性，但若当成一种范例来研究却又很有理论价值。无论是谁，如果无法解释梦相，就不能了解恐怖、强迫观念和妄想症等心理，更不能给病人治病。

但是，构成这一论题重要性的原因，也正是本书因某些缺点会受到批评的原因。本书中线索中断的地方不少，以致我有时不得不打断论述，这些地方往往是梦的形成问题和那些特别富有综合性的精神心理学问题的联结点。对于这些问题我不想在本书中讨论，如果往后有时间和精力，并能得到更多的资料，我会继续论述的。

论述中较大的困难，是我在描述梦的解析过程中所采用资料的特殊性。在读本书时，你会理解何以无法引用那些已在文献中载过的梦，或不明出处的梦。可供我选择的只有我自己的梦，或正在接受我精神分析治疗的病人的梦。但病人的梦也无法选择。因为患者形成梦的过程由于神经质的特征之故，而使梦更加难以理解，这种变化是不利于作为梦的解析的例证的。而如果我选用自己的梦，又不得不把我私人的许多精神生活向大众公开，这非我本意。也可以说，超出每一个科学家在写作时所要做的。当然，诗人不包括在这里。这样做尽管难受，但又无法回避。我不想放弃为我心理学发现提供证据的可能性，我已经向这种需要俯首称臣。当然，我也不能避免用省略或取代的做法遮掩我失常的行为。虽然这会使例证的价值降低，但我希望读者能真正为我考虑一下，并请宽恕我。此外，若有人以为我的梦与他相关，也请原谅我拥有自由思想的权利，因为那只是梦不是现实的生活。

第八版序言

从1922年本书上一版的出版（第七版）到现在这一版出版期间，我的全集已经在维也纳由国际精神分析出版社出版。《全集》的第二卷中登载了第一版《梦的解析》，没有变动，原文照载。第三卷中登载了从第一版发表以来每一项增补内容。这段时期，许多国家也都有《梦的解析》一书的种种译本出版。它们都是根据通行的独卷（单行）本来翻译的。其中法文版是L. 梅耶尔逊（I. Meyerson）翻译，书名作《梦的科学》（1926）；瑞典版本由约翰·兰奎斯特（John Landquist）翻译，书名作《梦的解析》（1927）；西班牙版本由洛佩兹－巴勒斯特罗斯翻译（1922），为《科学作品全集》之第六、七两卷。匈牙利文译本早已于1918年时译完，但到现在还未出版。

在此次修订过程中，我仍大致把它当成一种历史性文献，只是在我觉得能够使我的观点更加明了和深刻处做了修改。凭借这样一个主旨，我不再打算编一个书目来囊括该书出版以来有关梦的著作的想法，所以这一部分去掉了。此外，奥托·兰克（在上一版中）的两篇文章（《梦与创造性写作》和《梦与神话》）也删掉了。

1929年12月

维也纳

目录 CONTENTS

第一章 有关梦的问题的科学文献

下面我将证实有种心理学方法，它可以使梦的解析成为现实。通过使用这种技巧，每个梦都会以具有某种意义的精神结构的形式呈现出来，而且在清醒状态的精神活动中占据一个特殊的位置。同时，我将尽力讲清梦是如何产生一些令人费解的、奇怪的现象的，之后再由这个产生的过程总结出精神力量的性质。因为正是这些精神力量同时存在和相互对立的作用才产生了一系列的梦。在梦的问题成为一个更综合性的问题，而且为解决这些问题不得不借助于一类不同的材料时，我的研究便告一段落了。

我准备把我之前的一些关于梦的作品进行整理，以一种类似序言的方式作短评。简要叙述前，我也将参考现在科学界关于梦的研究，人们对这个问题的观点和梦在当代科学中的地位开始。在这部书的论述过程中，我没有什么机会提及它们。在对梦的科学解释上，即便已经进行了上千年的努力，但是几乎没有取得任何进展。以往的作者们都已普遍地承认这一事实，因此没有必要再去引述别人的观点。读者可以从本书末索引的著作中发现，即便有很多使人兴奋的发现和与我们主题有关的丰富有趣的材料，但是它们却很少或根本没有涉及到梦的实质或解开梦的任何谜底。虽然，它们也不能做到让一些缺乏这方面知识却不能受到正规教育的人有所裨益。当然，受过教育的一些人对这件事就知之更少了。人们也许会问，史前时代的原始人类是如何持有的梦的观念，以及梦在他们形成对宇宙和灵魂的认识上会产生什么影响。很明显，这是个有意思的话题，但是相对于我的其他话题，我不得不舍弃这个。现在，我非常乐意向读者推荐赫伯特·斯宾塞、约翰·卢伯克爵士、E. B. 泰勒等人的作品。

关于史前的人对梦的认识，我们可以很容易的从他们对梦的态度看出来。远古时代遗留下来的对梦的解释构成了在古希腊罗马人中流行的对梦的评价的一些基础。他们觉得梦与他们信奉的超自然的神的世界有某种关联，梦产生于神灵们带给人们的启发。在他们看来，梦对梦者说来，必然有着某种特殊的目的。一般说来，它们预演着未来。然而，因为梦的内容及它们带给梦者的印象各有不同，对梦也形成了不同的看法，所以也不必要去进行规范性或者学术性的分类。然而，古代某些哲学家们对梦的态度，从某种意义上是依据这个梦在占卜学中起到的预测性作用进行基本的划分。

在亚里士多德的两部关于梦的作品中，梦被划归到心理学的研究领域。这两部书告诉我们，梦不是来源于神灵，因此它也没有神圣的性质。梦来于自然，自然是半人半神的，所以梦也是半人半神的。梦并不是一种超自然的，它以服从人类的精神发展规律的形式存在，即使精神和神在某些方面具有共同点。在这里，梦被定义为睡眠者在睡眠状态下的特殊精神活动。

亚里士多德已经了解到梦生活的某些特点。他认为，梦把睡眠状态感觉到的轻微感知转变为一种强烈的感知，它是一种放大结构。“当人们觉得在火里走，很热时，其实只是在某些地方有一件热的东西”。据此他推断，梦极有可能是向医生显露出的关于身体早期变化的第一个迹象，而这一迹象在清醒的时候是不易察觉到的。

我们知道，亚里士多德之前的古人并不把梦当作心灵做梦的产物，而是认为梦来自于神灵。可以看出，关于梦的认识，不同的甚至截然相反的两种思想在不同的历史进程中都展现出来，而且颇具影响。这两种思想因为古人把梦区分为真正的、有价值的梦和徒劳的、没有价值的梦。前者给做梦者带来警告或预示未来的提示，后者则使梦者误入歧途或指引梦者走向毁灭。

格鲁佩曾谈到这样一种梦的分类，他借用了麦克罗比斯和阿尔特米多鲁斯（达尔迪斯）的话：“梦可以分为两类：第一类梦只受到当前（或过去）因素的影响，这对未来是不重要的。第二类梦则决定着他们的未来，包含：1. 梦中接受的直接预言（神谕）。2. 对未来事件的预示（梦幻）。3. 一种象征性的梦，需要给出诠释（梦兆）。这个观点延续了几个世纪。”

这种依据梦的价值对梦进行分类的方式就涉及到“梦的解析”的问题了。梦的价值是有迹可循的，或者显而易见。这就促使人们寻找一种把梦的密码翻译成更加通俗易懂的语言的方法。

人对梦的科学认知，同他们对宇宙的认识是统一的。这种认知使他们把心灵中存在的事物映射到外部世界，使得他们如现实般存在。达尔迪斯的阿尔特米多鲁斯被认为是解释梦的最高权威。他内容广泛的著作《解梦》足够弥补同类著作的失传所留下的缺憾。在古人中存在的前科学的梦的术语是与他们对宇宙的总观念一致的。因为宇宙习惯于被表现为外在的一种客观事实，而它只在人们的精神生活中才拥有客观真实性。此外，他们对梦的认知理念，也体现于早晨梦的记忆所产生的一种总体印象。它与我们心中其他事物的内容形成某种对应。除了这些人，我们也会遇到这样的人，他们头脑清醒，但却用“梦无法解释”这一性质来寻求他们坚持的确有神灵存在的宗教信念。另外，还有某些哲学学派（如谢林的追随者）也尊崇梦生活，这明显反映了自古以来人们对梦的神灵性质笃信的事实。然而，人们对梦的警示和预示未来的性质的探讨，也没有停止。

写梦的科学研究的历史是相当困难的，因为即便这一研究在某些关键点上有意义，但不能从中找出一条主线。那些试图根据有价值的发现来构建一个研究基础的研究者，至今愿望还不曾实现，但每一位研究者都会以一种探讨全新领域的方式再次探讨相同的命题。如果我以编年体的文体，把前人已经写出的这方面的研究做整理的话，我就只好放弃做关于现在这方面研究的总体状况该书的构思。因此，我更愿意根据题目而不是根据作者的顺序来组织我的阐释。

但由于我并未成功地掌握全部文献，因为它分布广泛并与其他主题的文献相交织，我只能请读者接受我进行的简单内容的概括，如果这并未遗漏掉基本事实和重要论点的话。

直到近期，大多数作者才意识到应该把睡眠和梦作为独立的课题进行研究。按照一般性的研究规律，通常是已经讨论了关于病理学、半梦半醒状态的类似情形的。相反，在新近的著作中存在着另一种趋向，而且它更接近于该问题本身。与此同时，把梦生活领域的某些单个问题当成专题一样加以研究。就这一变化来说，我很高兴从中看到一种不断成长的信念：在这些模糊的问题上，一定可以通过大量的调查找出答案，并形成统一的认识和结论。本书提供的正是一份具有显著心理学特征的调查。我还没有机会去进行有关睡眠问题的研究，即便在描述精神机构时，已经决定其机能变化的要素就与睡眠状态有关，但这基本上是一个生理问题，因此这里对睡觉的问题的文献不予涉及。

从梦的科学研究所衍发的一系列问题，下面列标题逐个探讨。当然，其中一些重复处是无法回避的。

一、梦与清醒状态的关系

一个刚从梦里醒来的人进行的简单判断往往是，虽然他的梦并不是源于另一个世界，但确实把他带到了另一个世界。我们很感激那个老生理学家布达赫对做梦现象细致且诸多有见地的表述："那种清醒的生活状态，它的劳动和享受，快乐和痛苦根本不会重复。相反，梦的意义旨在让我们可以释放他们。当我们的全部头脑都充满某些事情时，当我们的心被痛苦所占领的时候，或者就在某个任务让我们的精力利用到极限时，梦境向我们表示某些与此不同的事情，而且另一方面也联合现实中的物表现一点儿真实因素；或者它只表现出心境的关键部分，而且可以把现实变得象征化。"I. H. 费希特也清晰地谈到梦的同一追加意义，称它们拥有使心灵秘密地自我痊愈的益处。斯特姆培尔在他的《梦的性质和形式》一书中表达了同样的意思，此书受到了高度评价。他说"那些做梦的人背对着清醒的世界。"，"在梦中，那种清醒意识的有条理的记忆和其正常的行为似乎完全丧失了，在梦中，心灵几乎完全地不受阻碍地与正常的、有规律的、处于清醒状态的生活过程相隔绝……"

不过，有很多作者对梦与清醒时的关系持不同观点。例如，哈夫纳说："在我看来，梦是清醒生活的延续。因为梦总是与不久前还存在于意识中的观念相关。仔细的观察分析总能发现某些与前一天经历有关联的线索。"魏甘德断然反对布达赫的陈述："因为显然在绝大多数梦中经常可以察觉到，梦直接把我们带回日常生活，但是却不是使我们摆脱它。"莫里更是用一个简单明了的公式表达了他的观点："我们梦到的是所见、所说、或者说是所愿做的。"耶森在他 1855 年出版的《论生理学》一书中更为详尽地指出："我们的梦的内容总是或多或少地由我们的年龄、性别、教育程度和生活习惯所决定，而且为个人过去全部生活中的事件和体会所影响。"

哲学家 I. G. E 马斯在这个问题上表达了针锋相对的态度。1912 年，温特斯泰因所引内容："我们的经验证实我们的主张，我们最常梦见的通常和我们关注度最高的问题相关。这表明精神高度的关注某件事物会影响我们的梦的产生。这些野心勃勃的人做梦自己已赢得了桂冠（大约只是在想象中），又或者是内心对一些事情极度的讨厌……这一切埋藏在心中的能感知到的欲望和厌恶，一旦受到任何一种因素的刺激，就能和其他的想法结合起来并显示在梦中。"

在古代，早就存在梦内容对生活的依存联系这样的观点。拉德斯托克说，在远征希腊之前，波斯王薛西斯一世曾受到再三的劝阻。后来，他多次梦到这个劝告。一位年迈、智慧的波斯释梦者阿尔塔巴努斯通过对波斯王的观察，发现梦的内容总是包含着一个人在清醒状态中所想的事物。

卢克莱修《物性论》中有这样的阐述："无论我们迫切追求的是什么，或者关心的是什么，真正追求的对象一直是心灵。而我们在梦中看到的也不过是这些事情而已。诸如，辩护人寻找证据、推究法律而将军则会分析局势、驰骋沙场。"

西塞罗所写的与许多年以后莫里的意思完全一样："因此，梦主要是我们白天里的思想和行为的残余在灵魂中涌动翻腾。"

有关梦生活与清醒生活之间的矛盾似乎不可调节。这里，我们明显可以有益地来引证希尔德布兰特的观点，他认为梦的特点的只能描述依赖于"一系列（三组）看似会激化矛盾的对比"。他说道："第一组对比一方面显示为梦与实际生活的严格分离，而另一方面，又显示为后者对前者的连续不断的影响及前者对后者的永久依存。在醒着的状态下，梦与现实状况会绝对隔离，人们可以把它称为是由不可跨越的沟壑隔离起来的，与真实生活相隔绝的存在。它让我们免受实际生活的困扰，擦掉对现实的正常回忆，与此同时把我们掷入另一个世界中，在这个世界中我们几乎找不到它与实际生活的共同之处……"希尔德布兰特描述了这样的状态，入睡时我们"如同通过一扇活动门之后进入了另一个世界"，随后，做梦的人在梦中可能会乘船到圣赫勒拿岛，在那里与受幽禁的拿破仑讨论用摩泽尔酒换自由的事，事实上他确实从这位落败皇帝那儿拿到很多酒，而当终于醒来，他仍会为梦境破灭而懊恼，虽然这只是个有趣的错误的感知。现在我们不妨把梦中的情况与实际的状况加以比较。希尔德布兰特写道，首先，做梦的人不曾是一个酒商，而且也没有当酒商的意愿；其次，他从来没有进行过海上航行，即便是航行的话，圣赫勒拿岛也只会是他最后选中的一个地方，因为它从未同情过拿破仑，相反倒有一种强烈的爱国主义的厌恶。最后，当拿破仑死于圣赫勒拿岛上的时候，做梦的人还未出生，因而这个梦超越了梦者与拿破仑拥有任何私人联系的全部的可能性。所以，说他没有情感是不对的。那么这样的话，该梦的感知显示出某种完全与自己无关的性质，它穿插于两个有关的和连续的时代之间。

但是，明显的矛盾恰恰是真实和正确的。我坚信在梦与现实生活分离隔绝的同时，或许仍同时存在最密切的关联。甚至我们可以公正地说：无论是出现什么样的梦，它的材料都来自于现实，从现实中得到梦的启发。也就是说，不管梦显得多么怪异，它也从不能脱离这个真实的世界。“梦的最伟大或最完善的结构必然要从我们所察觉到的外部世界或从存在于清醒意识中的思想里借用了一些素材；换言之，它必然来自我们已客观地或主观地体会过的事物中。”希尔德布兰特接着说。

二、梦的材料——梦中记忆

构成梦的内容的任何材料，都是以某种方式源于人的经历，然后，它们在梦中被再次呈现出来或被记起，最起码我认为这是一个不争的事实。但是如果觉得梦的材料与现实之间的这种关联，通过将他们比较就可以得到解释，那你就错了。相反，这种关联需要不断地找寻，而且这种关联在许多梦例中都是被长久的隐藏起来的。其根本原因在于梦的记忆功能表现出很多特性，即便这些特性经常被谈论，但到迄今无法解释。详细调查这些特性是很值得的。

有时会出现这样的情况，在我们清醒的状态下并不认为梦中的经历可以构成我们的知识或经历。我们会记得梦见的某件事情，可记不起它是否或什么时候在现实生活中发生过。因此我们对所梦事物的真实性感到怀疑，可能认为梦是它本身创造力的产物。结果在一段很长的时间后，很多新的经历使我们回忆起已经忘记的事情，于是我们寻到了梦的源头。这迫使我们承认，梦可以加工我们清醒时被隐藏的记忆，我们并不是真正的忘记。

德尔贝夫曾用自己的经验说明了这个问题。他在梦中，看到自己家的院子被白雪覆盖，有两只被埋在雪里的蜥蜴已经濒临死亡。作为一个动物爱好者，他把它们捡了起来，帮他们取暖，并将它们送回这座砖石建筑中它们的家石墙小洞之中。之后他从墙上采了一些蕨草的叶子，这正是它们喜欢的食物。梦中他得知这种植物的学名是Aspleniumrutamuralis。梦继续做着，被其他事情岔开一段时间后，又回到了有关蜥蜴的情节上。使德尔贝夫感到吃惊的是，另外两条蜥蜴正吃着余下的蕨叶。他回头发现第五只、第六只蜥蜴正向墙上的小洞爬去，这时更多的蜥蜴涌向那个方向，如此等等。

事实上德尔贝夫在清醒的时候掌握极少的植物的拉丁文名称，对Asplenium更是一无所知。最令他惊讶的是他证明了蕨的拉丁语确实如此。它的确切名称为Aspleniumrutamuraria，与梦中稍稍有出入。这不可能是个巧合，因此 Asplenium 这对德尔贝夫说来一直都是一个谜。

他的这个梦是 1862 年做的。16 年后，他去看望他的一位朋友时，他看到了一小本干花标本的合集，这是瑞士一些地方制作的专门向游客售卖的纪念品。这个东西引起他的注意，他打开蜡叶标本集，意外发现了梦中见到的 Asplenium，而且在它的下面是他自己手写的拉丁文名字。直到那个时候答案终于找到了。就是在 1860 年（梦见蜥蜴的两年前），这位朋友的妹妹在蜜月期旅行时拜访了德尔贝夫，那时她带着这个标本集，当作送给她哥哥的礼物，而他则在一位植物学家的口头指导下为标本植物写上了拉丁文名称。

很巧的是这个梦例中的另一部分被遗忘的记忆也回忆起来了。就在 1877 年的某一天，他偶然拿起一本有插图的期刊，他在那里发现了一堆蜥蜴的图片，这些和他在 1862 年所梦的很像。而且他发现这本杂志的出版日期是 1861 年，而他则一直订阅此刊物。

梦能根据自身的需求拥有那些被隐藏的记忆，这个事实值得注意，也有很重要的研究意义。我想继续举出一些“记忆一直在增强”的梦例，并且可以以此来进一步引发人们的关注。

瓦歇德援引了赫维·德·圣丹尼斯叙述的一个记忆变强的梦例。它极为特别，后一个梦能补充完成前一个梦所不能确定的事物：“我曾经梦见一位金发女人，她同我姐姐谈话，并给她展示一件刺绣。我觉得她很面熟，好像之前经常见到。醒来后，她的面容仍很生动地出现在我眼前，可我无法确认她是谁。后来，我又再次入睡，梦境再次出现……在第二次梦中，我和这位金发女人交谈，问她我是否有幸在什么地方见过她。“当然，”她回答说，“难不成你忘了波尼克海滨浴场了吗？”就在这时，我忽然醒来，并能清晰地回忆起了与梦境有关的诸多细节。”

同一个作者谈到了他熟知的一位音乐家。这位音乐家在梦中听到了一支对他来说可以说是完全陌生的曲子。就在几年后，他在一本旧的乐曲集中发现了这支曲子，即便他不记得之前看到过它。

我知道迈尔斯曾在《心灵研究会记录汇编》上刊载过一集他所收集到的这一类记忆增强的梦，但很可惜我没能得到这份资料。

我相信，凡是致力于研究梦的人都知道，梦能给梦者提供知识和记忆的证据，但在清醒状态下，做梦的人是意识不到这些知识或记忆的。在对神经质病人的精神分析中（这方面我以后还会详谈），我一周内有几次要使病人相信他们对梦中的那些话语及语言等等很熟知，并在梦中使用了它们，即便在清醒状态下他们并不记得这些话语。接着我还要引用一个有关记忆增强的梦例，因为在这个梦例中，能很容易看出只能在梦中得到知识的原因。

有一次，我的一位病人做了个悠长的梦。梦见自己在一家咖啡馆点了“KontusZówka”。之后，他问我“KontusZówka”是什么？因为他从没有听到这个名字。我回答他这是一种波兰烈酒，并对他说他不可能创造这个名字，因为我早已从街上的广告牌上知道了这种酒，一开始他并不相信我的话。但是，就在他梦后的几天，当他在咖啡馆里实现了他的梦之后，他也看到了我所说的广告牌。广告牌放在那里已经有几个月了，那上面有这个酒名，而他每天因为上下班会经过那里两次。

我从我自己的梦例中也体会到是否能发现梦中一些事情的来源也取决于机会。举例来说，在我完成这本书的前几年中，我的脑海中常有一个关于教堂钟楼的图景。简单的设计，但是却不能记起曾在哪里见到过。有一天我忽然记起来了，并且很能肯定它就在从萨尔茨堡与赖兴哈尔铁路线上的一个小站里。记忆材料起源于 19 世纪 90 年代，1886 年，我首次在这条路上旅行，在后来的几年里，我一直潜心于梦的研究。我梦中经常出现的一幅很有特色的某地图画让我很烦恼。我看到那是一个很宽阔的地方，在我左侧，我看到了一个黑暗的空间，那里有奇怪的砂岩图在发光。一个我不愿相信的模糊的回忆告诉我，那里是一个啤酒窖的入口。但是我既不能发现这梦的含义，又不能找出它的来源。1907 年我恰巧在帕多亚，我第一次来这里是 1895 年，但是那次去这座有趣的大学城留下了一些遗憾。我没有看到麦多拉·德尔·阿伦娜教学中乔托的画作，顺着去那条街的返回途中有人告诉我教堂当天也关门。因此，这次作为第二次访问，我决定用行动弥补这一缺憾。因此，我就先去阿伦娜教堂。在去教堂的街上，在我的左手边，就在我 1895 年我折返的地方，我看到了后来经常在梦里看到的那个地方，以及砂岩的图形。事实上，它只不过是一家餐厅的花园入口。

梦中的内容经常采用的材料来源之一是儿时的经历，这材料在某些程度上既非记忆的，也非清醒时进行的活动。我将援引一些已经注意到并强调这一事实的几位作者的论述。

“我已经很明确地表示，梦拥有一种神奇的再现力量，有时候把我们儿时那些遥远的甚至已忘却了的事件带回脑中。”希尔德布兰特说。“我们察觉到，梦有的时候好像能使废墟底层的东西重见阳光同样，把一些深藏的儿时经历挖掘出来，那些特定的地点、事物和人物景象完全原封不动，栩栩如生。这种状况真是太奇妙了，它并不受经历所限制，这种经历当它们出现时拥有高度精神价值，及后来当作清醒意识感到快乐的记忆而进入梦境时能产生一种鲜明的形象。相反，梦中的记忆深处也包含了可以溯源到儿时的那些人物、事物、地点和事件的景象。这些形象可以不拥有任何重要的精神价值，也可以一点没有生动性，或者这两种状况原来均拥有，可已消除了很久。直到这些早期的来源被发现之前，它们在梦中和清醒时看来显得完全陌生和未知。”斯特姆培尔说道。

“这一点特别有意义，童年和青少年的记忆容易进入梦中。梦不断使我们想起那些我们已经不再考虑或者对我们早已失去价值的事情。”福尔克特说。

因为梦可以从童年的记忆中去选取材料，又因为也是众所周知的因素，我们记忆力中意识能力的间断性使大部分儿时材料变得相当不清晰。这种状况就产生了具有记忆增强型的梦。关于这一点我将会再举一些例子。

莫里（1878）举了自己的这样一个例子：儿时他经常从他的出生地米尔克斯到邻村特里波特。那个时候他父亲正在那里主管修建一座桥梁。一天他梦见自己回到特里波特，而且在街上玩耍。这时候一个穿着短上衣的男子向他走来，莫里问了他的姓名，他说他叫 C，是那座大桥的守夜人。莫里醒后怀疑梦的真实性，就问一位老佣，因为他从小就被女佣照顾。他问她是否记得有一个叫 C 的男人，她说，“怎么会忘？他正是在你父亲造桥时的守夜人啊！”

莫里又列举了另一个相似的梦例，进一步确认了梦中出现的儿时记忆的准确性。这是 F 先生做的梦，他儿时住在蒙特布里森。就在他离开家乡 25 年后，他决定重访故里，并看望几个自从分别后还未曾见过面的亲朋好友。就在动身前的那晚，他梦见他回到了蒙特布里森。在郊区，他遇见了一位似乎不相识的绅士，但他自称 T 先生，是他父亲的朋友。这个梦者知道他儿时听到过这个姓名，但是在醒后再也记不清 T 先生长什么模样。几天后，他回到了蒙特布里森，到了那个在梦中几乎根本不认识的地方，之后在那里他真的遇见一位绅士，他马上认出了他就是梦中的 T 先生。但是这个人比梦中的那位看起来老一些。

但是在另一方面，有些作者断定在大多数梦中发现的很多要素来自梦的前几天。这个想法似乎降低了那些特别强调儿时经历在梦生活中所起的重要作用。罗伯特声称正常梦的一般规律基本上只呈现新近几天的印象。但是，我们还能发现罗伯特创建的梦的观点使他只是把最近的印象推到梦中，并且让最久远的印象从视野中消失。即便如此，他提出的事实仍不失其合理处，因为我可以用我的梦能证实这一点。一位美国作家纳尔逊也认可这样的观点。他说，梦中最经常出现的印象来自做梦前的两三天，虽然做梦当天出现的事情留下的印象很强而且时间很近。

一些作者对梦内容与清醒生活之间的密切联系坚定不移，但他们一定会对以下的事实印象深刻，甚至无法解释：充斥于白天大脑里的印象，只是在某种程度上从白天思想活动中消除以后才出现在梦中。再如，在亲人刚死亡时，人们内心还处于极度悲伤的时候，梦境里反而不会出现亲人，而仅仅是充满无法控制的悲哀。而另一方面，新近有一位观察者哈勒姆女士收集了一些与此有所不同的例子。得到证实在这方面我们每个人都有其心理性格的个性。

梦中回忆的第三个特点最引人注目并最难理解，它体现于再现材料的选择上。梦中值得回忆的事不等于现实生活中重要的事，甚至仅仅是我们容易忽略的繁杂琐事。在这一点上我觉得有必要引用那些已经进行过明确论述的作者的话，他们应该也会惊讶自己竟做了如此惹人注目的事。

希尔德布兰特（1875）曾说："我觉得最有意义的事实是，梦的要素不是来自于重大的和激动人心的事件，也不是前一天强烈和迫切的兴趣，而是偶然的细节和新近经历的琐碎片段等。家庭中亲人死亡会使人们感到悲痛万分，这时的记忆反而会显得很模糊，在这种情况下人们进入睡眠。直至早晨我们醒过来的时候，才又因此而哀痛不已。但是另一方面，我们在街上碰见一个额头生了一个小肉瘤的陌生人，二人擦身而过，并没有特别注意，但是关于这个人的某一点也可能进入我们的梦境……"

斯特姆培尔说过："在我们分析梦时经常发现，梦中有些成分的确源于一两天的体会，可在醒来的时候经常会觉得这些体会平常且不重要，似乎事后会立即被遗忘。相似的经验包含偶然听见的谈话，我们无意地中看到的别人的行为，或瞬间瞥见的人或物，还有读物中零星的断面等等。"

哈夫洛克·埃利斯说过："我们醒着的是生活中最深的情感，会花掉我们很多精力的问题和困难，他们通常并不立即出现在梦的意识中。就刚才发生过的事情来说，在梦中再次出现的最主要是白天生活中的琐碎事件、偶发事件和'已经遗忘'了的记忆。那些被意识到的最深刻的精神活动就是那些在睡梦中的活动。"

宾兹实际上正是利用梦中记忆的这个独特性，表达了他对自己曾经支持过的梦的解析的方法的不满："梦也提出了同样的问题。为什么我们总不梦见刚经历过的记忆印象？为什么我们会没有来由的梦见那些久远甚至是几乎忘却的过去？为什么梦中意识总是接收那些记忆影像中模糊的印象，而那些带有最为敏锐标记的大脑细胞，却一直处于一种最大的沉寂和静止状态，我们甚至要怀疑它们是在梦产生的不久之前清醒时已经被激活产生了新的活力。"

很明显，梦中记忆比较偏向于清醒生活经历中的那些无关紧要和从不为人注意的元素。这肯定使人们经常忽视梦对清醒生活的依赖，并且找到它们之间这种依赖关系的例证也不容易。例如，惠顿·卡尔金斯小姐在对自己和合作伙伴的梦进行的统计研究中，发现有11%的梦与清醒生活没有明显的关联。希尔德布兰特的观点毫无疑问是正确的，他认为假如我们花足够的时间并不厌其烦地去追寻梦的来源，就应该能说明每一个梦影像的发生。他称这是"一件吃力不讨好的工作"。因为一般的结局总是这样：我们从记忆被深埋处挖掘出毫无价值的事，或者把一些一发生就被埋藏在已经忘却的记忆中的记忆再度带入脑海。这位目光尖锐的作者因为这个前景无望的开头而没有沿着这条路继续走下去。如果他或者其他人继续向前的话，可能已掌握了释梦的关键问题。对于这种情况我深表遗憾。

对于每一个记忆理论来说，梦中记忆的表现方式毫无疑问拥有极大的重要性。它告诉我们，"我们大脑中曾拥有的印象绝不会完全消除"（萧尔兹[Scholz]，1893），或者如德尔贝夫（1885）所说的："即便是我们觉得最不重要的印象也会留下不可磨灭的印迹，它在某些时候能复活。"很多的心理病理现象也迫切地使我们得出这样一个结论。后面将谈到的一些有关梦的理论，从而可以对那些由于白天记忆的不连贯而出现的怪诞混乱的梦做出解释。如果我们能记住刚刚看到的梦中记忆的巨大作用，我们就会强烈地感到这些理论中所包含的矛盾了。

也许可以这样假设，就是把做梦现象完全简化为记忆现象。我们可以认为梦显现是一种再现活动，这种再现活动即便在夜间还在工作，而且它以本身为目的。这似乎与皮尔茨（Pilcz，1899）的说法相同。在这种理论下，做梦的时间与内容之间有一种可察觉到的固定联系，即在我们睡眠时再现遥远的往昔，但是新近的印象出现在早晨。但是这种理论在本质上不存在可能性，因为梦由此需要解决那些需要记住的材料。斯特姆培尔（1877）明确地指出，梦并不是复制经历。这些理论只是往前迈出了一步，但是链上的第二步却被忽略了，或是以一种变化了的方式出现，或者被完全无关紧要的事代替。一般的规律表明，梦只是片段地再现，而每一种理论、结论必然要在最一般的规律上产生。当然，不排除例外，这个时候梦完全再现我们过去的经历，正如我们醒着的时候所能获得的记忆同样。德尔贝夫谈到了他的一个大学同事，因为他的一个梦再现了他在一次死里逃生的车祸里所经历的全部细节。而且卡尔金斯女士也谈到了两个梦，其内容与她在前一天发生的状况完全同样。这一点我在后面也将报告一个我儿时的梦例，梦中毫无变化地再现了我的童年经历。

三、梦的刺激和来源

俗话说，“梦产生于消化不良”。这可以帮助我们认识梦的刺激和来源所指含义。在这些概念的背后，包含了一个理论，即梦是睡眠受到外界干扰的结果。如果我们在睡眠中没有受到刺激的话就不会有梦，梦就是对刺激所作的反应。

刺激成为梦的来源的争论在这类文献中占了很大一部分。可以预料的是，这是梦成为生物学研究中心后才会出现的问题。古人相信梦是神灵的启发，因此也不会从刺激上去寻找原因。梦由神的意愿产生，或源于半人半神的力量，梦的内容也是对这些力量的目的进行探索的产物。科学面临的急切问题是，产生梦的刺激的到底是单一的，还是多元的？这个问题涉及到的关于梦成因的解释是心理学的范畴，还是属于生理学的领域的问题。大多数观点似乎一致认为，干扰睡眠的因素，即梦的来源可以是多种类型的，躯体刺激和心理兴奋同样都可以成为梦的刺激因素。但是他们在梦的产生过程中所占的分量，莫衷一是。

任何有关梦来源的详细分类，都包含下列四类，它们也可被当作是梦本身的分类。它们分别是：①外部（客观的）感觉刺激；②内部（主观的）感觉刺激；③机体内部（器官的）躯体刺激；④纯精神来源的兴奋。

（一）外部（客观的）感觉刺激

哲学家斯特姆培尔有关梦的著作已经给了我们关于这些问题的多次启发。他的儿子小斯特姆培尔曾经发表了一份他对一位病人的著名观察记载。这位病人患有全身体表感觉缺失病并伴随几个高级感官麻痹症。如果这个人剩余的几个感知外界的通道关闭了，他就会休眠。当我们想睡觉时，总是惯于设法创造一个与这个病人类似的状态。我们关闭自己最重要的感知通道，如闭上我们的眼睛，这就基本上可以杜绝外界对其他器官刺激或变相刺激作用。这时我们进入了睡眠状态，虽说我们没有做到是全部的感官避免刺激，但对于想得到的结果已经足够。事实是，强烈的刺激随时随地可以把我们惊醒，这证实了“即便在睡眠中，我们的心灵仍与体外的世界保持着连续的关联。”。睡眠中给予我们的感知刺激很可能变成梦的来源。

这种刺激有许多，包括睡眠状态固然带来的或必然忍受的种种刺激，直到偶然的唤醒刺激。唤醒刺激既能停止睡眠，也能不耽误睡眠。例如一道射入眼内的光线，一段噪音，或者是一些可以刺激鼻黏膜的强烈气味等。通过这些睡眠中的无意识动作可以使身体的一些部分暴露在外，之后使它们感受寒冷，或者通过姿势的变化，我们可以使自己产生压力和接触的感知，我们也可能被蚊子叮咬，或者还有别的干扰对我们的感官进行刺激。细心的观察者已经收集到了一系列梦例，这些例证存在这样的关系：在醒着的时候可注意到的刺激与一部分梦的内容有着深刻的联系，这很可能把刺激当成做梦的来源。

我将援引耶森（1855）的论述。他收集的若干这一类梦例，它们可以找出存在于我们身边的、或多或少是偶然的感知刺激。

每一种可以感知的轻微的声音都可能会引发相应的梦象。例如一阵雷鸣使我们置身战场的梦境；公鸡的啼叫可以化成一个人的惊呼声；吱吱嘎嘎的门声可以梦见窃贼入室的场景。如果晚上睡衣掉了，我们可能梦见自己在裸体行走或者跌入水中。如果我们的双腿相互压着，或者把脚放到床沿，我们就可能梦见站在悬崖边上或者从悬崖上掉了下去。如果我们落枕，我们会梦见自己的头上有一块大石头，而且几乎把我们压死。精子的积累可以引发春梦，局部的疼痛则可能产生被虐待或受攻击的梦境……

“迈耶曾梦见被几个人袭击，并且他们将他打翻在地，在他大脚趾和第二趾之间钉上了一根大大的桩子。这个时候他从梦中惊醒过来，发现有一根稻草夹在自己的两个脚趾之间。依据亨宁斯的记载，还有一次，迈耶把自己的衬衣紧紧缠在他的颈上，之后他梦见自己被吊了起来。还有霍夫鲍尔梦到，在自己年轻时从高墙上跌了下来，就在醒后发现他的床架塌了，并且他真的跌在地板上了……还有格雷戈里报道，曾经有一次他睡觉时把自己的脚放在了热水壶上，之后就梦见他爬上了那个埃特纳火山，与此同时感到地上热不可耐。另一个人睡觉时把膏药敷在了自己的额上，之后就梦见被一群印第安人剥取了头皮。还有一个人，他穿了一件湿的睡衣，梦见自己被拖过一条小溪。还有在睡眠中，如果痛风突然发作，那么就使病人在梦中觉得自己在宗教法庭法官手中，并且在拉肢刑架上受尽折磨。他裸露自己的膝盖，梦见夜间乘坐在邮车内赶路。他对这一点评论到，旅行者肯定知道夜间乘坐在邮车里膝部会如何受凉。又一次，他自己的后脑勺裸露着，则梦见了他站在室外参加宗教仪式。这只能这样解释，在他居住的地方，人们习惯于将头部遮盖，除了在举行宗教仪式时例外。”如果慎重地对睡觉者加以感知刺激并使他产生与这些刺激有关的梦内容，这样做如果有可能，则基于梦刺激与梦内容之间存在相似性的论点就可得到一种有力的证实。依据耶森引证的麦克尼希所言（在上述的很多引文中），与此同时我们还发现吉龙·德布泽莱格恩已经做了这种类型的试验。

莫里（1878）发表了对自己所做的梦进行的一些观察结果（其他一些实验则没有进行成功）。

1. 用羽毛刺痒他的唇和鼻尖——他梦到脸上罩了个沥青制面罩，之后被摘掉，最后脸上的皮都被撕了下来。

2. 剪刀在钳子上摩擦——他梦到他先后听到了铃声和警铃，梦将他带回到了 1848 年革命的日子。

3. 有人让他闻一些科隆香水——他梦见到了开罗某家商店里，随之是一些记不清的荒唐冒险。

4. 他的颈部被轻轻掐了一下——他梦见有人正给他上芥末软膏，想到了儿时为他治病的医生。

5. 一块热铁靠近他的面部——他梦见匪徒破门而入，并把人的双脚放入烫人的煤块中，迫使他们交出钱财。

6. 一滴水落在他的前额上——他梦见他这个时候在意大利，大汗淋漓，与此同时喝着奥维多白葡萄酒。

7. 烛光透过一张红纸不断地照着他。——他梦见炎热至极的夏日，之后又出现了暴风雨，很像他在英吉利海峡经过的情形。

赫维·德·圣丹尼斯、魏甘德和其他作者已经尝试用其他实验方法引发梦。

很多作者对“梦拥有惊人的技巧，它们能把感官世界的突然感受编织进它们自己的结构，因此它们的出现就像一种预先安排好了的慢慢到来的结局。”这句话作了讨论。同一作者继续往下写道：“我在青年时代，很习惯用闹钟在固定的时间把我叫醒。但是这闹钟产生的上百次响声与一个明显很长而有关联的梦相一致，即便整个梦正在被引向那一事件，在合乎逻辑的、肯定是不可或缺的高潮中达到它预设的结局。”

我将再援引三个与闹钟相似但引发物不同的梦。

“一位作曲家曾梦到他正在上课，并力求把一个重要问题向学生讲清楚。他讲完后，问一个男生是否听懂了，这个男生发疯似的叫喊道：‘是的，听懂了！’他气愤地责备男生不该高声喊叫。但是整个教室都大叫起来了，先是“是的，听懂了”！最后是“着火了”！这时她醒了，他确实听到有人在街上喊：“着火了！”福尔克特（Volkelt，1875）写道。

与此同时加尼尔叙述到拿破仑一世在马车中睡觉时被炸弹的爆炸声给惊醒了。他梦见自己在奥地利人的炮击下，同时他正再次越过塔格利蒙托河，最后惊起大喊：“同志们我们遭到暗算了！”

莫里（1878）做过一个极为典型的梦。他抱病在自己家，躺在自己房间的床上，他的母亲坐在他的旁边。他睡熟后梦见这个时候正值大革命的恐怖统治期。在目睹了很多恐怖的杀戮景象后，他也被带上了革命法庭。在那里，他看见了马拉、罗伯斯庇尔、富基埃－坦维尔等当时的著名人物。之后他受到他们的审问，他现在已经记不起来那些问题，之后他就被判处死刑他被带到有众多暴民围观的行刑场。随后他走上了断头台，被刽子手绑在木桩上。木桩歪了，刀已经落下，他身首异处。这时他忽然醒来，醒来仍然心有余悸，这时他才发现床头板确实倒了下来，而且恰好击中了他的颈椎，就像刽子手的刀行刑一样。

这个梦成了勒·洛兰（Le Lorrain，1894）和埃格（Egger，1895）在《哲学评论》上进行激烈争论的基础。争论的关键在于梦者是否可能或怎么能在他感知到唤醒刺激至清醒这一时刻，将这么丰富的材料压缩进这一很短的时段内。

这一类型梦给人的印象是，在梦的全部来源中，最可靠的就是睡眠中的客观感知刺激。而且，外行人普遍觉得它是梦的唯一来源。一个受过教育但是却对梦的研究不太熟知的人在被问及梦是怎么样产生时，他肯定会用某些他自己所做过的梦例来回答，说他醒来后发现梦境源自外界的感官刺激。但是，科学的探究不应仅停滞在此。在观察到的事实中，可以发现值得进一步提出问题的方面：在睡眠中给予某种感知的刺激并不是以一种客观真实的形式出现，而是用某种与之有关的其他意象所代替。但是，梦的刺激与引发的梦之间的关联，援引莫里（1854）的话说来，即“一种本质上的倾向，但这种倾向不唯一。”现在让我们思考一下希尔德布兰特（1875）的三个闹钟的梦之间的这种关联。它们提出的问题是为什么同一种刺激会引发三个如此不同的梦，而且为什么恰恰引发这些梦而不是另外一些梦。

“曾经梦见一个春天的早晨，我想出去散步，穿过绿色田野，走入邻村，我看见村民们穿着讲究，腋下夹着赞美诗走向教堂。毫无疑问这是星期日，早礼拜将要开始。我决定也参加。但我觉得很热，于是我就先走到教堂的院内凉快一下。当我发现那些墓碑时，我看见敲钟者爬上钟楼。自己处于钟楼顶，我看见这个小钟，有相当长的一段时间纹风不动，我知道它马上就会摆动起来发出宣告礼拜活动开始的响声。这是它开始摇摆，发出清脆的钟声，声音很响，并将我从睡眠中叫醒。醒来后我发现响的却是我的闹钟。”

现在我来列举第二个梦例。那是一个阳光明朗的冬日，地上积雪很深。我已预定参加一个滑雪橇的聚会活动，但是，我必须等人将雪橇送到家里，我先做了准备工作。将皮毡铺开，将自己的暖脚套放好，最后我坐到了我的座位上等待。直至马缰绳一拉，给等候的马发出信号以后，我才算走出家。这时候雪橇突然震动了一下，雪橇的铃铛响了起来。这时我恰好醒来，结果发现又是闹钟的铃声。

下面的这是另一个梦例。我看见一个厨房女仆，手捧着几打盘子，沿着过道向厨房走去。我觉得那摞起的瓷盘有些不平衡。便喊道：‘小心，不然你会把这些盘子打碎的！’但是她毫不在乎地说，这样的事她常做。可我仍焦急地盯着她那向前走的身影。突然，不出所料，她在门槛上绊了一下，那些盘子掉了下来，叮当作响，满地尽是盘子的碎片。但是那声音连续不断，不久似乎不再是瓷盘摔碎的破裂声，而变成了一种铃声。这时我醒了，发现仍是闹钟在响。

斯特姆培尔（1877）和冯特（1874）二人对“为什么在梦中心灵会把接收到的客观感知刺激理解错”这个问题的答案几乎是同样的：睡眠中，心灵接受刺激时是处于容易造成幻觉的情况下。从过去的经验来看，一个感知印象想要被我们接受并且准确的理解需要被置于它应该属于的记忆群中，而且这个印象要有足够的强度、清晰度和连续时间，且保证我们有足够的时间考虑这件事。但如果这些条件不能实现，我们就会把印象来源的事物弄错：我们就对它产生了一种错误的感知。“如果一个人在空旷的田野里散步，看到远处有一个不清的物体的话，他最初可能觉得它是一匹马。”到走近一些的时候，又可能觉得那其实是一头躺着的牛。直到最后才认出那是一群坐在地上的人。大脑在睡眠中从外界刺激所接收的印象拥有一种相似的不确定，而且在这个印象的基础上，大脑形成了错误的感知，即幻觉。因为所有的记忆意象都是由印象所引发，通过印象也从这些意象上获得了它的心理价值。依据斯特姆培尔的观点，在很多与意象有关的记忆群中，哪一群被唤起，哪种想象联系会产生作用的问题，是没办法确定的，就像它本身同样，只是由心灵任意做出选择。

那么在此，我们所面临的是两种选择。实际上，我们不得不承认，我们不能再遵循梦形成的法则，我们也没有必要再去探究是否还有其他因素决定梦者对感知印象产生错误的感知进行解释的因素。另一方面说来，我们可以假定，作用于梦者的感知刺激对于梦的产生只起着一些有限的作用，还有其他一些因素决定着如何对梦中即将出现的记忆意象的选择。实际上，如果我们详细分析莫里用实验方法引发的梦境（因为这个因素我已加以详细叙述），我们只能说，实验所证实的只不过是梦的一个元素之源头，而梦的其余内容明显有独立和明确性，其细节很清晰，使得无法通过从外界引进的实验性的元素与之相适应来解释。的确，当人们发现有时候那些梦中的印象只能用最牵强的理由去解释时，人们开始怀疑幻觉观点和外界印象对梦的明确作用力了。西蒙（1888）告诉我们一个梦：他曾经在梦中看见一些巨人坐在一个大桌子旁，并且清晰地听见他们咀嚼食物时，那些由上下颌闭合所发出的可怕“咔咔”声。当他猛然醒来时，听到的却是一匹马在窗外飞驰而过的马蹄声。如果没有梦者的帮助，那么现在我可以大胆地做出解释：马飞驰所产生的声响可以提示与《格利佛游记》有关的一组记忆——巨人国的巨人和有理性的马。因此，除了采用客观刺激以外，把这样一组不寻常的记忆当作最易于产生梦的动机，这不是很恰当吗?

（二）内部（主观的）感觉刺激

不管持怎样的反对意见，我们仍然得承认，客观刺激对引发梦的作用是不可质疑的。倘若这些刺激不管在性质上还是在频率上表现不太充分，不能用来解释一切梦意象的现象，我们必须找寻和它们在运作上类似的别的来源。我不知道从什么时候起人们突然将感知器官的内部（主观的）刺激与外部感知刺激放在了一起考虑。但是事实上，在讨论梦的起源时就已经有人提出了这样的想法，并且很清晰。冯特认为：

“我认为，主观的视觉和听觉在梦的幻觉形成的过程中发挥了基础的作用。在清醒状态下我们视为光明的无形区熟知这些感觉，但是当我们眼前变黑时能看到梦境，或者听到声音的关键在于视网膜的主观兴奋。这就可以解释为什么梦中，在我们眼前老是能呈现出这么多相似或同样的物体。我们看见面前无数的鸟、蝴蝶、游鱼、色彩缤纷的甲虫和花朵等，在此，黑暗中进入视野的闪烁亮光呈现出一种虚幻的形状，它们所形成的无数光斑融入梦中，变成了同样数量的不同样的意象。因为它们的运动性，使人们把它们当作是正在运动的物体。毫无疑问，这也是为什么在梦中经常出现各式各样动物形态的基础。而且，这种形式的不同变化易于调节本身，而且适应于主观明亮形象所认定的某种形式。”

身为梦中意象的来源，主观感觉刺激与客观刺激不同，它有不靠外部机会的显著优点。只要它们需要解释的话，那么就可以信手拈来。但是，与客观感知刺激相比起来，它们的缺点在于它并不能像客观感知刺激那样易于通过观察或实验去确认。支持主观感知刺激激发梦的主要证据即“睡前幻觉”或约翰内斯·米勒的术语“幻视现象”来提供。这些意象通常都是很生动而且变化迅速的，它们特别容易在睡前产生，而且“在眼睛睁开后，它们还能连续一会儿。”。米勒经过做实验证明了它们的联系以及它们所具备的梦意象的特征都为形成这种现象做准备。莫里认为产生这种现象源于一定的精神被动性，或者处于注意力松弛的状态。也就是说，想要形成入睡前的幻觉，仅仅需要处于临睡状态一秒钟。在这以后，人们可能再次醒来，这种过程可能重复几次，直到他们最后入睡。莫里发现，如果他在不太长的间隔后再次醒来，他就可以将充当睡前幻觉的眼前的意象在梦中辨认出来。曾经有一次，他出现这样的状况：就在他将要入睡时，突然看见一些脸孔扭曲、发式怪异的古怪人物形象。他们死缠着他不放，而且在他醒后仍能记起梦中见到的这些形象。还有一次他因为控制饮食而饿得发慌，因此在睡前幻觉中，清晰地看见一只盘子和从盘子中叉取食物的一只握着叉子的手。而随后的梦中，梦见了自己坐在一个菜肴丰盛的餐桌旁，而且还听到了进餐者用餐时的刀叉响声。又有一次，就在睡前，他的双眼突然间又胀又痛，之后就在睡前的幻觉中看到了一些很小的微型字符，使得他只能艰难地逐一加以辨认。一小时后他从梦中醒来，还记得在梦中他在读一本打开着的、字体极小的书，使他读得那么地苦不堪言。

还有一些词语、名字等幻听也能像幻视同样出现于睡前幻觉之中，之后可以再在梦中出现——正如在歌剧中序曲预示着主题曲即将到来的歌剧一样。

最近一位睡前幻觉现象的观察者 G. 特朗布尔·拉德（G. T. Ladd, 1892）继续采用了与米勒和莫里同样的方法。他经过实践证明，可以成功地使自己突然醒来而不会睁开眼睛，2—5 分钟后再睡。这样他就有机会将刚刚消除的视网膜感知与保存在记忆中的梦中意象做了一下比较。他觉得在每一个梦例中，都能发现二者之间存在一种内在联系。因为视网膜上很多自动感受的光点和光线构成了梦中精神所认为的事物的大致形态。例如，在视网膜上以平行线排列的亮点与他在梦中看到的、很清晰地展现在他面前的，还有他正在阅读的一些印刷线条相呼应。或者，用他自己的话说来，“我现在在梦中正在阅读的清晰印刷页面，慢慢隐退成为一个在我意识清晰情况下的一部分真正的印刷页面。这个页面正如我从很远的地方通过一张纸上的椭圆形的细孔，去辨清一些片段文字，它们很暗淡”。

拉德的另一观点是即便他并没有低估中枢（大脑）要素在这个现象中的作用：如果没有眼内的视网膜兴奋提供的材料参与进来的话，单一视觉性的梦几乎很少出现。这很适用于在暗室内所发生的梦。但是在早晨即将醒来时，短时间产生的梦的刺激来源，是室内慢慢增亮的、穿过眼睑的客观光线。视网膜对光的这种不稳定的性质和不断变化的梦的情景是趋于一致的。只要意识到拉德观察的重要性，人们就不会低估这些主观刺激来源在梦中所起的作用。因为我们知道视觉意象是我们梦的主要构成成分。至于除听觉以外的感觉，则是断断续续的和一些不重要的因素。

（三）机体内部的躯体刺激

因为我们现在正探讨机体内部的梦源问题而非外部的，故我们必须记得。差不多我们全部的内部器官在受刺激时，或者说它们难受、生病时，都会变成梦的来源，而在我们处于健康状态时，基本上不会给我们有关它们工作时的任何信息。我们不得不将这些感知与到达我们身体的来自外界的感知或痛苦刺激同样看待。

现在就来举一个例子。连续的经历反映在斯特姆培尔关于这一主题的评论中：“在我们睡觉的时候，心灵比在清醒时能更深和更广泛地意识到躯体发生的变化。它应去接收来自身体各部位的刺激和身体发生变化的印象，并接受其印象的影响，而所有这些在清醒时是经常感知不到的。”正如亚里士多德这些早期的作者所认为的那样，在疾病刚开始的时候，在清醒时还不能察觉发生任何变化之前在梦中或许已经有所感知了。这是缘于梦的印象所产生的放大作用，这是很可能的。很多不太相信梦有预示力量的医学工作者也没有驳斥它们作为疾病预示物的重要性。

我们发现有关梦的诊断疾病的能力的例证，似乎几年才开始在有关书中被探讨。例如，有个叫作蒂西的人从阿蒂古那里借用了一个例子，主人公是一位43岁的妇女，那几年她不断地被焦虑性的梦所困扰。之后她进行了医疗检查，发现她患有早期心脏病，最后她死于该病。

在大批梦例中，内脏器官的某种状况失调明显是梦的刺激物。心脏病和肺部疾病的预兆表现为持续做焦虑性的梦，这一观点为人们普遍认同。的确，梦生活的这一方面已被很多权威放在了使人注意的地位，我在此只举出一些参考文献：拉德斯托克、莫里、斯皮塔、蒂西和西蒙。蒂西的观点甚至认为，不同样的患病器官表现给予梦内容特定的印象。那些心脏病患者的梦一般很短促，在唤醒时有一个可怕的结果，梦的内容总是包含令人惊恐的死亡状态。肺病患者则梦见窒息、拥挤和飞翔，他们明显容易产生相同的梦魇。顺便提一句，伯尔纳在这方面的实验取得了成功，他把自己的脸朝下俯卧或盖住了自己的呼吸器官，结果引发了梦魇。还有一些消化功能紊乱的梦包含了与食物的享受或厌食有关的想法。有关性兴奋对梦内容的影响能从每个人自己的体会中得到证实，因为梦是由器官刺激激发所致这一观点很有说服力。

此外，凡是看过这些相关材料的读者都会注意到一些作者，就像莫里（1878）和魏甘德（1893）等人，他们都是因为自己的疾病对所做梦的内容有很多影响，而开始研究梦的问题。

但是，即便这些事实毋庸置疑，可它们对于研究梦的来源的重要性并不像我们所想的那么合理。因为梦是普遍的现象，每个人都做，每个人也都拥有健康，而且每晚都可能做梦。显然，器官的疾病不能看成是做梦的必要的条件。现在我们所关心的根本并不是某些特殊梦的来源，而是是什么引发了常人做普通梦。

为了发现比我们至今所讨论的内容更为丰富的梦的来源，我们只需再前进一步，事实上，梦确实有取之不竭的丰富的来源。如果我们普遍认可体内机制的不良反应能够使梦产生这一观点，并且我们也承认在睡眠状态下，我们的心灵由于处于非清醒状态而暂时的脱离了外部世界，从而能更关注身体内部的变化这一事实，那么我们假定内部器官在健康状况下能产生刺激并让处于昏睡状态的心灵感知到，从而这种刺激就能成为梦源，这种推论似乎是合乎情理的。我们在清醒时，能意识到存在一种散乱的、普通的感受能力，但是这仅是一种模糊的心境，对于这种感受，从医学角度考虑的话，全部器官系统都参与了这种感知。但是到了夜间，情况就不同了，这种感知看上去逐渐产生有力的影响，并通过各种组成成分发生作用，从而变成了激发梦意象最为强烈同时又是最普遍的来源。如果真是这样的话，我们现在需要做的仅仅就是研究器官刺激通过何种法则转化成为梦意象的。

我们已经进入到医学界的专家们所关注的梦的起源的理论领域：我们仍然都不能讲清生命里的未知，对梦的起源的模糊性认知也不完善，以至于难以建立起他们之间的联系。把机体功能的器官感知当作梦内容的构建者的想法对医务工作者更拥有一种特殊的吸引力，因为它能对梦的病因学和精神方面疾病进行解释。这两者间有很多共同的表现；因为来自于内部器官的普遍存在性的变化和刺激，也与精神病的病因有很大的联系。因此，关于躯体刺激观点方面可以找出不止一个独立来源，也就不觉得奇怪了。

1851 年，哲学家叔本华发展的思想对一些作者产生了决定性的影响。按照他的观点，我们对宇宙的认知是通过我们的智力从外界获得印象并以时间、空间和因果三者之间的联系进行汇总之后形成的。在白天，有机体内部神经系统的种种刺激对我们的情绪作用微乎其微，以至于我们都没有意识到。而到了夜间，白天琐碎的印象不在对我们的思想起作用，很多发自内部的印象才吸引我们的注意，就像晚上我们可以听到那被白天喧闹的声音所湮没的小溪潺潺的流水声。但是智力除了对这些刺激施以自己特殊的影响以外，为何不把自己的特殊功能作用到它们身上呢？这些刺激被重新铸成占有空间和时间的模式，并遵照因果联系的法则，之后产生了梦。施尔纳和他后面的福尔克特随后更详细地研究了躯体刺激和梦景象之间的联系，但是我将把他们的这些研究留到梦的不同观点这一节中再加以讨论。

精神病学家克劳斯（Krauss，1859）的一项长时间的调查证实，我们的梦、谵妄和妄想的来源都要溯源到同一要素，即由器官决定的感知。不把有机体的任何部分看成是梦或妄想的起始点，这按经验来说是不可能的。器官决定的感知“可以分为两类：一、构成一般心境的感觉（普通感觉）；二、植物性有机组织系统中内在的特殊感觉。后者又可分成五组：a. 肌肉的；b. 呼吸的；c. 胃的；d. 性的；e. 外周的感觉。”。克劳斯觉得以躯体刺激为基础的梦中景象产生的过程正如下面做的：被唤起的感觉依据一些有关联想规律引发一个同源的意象，这种感觉与意象结合进入有机结构。但是，意识对这种结构产生非常态的反应。因为它的注意力不在感觉问题上，却是倾注于伴随产生的意象上，这就解释了为什么真正的事实长期被误解了。克劳斯对整个过程用了一个专业的术语：感觉的“超级具体化”而成梦象。

机体的躯体刺激对梦形成的作用，在今天已被广泛接受，但是人们对支配它们之间联系的法则的看法却各不同样，而且没人能讲得清。依据躯体刺激作用说，梦的解析就面临着这样的困难，就是从梦内容溯源到引发梦内容的机体刺激上，如果不采纳施尔纳（1861）提出的梦的解析规则的话，又会面临这样一个矛盾的情形：恰恰是梦的内容解释了器官刺激的存在。

关于所谓“典型的”各种梦的解释的讲座很多，因为这些梦发生在很多人身上，而内容很类似。这些梦例都为大家所熟知，例如从高空跌下，牙齿脱落，飞翔，或因衣不遮体而感到很狼狈不堪等。而且最后一种梦可以简单地归因于梦者在睡眠中踢开被子，或者身体的某一部位暴露在外面。梦见牙齿脱落可归结为一种“牙齿刺激”，但是这种牙齿兴奋并不一定是指某种病理性的刺激。现在按照斯特姆培尔的说法，飞翔的梦是心里的一种幻象：当胸部皮肤偶尔没有感觉时，肺叶的上下活动所引起的刺激。当肺叶向下活动时引发人产生一种飘浮的感觉。从高处跌下的梦被认为是由于当皮肤压力的感知开始丧失时，手臂突然从身体脱离或屈曲的膝部突然伸张的缘故，这种运动引发触觉再一次被感知，这种知觉的变化在梦中便以跌落下来的情形体现出来。这些尝试性的解释听起来似乎很合理，可缺点也是显而易见的，以下事实是不能合理解释的：在缺乏任何证据的情况下，人们可以提出各种假说，可以不断地假定器官的感觉消失而被精神接受，直到梦的解释形成一个完整的体系。这一点我将在后面再讨论这些典型梦及其来源的问题。

西蒙通过比较一系列相似的梦，试着推断出一些机体刺激决定其所产生的梦的一些支配性法则。他证实，在正常状况下对情绪表达起作用的机体器官，在睡眠中，因为某种外来因素进入某种兴奋状态，这种状态通常只由情感所引发。这个时候产生了梦。生成的梦包含了与情感相适应的景象。他提及的另一个法则是，如果在睡眠中，一个器官处于活动、兴奋或干扰状态，则梦产生的景象肯定与所累及的器官表现出的功能状况有关。

穆利·沃尔德（1896）希望用实验在某个特殊领域来证实躯体刺激理论所提出的梦的起源。他的实验内容包含变化睡眠者肢体的位置，之后将出现的梦与肢体所做的变化进行比较，他将实验结果公示如下：

1. 梦中肢体的姿势与实际的姿势基本上符合。因此，我们梦见与实际情况相符的肢体处于静止状态。

2. 如果我们梦见移动的肢体，之后就可以发现在完成这个动作过程中，肢体经历的某种姿势肯定与该肢体的实际姿势相符合。

3. 做梦者自己肢体的姿势在梦中也许是属于别人。

4. 梦中所做的动作可以受到阻碍。

5. 无论是什么样特殊姿势的肢体在梦中都可表现为动物或怪物，它们在一定程度上都具有一种相似性。

6. 肢体的动作在梦中可产生与之有关联的想法，因此，如果牵扯到手指，我们就会梦到数字。

依据这类研究的发现，我觉得虽然是躯体刺激理论，也不能完全成功地否定关于导致梦意象的决定的任意性。

(四) 纯粹精神来源的兴奋

当我们在讨论梦和清醒生活的关系和梦的材料问题时，我们察觉关于梦的最悠久与最现代的研究者们都认为，人们做梦会梦到白天做过的事和他们在白天时所关心的事。从清醒生活带入睡眠中的这种兴趣，不仅把梦与生活联系起来，而且也给我们提供了梦更进一步的来源，一个不应忽视的梦源。的确，考虑睡眠时带入梦中的兴趣（刺激进入梦中而诱发的），似乎就可以解释所有梦意象的来源了。但是我们也听到相反的说法，即梦使睡眠者远离白天的兴趣，而且一般情况下只有那些当时令我们很感兴趣，但是后来又变得缺乏兴趣的现实中的东西才能。因此，我们分析梦生活过程的每一步，总觉得若不加上“经常地”“就大部分而言”或“一般说来”这一类修饰性的词，或是不准备承认例外的有效性，要进行总结概括是不可能的。

如果清醒中的兴趣与睡眠时内部以及外部的刺激可以讲清梦的原因，那么，我们就能把梦的所有成分的根源进行满意的解释：梦的来源之谜将得到解决，余下的只需将每一特定梦例中的精神作用和躯体刺激的作用分别加以确定就行了。但是，实际上迄今为止人们也没有进行过如此全方位的梦的解释，凡是在这一领域进行过仔细探究的人总会发现在梦的来源的相关部分，他虽然什么也不知道，白天的兴趣不能成为梦的如此重要的来源，因此绝不能断言每一个人在梦中都继续做着他白天的工作。

现在我们还没有发现梦的其他精神来源。于是我们就面临这样的问题，在有关解释梦的所有文献中的解释——施尔纳的作品可能就是一个例外，我们将在后面讨论它——在要求谈到构成梦的最具特点的材料的观念性意象的来源时，都留下了一个大的空白。在这种尴尬的状况下，这个主题的大部分作者都倾向于尽量缩小在梦的激发中精神因素所起的作用，因为这些因素是很难接近。他们的确把梦分成两大类，一类“来源于神经的刺激作用”，另一类“来源于有关性”，后者的唯一来源就是再现。但是它们不能解决“是否任何一个梦的产生都不会再受某种躯体刺激的激发。”这个问题。甚至他们想要描述一个纯粹是有关性的梦都是困难的。“在有关性梦的本身中，根本就不存在这种（来自躯体刺激的）固定的根本的问题，就连梦的根本本身也仅仅只是松散地结合在一起的。任何梦中不受理性和常识支配的那些观念性的过程，现在不再因为任何相对重要的躯体刺激或精神刺激而联系在一起，因此只好陷入其本身千变万化和杂乱无章的混乱之中。”现在冯特也尽量减小精神因素在梦刺激中的作用。他觉得把梦的幻想视为纯粹的幻觉似乎毫无道理，大多数梦的意象实际上大概就是幻想，因为它们都来源于睡眠中从来没有停息过的微弱感知印象。魏甘德采用了同样的观点并且加以普遍应用。他主张全部梦意象“最初主要来源是感知刺激，只是到后来再现的有关性才把它们联系在一起”。而蒂西更进一步限制了梦的刺激作用的精神来源。他说，“根本不存在什么‘纯粹精神源头’”，又说，“我们梦中的思想来源于外部世界”。

还有一些作者，如著名哲学家冯特采取的是一种折中的立场，可以看得出他们毫不犹豫地指出，在大多数梦的例子中，躯体刺激和精神刺激（无论是未知的还是已经得到承认的白天兴趣）是互相协作来进行工作的。

在下文中我们将通过揭示一种意料之外的刺激的精神来源来解开梦的形成之谜。与此同时，我们对于不是源于精神生活的那些刺激，在梦的形成中所起作用将给予高度的重视。这类刺激不仅易于发现，并且可以用实验方法予以证实。但是梦的躯体来源的观点与当前流行的精神病学的思想是相近的。的确，可以很肯定是大脑在支配我们有机体的活动。可以说，一切与精神生活相关的事，从某种程度上都是独立的、可见的、具有有机结构的变化特征，或这种认识仿佛有种自然哲学或玄学的思想，或是回到心灵性质的形而上学观念的时代。它出现在一定程度上是现代精神病学的一种自我警示。精神病学家的怀疑似乎将心灵放置于监护之下，而且现在他们坚持心灵的冲动都不代表它有自己的方式或手段。他们的这种表现形式只能表明他们对于躯体和精神两方面的因果联系的有效性是多么缺乏信任。即便有研究表明一个现象的起初兴奋来源是精神层面的，更深入的研究有朝一日可能会沿着这条路向前进一步发展，并发现精神活动的有机体基础。可若现在我们的知识还不能充分提示精神的作用的话，那么我们也可以说这不能成为我们否认精神存在的理由。

四、梦在醒后为什么被遗忘

众所周知，在早晨醒来后梦就被忘却了。它们能够被记住，不过是在我们醒过来之后靠记忆去记起它们。但是我们经常觉得它是不完整的，实际上梦的内容远比我们所记得的更为丰富。我们能观察到早晨仍可生动记起的梦在白天却很快就会消退，仅仅残留某些片段存在于白天。我们通常知道自己确实是做过梦，但是却忘记了我们已经梦见了什么。而且我们是如此习惯于这个事实，即梦易于遗忘以致我们在早晨既不知道梦的内容也不知道我们是否做梦的事实。而另一方面，也偶尔存在梦的记忆永远存在的状况。我曾就我的病人在 25 年前或更早做的梦作过研究，我可以记起自己的一个距当时至少有 37 年的梦，我对它一直记忆深刻。这是很奇怪的，而且到现在为止又很难解释明白。

斯特姆培尔最早开始论述梦的遗忘。明显这是一个复杂的问题，因为斯特姆培尔并不是找到一个单一的因素，而是找到了多种原因。

首先，任何能导致在清醒状态下将梦遗忘的原因都在起作用。在清醒状态中，我们会忘掉很多感知或知觉，因为它们很微弱或者由它们产生的兴奋太小。很多梦象也是如此，它们因为太微弱而被遗忘，与此同时它们附近的较强的形象却被记住了。但是，强度因素根本上并不是保存住梦形象的唯一因素。斯特姆培尔和其他作者承认，即便梦形象曾是生动的，它们经常被迅速遗忘。反之，在保存于记忆中的那些梦形象中有很多是很朦胧和无意义的。此外，在清醒状态中人们总是轻易地就忘掉只发生过一次的事情，而更容易注意反复发生的事情。而大部分梦意象都只发生过一次，是一次独特的经历。这一特点也使我们遗忘梦变得合情合理。最有意义的是第三个因素。为了使情感、表象、思想等不容易被忘记，最基本的是它们不应保持独立，而应以恰当的方法联系起来。如一段诗中的词汇被摘出来并互相混在一起，它们才会极难记忆。这样说的话按照一个有意义的顺序合适地排列，一个词帮着另一个，整个句子就有了意义，而且能很容易地并持久地保存在记忆中。那么要记住矛盾的事物，就会面临着极大的困难。同样，混乱和无顺序的事物也极难保存下来。梦经常缺乏意义和秩序，梦的构成物毫无疑问因其特殊的性质而被轻易记住了，又因其支离破碎很快被遗忘。的确，这些结论与拉德斯托克的观察并不完全一致，他认为我们最容易记住的正是那些最特别的梦。

依据斯特姆培尔的看法，梦与清醒状态间联系的其他因素在梦的遗忘问题上起着更加有效的作用。清醒意识中表现出的对梦的健忘明显只是已经叙述的事实的重复，也就是梦几乎从不选取来自清醒状态的一系列有顺序的记忆，而是接收这些记忆的某些细节，以及那些在现实的精神生活中最容易记得住的一些内容。因此，我们就缺乏全部的记忆辅助工具。“现在按这种方法，梦结构物似乎从我们精神生活的土壤中升起来了，就像空中的云朵同样，飘动在我们的睡梦空间中，在复苏生命的第一阵气息下迅速消失。”特别是注意力在清醒时直接由进入的感知世界所包围，因而极少有梦形象能抵御住它的力量。因此，我们又有了可以说明这个问题的其他因素。它们像黎明前的星星同样在太阳出现的同时消失了。

最后，我们应该记住大多数人对梦没有兴趣也促成了梦的遗忘。无论是什么样的人，例如一位从事过梦研究的人，在持续关注梦一段时期之后就会发现他的梦相比以前变得更多了，这同时也证明了，他能更容易并更经常地记住自己的梦。

贝尼尼曾经引用博纳特里对斯特姆培尔的理论所增添的两个梦遗忘的因素：(1) 睡眠状态和清醒状态的存在感知的差别对两者之间相互有利的复制并无益处；(2) 梦中材料的特殊的安排方式使梦在清醒状态下难以被释译。

正如斯特姆培尔观察到的，即便有这么多促使梦遗忘的因素，可很多的梦却仍能保存在记忆之中。对于这一论题，很多人试图寻找梦回忆规律的来源，纵使他们付出了不懈地努力。但是我们必须承认的是，有些让人无法纠结和苦寻无果的难题仍然没有解决。某些与梦记忆有关的特点近来已引发了特殊的注意。例如在白天当某些知觉偶然触及遗忘了的梦内容时，在早晨认为已忘掉的梦这个时候可能又回想起来。梦本身的特点带给人们的理解上的障碍必然会使它的价值锐减。从某种程度上，我们有必要对遗漏了很多梦内容的记忆是否歪曲了它所保存的内容表示怀疑。

斯特姆培尔表示了对梦可以再现的精确性的质疑，他说：“清醒意识不自觉地在梦的记忆中插入了一些其他的事情；我们在回忆的时候以为梦到的实际上可能并不全是我们梦到的内容。”

耶森用一种极明确的话表达了自己的意见：“在研究和解决相互衔接的梦

的过程中，我们完全有必要记住一个特别的环境。在我看来，这一独特的环境并未引起足够的重视。因此，在这样的情况下我们所诉说的真实其实是被一些事实所遮蔽的。在清醒状态下回忆这些梦时，我们无意识地填补逻辑漏洞，这种漏洞就存在于梦意象之间的空隙中。我们记忆中的连贯的梦，其实极少或者完全是不连贯的。即便最忠于事实的人在叙述梦时也必然存在某种程度的夸张和修饰。人的心灵总是趋向于以一种超强的关联性来看待每件事物，以至于使原来跳跃性的梦以一种连贯性事物看待了。”

埃格斯即便独立地进行了观察，可他的话读起来却像是耶森的话的翻版：“对梦的观察有特殊的困难。避免这些困难的唯一方法是在醒后马上把回忆记在纸上，不然就会全部遗忘或部分遗忘。如果我们全部忘记的话并没有什么危险性，但部分遗忘倒是使人忧虑的事。因为人们在讲述这些未忘记的片段时，总会以某种想象填补那些残缺不全的地方……当人不知所为时，就会变成艺术家，就会叙述背诵并循环不停地复述它们，以作家般的虔诚，诚心诚意地把它们当作一种可靠的事实，并通过正式明确的方法把它们描绘出来……”

同样，斯皮塔似乎觉得只是在再现梦的尝试中，我们把顺序和安排带入松散联系着的梦成分中：“把并列转为联系，也就是说加上梦中缺乏的逻辑联系的过程。”

因为我们对记忆的真实性的独一无二，一种客观的证明，又因为这是梦难以做到的，梦又是我们个人的经历，而且它的根源就存在于我们的回忆里，那么我们对梦的记忆又有何种价值呢？

五、梦的显著心理特征

我们先做了梦是我们心理活动的产物这一假设，然后在此基础上开始梦的科学研究。但是，梦对我们来说又脱离现实，是陌生的。我们认为这不是我们的责任，因为我们会常说“我看到一个梦”，这和说“我做了一个梦”一样自然而然地发生。那么梦的这种“精神陌生性”的来源是什么呢？依据我们针对梦的来源所做的探讨，我们可以得出这样的结论：这种陌生性不会成为梦的内容的材料来源，因为这个材料在梦中或者显示生活中都显得过于简单。问题是我们需要讨论心灵的加工过程能否进行改变或再加工，因此产生了我们现在讨论的这种印象。我觉得为了解决问题，我们需要对梦的心理特征进行论述。

除了 G. T. 费希纳在《心理物理学纲要》一书中所作的论述外，似乎没有人更加强调过梦中的生活和清醒生活间的根本差别，并从中获取更深远的结论。G. T. 费希纳认为："在主要阈限之下，现在既不存在对意识生活的压制，也不存在注意力对外界影响的分散。"这足以说明梦中的生活与清醒生活所不同的特点。他还怀疑梦中的场景与现实生活中的场景是不一样的："如果心理活动在梦中与现实生活中是一样的，那么依我之见，梦只是清醒生活在较低强度上的连续，因而一定分享后者的形式和材料。可实际上状况绝非如此。"

我们不知道费希纳在讲述这种心理活动地点转变时想什么，但是目前尚没有任何人据此去追寻他所指出的路径。当然，依据大脑机能定位、大脑皮层组织学分层做出的解剖学解释肯定要排除在外。但是，这个概念是一个由相互连接着的一系列的动力因素构成的心理装置，它可能是有独创性和富有成效的。

其他作者一直满足于强调更实际的梦生活的区别特征，甚至以此当作更综合的说明的出发点。

这类说法也是合理的，即梦生活的一个重要特征就发生在刚入睡的那一刻，可以把它视为预告睡眠现象。依据施莱尔马赫的意见，我们的清醒状态的显著特点是精神活动以概念形式而不是意象形式出现。但是梦主要是意象思维，人们可能观察到随着睡眠的接近，我们的自主的活动越来越受到阻挡，甚至会有不自主念头呈现出来，而这些非自主念头就会成为意象群。此时这种概念活动的瘫软和与这种涣散有规律性联系的意象的出现，是梦的两个特点。按照心理学的分析，我们不得不认为它们是梦生活的根本特点。就以人的本身——入睡前幻觉——在内容上与梦意象是相符的。

因此，梦主要通过视觉意象来进行思维，但也并不是没有例外，它们也利用听觉意象，而且，也在较小的程度上运用别的感觉印象。此外，梦中就像清醒状态中同样在简单地思考或想象着很多事情（大约在言语概念的残余的帮助下）。但是，梦的真正特点是只有构成其内容的那些成分形象地活动着，实际上可以说它们更近似知觉而不是一种记忆的表现。我们先不讨论幻觉的性质，我们先讨论一下这方面的专家所认为的幻觉取代思想的问题，即他们认定的梦产生幻觉的问题。在这个方面，视和听印象以同一方法行事。现已观察到，我们入睡时听到的一系列音符的记忆在睡着后转变为同样旋律的幻觉，而醒来时它便变成更弱的和性质不同样的记忆表现。

将观念转换为幻觉并非梦与白天对应思想的仅有的区别方面。梦从这些形象中创造出一种情境，这种情境把某些事情表现的很真实，就像斯皮塔所说的那样，把一个概念大大地戏剧化。我们在梦中总是认为（例外须加以专门的考察）自己并不是在思考而是在实际体会。或者说，我们诚意地接受这个幻觉。存在的批评是，人们并未体会到任何事情而只是以梦这种特殊方法在思考——这种想法只是在醒后才浮现在我们脑海中。正是梦的这一特点把真正的梦与白日梦区别开，因此白日梦是从不会与现实相混淆的。布达赫把上面考虑的梦生活特点概括如下："我们可以说梦的特点是：（1）首先就是主观心理活动以客观的形式表现，因为我们的知觉功能理解我们所有幻想的产物，似乎它们是感知的活动；（2）梦意味着自我权威的终结，因而入睡含有某种程度的被动性……还有睡眠中的梦象以我们意志力量的松弛为条件。"

梦幻觉只在某种自觉力量消除后才会出现，心灵对梦中幻觉的轻信仍有待解释。斯特姆培尔断言，在这方面心灵正确地与其机制协调一致地行动着。因此梦的成分绝不仅是表象，而是真正的像清醒生活中得到的一样的实际精神体会。这种情况与清醒状态中通过感知产生的体会相似。在清醒状态中，心灵通过一种言语形象和语言来思考和想象，在梦中，它则按实际感官的意象来思考和想象。另外，梦显示出一种空间意识，因为在梦中如同清醒状态同样，感知和意象占据外部空间。不得不承认，心灵在梦中与清醒时一样，与意向和感觉保持一致。如果它对这些意象和知觉形成了一种错误的结论，这是因为在睡眠中它被剥夺了用以区别来自内部和外部的知觉的尺度。它不能使意象接受那些衡量其客观真实性的检验。进一步说，它不重视把那些能任意交换的意象和那些毫无选择余地的意象加以区别。它因不能在梦内容中运用因果联系的法则而出了差错。简化来说，它与外部世界的隔离就是它相信主观的梦世界的真正因素。

德尔贝夫用略微不同的论证方法获得了同样结论：我们相信梦象的真实性，是因为在睡眠中没有其他印象可以比较，我们与外部世界的联系已被切断。但并不是因为在睡眠中不能对这些幻觉的真实性进行检验才信赖这些幻觉。梦能使我们相信我们正在应用这种检验：我们能在梦中触碰到我们所看到的玫瑰，德尔贝夫认为，只存在一个检验我们是醒来或是在梦中的标准，那就是醒来，这是一条经验主义的标准。我从中得到的结论是，在将睡和将醒的状态我们所经历的都具有幻觉的性质，让我看到现实的是当醒来时我发现我全裸着躺在床上。毫无疑问，我醒来了。在梦中，因为心理习惯，总是把梦中的意象当成真实存在，而梦则认为存在一个和它相对应的外部世界。

如果觉得与外部世界相脱离是造成梦的显著特点的决定性因素，我们就有必要考虑一下布达赫先前的相关论述，它们会启发我们沉睡的心灵与外部世界的联系，并以此来增强我们在做最后论述时的合理性。布达赫说过，“睡眠只在心灵未受到感知刺激的情况下才产生……但是睡眠并非是不存在感官刺激，而是对这种感官刺激缺乏兴趣。肯定的感官刺激对于保持心灵的平静是必要的。例如，磨坊主只有在自己听到磨坊的喧嚷声时才能入睡，但为预防万一不得不在夜里点个灯后，否则他在黑暗中就不能入睡”，“在睡眠中，心灵使自己与外部世界隔绝并从外部的环境中撤退回来……但是，联结并未完全中断。如果一个人在睡眠中完全没有听觉和感知，这个人毫无疑问根本就永远不会再醒来。有以下论据，即唤醒我们的并不总是感知印象的强度，而且也是它与心灵的联系，这一事实甚至更为清晰地确认了感知的继续存在。一个无关紧要的词也许不会唤醒睡眠者，可如果喊他的名字，他便醒来……因此甚至在睡眠中，心灵也在辨别各种感觉……因而，感觉刺激的消失也能唤醒一个人，只要这一感觉刺激与他观念中的关联性很强的事物有联系。例如，一个人会在夜灯熄灭时醒过来，磨坊主在磨坊停顿时醒过来。这实际上也就是说，清醒应归因于一种感知活动的停止，这预示着这一活动已被知觉到，可实际上并未干扰心灵，它的影响是微不足道的，或实际上是使人心安的”。

即便想无视这些绝非不重要的反对意见，我们也不得不承认，到现在为止对梦中生活的性质的解释——这些都被归因于从外部世界的撤退——并不能充分解释梦的奇异性质的。因为把梦幻觉变为自己的观念，或把自己的梦中的情境恢复为思想，即使使用其他的方法也是可以解决解释梦这个问题。令我们苦恼的是，这些正是我们在醒后从记忆中再现梦时所用的方法，但是不论我们是否能完全或部分重现这个梦，我们的梦仍像以往一样难以解释。

此外，全部专家都断定，观念内容在从清醒生活进入到梦中时一定发生了其他更深刻的值得探索的变化。斯特姆培尔就其中一种变化进行过研究：“随着活跃的感知和正常意识的停止，我们的心灵丧失了用来培植情感、欲望、兴趣和活动的土壤。很多在清醒状态下依附于记忆形象的精神状态——各种情感、兴趣和评价都臣服于一种尚不明知的不明确的压力，因而它们与以上意象的联系隔断了；很多清醒状态时的事物、人、地点，事件和行动的知觉意象以很多分离的意象再现出来，但是其中没有一件带有精神价值。因为其价值被剥夺，于是它们就在心灵里飘浮着……”

依据斯特姆培尔的意见，因为与外部世界的脱离而产生的这种精神价值的毁灭很大程度上导致了梦的陌生的印象。这一印象使梦在记忆中被歪曲。

我们已经看到，入睡的真实状况包含抛弃一种精神活动性，即放弃对思想意识的自觉指引的能力。因而能推测到（即便这也是自然的），睡眠状态甚至可能扩展到全部的精神功能上；这其中的部分功能好像暂时不能发挥作用。于是我们就不得不考虑其余的功能是否能继续正常地工作。可能存在这样的一个问题，梦的特点能否由于睡眠状态中精神有效性的降低而不能得到解释。而且醒后对梦的印象倾向于确认这个观点。梦是不连贯的，它绝对地调和着最荒诞的矛盾，它接受一种现实中的不可能性，忽视清醒状态时的权威性知识，它们会向我们呈现人类智力最低下的一面。假使有人以梦中的行为方式去做事则会被当作一个疯子，或者像梦中的讲话方式来说话则会被当成弱智或脑子不正常。因此，当我们对梦中的智力活动给予较低的评价，甚至断言高智商的功能在梦中已经完全失去作用，更确切的说是所有的一切都被极度扭曲，这种说法最接近事实。

研究此问题的作者们一致（在其他地方论述例外情况）认为，上述结论直接得出了关于梦生活的一个明确的观点或解释，即梦的解析。现在我要进行对一些作者，诸如哲学家、医生的关于梦的心理特点的论述，因此我将暂时停止一般性论述。

依据莱蒙尼的意见，“不连贯性”是梦显著的特征之一。

莫里很同意他的意见：“没有梦是全部有逻辑的，总存在一些不连贯、古怪的梦。”

斯皮塔觉得梦缺乏任何可理解的客观一致性。因为杜加斯说：“梦是精神的无政府状态，情感和心理也是一样。这是一种任意的创造，没有目的也无法控制；于是就在梦中精神成为自动化的精神。”

甚至福尔克特也承认：“一种松弛、分解、思想与形象世界的杂乱混合在人们清醒生活中通过一种中心自我的逻辑力量结合为一体。”依据他的观点，很多精神活动在睡眠中绝非显示为是无目的的。

西塞罗对梦的荒诞性进行的论述很是准确：“对任何一个人而言，什么事都比不上梦中的事那般不可思议、混乱或出人意料。”

拉德斯托克：“实际上，在这疯狂活动中似乎不可能发现任何固定法则，在摆脱了指导我们清醒观念的理性意志和注意力的严格控制后，梦就融化成一团无穷混乱的乱麻。”

“似乎一个智者大脑的心理活动移进了一个傻瓜的心中。”费希纳说。

希尔德布兰特说：“梦者向自己承认，这在其理智的链条中是多么奇妙的跳跃！他就这样漠然地看着最熟知的经验法则完全被颠倒！在事情走向极端之前，他竟容忍了关于自然和社会规律的如此荒诞的矛盾，这种极过分的胡闹使他从梦中醒来！有时候，我们相当天真地算出 3×3＝20！而且如果一条狗向我们背诵诗，如果死人走向他的坟墓或一块石头漂在水上，我们最起码毫不惊奇。我们郑重地去看望伯恩伯格公爵领地或列支敦士登公国以便视察，它的海军，或者我们恰在波尔塔瓦战役前被查尔斯十二世招募为一名志愿兵。”

宾兹在对梦的理论有这样的印象：“梦的内容多数是没有意义的，我们把彼此缺乏联系的人或事物联系在一起。紧接着，就像万花筒那样千变万化，我们又换了一些全新的人物，可能的话，甚至会比之前更为愚蠢和荒诞。在这样的状态下，在我们昏睡的大脑中连续变换着花样，直到我们醒来，把手放在前额问自己，是否我们真的还拥有逻辑的正常思维。”

于是莫里就梦意象与清醒思想间的联系做了比较，这对医生是很有意义的。“这些意象（对清醒的人而言它们是由意志唤起的）在智力领域正像患舞蹈病和瘫痪症时要对某些动作施行一种不受掌控的意志一样……”他认为在梦中则是“正常思考和推理功能的一连串损坏和降级”。

再来引述其他作者的观点是没有必要的，他们重复了很多莫里关于高级精神活动的断言。例如，依据斯特姆培尔的意见，在梦中当梦的荒诞性还不明显时，但人们的心灵建立在联系和联想基础上的逻辑操作已经不能发挥作用。按照斯皮塔的意见，梦中的思想与因果联系的法则好像完全相脱离。与此同时，拉德斯托克和其他人也强调了梦缺乏判断和逻辑推理能力。约德认为，梦缺乏批判能力，也不能通过比较意识的内容去修正某种错误感知。他还说过：“梦里出现的有意识的活动是不完整的、受约束的甚至是彼此孤立的。”梦中虽然会涉及我们清醒状态下的某些知识，但是它们并不相同。斯特里克勒和其他很多人用梦中出现的事实遗忘或者思想之间失去逻辑关联等来对梦中意识认识的矛盾进行解释。

尽管那些作者经常对梦者精神活动做出否定性评价，但是却同意记忆中保存着一定精神活动的残余的说法。在这一点上冯特说得很清楚，他的理论对这方面的研究者产生了决定性的影响。我们不禁会问，在梦中出现的一种正常精神生活残余物的性质和合成物是什么？人们都普遍觉得梦的再现功能，记忆功能获得的影响是最小的。甚至比醒着的生活中的同种功能确实显出某种优越性，即便梦的某些荒诞性要由梦生活的遗忘来解释。按照斯皮塔的意见，心灵中能不被睡眠影响的那部分是思想情感的重心，并指引着我们的梦。他所说的情感意味着“当构成人类最深刻的主观本质的稳固的情感集合”。

而另一方面，肖尔茨在梦中看到一种要对梦材料加以“比喻性解释”的精神活动。同时西贝克在梦中同样发现了心灵的一种“补充性解释活动”，这些都适用于所观察到的和感知到的所有事物。无论怎样，针对假定的最高精神活动，即意识在梦中作用的判断都会遇到特殊的困难。既然只有通过我们的意识才能知道所梦到的事情，意识保存了下来就是毋庸置疑的。但是，斯皮塔觉得保存在梦中的只是意识而不是自我意识，因此德尔贝夫不得不承认，他没办法理解这种分别有什么不同。

连接着心理意象的联想律也适用于梦中所表现的事物。的确，这些原则在梦中的统治比在清醒状态中更明显和更强烈。斯特姆培尔曾经说过：“人们所做的梦看来或排他地按照纯表象的法则，或可能按照伴有此种表象的机体刺激法则进行着。在某种意义上说，它不受人们的思考、理智、美感或是道德判断的影响。这里所引证的作者把梦的形成基本上设想如下：拥有不同样起源的（在别的地方已做论述）在睡眠中起作用的感知刺激总在心灵中首先唤醒一些表现为幻觉的表象。之后，这些表象按照联想律彼此联合，并由联想依次引发一系列新的表象（形象）。之后所有的材料通过仍然活跃的思维和组织功能的残余进行尽可能细致地加工。但是，现在仍没有发现的是动机问题，是动机决定了由非外部来源唤起的意象的发展方向。

现已反复观察到把梦意象彼此联结起来的联想过程属于一种特殊的类型，它与在清醒心灵活动中发现的那些联想不一样。例如，福尔克特说：“在梦中，联想依靠可以察觉的偶然性和连续性而互相寻觅和创造。全部的梦都充满这类混乱时的联想。”莫里给思想联结的这一特点赋予极高的评价，因为他据此在梦生活和某些精神错乱间做出密切的类比。他觉得“谵妄”的两个主要特点是：（1）是一种自发的精神活动；（2）一种不正常的或无规律的联想。莫里给我们提供了两个极好的梦例，此例决定着梦表象间关联联系的可能仅仅依靠声音的相似性。他梦到自己在去耶路撒冷或去麦加朝圣的半路上遇到了化学家佩尔蒂埃，后者给了他一把电镀铁锹，但是在后部分梦中它变成一把剑。而在另一个梦里，他沿着公路走，而且偶尔地看里程碑上的公里数，紧接着他发现自己来到一个有一杆大天平的杂货店里，一个男人正把秤砣放进天平的一方以便称量。那个杂货商对他说："你现在不是在巴黎，而是在吉洛洛岛。"在接着的几个梦里他看到了半边莲，还有洛佩兹将军，他不久前在报上读到过此人的死讯。最后，在玩了六合彩的游戏之后他才醒过来。

但是，我们确实很明白，并不是所有的人都像这样低估梦中精神作用，而且这样的争论确实牵涉很多问题。例如，斯皮塔，梦生活的一位贬低者曾经断定，清醒状态和梦受着同一心理法则支配。另外一位专家杜加斯则叙述说："梦根本就不是无理性的，甚至也不是单纯的未经思考的。"现在只要他们中没有一人把其见解与梦中发挥作用的各种功能的精神分离和混乱互相协调的话，这些意见就并不是很具有意义的。这让人们觉得他们可能只是单纯地拾人牙慧，今儿觉得梦中的混乱其实是有序的，或者这就像梦给丹麦王子带去的信息一样，仅仅是一种模仿。后来人必然不能仅依靠外表来推断事情，否则将会被梦误导。

哈夫洛克·埃利斯没有停留在梦的表面荒诞性上，他觉得梦是无政府的世界，由于里面隐藏着很多零碎的思想，对它的研究可以使我们熟知心理生活发展的原始时代。

詹姆士·萨利以一种更概括和深入的方法提出了同样的梦的观点。鉴于他比其他心理学家更为认可梦暗含的意义，他的见解才值得受到更多的注意。梦是保持人格连续性的一种手段。在睡着时，我们回到对待和感知事物的老路上去，回到很久之前支配着我们的冲动和活动中去。就像德尔贝夫断言（虽说他没有向我们提供对与他不同意见的反驳而使自己不被重视）："在梦中，我们除了感知以外，其他精神机能如智力、想象、记忆、意志、道德观念等实际上都没有变化，它们只用在想象的和变动的事物上罢了。做梦的人在梦里就是演员，他可能是疯子、哲学家、刽子手以及死刑犯，或者巨人、侏儒、魔鬼甚至天使等角色。"

赫维·德·圣丹尼斯与莫里的观点截然相反，他认为梦中不存在精神能力。即便做了极大努力，我也没有能找到他的文章。莫里曾这样说："赫维·德·圣丹尼斯强调睡眠中行动和注意的全部自由。他把睡觉只看作感官闭塞，是与外部世界隔离的一种情境。睡梦者的思想负载了一个有形的客观的形象，但记忆的外观则是现实事件，这是清醒者和睡梦者的思想唯一的区别。"莫里补充道："梦有一个极关键的差别，那就是睡梦者的智力其实已经不能再现清醒状态下所应有的水平。”瓦歇德的著作为我们提供了有关赫维·德·圣丹尼斯的资料，我发现这位作家对于梦的明显不连贯性表达了这种意见：“梦像是概念的复制＋概念是根本，视象仅仅是附属品。明确了此原则以后，就是依循概念的过程着手对梦的组织进行分析。不连贯性就可由此解决，最神奇的事件也会变得简单而合逻辑。”他还说：“善于分析的人可以把最古怪的梦分析得有条有理。”

约翰·斯塔还曾经注意到一位老作者沃尔夫·戴维森（我没有读过他的作品）在1799年对梦的不连贯性提出了的相似解释：“在我们的梦境中，思想的特殊跳跃性能从联想律中找到其因素，但是这种联系在灵魂中经常显现得极为模糊，以至于我们常常误以为有间隔。”

是否可以把梦视作一种精神产物？对这个问题存在各种看法，从我们已经知道的低估的极端，到认为梦可能拥有到现在为止尚未揭示的价值的预计，以至于将梦的功能置于情形中的功能之上。如我们所知的那样，希尔德布兰特在描绘梦生活的心理特点时，把它们分为三对矛盾，并用前两组的对立来证明第三组的矛盾：“这是一个比较：一方面是一种明确的减少和精神生活的衰弱，这甚至达到人类的正常水准之下；另一方面存在一种提高和能力的增强，这经常达到技巧精湛的地步。”对于后者我们很容易证实，实际上，首先在梦独特的创造中常常会有特别天才的梦，梦中所体现的情感、感觉、图像、生活体验、智力方面的高度加强甚至在清醒生活中都难以发生。事实上，在清醒状态下我们并不总是拥有它们，在这里有谁从本身的体会中不能确认这个事实呢？梦有时会创造出一首好诗，拥有美妙的诗意，恰当的讽喻，无可模拟的幽默感和使人快乐的讽刺。梦按照一种特殊的理想主义视角来看待世界，并且通过对现实基础的最独特的理解而加强了自己的影响。它用宏伟壮丽代替朴素的美丽，用庄严代替体面，用极端的恐怖代替普通的畏惧，用令人捧腹的笑话代替日常趣事。当醒来时，我们有时候仍沉浸于梦境中，甚至觉得梦中的世界是现实世界无法比拟的。

这个时候人们可能会问：“这些蔑视般的评论和那些热情的赞扬真的是在说同一现象吗？是否是一些作者忽视了梦的荒诞性，而另一些作者则忽视了梦的深刻和敏感性了呢？如果两类梦都出现了，换句话说梦应得到这两种评价，那么，去寻找梦的心理特点看来不就是没有用处了吗？是否认为梦里的一切都发生的不完全呢？”照此解释是很方便的，可它同样遭到质疑，即在全部研究梦的努力背后都必然存在这一假定：我们的梦中存在着某种具有区别性的特点，它在根本特点上是普遍有效的，而且它能够排除掉一些矛盾性的问题。

从前，当哲学而不再仅仅是由明确的自然科学统治着人们的理智时，梦的心理能力实际上获得了更普遍和热烈的支持。套用舒伯特的话说，梦使我们的心灵摆脱了外部自然的力量，使我们的灵魂从感知生活的链条中解放出来。还有小费希特和其他人也表达了相似的观点，他们认为梦是心灵向更高水平的飞跃，所有这些在我们今天看来不可理解。如今，只有神秘主义者及虔敬派的信徒还不肯放弃它们，同时，很多科学思维方法的发展给梦的评价注入新的活力。医学作者们最倾向于把梦中的精神活动低估为无意义的和无价值的。与此相反，哲学家和非职业的观察者，如业余心理学家则非常重视梦的心理价值。他们主张梦有精神价值。那些低估梦的精神价值的人表现为很普遍地把梦的来源归结于机体的刺激，那些认为梦灵魂会保存大部分清醒状态功能的人，普遍地认为梦的刺激也会来源于梦的精神本身。

无疑，有关梦的精神方面的研究成就，在后文将讲到的智力阶段中，会受到更简单和更热烈的支持，在那一阶段，人们的头脑不再只受自然科学知识的支配，而且受哲学的影响。正像希尔德布兰特评论的，这种特权只不过是错误的感知性的。梦就像清醒的思想同样，而且只因为本身就是一种思维形式才忽视了时间和空间。梦被认为在时间方面享有更多的优点。反过来从另一意义上说，它与时间的推移无关。正如莫里梦到他的死刑同样，梦似乎表明，它压入极短时间内的知觉内容远远超越了我们的精神活动在清醒思想中所能掌握的内容。但是，这些结论已经受到质疑，洛兰和埃格的《梦的表面连续性》一文引发了长期和有趣的讨论。它虽然探究了全部的可能性，却还未给这个深刻和棘手的问题找到最后的解释。

大量的梦例报告结合查巴尼克斯的《实例集》都能解释梦可以继续白天的智力活动并把它们引入白天我们所达不到的境地中，它们能解决怀疑和问题，它们可能是很多诗人和音乐家新的灵感的源泉。结合大量的梦例报告以及查查克斯编辑的《实例集》中无数的记载和实例汇集，似乎表现出梦的这方面的性质以及地位毋庸置疑。然而，即便这一事实不容争议，从更精确和负责的角度，它的含义还是受到了质疑。

最后，我们的梦的预言力量已经变成一个争论主题，在争议中一方持有坚决的怀疑态度，一方则又不断地这样断言。当然，我们不会武断地否定，所以我们不拒绝这种观点的事实基础，而且我们将在下面的纯自然的心理学基础上获得科学的解释。

六、梦中的道德感

我从梦的研究中剥离出一个特殊问题：清醒生活中的道德取向和感情是否进入梦生活，并扩大发展到什么程度。在我还没有对梦深入探讨之前，我需要把这个问题和梦的心理学问题加以区分论述。在这个方面，仍然存在一些反对的意见。存在一种很有趣的状况，我们发现，不同作者对心灵在梦中的其他全部功能的观点上居然有那么截然不同的观点。有些作者断言道德教条在梦中根本无效，而其他一些作者却坚持认为人的道德本性在梦中依然存在。

依据梦的一般体会，我们会更倾向于认为前者的观点正确。耶森曾经写道："在梦中，我们很难变得更完美或更加有道德感。相反的是，意识在梦中好像沉默了，因为在梦中我们感觉不到同情，还可能会犯下最丑恶的罪行——偷窃、暴力或凶杀，并且对此我们毫不在乎，也毫无愧疚之意。"

拉德斯托克也曾经说："我们应当记住，在我们的梦中联想和理念相互联结在一起，而且从不考虑思考、常识、美感或所谓的什么道德标准。标准是那么地脆弱，道德冷漠占统治地位。"

福尔克特说："我们都知道，在梦中性是尤其放纵的。梦者自己毫无羞耻感，缺乏任何道德感或道德标准。甚至他能看见任何人，也包含他最尊敬的人，正在做着他的那件事，是我们在清醒时把他们与这件事联系起来都感到害怕的事，甚至想都不会想到的事。"

与此相悖的是，我们发现叔本华有这样一个观点：一个人在梦中的所作所为与他的性格就是完全相符的；斯皮塔曾经引证过 K. P. 费希尔的观点：我们主观的情感和渴望、感情和激情，都在梦生活的自由王国中表现自己，而且很多人的道德特性在他们的梦中都得到了反映。

肖尔茨说："梦表现真实；我们通过梦来认识真实的自己，虽然同时我们在现实中伪装自我……高尚的人在梦中也不会犯罪；如果他梦见犯了罪，也会因做了违反他本性的事而感到恐惧。罗马皇帝判处他的一个臣民死刑，是因为这个人梦见他刺杀了皇帝这个皇帝觉得处死他是对的。通过这样的事我们推定，一个人有所梦必能有所为。人们常说：'我做梦也不会梦见这样的事'，这对于那些从来没有进入我们脑海中的来说，是很有意义的。与此相反，柏拉图觉得只有那些梦到他清醒生活中的其他人的人才是最好的人。”

哈夫纳说：“很少有例外……一个有道德的人在梦中也会有一些道德；他会坚决地不受诱惑，同时还会远离仇恨、妒忌、愤怒和其他所有罪恶。但是一般来说，是一个邪恶的人在梦中发现的景象照例也与他在清醒时所见的景象相同。”斯皮塔更是援引普法夫更改过的一句俗话：“只要你告诉我你的一些梦，我就可以说出你的内心自我。”

希尔德布兰特觉得梦的道德问题是研究的关键所在，我从希尔德布兰特的那本小册子中已引用了很多，在我所遇到的所有有关梦研究的稿件中，它的形式我认为最为完整，内容也最为丰富的。同时希尔德布兰特也写过这样一个法则：生活越肮脏，那么梦也就越肮脏；生活越纯洁，那么我们的梦也就越纯洁。他相信人的道德本质也持续于梦中。他写道：“无论运算发生多么大的错误，科学规律发生多么大的反差甚至是颠倒，年代出现多么大的错置，都不会使我们产生不安或疑虑。但是，我们却不会丢弃区别好与坏、是与非和善与恶的责任。无论多少与我们相随的事物在睡眠中消除殆尽，康德的类别区分必要性的意识却不会远离，即使在梦里……但是它只能这样解释，即人的本性和道德本质在人的思想中根深蒂固，使得不受变幻无常的思绪影响，尽管想象、逻辑推理、记忆和别的功能在梦中都在一定程度上受到影响。”

但是，随着对这个问题讨论的深入，持有两种观点的作者开始出现明显的转变。那些坚持人的道德人格在梦中无效的作者，从严格的逻辑而言应当是失去对不道德的梦的兴趣。他们也许会否定一切探讨梦者应该对梦负责的问题的意义，而不会因为梦中的邪恶而推断自己性格中隐藏着邪恶，就好像他们断然否认从梦的荒诞性可以推断出清醒时的理智活动是那样毫无价值的努力一样。至于深信不疑“类别区分必要性”意识可以延伸入梦里的另一类作者来说，从逻辑上应当接受不道德的梦的责任也许不是来自他们本质的恶。为他们着想，我们但愿他们不要做那一类会受责怪的梦，以免动摇他们对自己人格道德的坚定的信念。

但是，看来没有人可以肯定他自己有多好又或者是多坏，也不能否认自己曾做过哪怕一个不道德的梦。对于双方作者来说，无论他们之间关于梦的道德观又怎样的相互矛盾，他们都力图解释不道德梦的根源。然而，这又产生了两个新的分歧，即那些不道德的梦的本源是要在心灵功能中去找寻，还是要到躯体因素对心灵产生不良影响中去找寻。因此，事实的逻辑强制性又通过梦的不道德性是特殊的精神源泉这一点将这两个对立阵营里的人，即道德对梦是否有责任。

那些主张道德延伸到梦中的作者都谨慎地认定人的道德要对梦承担全部责任。同时哈夫纳写道："我们对自己的梦根本就不用负责，因为唯一给予我们生活以真实性和现实性基础的思想和意愿已经在梦中被剥夺了……因为这个因素，梦中的欲望和行动也就没有善恶之分了。"但是他继续说到，因为梦是由梦者直接产生的，因此梦者对自己做的邪恶的梦仍应负间接的负责。他们不仅在现实生活中，特别应该在入睡之前，有责任在道德上对自己的心灵进行洗礼。

希尔德布兰特在人的道德对梦的道德内容责任进行了批判性地吸收，同时进行了深入地分析。他觉得在考虑梦的一种不道德的表现上，我们需要容许梦的表现内容以戏剧化形式出现在梦中，容许梦将复杂的思维过程压缩在极短的时间内出现，而且还要安排它们表现的形式，他甚至认为，梦的观念元素会变得杂乱无章，失去它们本来的意义。但是，他对于道德对梦中的不道德份额的观点是不赞成的。

我们经常说这句话："我做梦也绝不会想到做这种事。"之所以这样讲，可能一方面是由于我们觉得梦的领域是我们应对我们的思想负责的最宽广和最遥远的地方。而且思想在梦中又与我们真正的自我的联系是如此松散，使得很难把它们看作是我们自己的。但是，因为我们觉得应当明确否认在梦中有这种的思想根植于我们的脑中，我们得间接承认，我们的自我标准不可能是完美无缺的，除非它扩展得很广。我觉得我们现在正在谈论的，即便是无意识的，可却是大实话。

"不可能想象梦中的行为没有受到白天任何动作的原始动机的支使（无论是以一种愿望还是欲望或冲动方式）通过我们清醒时候的心灵。"希尔德布兰特继续论述道，我们不得不承认，这种原始冲动并不是被梦发明出来的，梦只不过是进行了一种复制并同时把它展现。它只是以戏剧化的形式将我们心中已经发现的历史片段表现出来，不过是把耶稣基督徒的那句"仇恨他的兄弟的人就是元凶"改编成了戏剧。我们醒后感觉到了道德的力量，便可能只对整个罪恶之梦的情节付之一笑，但是对构成我们的梦的原始材料却不能一笑了之。我们觉得为梦者的错误负责——负部分责任。"简单来说，如果我们能对几乎是无可驳斥的基督箴言'罪恶的思想来自心底'有所理解，我们就坚定不移地相信，对梦中犯下的罪行最起码应有一种隐约的负罪感。"

因此，希尔德布兰特在梦中发现的邪恶冲动的萌芽和罪恶冲动暗示就是梦中不道德的根源，它们是以一种诱惑的方法，并且在白天进入我们的心灵；他坚决地将这些不道德元素包含在对自己的道德评价之中。所以我们得知，历史上虔诚和圣洁的人们皆因有过瞬间不道德的念头而把自己看成可憎的罪人。

当然，不用怀疑，这些不调和的思想是普遍存在的。它们不仅在大多数人的头脑中出现，而且还发生在除伦理学以外的范畴之中。但是，很多时候它们并未受到认真的评判。斯皮塔援引了泽勒做出的与此相联系的一些评论："心灵很少能恰当地组织起来，在每一时刻它都拥有充分的力量，在它自己有节奏和清晰的思维过程中，它足以使非根本的，而且还是相当稀奇古怪和荒诞的观念停顿。的确，最伟大的思想家也不得不抱怨这种梦幻般的、戏弄人的、折磨人的观念群，它们大大地扰乱了他们深邃的思考，还有很多最庄严而诚恳的思想。"

希尔德布兰特的另一番话对这种矛盾观念的心理学定位有较大的启发性。他大概是说，梦有时会让我们偷看到人类本性最深层和最隐私的这些地方，我们白天的思维活动较少涉入。康德在他的《人类学》中有一段话表达了同样的观点。他认为梦的存在就是为了向我们展示隐藏的本性，它向我们展示的不是我们是什么样的人，而是如果生长在另一种环境中，我们将成为什么样的人。

拉德斯托克也说，梦只不过经常向我们显示我们自己不想承认的事，因此，我们诬蔑梦只不过是在说谎和欺骗。这是不公平的。埃尔德曼也曾写道："因为梦从不告诉我应为一个人想些什么，但是，使我感到很惊奇的是，我有的时候会从梦中了解到我对一个人到底想了些什么和我对他有些什么想法。"同样，I. H. 费希特也曾经说："与在清醒生活中通过自我观察所能知道的全部真相比较，我们梦的本质为我们的整个处理提供了更为真实的展示。"

人们可以看到，那些出现的与我们道德意识格格不入的冲动，仅仅是与我们已知的这个事实相近罢了，而这个事实——梦已进入了在我们清醒生活中不存在的又或者是仅在其中起很小作用的观念性材料。因此贝尼尼写道："现在一些好像被窒息和压制很久的欲望在此刻又复苏了，陈旧的和消亡的热情再次复活了，很多我们从来没有想过的事和人又出现在我们面前。"福尔克特说："那些进入我们的清醒意识却似乎不被我们注意的，或从来不被想到的观念，经常通过梦在我们的心灵中表明它们的存在。"在这一层面上，我们可以参考施莱尔马赫的观点，也就是入睡过程总是伴有"不随意观念"或很多景象的出现。

那么这样看来的话，我们可以把所有观念性材料归于“不随意观念”的名下以进行分类，这些材料的出现与不道德的梦和荒诞梦中情形有差异，会使我们产生很大的疑惑。但是这有一个重要的差别：那些道德范围内的不随意观念与我们心灵的道德态度是相互矛盾的，而其他的观念仅使我们感到奇怪和陌生。迄今为止，我们还没有进行更深的探究去解决这一差别。

下面的一个问题是，梦中出现很多不随意观念的意义是什么，以及这些梦中与道德不相融合的冲动出现，对清醒心灵和梦中心灵的启发性在哪儿?在此，我们发现了新的意见分歧和另一组专家，希尔德布兰特及一些赞同他观点的人必然有这样的认识，即不道德的冲动即便在清醒生活中仍具有一定程度的力量，但它可能受到压制而不足以付诸行动。而这种被抑制的白天可能意识不到的力量在睡眠中则表现出活力。因此梦可展示出人的本性，即便不是全部本性，但梦也有助于我们了解人心深处的隐私的内容。由此，希尔德布兰特得出梦有预警作用的结论，它把我们的注意力引到我们心灵中的道德弱点，就好像医生承认的梦是可以把我们未察觉出的疾病表现出来以引发我们注意那样。因此，斯皮塔在谈及大脑的兴奋源时，也肯定地采取了这种观点。他在谈到（例如，青春期）侵及心灵的刺激来源时抚慰梦者：他在白天过着有道德的生活，如果能在罪恶的念头萌芽时将它抑制下去就可以制约行动，这样他就可以充分地发挥自己的力量。依据这种观点，我们可把这种“不随意观念”定义为在我们清醒着的白天“被抑制”的观念，我们将不得不把它们的出现当成一种纯精神领域的现象。

但是，其他一些作者认为这最后一种结论还没有得到确认。因此耶森认为，那种不随意观念无论是在我们的梦中还是在清醒时刻，不论是在发烧或其他谵妄的状态下，“都有一种自主活动被抑制的特点，同时存在一种可能由内部冲动唤起的景象和观念，它们都带有机械连续性的特性”。按照耶森的观点，很多时候一切不道德的梦对于梦者的精神活动而言，不过是对梦中有关的观念内容有所认识而已，但它是肯定不能当作梦者自己精神冲动的证据的。

至于另一位作者莫里，他似乎也赋予梦境一种能力，这种能力实际上不是对精神活动的肆意破坏，而是将它分析为梦的各个组成部分。他在谈到梦超越了我们的道德范围时是这样说的：“这是我们在说话和使我们行动的冲动，即便我们的内心有时候向我们提出警告，可并不能阻止我们。我有我的缺点和邪恶的冲动，但是当我清醒时，我会竭力抵御它们，而且经常能获得成功。我没有臣服于它们。但是在梦中，我总是臣服于它们，或者更多的时候是在它们的重压下行事，没有害怕和后悔……现在我心灵面前的和构成梦的视象，明显是由我感觉到的冲动和被我那尚未出现的意志所抑制的冲动引发的。”

相信梦有一种力量能揭示出梦者的一种不道德趋向，即便给予压制或遮盖，这种趋向确实能出现，没有人能把这种观点表达得比莫里更为精确了。他说：“在梦中，一个人将他的天性和软弱等原始的本性暴露无遗，只要他的意志力停止发挥作用，他就很快受各种强烈的情感的控制。而在白天，道德中的良知、荣誉感、恐惧等将他与各种强烈的情感以保护的名义隔离起来。”在另一节中，我们又发现了下面较为经典的话：“梦中所展现的主要是人的本能……可以说人在梦中回到了原来的自然状态。他的心灵被获得的观念浸透得越少，在梦中他受到自然冲动的影响也就越大。”他还通过大量的举例说明，在梦中他没有成为迷信的牺牲者，这种迷信正是他在自己文章中所猛烈抨击的。

但是，莫里这种敏锐的观察和深刻的反思在梦生活的研究中失去了价值。这是因为他把自己观察得很精确，仅仅看成证明“自主心理”的论据。在他看来，这种心理自主性支配着梦，并最终形成了精神活动的对立面。

七、做梦及其功能的理论

一切从某个角度对观察到的关于梦的特点找寻解释，同时规定梦在更广阔的领域内所占的位置，这种对梦的探究理应称为梦的理论。可以发现各种观点各有不同，这在于它们所选择梦的这种或那种特点当作基本特点，并把它当作解释和联系的出发点。没有必要也不能从这些相关理论中去推论做梦的一种功能（无论是是功利主义还是其他），但是因为人们有一种寻求目的的解释习惯，所以将比较容易接受将梦的功能与梦过程相联系的那些观点。

我们已经了解了几种不同的观点，从这个意义上说，它们或许可以被称作梦的理论。古代的人们认为梦是上帝用来指引人们行动的某种存在，这是一种纯粹的梦的理论，它为人们提供值得知晓并且掌握的各种事情的信息。自从梦成为科学研究的对象，相当数量的理论也得到了发展，其中也包括一些并不完善的理论。

我们不必要将这些观点悉数列举，只根据它们对梦中精神活动的数量和性质的基本假定将梦的理论基本上分为以下三类。

第一，按照德尔贝夫等人的观点，梦完全是白天精神活动的延续，他们假设心灵并不入睡，它的结构保持完整。但因为它处于睡眠状态之下，它与现实的生活不同，在睡眠中它的正常功能也就肯定会产生不同的结果。这类观点的问题在于它是否可以将梦和清醒之间的所有思维差异从睡眠状态的条件下区别开来。还有，更主要的是，它不能为梦找到一切功能，也解释不了为什么要做梦，以及为什么精神结构的复杂机制在似乎没有预设的前提下仍可以继续工作。有梦的睡眠或者是由于刺激而清醒，这些好像都是自然的反应，而不会是梦的另外的选择。

第二，还有一些与之相反的理论，认为梦是低级的精神活动，是联系的放松，是材料进入的降低。这类观点肯定会赋予梦一些不同于德尔贝夫所说的一些特点。依据这类观点，睡眠对心灵具有深远的影响。它不只在于使心灵与外部世界相隔开，更主要的一点是，睡眠可以进入精神机制，使它暂时失去作用。从精神病学的角度来考虑的话，我敢打个比方，第一类观点是按照偏执狂的模式设想梦，第二类观点的梦则类似于心理残缺或者是处于精神错乱状态。

主张睡眠可以是精神活动处于麻痹状态，只有这种活动的相关材料才能在梦中体现的理论，在医学界和科学界被普遍认可。对于解释梦，这一观点可以说是个主导的观点。而且值得注意的是，这一观点避免了在释梦时遇到最大障碍，即处理释梦中所遇到的冲突困难。它把梦看作是一种部分清醒的结果，引用了赫伯特对梦的评价，“梦是一种渐进的、部分的状态，与此同时又是非常正规的清醒状态”。因此该观点就可利用逐渐增加的清醒程度的状态来解释梦中精神功能效率的一系列变化，即从梦偶然的荒诞性表现出的无效率到注意力高度集中的清醒状态的智力功能的变化。

对那些发现他们不得不用生理学来叙述梦，而且认为这种表述更加科学的人来讲，也许他们要找寻的正如宾兹所说：“这种（迟钝）状况很早就结束了，但是这需要逐渐进行。在大脑蛋白中积聚的疲劳产物慢慢地减少，它们被连续流动的血流渐渐带走，零星分散的细胞开始清醒，而它们周围仍处于愚钝状态。在我们的模糊意识前，这些分散细胞群的独立工作开始了，还未受到掌控联想过程的那部分大脑的检验。很多的景象由此产生，它们绝大部分与新近的印象材料相符合，并通过一种很混乱和荒诞的形式展现。随着获得自由的脑细胞不断增多的时候，梦的无意识性相应也就渐渐消失。”

通过每个现代心理学家和哲学家的作品，我们知道，把梦看作是完全的、部分清醒的观点的人数不胜数。这其中当数莫里的作品最为细致。在这里，我们能经常发现作者想象清醒状态或睡眠状态能从一个解剖部位转变到另一个解剖部位，而每一特定解剖部位又与一种特定精神功能密切相关。对这一点我只是想说，即便部分清醒观点毫无疑问，它的细节也还有待进行深入讨论。

这种观点自然没有赋予做梦功能留有余地。宾兹提出了很多正确的合乎逻辑的结论，根据这个结论给予了梦的地位和意义："每一个观察的事实都使我们得出结论：梦不得不具有躯体过程的特点，它在任何状况下都是无用的，甚至在很多状况下肯定是病态的……"

宾兹本人对"身体"这个词用斜体字进行了强调，躯体这个术语应用于梦不止一个含义。首先，它包含着梦的发生学意义，在他使用药物研究实验产生梦时，发生学似乎很有吸引力。因为这类观点有一种倾向，它尽可能把梦的刺激局限于躯体因素。接下去该观点走向了极端。当我们排除所有刺激进入梦乡，在天亮前便没有必要做梦，也没有机会做梦，因为新的刺激作用而逐渐被唤醒的过程可以在做梦的现象中得到反映。

但是，要想使我们的睡眠保持不受刺激干扰是根本做不到的。这些刺激从各个方面向睡眠者袭击。正如墨菲斯特所抱怨的生命之胚那样，向体外和体内，甚至向在清醒时未曾注意的自己身体的各个部位发起了猛烈地攻击。因此他的睡眠受到了干扰，心灵的第一个角落被叫醒，之后是下一个角落又被叫醒。因为部分的清醒，心灵发生较短的作用，之后是又一次安然入睡。梦是对刺激干扰睡眠的反应，这种反应在他们看来是多余的。

梦被描述为躯体过程还包含着另一层含义，也就是说它的目的是要表明梦境不值得列入精神过程。人们经常把做梦比作"不懂音乐的人的十指在钢琴键盘上无所适从"。赞同这个比喻或者是有类似观点的人，多是严格的科学派代表。根据这个观点，梦不可能得到解释的，因为一个不懂音乐的人，他的十个指头怎么可能演奏出一首美妙的曲子呢？

即便在过去，也不乏对部分觉醒理论的批评。布达赫说："有人坚持认为梦是一种部分清醒，但是这并没有对清醒和睡眠两种状态有什么启示作用；其次，它所说的在梦中有些精神力量在起作用，而其他一些力量则处于静止状态。而实际上，这种情况发生在我们人生的整个生活过程中。"

这个把梦视为一种躯体过程的统治观点，包含了罗伯特在1886年首次提出的一个很有趣的假说。这个假说很有吸引力，因为它能喻示梦具有一种功能，或者说是一个目的。罗伯特把我们在调查梦的材料时已考虑到的两个事实当作他的观点基础，这两个事实是，我们经常梦见的日常最琐碎现象，以及我们极少梦见的日常极其感兴趣的重要事情。罗伯特认为，一个普遍状况是，我们深思熟虑的事情从来不会变成梦的诱因，而那些没有经过思考、不成熟或稍纵即逝的观念才进入梦中。而这是基本正确的事实。“梦经常得不到解释的理由，关键在于引发梦的前一天的感知印象不能引发梦者的足够注意。”因此决定一个印象能否进入梦中的前提在于，对印象的加工过程是否受到干扰，或者印象是否太不重要了，使得根本没有必要接受再一次的加工。

罗伯特把我们的梦描述为“一种躯体的宣泄过程，而我们通过精神反应体验到了这个过程”。梦是思想的宣泄途径，因为这种思想在产生之初就受到了抑制。还有的观点认为梦是那些在刚出生时就被抑杀的思想的流露。“一个人被剥夺了做梦的权利的话，就会逐渐变得精神错乱，因为很多不完整的、没有得到再加工的思想和浅表印象将在他的大脑中积聚，它们中的很多内容相互联系，造成混乱进而干扰应该被完整吸收的思想。”对于负担过重的大脑，梦就像是一个安全阀一样，具有排放、缓解和恢复的能力。

我们如果问罗伯特，通过梦中形成的观念怎么使得心灵放松，那就误解了罗伯特的观点。罗伯特所做的明显是从梦内容原始构成的这两个特性中得出推论，通过这种或那种方法使得在作为躯体的过程的梦里去否定一些没有价值的印象。同时，做梦并不是一种特定类型的精神过程，而只是我们排除这些印象时获得的信息。罗伯特接着又说到，排泄不仅是夜间心灵中发生的很小的事件，此外，在前一天材料的加工中得到的提示和“心灵中没有被排泄出去的未消化的思想部分，仅仅靠从想象借来的思想线索互相联结成为一个完整体，当作无害的想象图画嵌入记忆中。”

在评价梦的来源的问题上，罗伯特的观点与主导观点截然相反。按照主导观点，如果没有外界和内部的感知刺激连续地唤醒，那么我们就根本不会做梦。可在罗伯特看来，做梦的推动力来源于心灵本身——在于心灵负荷过重需要缓解这个事实。他很合乎逻辑地得出了一个合理的结论：来源于躯体的这些因素在产生梦的过程中，只有很不起眼的作用，在不能从清醒意识中获取材料来编织梦的心灵的时候，这些因素根本就不足以形成梦。他所提供的唯一的限制条件是，承认梦中心灵深处的幻想意象可能是受到神经刺激的影响。无论如何，罗伯特并不认为梦是如此完全依赖躯体的。但是在他看来，梦又不是一种精神过程，清醒生活在做梦的过程中是没有地位可言的；它们是在与精神活动有关的结构中每晚发生的躯体过程，它们能够保护这些精神结构不受过度压力——或者打个比方，它们只是心灵的清洁工。

而同时另一位作者伊维斯·德拉格根据梦的同样的特点创建了他的观点，在构成梦材料的选择时可得到展示。值得读者们注意的是，对同一事物的观点因为细微的差别，使得他得出的结果根本就不同。

德拉格曾通过他自己亲身经历过的一次亲人去世的事向我们讲述这样的事实：实际上我们根本不会梦见白天占领我们思想的那件事，只有等到头脑中这件事让位于白天中的其他事以后，才会开始梦到它。他对别人作了一些研究后，同时做了关于这方面的很有启发性的观察，以证明这一事实的普遍真实性。根据一些年轻夫妇的梦，他说："如果他们深深相爱，那么他们在婚前或蜜月期间是从不会梦到对方的。如果他们做了色情或表现性欲的梦，双方则会感觉对配偶不忠，而且他们可能与某些无关的人甚至反感的人在一起。"那么，之后我们梦到了什么呢？德拉格认为出现于我们梦中的意象是由前几天或更早些时候的片段和残余构成的。这时候在我们梦中出现的事物，即便在刚开始时我们趋向于把它们看作是我们生活的再现，但在我们详细分析后，就会发现那是我们现在无法识别的无意识记忆片段，而这些片段其实是我们曾经历过的。但是这些有意义的意象拥有一种共同特性：不被我们所关注，或者曾经有印象后来被隐藏的记忆的意象在我们梦中出现的概率比较大。

那么，现在我们按照罗伯特的划分依据得出两类相同的印象：无关紧要的印象和那些没有处理过的印象。但是，德拉格列举了不同结果的条件。他觉得因为这些印象没有经过处理，之后才能产生梦，并不是因为它们无关紧要。从某种意义上来说，无关紧要的一些琐碎的印象也是没有被完全处理掉的，但因为具备新印象的性质特征，它们"是置于压力下的弹簧"，在梦中获得了一种解放。在做梦的过程中，这些没被整理的印象在遇到障碍或被蓄意克制时会比不被注意的印象更能产生作用。因为被抑制和压制，在白天被储存起来的心理能量，到了晚上就变成了做梦的原动力。这时候被压制的心理材料就在梦中得到了表现。

但非常不幸的是，德拉格在这个问题上面并没有进行深入探讨。他只将梦中的一小部分归因于独立的心理活动。因此，他将梦是心灵的部分清醒的观点和构思融入自己的理论："总之，梦是一种徘徊不定的思想的产物，根本就没有目的和方向，而且依附于我们的记忆，而记忆则拥有足够的强度使游荡的思想停滞下来，打断其进程，通过联结使它们联系在一起，这种联结有的时候微弱且不稳定，有时又那么地坚强有力，联结的强度要根据当时被睡眠所取消的大脑活动的程度而定。”

第三，凡是白天清醒时，心灵无法或根本无精神活动的能力和倾向叫作梦心灵的理论，可以划分为第三类。将这些能力与工作结合就会形成梦，这种梦的特点是具有功利性。在心理学基础上的有关梦的评价早期就是这一类。但是，我只需援引布达赫的一句话就足够了。他说，做梦“只不过是心灵的一种自然活动，它不受我们个性能力的限制，不被自我意识所中断，不被自我决定所左右，而是感知中枢自由的一种运作生命力”。

布达赫和其他一些作者认为，心灵在自由发挥它本身的作用时，一种心灵的狂欢正如心灵获得了再生，为白天的活动积累新的力量，就像是在做一场小休息。因此，布达赫赞成地援引了诗人诺瓦利斯的美妙诗句，这句诗用来赞美梦的支配力：“梦是人们躲避单调乏味生活的一个避难所，它们使想象挣脱了束缚我们的枷锁，从而使每天存在的所有景象混合起来，并以童趣般的快乐打破了成年人长久保持的庄严。如果没有了梦，我们肯定将会很快衰老。因此，我们可以把梦看作是一种并非上帝赐予的礼物，而是一种很珍贵的娱乐，是我们走向死亡前这段人生旅途上的非常好的伴侣。”

普金耶认为梦有恢复脑力和复原功能：“这些功能主要是由我们脑中形成性的梦完成的。它们甚至可以完全摆脱白天的事务，使想象自由翱翔。心灵不愿让白天的紧张状态持续存在，它只是想把心灵从紧张和劳累的生活中解放出来，它首先是营造一种区别于工作状态的环境。梦用欢乐来治疗我们的悲伤，用实现目的去代替徒然等待，用爱和友谊治疗憎恨，用说服和坚定的信念来克服懦弱，还会用勇气和远见治疗恐惧，用希望和快乐的分神图像去治疗忧伤。白天不断受到打击的心灵创伤通过梦得到了愈合，梦保护着它们，并使之不再受到新的伤害。时间的治疗作用在部分程度上也就是现在这一点。”我们大家都有这样的感知，我们的梦有利于精神活动，而且，人们都不肯放弃这种想法，即梦是睡眠恩赐于人的路径之一。心灵的这些活动也不愿失去对梦的依赖。

施尔纳于 1861 年试着对梦进行最原始的和意义最深远的解释。他把梦看作是人类心灵的特殊活动，只可能在睡眠状态中得到最为自由地发挥。他的作品写得有些夸夸其谈，华而不实。但是他对这个题目表现的那种痴迷很令人费解。而且，他在分析中所使用的语言也晦涩难懂。它让我们在分析梦的内容时遇到了困难，因此我们如释重负地转向哲学家福尔克特对施尔纳的学说所作的一些简明扼要的评论：“从这些神秘的聚合物中，从这些灿烂光辉的云层中，似乎像闪电一样，发射出启发性的光芒，但是它们并没有照亮哲学家前进的道路。”从这些措词中，可以看见施尔纳的门徒对他的著作做出了肯定的评判。

施尔纳认为心灵的能力在梦中会保持。他引用福尔克特的话就表明了一个自我的核心——它的一种自发能量——在梦中如何被剥夺了自己的神经作用力，如何因为这种离心作用、意志、认知和感情理念的过程发生了很大的变化，和这些心理功能的余留又如何不再拥有真正的精神特性，而只是变化了的机械的东西。但是，与此形成鲜明对比的只是可以被描述为“想象”的精神活动，它摆脱了我们理智的统治和任何恰当的掌控，跳跃至高无上的地位。虽然梦象是利用新近的清醒记忆作为其构造的材料，但这些材料只作为片段的形式出现。在梦中，梦显示出不是再现力而是创造力，它表现的不再是现实生活中的样子。它的特点构成了梦的特点。它对无节制的、夸张的和恐怖的东西表现出偏爱。与此同时，因为摆脱了思想范畴的束缚，它又具有适应性、灵活性和多样性等特性。在一些微妙的地方，其对温柔感情的细微变化和热烈情感又拥有敏感性，而且将我们的内心生活极大地反映到可以塑造的外部景观之中。梦象缺乏概念性和言语表达能力，它不得不通过图画方法把想要说的描绘出来，又因为没有受到限制，它就完全而有力地使用一种形象化的形式来表达。因而，无论图像是怎样的逼真、清晰，它仍然是模糊、过于简单的。它表达的清晰度尤其受到这样一种状况的妨碍，也就是它不爱用原本的形式来再现客观物质，而是偏爱用一些变化了的奇异的景象去表达。这就是一种想象的“符号化活动”……另外很重要的一点是，梦象从来不会完整地描述事物，只是勾勒其轮廓，甚至只勾勒其粗略形态。也就是因为这个缘故，它的作品就似乎是一种来自灵感的速写，于是总会有想象的成分在里面。但是，梦象并不只是限于一个客体的再次体现，在一种内部的需要下，它把梦自身和客观物质在一定程度上结合在一起，从而产生了一个非常的事件。比如，一个视觉刺激引发的梦，可以再现为一些金币散落在街上，做梦者将它们捡起，之后欣然离去。

按照施尔纳的观点，梦象之所以可以实现艺术材料的加工，主要来源于身体的刺激，但白天这些刺激并不很清晰。因此施尔纳提出的怪异假说，冯特的过于清醒理论，以及一些生理学家对梦的分析某一方面的理论，这些理论在涉及有关梦的来源和刺激物时的分析是一致的。按照生理学的观点，我们对内部躯体刺激的精神反应都是为了诱发和刺激与白天相关的某些思想，这些思想并不单独活动，它们通过联想进而诱发别的思想，这时，梦中的精神活动似乎处于停滞状态。另一方面，按照施尔纳的观点，躯体的刺激不过是为心灵提供能用以实现它的想象目的的材料。在施尔纳看来，梦形成的起点就是在被其他作者认为是终点的那一点上。

当然，梦象对于躯体刺激本身来说，并不能认为提供任何有用的目的。它与躯体刺激互相游戏，勾勒出来源，通过它梦的刺激以某些可塑的象征性形式出现了。施尔纳的观点就是——即便此处福尔克特和其他一些人不同意他的观点——梦象特别喜欢把有机体再现为一个整体，也就是一幢完整的房子。幸运的是，梦象的再现似乎并不局限于这一种方法。另一方面，它也可以利用一排房屋来特指单个器官。例如，一排很长的街面房子可以表示来自一根肠子的刺激。其次，一幢房子的不同部分也可以代表身体的某个部位。如，在一个由头痛引发的梦中，头可能成为了一幢房子的天棚，那里布满了很多使人作呕的蟾蜍样的蜘蛛，这里天花板便代表我们的头。

除了房屋的象征性以外，任何其他的物体都可用来代表激起梦的身体各个部位。例如，“空的箱子或篮子可代表心脏，圆形袋状的物体或空心的物体代表膀胱，熊熊燃烧着的火炉可以象征正在呼吸的肺。男子生殖器官刺激引发的梦，可以使梦者在街上发现一支单簧管的上部或烟斗的嘴巴，或者只是一张皮毛。此处单簧管和烟斗代表着男性生殖器官的形状，而皮毛则代表阴毛。在女性的色梦中，那些连接大腿的狭窄处可以由房屋围着的庭院来象征，而穿过庭院的一条柔软、湿滑、很狭窄的小径则象征阴道，做梦的人不得不经过此路，可能是为了取某位绅士的一封信”。尤其重要的是，这类躯体刺激的梦要结束时常会将它的面纱丢在一旁，公开地暴露出牵扯到的器官或它的功能。因此由牙刺激的梦通常都是以梦者察觉牙被拔出而结束。

梦象不但可以将注意力引向受刺激器官，同样也可以把该器官所涉及的性质表现出来。比如，肠刺激导致梦者梦到正沿着泥泞的街道行走，而泌尿系统刺激引发的梦则使梦者梦到有泡沫泛起的小溪。也就是说，象刺激产生的兴奋或产生刺激欲求的对象，都可以得到一种象征性的再现。梦本身可以与梦者本身的状态发生具体的联系。例如，在痛苦刺激的状况中，做梦者可能正在与疯狗或凶残的公牛进行一场殊死的决斗。或者妇女在有关性的梦中，可能梦见自己被裸体的男子疯狂地追赶。除了梦中所用的不同的方法外，人们想象的象征化活动仍然是每一个梦的中心力量。福尔克特在自己的著作中，曾试着更深入地渗入这种想象，并为它在哲学思想体系中谋求一席之地。但是，即便他写得优美而热情，可对于那些先前没有受过任何训练去系统掌握了很多哲学观念的人们来说，理解他的著作是很困难的。

施尔纳的象征性想象并不包含功利主义。心灵在睡眠中只对那些作用于它的刺激做出回应。这不免让人们怀疑心灵在跟它们开玩笑。人们可能会问我，我对施尔纳的梦观点研究如此详细是否有功利性，因为它的随意性和无规律性是很显而易见的。而我的回答是，我坚决反对不经详细研究就随意评判施尔纳的观点的人，他的观点是基于他的梦所得出的强烈的印象，他很看重梦，而且他的观点对于探究心灵中模糊事物似乎拥有一种独特的天赋。该观点所探究的主题是几千年来人们公认的难解之谜，但让我们深信不疑的是，与此同时，它本身及其内涵也很重要。这一题目长久地被严格的科学研究忽视，自然也没有相关的科学解释，这一点科学领域也已承认。最后，坦白地说，梦的解释之路确实荆棘密布。我在前面曾援引了一位严谨的研究者宾兹的一段话，他描绘到，清醒的曙光逐渐地掌控了我们大脑皮质中的睡眠细胞群，相对施尔纳试着对梦所作的解释并不缺少幻想和不可能性。我希望以此来表明，在施尔纳解释的背后有一种真实的元素，即便它看上去相当模糊，而且这种观点缺乏一种梦理论的特点的普遍属性。与此同时，将施尔纳的观点与医学观点进行比较，可以发现，迄今为止，关于梦境的解释仍在两个极端之间摇晃不定。

八、梦与精神疾病的关系

在我们谈到梦与精神疾病的关系时，我们可能会首先想到三件事：（1）病因与临床的关系，例如一个梦表现出或引发了一种精神病状态或是梦遗留的某种精神病状态；（2）梦境在心理疾病的条件下经历的变化；（3）梦与精神病间的内在联系，表示出二者间紧密联系的相似性。这种现象的几种关系曾是早期医学界探讨的话题，而如今又再次成为所有人关注的中心，正好像我们从斯皮塔、拉德斯托克、莫里和蒂西收集的有关文献中所获悉的一样。近年来，桑特・德・桑克梯斯很注意这一联系。就我们的论述目的来说，略谈一下这个重要课题已经足够了。

证明梦和精神病间的临床和病因学的联系，我以下述观察报告为例：克劳斯引用霍思鲍姆的话，认为妄想型精神病的发作来源于惊恐或焦灼的梦，他的基本观念和梦联结在一起。桑特·德·桑克梯斯引证了偏执狂等相同的病例观察并觉得梦是“精神病（Folie）的病因”，精神病也许会被这种关键性的梦而激发，因为这种梦提供了一些妄想性的材料；或者说，梦中不断发展和积累以至于到达临界点，之后精神病才产生，但是想要支持这个论点需要解决一些问题。以桑特·德·桑克梯斯的某一病例为例，梦往往会在有了前几次轻微的发作之后才会发挥作用，接着就会有一个焦虑性抑郁。还有就是费里提出一个使得瘾病变得麻痹的梦，这里梦就显示为精神错乱的治病因素，如果我们应该做出这样的行为。然而，如果说精神错乱的第一个现象出现在我们的梦境中，也就是说它从梦中突破，我们也应该同样认可。在其他状况中，疾病症状包含在梦生活中，或者精神病只局限于我们的梦境中。于是，托马耶要开始注意那些焦灼的梦，他认为应把它们视作癫痫病发作。阿利森叙述了夜间精神错乱的例子，而这些病人们在白天明显是正常的。在幻觉产生的时候，狂乱等的发作是规律地出现在夜间的。桑特·德·桑克梯斯发表了相关的观察（一个醉酒者的梦就好像是妄想症，不断说出谴责妻子不贞的语言）。蒂西整理了很多新近的资料，其中有病理性质的行为（如各种在幻觉的状况下或强迫性的行动上发生的行为）都是起源于梦中。古斯莱恩同时还叙述了一个梦被间歇性精神错乱所代替的例子。

毫无疑问，随着梦的心理学研究的发展，医生们也必将注意力转向梦的心理病理学。

在慢性精神病的研究领域，很少有人针对梦的转变进行研究。其实，人们早就开始关注梦和精神障碍之间的内在联系，这可以从广泛的争论得出结论。据说，格雷戈里是最先提醒人们注意这种情况的。麦卡里奥对一位躁狂者做了描述，这位病人在完全恢复一个星期以后，在梦中再次体会到思想波动和不可掌控的疾病冲动。关于梦境在慢性精神病中经历的变化，到目前为止还未做什么研究。另一方面，梦和心理障碍间的内部联系早已被注意，出现在每种状况中的完全一致的现象已确认了这个联系。

据莫里说，卡巴尼斯在他的《物质和道德的联系》中首先要人们注意这种联系；在此之后，有莱吕、莫罗特别是哲学家梅因·德·比兰相继提出这一点：梦和心理障碍间的比较史更为悠久。拉德斯托克在讲述这个问题时运用的大部分材料都是把梦和精神疾病作为比较。康德说：“疯子是处于清醒状态中的做梦者。”克劳斯说：“我认为精神病是人们神志清醒时的梦。”叔本华则称梦是短暂的疯狂，而疯狂是人们长时间的梦。哈根描述谵妄是由疾病而不是非睡眠引发的梦境。冯特在他的《心理物理学纲要》中宣称：“实际上我们在梦中可能体会了精神病患者在收容所察觉到的全部现象。”

斯皮塔与莫里的观点一致，用相同的方式找到了二者的不同观点：（1）由于自我意识的暂停或不受阻止，而对这种状态毫不知情，这样就不能察觉到最本质的情况，那么丧失道德意识也就很正常了。（2）感知器官，即我们的知觉在梦中减弱而在精神病中却大幅增强。（3）人们的观念按照联想律互相结合和再现，并构成自发的有序排列，全部这些的结果导致了观念之间的比例关系失常。从而使得一定情况下发生第四种情况。（4）人格的变化，例如，人格逆转（有的时候还有很多性格特质的变化，如倒错这种情况）。

拉德斯托克补充了有关梦和精神错乱间相似性质这一点的资料：“很多幻觉和错觉出现于视觉、听觉或一般感觉领域。在梦中嗅觉和味觉功能几乎无效。发烧的病人和梦者的记忆来源于很久以前；对于睡眠者和病人，能把忘却的事情在睡眠和疾病中回想起来。”只有放大到表情动作等细节都被观察到时，梦和精神病间的相似性才会被人们所关注。

“对于同时承受着身体和心理痛苦折磨的人来说，梦能带给他已被现实夺走的事物：身体健康和幸福；而精神病者也是如此，在那种状态下他看到了幸福、显赫和富有等鲜明形象。假想的财产拥有和愿望的想象性满足——这些想象成分的破灭为精神错乱提供了心理学的基础，而这往往构成谵妄的主要内容，失去金钱的人在谵妄中相信自己极为富有，失去爱子的妇女在谵妄中体会到母性的快乐，遭受欺骗的女孩觉得自己受尽宠爱。”这是拉德斯托克引证的格里辛格的详细观察的摘要。格里辛格极为鲜明地揭示出，愿望的满足是梦和精神病的共通之处。我的研究也让我意识到这个事实可以找到梦和精神病的心理学观点的关键。

思想上的荒诞结合和判断力的无力是梦和精神错乱的主要特点。我们意识到这个题目自身的精神成果评价过高，而这对清醒者来说是无意义的；在梦中，梦中思想的自由流动和精神病思想的突然爆发都同样缺乏时间感。在梦中人格可能会分裂。即在梦中外来自我纠正真正的自我，在这一点上，和幻觉型偏执狂的人格分裂是一样的。而且梦者也听到另一个自我在讨论自己。这甚至与慢性妄想性观念和呆板、反复持续发生的病理性梦有相似性。在从荒妄中恢复后，病人经常声称他做了一个开心的梦。的确，他们有时会告诉过我们，在生病期间，他们觉得有做梦的感觉，就像在睡梦中经常发生的状况同样。

鉴于这些情况，拉德斯托克开始用自己的话归纳自己和别人的观点："精神病作为一种异常的病理现象精神错乱，可以被认作周期性呈现的正常梦境的强化。"

克劳斯试着在病因学基础上（或更明确说在刺激的来源上）建立梦和精神病间的联系，这样，这个联系可能比表面现象的相似性更为密切。他觉得就像我们知道的同样，二者共有的基础是机体的感知，身体刺激的感知，和全部器官提供的一般感知。

在梦和精神错乱之间毫无异议的一致性为梦的医学理论提供了最有力的证据。根据这一理论，梦表现为无意义的干扰过程，而且是精神活动削弱的表现。但是现在，人们不可能期望从精神障碍中推论出梦的最后解释。因为众所周知，我们对精神错乱起源的了解仍然难以令人满意。但是，我们对梦的态度也极有可能会影响我们对精神障碍内部机制的认识，可以这么说，当我们努力去解释精神病的同时，会相应的启发梦的解释这一问题。

跋

实际上，第一版和第二版的间歇期，在本书并不曾为梦的解释增加新的内容，就我而言，作为解释的理由，在读者看来可能并不很满意，可这在我却有决定性意义。我把早期权威人物对梦的讲解做简单梳理的动机在第一章已经讲过，而且继续这个工作消耗了很大的精力，但是结果却不一定会如我所愿。在所说的阶段——大约是在九年时间中，有关梦的概念无论是在实际材料上还是在启示性的见解都未产生，在这期间出版的大部分作品几乎没有提到过我的作品，人们也没有深入考虑。当然，我的作品完全没有引起那些自称"研究"梦的人的注意，他们认为这是一个明显地讨厌学习的案例（学习新东西正是科学工作者的特征）。引用嘲讽者阿纳脱利・法朗士说过的话是："博学者都是不好奇的。"如果科学上允许报复存在的话，那么我现在就有权利无视本书出版以来问世的那些东西。一些期刊上答复的文章对这本书有大量的误读，更不用说理解了，我对他们的态度是，请回去再读读这本书，或者只是建议他们重读。

目前已经有很多医生愿意用我的精神分析疗法治病，并依据我的方法对梦进行了分析，结果已经在相关刊物上发表（除医生之外，也有别的作者）。那些作品只是相应的认同了我的观点，因为我的论述中已经包括他们的发现。在本书的结尾补充的文献目录中包含了这些新出版物中最为重要的部分。桑特·德·桑克梯斯关于梦的专题著作（出版后不久就有了德文版的译本）与我的《梦的解析》几乎同时出版，因而我既没有参照他的结论，他也没有对我评头论足。十分遗憾的是我不得不陈述我的结论：这本矫揉造作的著作在思想上极端贫乏——人们不可能从这本著作中关注到我在本书中论述的问题。

只有两本书值得一提，它们和我对这一问题的处理方式基本一致。曾经有一位敢于把威廉·弗利斯的生物周期（连续的 23 天和 28 天）的发现运用到心理方面的年轻哲学家赫尔曼·斯沃博达已写过很有想象力的作品，在他的作品中他曾经用生物周期的钥匙去解决梦的谜底。不过，这种解释是对梦意义的低估。他用完成了首次或第几次生物周期的夜间记忆这一偶然事件来解释梦材料的内容。与这位作家个人之间的一次通信使我觉得他并没有严肃地对待这一理论，但是看起来我的这个结论是错误的。我将在另一地方记载一些与斯沃博达的论题有关的观察，但是这些观察并未产生明确的结果。给我带来巨大快乐的是在出乎意料的地方偶然发现了与我基本一致的梦的概念。有关资料排除了这个概念的形成受到我的著作的影响的可能性。因此我对这位在研究方面有原创性思考，并且有独到见解的思想家由衷的赞赏，因为他和我的理论太一致。这本作品是《现实主义者的幻想》，林库斯，1900 年出版第二版。

（1909）

跋

上述的辩护理由写于 1909 年。自从那个时候开始，事态确实已经发生了变化，我对“梦的解释”的贡献不再受到忽视。我现在有机会进一步开展这项工作，《梦的解析》已引发作者们按照极为不同的方法提出了一系列新的争论和问题。但当我还没有使我的观点明晰之前，我是不会就他们的观点进行评论的，因为他们的观点建立在我的观点之上。新近文献中在我看来有价值的内容都将在下面的叙述过程中得到相应的表述。

（1914）

第二章　梦的解析方法：一个梦例的分析

本书的开场白中已表达了我在梦的解释上将采用什么样的传统方法去讨论，我的目的是向人们证明梦是可以被解释的。在前一章的表述中，如果你们觉得对梦的解释作了有益的贡献的话，那也不过是我完成这项任务的过程里的附属罢了。在“梦是可以解释的”这一前提之下，我觉得我一下要面对很多梦的权威理论的质疑。只是除施尔纳的以外，因为“解释”梦就意味着要赋予梦一些“意义”，以某些拥有真实性、很有价值的内容来代替它。但以我所见，梦的科学理论丝毫无助于梦的解释。这是因为根据这些观点，梦从根本上讲就不是一种心理活动，而只是一种躯体过程通过符号表现于感官的作品。外行的看法一直是与此对立的。观点不同是各自的权利；他们强调梦的活动是没办法理解的，可是却不应该武断地认为梦是没有意义的。经过本能的驱使，我们可以说，梦是拥有某种意义的，即便那是一种隐晦难懂的“含义”。梦是为了代替某种思想而产生的，因此只要我们能正确地找出这个“代替物”，就可以正确地找出梦的“内涵”。

科学界在很早以前就一直在努力地以两种本质上完全不同的方法，试着对梦作一番进一步的解释。

第一种方法是把梦视为一个整体，并试着以另一内容来代替，这个代替的内容应该是具有象征性并且可以理解的。可这种方法在处理那些看来难以理解、极端荒诞的梦时，又显得极其蹩脚而失去作用。《圣经》中约瑟夫给埃及法老解释他的梦是就是利用象征性来解决，这是一个极好的例子。“出现七头瘦牛追赶七头肥牛，最后瘦牛吃掉了七头肥牛。”就被解释为暗示着“埃及将会七年丰收，之后会有七年灾荒，并且后七年会将前七年的盈余全部消耗掉。”大部分有想象力的文学作家们所编排出来的梦多是应用这种“象征性解释”：它们就在和梦类似的这种模糊性的掩饰之下将自己的想法表达出来。

很大程度上梦的意义在于预示未来，但是一旦牵涉未来，交代梦的意义的理由也就明显了。但是，想要达到这种象征性解释的方法目前还没有发现。

以至于要想准确的解释，就需要很聪慧的头脑和敏锐的直觉，然而我们知道想要做到并不容易，也因此，利用象征来代替梦的解析并达到一种游刃有余的很高的境界看来是不可能的。

另一种释梦的方法，却完全放弃了以上要求，而这种方法我们可称之为“解码法”，因为在这种方法中我们视梦为一种密码。在这种系统中，每个符号都能以某种方法等同于另一种我们所熟知的符号。举例来说，我梦到一封信，参加了一个葬礼。这时，只要我马上去查了一下“解释梦的书”，我就会发现“信”是“麻烦”的代号，而“葬礼”则意味着“订婚”，之后，我就可以按照这种方式找到它们的联系并结合起来进行解释，从而达到预示未来的目的。在 Daldis 所作的解释梦作品里，我们也是可找出类似这种“解码法”的方法的，可在释梦时，他不仅注重梦的内容，甚至连做梦者的人格、社会地位也都在他们的考虑范围之内，因此同一个梦的内容，对一个富人、一个已婚的男人或演说家与穷人、独身者、贩夫走卒意义是完全不同的。此法的主要特点就在于把梦当作一大堆片段的组合，而这需要把每个片段分别处理。所谓矛盾的、纷乱的，还有荒诞离奇的梦，就只有用这方法来对付了。

上述两种常用的释梦方法都不算是对梦的科学严谨的处理。因为存在局限性，象征法并不能解释所有的梦。而解码法又得依赖解梦的书籍。这个关键的事物能否信赖，我们又不能做严格的保证。因此，人们很容易同意一般哲学家与心理学家的看法，而斥责这一套梦的解释为一种幻想，自然也就不再考虑。

但是，我深刻而清晰地意识到我注意到了某些别人可能尚未注意的方面，即在一些很平常的梦例中，流行的科学判断似乎还没有那些经历了时间冲洗、根深蒂固的观点更接近真理。我承认梦确实拥有某种意义，而一个科学的释梦方法是有可能的。

我探索这种方法即遵循以下路径。数年来，我一直都在试着通过阐明某种精神病理结构来找寻对若干种精神病态（例如歇斯底里性恐惧症、强迫意念等）的根本疗法。我这样做是因为我听到了约瑟夫·布洛伊尔那段拥有重大意义的报道，“我们视这种病态观念为一种病症，而全力以赴地在病人以往精神生活中找寻其本源，则症状便可消除，而病人能得以康复”，在那之后，我也真的这样做了。这种病理性观念来自病人的精神生活，它一旦消失，病人就会康复。即使想要彻底地、清晰地解释，我仍将沿袭布洛伊尔的方法，因为存在很多别的疗法的失败，而且这种疾病本身就很复杂，难以治疗。以后我将在书中其他地方另行详述我这套方法的形式、技巧和其所达成的效果。

就是在这种精神分析的论述中，我触碰到了有关梦的解析的问题。在我让病人把他有关某件事的思想、想法告诉我时，我会要求得知他们的梦，结果是我察觉到梦可以来源于精神状态，并在其中发挥作用。所以，第二步则演变成将梦本身当作一种症状，且可以依据梦的解释来追踪我们的病源，而事实上，这才走了一小步而已。

用这种方法，病人本身需要有一些心理准备。同时我们也要反复地嘱咐病人：(1) 强化对精神感受的注意力；(2) 尽可能减少心理上习惯性地对这些感受做出的驳斥。只有这样才能进行自我观察，为了达到这个目的，最好能使病人平静地在床上休息，轻轻地合上双眼，完全不愿意抹杀内心产生的一丝一毫的感受。最好让他明白，精神分析成功与否，将取决于他本身能否集中注意力，并将所有涌上心头的感受和盘托出，而不因为自己觉得那并不是重要，甚至毫不相干，还可能是愚蠢的就不说出来。他必须对自己的全部思想保持绝对公平，毫无偏见。我们可以说，他对他的梦以及强迫观念或其他的病症得不到合理的解释很大程度上来自他对脑海中想法的批判。

在我的精神分析的工作中，我已经注意到一个在自我反省时的人与一个在观察自我的人的心灵结构有很大落差。思考相比关注自身所需的精神活动较为剧烈。我们可以从以下论述中察觉：当一个人在自我反省时，通常都是愁眉深锁、面色凝重；而在他进行自我观察时，却能做到表情很平和。这两种情况，均须个人集中精力，但是一个正在反省的人，却须运用他的批判功能，这会使他阻止一些否定一些感觉，同时进入到意识的状态，从而有选择地进行一些思想，而其他的观念，在还没有达到我们意识境界，即尚未被他本身所察觉时便已被杜绝。但是，“自我观察却只有一项任务——抑制本身的批判力。而假若他能成功地做到这点，将会有无数的观念涌出，能毫无遗漏地浮现到意识里。而依靠这些不被自我观察者所察觉的资料，我们能对这些精神病态思想加以解释。同样，梦的形成也可因此作一个合理的解释。显然，我们怎样建立这种精神状态，这种状态下，精神能量的分配和睡前的状态有些类似。一些“非任意的观念”在我们睡着时乘虚而入，在醒来时，我们就用这种思考活动干涉我们的思想。因为我们在入睡前，批判力相对减弱，以至于不希望出现的思想涌上心头，从而影响了我们脑中思想的变化，这种松懈，我们习惯地称之为“疲乏”，而这不希望出现的思想的出现，在清醒生活中就以视觉和听觉的幻觉意象的形式出现。但是在对梦和病理观念的分析过程中，这种转变念头是毫无益处的，他们需要集中能量去关注随时产生的非任意的观念。这样的状况下，“非任意的”观念就变成了“任意的”观念。

但是大多数人都会发现，要对这种“并非出自它们的自有愿望”采取这种态度仍然有很多困难，而且要放弃这种“批判”也实在不容易做到。因为通常这种批判功能会对观念产生作用。这种“不随意观念”经常会很自然地产生巨大的阻力，而使这思想不能出现到意识层。若是援引我们伟大的诗人、哲学家弗里德西里·席勒所说的话，我们便可发现，诗歌的最基本创作也只是需要这种相似的功夫。在他和克尔纳的通信中，席勒对那些抱怨自己基本上没有创作天赋的朋友这样说：

以我看来，你之所以会产生这种抱怨，完全归因于你的理智对于你的想象力的限制。在此，我将通过一个比喻来使理解变得容易。如果我们的理智对那已经涌进我们脑海的思想作过于严格的检查的话，那便扼杀了我们的创造力。就某个单独出现的思想来说，它可能毫无意义，甚至是极端荒唐的，但当另一个也紧跟着出现时，就可能变得有意义了。再进一步，如果更多的别的同样荒诞的思想也接着出现，并且相互结合，我们就不得不怀疑它可能已经变成一个很有价值的联结了。理智实际上没办法批判所有的思想，除非它能先将所有涌现心头的意志——保存，之后经过统筹做一个比较批判。我认为，只要是一个充满创作力的心灵，就能让理智放松警惕，这样所有的思想才会自由地、毫无限制地涌入，之后理性会对整体作一个检查。无论你是批评家还是其他的人，都同样因为没办法容忍创造者心灵的那份短暂的混乱，而抑制了灵感的泉涌。这种混乱存在于所有创造性的大脑中，而这份容忍的功量的深浅，就是一位有思想的艺术家与一般做梦者的区分点。因此，你抱怨自己缺乏灵感，实际上都是因为你对自己的想法评判得太早或者是太严格了。(1788，12 月 1 日的信)

实际上，席勒所谓的理性放松警惕，采取非批判的自我观察态度并非很难做到，我的大多数病人，都可以在首次接受指引后做到。而我自己若是把掠过心头的所有念头一一记下，也可以很轻易地完全做到。但是，这种批评的活动。所消耗的精神能量越少，自我观念强度的能量也就越多。而这种状况的不同取决于我们关注的目标不同。

这方法应用的第一个步骤告诉我们，一个人不能将梦的整体当作集中注意的对象，而只可以对每一小部分慢慢地检查。如果我对一个毫无经验的病人发问：“这个梦到底与你有什么联系？”十之八九，他是根本看不出什么目的。但是，如果我们想知道某一段中暗含了什么意念，我就可以为他把梦划分成一个个的小片段，之后他就能告诉我大量与它们有关的事。这样看来，我所使用的方法就与古老的、传说中的象征性的梦的解析方法略有差异，而与前述的第二种方法，也就是“解码法”较为接近，它们都是把梦划分为片段，而非整体。它首先就把梦看作复合性的，视为一大堆心理元素组合的堆砌物。在我对神经症患者进行精神分析的过程中，曾经作过一千多个梦例的梦的解释，但我在此介绍释梦的理论与技术时，实际上并不能利用它们作为材料。因为一般人可能会觉得以这些精神神经症患者的梦所做的解释并不可以推广和适用到正常人的梦。与此同时我还有别的理由，因为有患者的梦所呈现的主题和他们的病史有关。也就是说，每个梦都须有详细的附加说明，对其精神神经症的性质和病源作一个报告，而这些都是从前没人做过同时又难以理解的，这样做导致的必然结果是分散我们对梦本身的注意力。相反，我的目的是希望能找到一条路，运用梦的解释来解决更加困难的神经症的心理学问题。因为在这样的情况下我需要做的仅仅就是听一些我所认识的正常人间断地向我汇报一些梦例，还存在一些有关梦生活的文献中提到了其他的梦例。但是，不幸的是，这些梦都没有经过真正的分析，以至于我不能寻求到其真实的意义。因为我的方法并不只是像“解码法”一样只要有本解码的书籍就可以对梦进行解释，所以相对来说我的解析过程会相对复杂。恰恰相反，我认为同的一个梦的片段，对于不同的人、不同的背景将有截然不同的意义。因此，最后我只得采用我本人的梦——一种是由一个基本正常的人所做的梦，其内容很丰富而且便利，与日常生活也可以本能地寻出一种比较明显的联系。当然，有人怀疑这种“自我分析”的可靠程度，同时也有人会怀疑我利用这个途径得出我想要的一切结论。可就我来说，自我观察总是较观察别人来得真切些。与此同时，还可顺道看出用自我分析的方法，到底可以完成多少“释梦”的功夫。实际上，在我本身内在方面，仍然是有很多需要克服的困难。我会或多或少地暴露自己的隐私，而且担心别人会误解这些内容，因此我也会有所犹豫。但是，一个人必须要能超越这些顾虑。德尔贝夫曾说过：“每一个心理学家都必须拥有承认自己弱点的勇气，如果那样做他觉得会对解决困难的问题有所帮助的话。”那么我宁愿相信，读者们会因为这种心理问题的解析所带来的极大的兴趣而原谅我的轻率。

所以在此处我列举一个我自己的梦，来证明梦的解析的方法。任何一个这类的梦都需要一个前言，因此我希望邀请我的读者暂时把我的兴趣作为自己的兴趣，甚至包括我个人生活中的一些琐碎小事，这种转变将会成为我们探究梦的隐义所需要的兴趣。

前言

1895 年夏，我曾经以“精神分析”治疗了一位与我家素有交情的女病人。因为担心万一失败将会影响我们两家的友谊，所以在整个过程中我备感棘手。医生对病人以及病情的个人关注比较大，则他的权威性就越小。可很遗憾，她在我手中的治疗经过似乎并不太顺利，我只能使她不再有“歇斯底里”的症状，可她的生理上的部分症状却并不能好转，那个时候我还没有精确地终结歇斯底里的标准，因此就提出了一个更彻底但并不能使病人情愿接受的治疗方案。结果却是，大家都觉得不愉快，于是暑假时治疗就停止了。

有一天，我的一位年轻同事兼旧友奥托医生来拜访我，他曾是我的病人伊尔玛的邻居，他和她一家一起在一个乡间度假村生活过。后来，我问起关于她的近况，所得的回答是：“看来似乎好一些，可仍不见有多大起色。”那种语气听来似乎指责我的不对，例如我对病人的承诺过多等等。但是我猜想，他之所以有这样的态度，肯定是受到病人家属的影响，因为我觉得他们对我的这次治疗一点儿都不看好和支持。但是，我那时并没有把这种糟糕的心情表露出来让他知道。只是那天晚上，我把伊尔玛的病例拿给 M 医师，让他来帮我证明我的正确性。就在当天晚上，我就做了如下的一个梦。

1895 年 7 月 23 日至 24 日的梦

一间大厅里有许多客人需要我们接待，伊尔玛在人群中，我走近她，好像要答复她在信中的问题，并且责问她为什么到目前为止仍不接受我的“办法”。我说：“如果是你仍感痛苦的话，你可千万不能怪我，因为那是你自己不对！”她回答道：“你是否知道我近来喉咙、肚子、胃都痛得厉害！我都快窒息了。”这时我才注意到她竟然变得如此苍白而浮肿、虚弱，我忍不住开始为自己从前可能疏忽了某些器质性的疾病而觉得愧疚，于是将她带到了窗口，检查她的喉咙，正如通常那些装有假牙的女人一样，她似乎有点不情愿。她张开了嘴巴，结果我在喉咙的右边发现了一块大白斑，而在别的地方也有广布的灰白小斑排成层层花斑似的小带子，看上去很像鼻子内的鼻甲骨。于是我立即叫 M 医师来再进行一次检查，结果证明果然如此……M 医师今天看来不同于以往，苍白、有点微跛，而且下巴刮得干干净净……这时候我的朋友奥托也出现在伊尔玛旁边，还有另一位医生利奥波德对她隔着衣服进行胸部诊治，并说道："在左胸部下方有浊音。"还发现她的左肩皮肤上有一个伤口（虽说隔着衣服，但我仍然看到了）。M 医师说："这明显是由感染所造成。问题不大，得痢疾通常只要拉肚子就能排出毒物。"……而我们都清楚这是怎么造成的。就在不久之前，奥托因为伊尔玛当时身体不舒服而给她打了一针丙基……丙酸……三甲胺（这项药名因为是以一种粗印刷体出现的，因此我能清晰地看到），实际上，人们一般很少使用这种药的，而且当时针筒不够卫生。

这个梦有个优点，很明显与当天白天所发生的事是相联系的。根据我的"前言"来看的话，读者可能可看出一点痕迹：突然间奥托听到伊尔玛的消息，同时也写治疗经过寄给 M 医师……这些事一直到我入睡的时候仍萦绕在我的头脑中，所以才会产生了这么一个怪梦。但是仅仅知道这些，对于完全理解这个梦还是有困难的，实际上连我本人也没办法完全明白其中的含义。我也觉得百思不得其解，伊尔玛怎么会生有如此奇怪的症状，这也不在我的治疗范围。还有丙基的注射，M 医师的安慰之词……都使我摸不着头脑。特别是后来所有的进展是如此之快，似乎一下子就掠过去了一样，更使我无从捉摸。所以以下我打算分成几段，逐段分析，以发现其中的意义。

分析

1. 一间大厅，有大量客人等候我们去接待。那年的夏季，我们住在贝莱福消夏——这是卡伦堡附近山中的小屋。因为这座房子原本是用作避暑的别墅，因此，都是些高大宽敞的房间，很像大厅。做这个梦时我就在贝利福，那正是在我妻子生日的前几日所做的梦。记得就在做梦的前一日，我妻子曾经和我谈及要邀请一些客人来参加她的生日宴会，而伊尔玛就是其中之一。因此，在我的梦中才会有类似那天生日宴会的一幕出现。

2. 我责备伊尔玛还未采纳我的"治疗方法"。我说："如果是你仍感痛苦的话，你可千万不能怪我，因为那是你自己不对！"在清醒时我有可能说出这话，而且实际上我的确是这样说的，那个时候我确实是这样觉得（尽管日后我意识到那种看法是错误的），我的工作仅仅是对患者揭示出他们症状之下所藏的真正病根而已；至于她是否接受我的办法则是他的问题，我不予考虑，尽管治疗成功对我来说很重要，但我只能说尽力而为。因此有段时期过得挺愉快。我当时犯的错误就是没有意识到人们希望治疗是有效的、成功的。因此在梦中，我告诉伊尔玛那些话，不过是要表示她之所以久病不愈，不怪本人“治疗”。我的那个梦的目的大概就是推卸责任。

3. 伊尔玛发牢骚：“你是否知道我近来喉咙、肚子、胃都痛得厉害！”胃痛倒是她起先找我时就已有的状况，可当时并不很严重，至多不过胃里难受想吐而已。至于腹痛、喉痛以及喉咙感到喘不上气，这些却从来没有听她说过。何以在梦中，我替她捏造出这些症状，至今我仍不明白。

4. 她看起来苍白、浮肿虚弱。实际上伊尔玛一直是脸色红润，因此我怀疑大约在梦中有人取代了她。

5. 我有些为自己可能之前疏忽了某些症状而担心。读者们都知道，一个专治神经症的专家经常有一种担心，就是他怕自己把别的医生都诊断为器质性疾病的许多症状完全当作“歇斯底里症”来医治。而且另有一种可能，伊尔玛的症状如果真的是由器质性疾病引发的话，那么当然不是我用心理治疗所能治愈的，而我就大可不必要为此而不能释怀。说实话，我反倒希望之前“歇斯底里症”的诊断是个错误。如果真是这样，那我即使治不好这个病也不会受到责怪了。

6. 带她带到窗前以便检查她的喉咙。她并不情愿，很像那些装了假牙的女人。我觉得她本不必这样。实际上我从来没有检查过伊尔玛的口腔，这梦中的情景，使我想到之前我曾给一个政府女职员做过检查：她外表看起来那么漂亮年轻，但是要求她张嘴时，她就尽量要掩盖她的假牙。这使我想起了其他的一些医学检查，它暴露了患者的所有秘密，这使大家都不愉快。我想，伊尔玛本来不用这样，我在对伊尔玛表示赞赏的同时怀疑是否含有其他意思。伊尔玛站在窗口的那一幕，使我联想到另一经历。伊尔玛之前有一位很要好的朋友，有一天我去看望她时，她恰好正如梦中伊尔玛一般，站在窗口让她的医生——M 医师（就是梦中的那位）为她检查。结果在喉头发现有白喉的一层膜——M 医师、白喉般的膜、窗口——都在梦中再现。这时我才发现，当时我就一直怀疑她也是歇斯底里患者。而实际上我之所以产生这种想法，是伊尔玛对我透露的，即如同我梦中的伊尔玛，她也有歇斯底里性窒息。所以我才把她们搞混了。

那么，是什么原因使我用其他人代替了伊尔玛呢？至今我才记起，我一直盼望着伊尔玛的这位朋友会找到我来治她的病。但是，我又自知绝无可能，因为她一直属于那种保守的女人，可能梦中特别强调的不愿意就意味着这一点。另一个对“她本不必这样”的解释，可能就是指这位朋友，因为她到目前为止一直是不需要别人帮助而能好好地生活着。最后只余下苍白、浮肿和假牙。这些不可能在伊尔玛与她这位朋友身上都可以找到，假牙大约是来自那个政府女职员；此外我又想到另一个人物—也就是X夫人。她并不是我的病人，而且我也的确不敢领教这家伙，因为她一向就与我不和，一点也不温和。她面色显得很苍白，曾经有一次身体尤其不好，而且还全身浮肿。也就是这样，我同时用了几个女人来代替了伊尔玛，并且她们与伊尔玛的共同点就是她们都同样不需要我的医疗。我之所以在梦中用她们代替伊尔玛，可能是我比较关心她这位朋友，或对她表示同情，甚至可能是我觉得伊尔玛太笨不能接受我的办法，而别的女人可能较聪明、较能接受。而且，她也会张开嘴巴，并且和我交谈比伊尔玛要多。

7. 我在她的喉咙里看到一大片白斑，鼻甲骨上散布着小白斑点。白斑使我想起伊尔玛的白喉，与此同时又使我回忆起两年前我的长女得的大病和那段让人内心焦灼的日子的恐怖。那紧皱的鼻甲骨使我联系到自己的健康问题，当时我常服用“可卡因”用来治疗鼻部的肿痛。就在几天前，我听说有个病人因为仿照我使用这种药使得鼻黏膜大块的坏死。记得1885年我极力推荐可卡因的医疗价值时，曾遭到很多人的反对。而在1895年之前，因为这种药物的滥用而造成我的一位好友死去。

8. 我立即叫M医师来在进行一次检查。这不过是反映出M医师在医学界的权威性，但“立即”却意味着是一个特别的检查，需要做出解释。这使我想起一个很糟的行医经验。当时索佛那被认为无副作用，有一次为了给一位女病人治病，我让她服用了很多。但却引起了药物中毒，使我不得不立即求助于前辈们。我是铭记这个惨剧的因为一个细节——那位病人（已中毒身亡）与我的大女儿同名，都叫马蒂尔德。这件事在现在看来似乎是冥冥之中的命运的报复。我觉得这种梦中人物的交换：以一个马蒂尔德代替另一个，以其人之道还治其人之身。由此看来，潜意识里，我似乎常以自己的缺乏行医道德而自责。

9. M医师脸色苍白，下巴剔得很干净，脚有点跛。M医师实际上确实就是个脸色经常苍白而使人担心的家伙。可刮胡子、跛行却又使我想到这是另外一个人——我那位在国外的兄长，他经常是胡子刮得最干净的人。而他几天前来信说，他患了关节炎，因而腿有些跛。我可能因此用他替换了梦中的M医师。可为什么这两人会在梦中合成一人呢？我仔细思索后记起，因为他们最近都拒绝了我给他们的提议，使我对他们都不是很满意。

10. 奥托就站在伊尔玛旁边，而那个时候利奥波德为她作叩诊，且注意到她的左下胸部都有很强的阴浊音。利奥波德也是一内科医生，而且还是奥托的亲戚，因为两人干的是同一行业，因此一直都互不相让，那个时候当我仍然在儿童精神科主持神经科门诊时，他俩都在我手下帮过忙，而两人迥然不同的性格曾给我颇深的印象。奥托敏捷、迅速，而利奥波德却是沉稳、详细而彻底。在我的梦里，我毫不怀疑地赞赏利奥波德的细心。这种比较就像上述的伊尔玛她那位朋友一般，只是表示出我个人情感上的好恶。现在我才看出在梦中我思路的运作：由我对她有所愧疚的马蒂尔德→还有我的大女儿→还有儿科医学→利奥波德与奥托的对照。关于梦中的“浊音”使我联想到有一回在门诊，在我与奥托看过一个病人之后，当我们正讨论不出名堂时，利奥波德曾经又作了一次检查，发现这个可作重要线索的“浊音”。现在我还另有一种想法：要是伊尔玛就是那个病人那该多好，因为那病人后来已确认为“结核病”，不像伊尔玛得的这般难断的重病。

11. 在左肩皮肤上有明显的渗透性的病灶。我很自然地想到这正是我的风湿痛的部位，每当我夜半醒来的时候，这毛病就会发作。还有那句“虽说隔着衣服，但我仍然看到了……”“渗透性病灶”这句话很少用来指皮肤上的毛病，大部分都是用来指肺部，如左上后部有一“渗透性病灶”等的说法，因此我们又一次可以看出，在我的内心是多么希望伊尔玛患的是那种很容易就被诊断的肺结核。

12. 尽管她穿着衣服，这是句插入语。在儿童诊所里我们一直都是要他们脱光衣服作检查的，可一般女性多半是不这样要求的。记得有一个名医就是因为从不让人脱掉衣服检查疾病因此受到女病人的欢迎。但是关于这个插入句，我实在看不出什么名堂来。

13. M 医师说：“这明显是由细菌感染所造成。问题不大，得痢疾通常只要拉肚子就能排出毒物。”这乍看是多么荒诞可笑。但是仔细追究，实际上却很有道理。在我的梦中我看出这病人有着明显的白喉，而白喉主要是一些局部感染，再引发全身症状。我曾经在我女儿患病后探讨过局部性白喉和白喉引起的全身性感染。利奥波德指出，浊音部位引起了全身性感染，也就是说那个部位可以作为转移源。可我认为，浊音不是白喉的症状，而却使我想起了脓毒症。

14. 问题不大。这显然是一种安慰之词。梦的前半部分中 M 医师说这是由于严重的器质性感染，我认为这样能推掉自己责任——心理治疗并不针对白喉。而很可能当我的梦发展到这儿时，我的意识已开始在自责了：“只为了自己能辩解到无须为她负任何的责任，然后就可以不择手段，让伊尔玛成为感染上重症，这样是多么的残忍！”于是以后的梦又转向乐观的方向发展。这样才有这种“问题不大”的说法，而且是借M医师之口。选择M医师是合理的，但是为什么用这种显得那么荒谬的安慰之词呢？

15．痢疾。也许我是在梦中嘲笑M医师，因为他的观点和传统的观念一样认为致病物通过粪便就能排出去。而且他总是对一些现象提出联系不大的解释，让人觉得他提出的病理联系相当牵强。但是我又回忆一些和痢疾相关的想法。几个月前，有一个病人来我这就诊，那个时候我一眼就发现这是“歇斯底里症”，而其他医生都将它诊断为“贫血、营养不良”。因为我打算让他使用“心理疗法”，因此我就劝他到海外游历来放松一下自己的身心。谁知几天前他从埃及写了一封很悲观的信给我，说他在那里又发作了一次，而当地的医生诊断为痢疾。我很怀疑，这明显是“歇斯底里症”，怎么可能是“痢疾”？可能是当地医生的误诊。而我又忍不住开始自责不该让病人去那儿，以至于导致他在歇斯底里性肠道不适的剧烈发作期内又得了器质性疾病。另外，在德语中，白喉和痢疾两个词发音也很相似，这种情况的代替，在梦中经常见到。

在梦中，我让这些话由M医师说出，应该有一种故意在取笑他的意思。因为几年前他曾告诉过我一个医生的故事。那位医生请他去会诊一个病得很严重的人。M医师发现，她尿中出现了白蛋白，可那同事却说：“白蛋白能很快从身体中排掉！”因此，我可能在梦中就故意讥笑这位诊断不出“歇斯底里症”的医生。也许是为了证明我的这种想法，我又回忆起另一件事：“M医师是否曾想过，他的病人也许由本身患有的歇斯底里而引起了结核病呢？他是否关注到了这一点？”

但是我在梦中居然这样刻薄地嘲讽他，到底又出于什么目的呢？仔细想来可能只有一个意图——报复。因为M医师和伊尔玛都不赞成我，因此在梦中我对伊尔玛说她的疼痛不应该怪我。对于M医师，我则将一种最荒诞、最可笑的诊断由M医师口中说了出来。

16．我们清楚那感染是如何来的。但是梦中知道这件事似乎有些荒谬。因为在利奥波德发现“浊音”“渗透”之前，我们以前压根儿未曾想到这会是细菌感染。

17．不久前她觉得不舒服，我的朋友奥托为她打了一针。因为奥托在伊尔玛家住时，曾被附近的一个医生拜托为一个急症病人打针。同时“打针”又让我记起我那一位因为注射大量可卡因而马上就中毒死亡的友人，我当时很坚定地说服他内服这种药，但是没想到他竟因为一次打了那么多剂量而殒命，这件事曾经让我久久不能忘记。

18. 当时打的药是丙基制剂……丙基……丙酸。到底是什么想到这种药，甚至连我自己也没见过。在写病历和做梦的前一天，奥托送给我一瓶写着“安娜纳斯”的酒。他是个习惯送礼的人。因为它有很强烈的杂醇油，所以我迟迟不敢喝。当我妻子建议送给佣人们喝时，我不同意并责怪她不该让仆人们中毒。杂醇油使我联想到丙基、甲基等药物，由此，梦中的丙基制剂的来源就算解决了。可以这样认为，在梦中我将两种药物进行了替换，而这种交换在化学领域中是允许的。

19. 三甲胺。在我的梦中，我甚至还可清晰地看到它的化学结构式，这表明我确实是记忆力很强。这个结构式是黑体印刷，似乎很重要。但是，三甲胺对我来说又有什么特殊的导向作用呢？它使我想起曾经与一位熟知双方作品的老朋友的谈话。他在那次谈话中给我讲过一些有关性过程的化学物质状况，他提出他的观点，即认为性的代谢产物之一就有三甲胺。因此，它让我想到了我所要治疗的那种精神失调的病源——性欲。我的病人伊尔玛是一个丧偶的女人，如果我非得自圆其说的话，她的这种性生活状态可能就是一个很巧妙的借口。当然，他的朋友不喜欢她这种婚姻状态有所改变。不过，我不明白为什么我梦中的那个女病人也是年轻的寡妇？

我仍然想不出三甲胺的结构式怎么会那么清晰地呈现在我梦里。这个关键问题的钥匙可能就是，三甲胺不仅是指性欲的强烈，而且还可能暗示着某一个人。他是一个在我受到孤立的时候站在我这一边的很重要的人，而且他会在某种情况下再次出现。我想起了对我影响很大的一位医学前辈，他对鼻腔和鼻窦性病有过专门的研究，而且曾经发表一篇《鼻甲骨与女性生殖器官的联系》的论文，让人们注意鼻甲骨与女性性器官之间的联系。他曾应我邀请给伊尔玛做过检查，确定她的胃痛是否与鼻腔有关。我对他的健康状况有些担心，因为他当时正得化脓性鼻炎，脓血症应该就是暗指这件事，它转移到了我的梦中。

20. 人们一般很少使用这种药。这明显是在指责奥托的过失。我想起一件类似的事。一天下午，当他表现的态度极端反对我的时候，我心里就产生了一种想法：“他太容易受到影响了！”“他太过于轻率地下结论！”另外，我还想到了我那位因为注射过量可卡因而死的友人。就像我曾说的，我从不支持注射可卡因。而且当我责备奥托的同时我想起了马蒂尔德。我明显是在收集证据以证明我没有责任，证明我的医德，反之亦然。

21. 当时的针筒不够卫生也是极有可能的。这显然又是指责奥托的，不过是换一种说法而已。我有一位老病人已有 82 岁高龄，两年来她每天都会打两针吗啡。近来迁到乡间以后，就请了别的医生给她打针，但是却发生了静脉炎。这消息却让我有些窃喜，这恰好确认了我行医的良心和谨慎，因为两年来我未曾有过问题。我认为这可能是针筒不干净——这个时候又让我忆起我爱人在要生马蒂尔德时，曾因为打针而造成了很严重的血栓症。从上面来看，我曾经在梦中将伊尔玛、我的妻子以及死亡的马蒂尔德进行了置换。

以上就是我对这个梦的分析的全部内容。在分析的过程中，我是那么地努力避免将梦的内容及隐藏在其中的梦的想法进行比较而产生偏见，也使得可以将真正梦的含义揭示出来。这个梦的“含义”对我也造成了一定的影响。从整个梦中，我发现了一个由始至终的意向，实际上也是我这个梦的动机。这个梦根据这个意向完成了我内心的欲望，但是这些都是由前一个晚上奥托对我说的话和我回忆录下整个临床病历所引发的。整个梦的结果，在于说明伊尔玛至今为止有痛苦，但并不是我的过失，而应该归咎于奥托。因为奥托告诉我伊尔玛并未痊愈而使我恼火，于是我用这个梦来报复他。这些因素也搪塞了不少解释来让我自己消除对伊尔玛的愧疚，这个梦呈现了一些我内心的愿望。因此，我可以这样讲，梦的内容是一种欲望的满足，其目的在于满足欲望。

现在，这个梦基本上已经讲完了。虽说这个梦乍一看似乎大体上情景并没什么特殊，但是就愿望达成的观点来仔细琢磨的话，则每一细节都有其意义。我之所以在梦中讲奥托在医疗上的粗心，并不仅是因为他轻率地为伊尔玛的病未痊愈而怪罪我，还因为他曾送给我的那机油臭味的劣质酒。因此在梦中，我将这两回事混合在一块儿，用“注射丙基制剂”的方式来责备他。可我依然心有不甘，因此我再拿他和较优秀的同行作比较，进而进行嘲弄。但是，奥托并不是我的愤怒所发泄的唯一目标。我对不配合的病人也很不满，于是用另外一个比她要机灵很多，而且比她更温顺的人物来代替她。当然，我也没放过 M 医师，因此，我用一种很明显的暗示来报复他，从而表达出我对他的看法——他对医术根本就不懂。实际上，我也想通过另一个更有学识的人（告诉我三甲胺的朋友）来替换他，正如我将伊尔玛当成她的朋友，然后将奥托当成利奥波德一样。现在就整个梦来看，我似乎是想说出：“让我远离这三个讨厌的家伙吧！让我另选三个人来代替那些人吧！只有像这样我才能避开这些责骂。”在梦中，我认为这些不合情理的谴责都通过各种证据证明了，包括伊尔玛的病痛，只是因为她未接受我的治疗，这个错不在我。那些病痛是因为器官性疾病所致，那么自然不能用我的心理治疗。还有伊尔玛的受苦，是因为她的丧偶所致，而对于这种状况，我也没办法帮助她。伊尔玛的病，是由于奥托轻率的打针引发的，而且用药也不对。奥托的这种错误就像那位犯了静脉炎的老妇人的情况一样。我当然很明白这些为了让我自己变得无罪的所有说明是无理的，甚至有些自相矛盾。这整个目的（这梦似乎就只有这个目的）使我想起一个寓言——一个邻居向他借了一把好水壶，却还来一把坏水壶。这个人的第一次辩解说他还的时候水壶还没坏，就在被驳斥后，他第二次的辩解理由是当初他借的时候，那个茶壶已经有了破洞。最后，这个方法还是走不通，于是他坚决地说他没向这个人借过水壶。一种复杂的防卫机制就像这样进行着。只要这其中的一条有效成立，他也就将罪责逃脱了。

还有其他梦中的细节，似乎和伊尔玛的病的责任问题毫无联系，即我女儿的病和与我女儿同名的病人的病，还有关于索弗那尔的危害，还有那个埃及旅行的病人的病情，对那位患有化脓性鼻炎的已故朋友的关心，我本人的健康问题，对我妻子的关怀，兄长的状况，以及 M 医师。我于那么纷乱的片段中挑出其中共同的含义，那不过是对我本人以及别人的健康状况的关切——我职业上的良心。我隐约记得那晚当奥托告诉我伊尔玛的状况时，我曾经有一种难以言表的苦恼，那种感觉在梦中发挥了作用。这个时候的感受，让我在梦中将它肆意宣泄。就像是奥托对我说“你没有足够重视你的医疗道德，你不能够做完你承诺的事”。因此，我就在梦中尽全力地确认，我很有医德，我是如此地关心我的亲戚、朋友与病人。很奇怪，梦里存在的那些痛苦的回忆，更加确认了奥托的谴责，而并不是支持我的自白。所以有人说，材料是不会欺骗的。但毫无疑问的是，梦的内容与我想摆脱对伊尔玛疼痛的责任的欲望之间存在某种必然的联系。

我不敢自夸我已经将这个梦的含义全部解释出来了，也不敢说我的诠释是毫无问题的。我可用更多时间来讨论它，以找出更多的解释，探索其中的各种可能，我甚至能发现新的思路。但是这要联系到每一个梦所遭遇到的所有事情，而我也有难言之隐而不愿再继续分析。那些怪罪我没有分析得淋漓尽致的人，他们应该是拿自己做个实验，做得更爽直、更率真一些。可现在，我很满意这个刚刚分析得来的发现——遵循以上所言这种梦的分析方法，我们将发现梦是有价值的，而绝非某些权威所说的只是大脑不完整的活动的再现。相反，直到这个梦的解释全部完成，我们也得以看出梦代表着一种欲望的表达与实现。

第三章　梦是欲望的满足

当我们跋山涉水，穿越重重险境，走过一条荒无人烟的小路后，一片空旷的旷野突然出现在眼前，脚朝向哪儿哪儿就是方向，四通八达，美不胜收。我们需要停下来，仔细想一想，究竟该走向哪儿。同样，我们在释梦的过程中有同样的心境。现在我们已经对一个梦进行了解释，这似乎是一个良好的开端，现在我们正发现那乍现的曙光。梦，它不是凭空想象，不是毫无意义的，不是荒诞的，也不是一部分意识昏睡部分清醒的产物。它完全是有意义的精神现象。实际上，它是一种欲望的表达。我觉得它们能在人们认可的清醒精神活动中起作用，它们是由一些高度错综复杂的智慧活动所产生的。

但是，当我们正为这些发现而自鸣得意时，突然发现一大堆的问题又出现在眼前。果真梦是理论上所谓的欲望的表达，那么这种达成以如此特殊的方法出现又该如何解释呢？它们在形成我们醒后所记得的梦像前，到底我们的梦意识中经过多少变形呢？梦的原始材料又是从何而来呢？梦中的特点又来自哪里？例如，它们之间可以相互矛盾等等。梦可以对我们的内在精神活动有所指引吗？或者说是能指正我们白天所持的观念吗？

我坚持认为，现在这一大堆问题最好暂时搁置一旁，而只专注一条路径，即众所周知的梦是一种欲望的表达。那么我们需要探讨的是，这是否为所有梦的共同特点呢？或者那不过只是刚刚一个我们分析过的梦的特殊内容（有关伊尔玛打针的梦）。虽说我们已经得出每个梦都有一种意义或心理价值的结论，但是我们不能盲目排除拥有共同意义的可能，只不过它们再现的形式不同罢了，如同一意义以三种形式出现：恐怖、思考或者是简单的记忆再现。是否在欲望的表达以外，还有其他的梦呢？或仅仅就存在这一种梦？

梦所表达的愿望的满足动机是极为明显的，使人感到很奇怪，我们无法长期理解梦的语言。对于我来说，有些梦，我可以用实验手法随意地引用，例如对于我经常做的梦，我就可以很随意地唤起。如果我当天晚上吃了很咸的食物，那么夜晚我就会口渴，可在醒过来之前，经常有一个内容同样的梦

——在梦中我正大口大口地喝着水，那种感觉就像干涸已久的喉头，流入了清凉彻骨的甘泉那样的爽口。而我醒后，发现我的确想喝水，这个梦的因素就是我醒来后就会真的感到渴。这种口渴的感知引发喝水的欲望，而梦使这心愿得以实现。因此它确实有某种功能，其本质我下面会提及。我平日睡眠都是极好的，不会轻易被身体的需求所唤醒。要是我能用这喝水的梦来解决我的口渴的话，我就不会渴得醒过来。它就是这样一种很方便的梦。梦就像这样代替了我们的实际行动，但生活中时常会发生。但不幸的是，这种饮水止渴的需要，并没有我对 M 医师和奥托惬意的感觉那么强烈。用梦就可能满足，可其动机是同样的。就在不久前，我做了一个与这有点儿不同的梦。因为那次我在上床前，就已感到很口渴，于是我站在床前将一杯水喝完以后才去睡觉。几个小时之后，我又因为口渴而感到很不舒服。此时想要再喝水就得起床到妻子床边的桌子上拿水喝，实在是麻烦，因此，我又做了一个梦。我在梦中梦见我太太从一个花瓶内取水给我喝。我还记得这瓮是我过去从意大利西部古邦安达卢西亚买回来伊特鲁斯坎胥的一个骨灰瓮，不过后来送给了别人。但是，那水喝起来感觉是那样的咸（可能是内含骨灰吧!)，这使我醒了过来。梦的内容是无序的。因为愿望的实现是梦仅存的目的，而且其内容都是以“我”为中心。实际上，贪图安适与体贴别人是互相冲突的。梦见骨灰瓮很可能又是一次内心愿望的实现。很遗憾的是我不再拥有那坛子，正如放在我太太床侧的水，我不起床就拿不到是一样的。而且，那瓮以及口中的咸味越来越重，这种状况持续，直到我醒来。

在我年轻时这种梦是经常发生的。记得那时经常工作到半夜，早上睡睡懒觉，往往梦见我已起床站在洗脸架旁，但过会儿我会发现原来自己仍待在床上，还在睡觉。一个和我同样贪睡的同事也有过类似的梦，而且他的梦显得更荒诞、更有趣。他以前租了一间距医院很近的房间，他拜托女房东每天早晨准时叫他起床，以免迟到。这对女房东来说却是一件难事。有一天早上，他正在熟睡的时候，房东又来叫他起床：“佩皮，起床吧！到时候该上医院去了。”听到声音后，他做了一个像下面一样的梦，梦中他躺在医院某个病房的床上，床上还挂着块牌子，上面写着“佩皮·M，医科学生，22 岁。”，这时他在梦里说：“既然已经住到医院了，就不必再去了吧?”说完，他翻了个身，又继续睡下去。事后，他坦白承认了做这个梦的目的不过是贪睡而已。

还有一个例案，同样证明了实际睡眠中的某种刺激确实有效。我的一个女病人曾经做过一次失败的下颚手术。而且受医师指示，需要在疼痛的颚侧戴一个冷敷器，即使睡觉也不能拿掉。但是，每次睡觉前她都会把那取下来。有一天，我因为她又这样做说了她几句。没想到她竟会有如下的辩词：“这次我真的不是故意的，那完全是由昨晚所做的梦引发的。梦中我坐在那个歌剧院的包厢内看戏，在私人疗养院住的卡尔·迈耶先生突然抱怨他的下巴痛。然后我自语道：‘既然我的下巴没有痛感，那么我就不需要戴这个东西！’于是我就把它拽下来扔了。”这不幸的病人所做的梦，使我想起当我们置身于不愉快的境地时经常都会说：“好吧！既然这样就想些更快乐的事吧！”而这个梦恰是这种快乐的事，她的疼痛则转嫁给了别人。至于被这病人所指为下颚疼痛的卡尔·迈耶先生，不过是她那时偶尔想到的一位朋友而已。

我曾经在一个正常人身上收集了一些愿望实现的梦。一位熟知我的梦的理论的朋友，曾经将这些观点解释给他太太听。有一天他告诉我：“我太太昨晚梦到她的月经来了，你说说这是什么意思？”我猜到应该是这么一回事：即一位已婚年轻妇女梦到她来月经就代表她想来月经。因为梦是欲望的表达，我推断，她很希望在做母亲之前再自由一段时间。或者说这意味着她已经怀孕了。还有我的另一位朋友写信告诉我，他太太最近梦见内衣前襟沾了乳汁。这也证明她怀孕了，可这已不是他们的头胎，而这位年轻的母亲，她的心里热切的盼望，这将要诞生的第二胎比第一胎可以有更多的乳汁吃。

一位年轻女人，因为需要照看自己一个得传染病的孩子，而导致她连续几个星期都不能参加社交活动。后来她做了个梦，梦见她自己的儿子康复后，她有机会参加了一个晚会，她与包括阿方索·都德、保罗·布格特和马塞尔·普鲁斯特在内的很多作家都在一起。这些人对她都很友善亲切，她觉得梦里很开心。在梦中，这些人的面貌几乎和她所收藏的画像模样一样，只有普鲁斯特这人的容貌她不熟悉，他看起来就像前天第一个从外界进入这病房从事消毒工作的工作人员。明显的是这梦可以解释为：“以后将不再有枯燥的看护工作了，快乐的日子就要来临！”

看来这些材料可以显示出，无论我们的梦有多么复杂，大多数都可以理解为愿望的实现，甚至其内容基本上是无须掩盖便可看出的。它们大多是简短的梦，这与那些使释梦者特别费脑筋研究的复杂的梦形成鲜明对照，引起专家们注意的通常是后者。但是，只要你肯对这些最简短的梦作一番研究，你会发现那的确是很有价值的。我们需要找到那些儿童做的梦，他们的梦通常形式比较简单，即精神活动也就比成人简单。而根据我的经验，正如我们研究低等动物的构造发育或发展，以便了解高等动物的构造一样，我们应多多讨论儿童心理学，进而了解成人的心理。但是，遗憾的是，迄今为止，很少有人利用少儿心理的研究来达到这一目的。

小孩的梦通常是纯粹的愿望实现，在这样的状况下，成人的梦又显得很枯燥，找不到需要解决的问题。但是却可以提供给我们有用的证明——梦的本质是欲望的表达，或者说是愿望的实现。我曾经从我的孩子那里收集了一些这样的梦例。1896 年的夏天，我们到哈尔斯塔特旅行的时候，我八岁半的女儿和刚五岁零三个月的儿子都各自做了一个梦。这里我必须说明的是，那个夏天我们住在靠近奥塞湖的山里，在天气晴朗的时候，可以看到达赫斯坦的美景。如果再加上望远镜，可清楚地看到山上的西蒙尼小屋，孩子们喜欢在这里用望远镜来欣赏。在远游出发之前，我就对孩子们说，我们的目的地荷尔斯塔特就在达赫斯坦的脚底下，他们为此显得很兴奋。经过荷尔斯塔特再入埃契思塔尔的时候，孩子们被路上那变幻的景色所吸引。但是没过多久，五岁的儿子逐渐开始不耐烦了，只要看到了山，他就问这是不是达赫斯坦，但是我的回答总是："不，那只不过是达赫斯坦下的一座小丘。"就这样问了好几次以后，他就不问了，甚至都不想一起去爬到石阶上看瀑布，那个时候，我还以为他是太累了。没想到，第二天早晨，他就兴高采烈地跑过来告诉我："昨晚我梦见我们走到了西蒙尼小屋。"我这才明白，一开始我说要去达赫斯坦时，他就希望在去哈尔斯塔特旅行的时候能够早日到他每天从望远镜中所看到的那座西蒙尼小屋去，他们曾经讨论过关于小屋的事。而当他知道只能以山脚下的瀑布、小山为终点时，他感到失望，所谓显得很累，可梦使他得到了安慰。此刻，我试着再问些关于梦中的细节，但是梦却十分简单："你得爬六小时的山路才可以到达。"别的内容他的大脑中却是一片空白，而那句话是他从别人那听说的。

我女儿在这次旅行中也有些愿望，这些愿望也只能依靠梦来实现。我们这次去哈尔斯塔特的时候，也带着上司的一个 12 岁的小男孩爱弥儿。这孩子文质彬彬，很有小绅士的风度，相当受女孩儿喜欢。就在一个早晨，她对我开心地说："爸爸！我居然梦见爱弥儿是我们家庭的一员，而且他还叫你们'爸爸''妈妈'，像我们家男孩子一样和我们一块儿睡在一个大屋子里。后来，妈妈就进来了，然后把满手的用蓝色和绿色纸包的巧克力糖扔到我们床底下。"她的弟兄们自然不会得到理解梦的能力的遗传，所以依据那些专家的意见，这些梦是荒谬的，是辩护。如果以神经症的观点来看，她还可以看出她是替什么作辩护。"爱弥儿是我家的成员，的确是荒诞，可巧克力糖却是有道理的。”但是这段梦实在使我不解，直至后来妻子为我作了一番合理的解释。原来在从车站回家的途中，孩子们停在自动售货机前，希望能像从前那样买到喜欢的巧克力。可妻子认为，这一天已经让他们玩得足够开心了，不妨把这愿望留到梦中去满足吧。而这一段我不知道的小小的插曲，经过妻子的叙述之后，女儿梦中被否定的部分我就可以了解了。我记得自己曾听到走在前面的那个小绅士在告诉我的两个孩子，要等爸爸、妈妈赶上来了才能继续向前走。女儿做梦时就把这暂时的亲属关系变为永久的了。而实际上女儿的感情，也只不过是梦中的亲近而已，还没构成超越兄妹关系的别的关系。但是为什么把巧克力糖丢在床下，如果我不去向他问个明白，我是没有办法理解的。

我的一位朋友也曾告诉过我一个和我儿子特别相似的梦，那是一个八岁的小女孩的梦。她爸爸曾经带了几个小孩走路去维也纳，去看附近的多恩巴赫山区的罗雷尔小屋。但是因为时间太晚只好半路折回，并允诺孩子们下次再来。在归途，他们瞧见了一个指向哈密欧的路标，小孩们吵着要去哈密欧。但是她爸爸仍是以同样的理由拒绝，并答应他们下次再带他们去。第二天早上，这个八岁的小孩子兴高采烈地告诉她爸爸：“爸爸，我昨晚居然梦见你带着我一块儿到了罗雷尔小屋和哈密欧。”也就是说，在她的梦中，她迫不及待地帮她父亲提前实现了他的承诺。

还有个类似的梦值得一提。我的另一个女儿喜欢奥西湖的美景。那是在她三岁零三个月的时候，我们第一次带她游湖时，大概是因为玩得时间太少就登岸而未尽兴，她竟然吵着不肯上岸而大声哭闹。第二天她告诉我她做了个梦，她说在梦里她在湖上来回的游玩，但愿这梦中的游湖会使她更满足吧！

我大儿子八岁时已经做过这类幻想变成现实的梦：他在兴冲冲地看完姐姐赠与他的希腊神话的当天晚上，他梦见他与阿喀琉斯一起坐在狄俄墨得所驾的战车上驰骋战场。

要是我们将小儿的梦呓也算在梦的领域，那么，我就可以把下面这段当作我收集的材料。我最小的女儿，在只有19个月时，有一个早上呕吐得很厉害，使得整天都没办法给她喂食。饿了一天之后，就在当天晚上，我听到她一些吐字不清的梦呓：“安娜，弗（洛）伊德，草莓，野（草）莓，（火）腿煎（蛋）卷、面包和粥……”她那时候习惯在自己的名字后面加上她所要的东西，并且她梦里所说的这些都是她最爱吃的东西。她将“草莓”说了两遍，表示了自己欲望的同时表达了对家庭饮食习惯的抗议。可这些都是当时健康上所不允许她吃的，而且护士也曾再三叮嘱不可以吃这些东西。因此，她就在自己的梦中发泄了她的不满。

当我们以为儿童期因没有性欲而十分快乐的时候，我们也不能忽视，小孩也有许多失望和不足，这成为做梦的有效刺激物。这里有另外的一个例子。我的侄儿，在他22个月龄的时候，在我生日的那天，大家让他向我祝福生日快乐而且送给我一小篮子的樱桃（那个时候樱桃产量极少，并且极为珍稀），他似乎不太情愿，因为他口中一直复述着“这里头放着樱桃”，却一直不情愿将那小篮子放手。但是，他仍懂得怎样才能不使自己吃亏，其中妙法是这样的，因为他之前每天早上，都告诉他的妈妈，他梦见自己曾经在街上羡慕的那个穿着白斗篷的军官。就在他要向我送那篮樱桃的那天早上，他醒来后高兴地说：“那个军官赫尔曼把全部的樱桃都吃光了。”当然，这个消息是他从梦里得到的。

我不清楚动物是否有类似的梦，但我一个学生所讲的一个谚语却引起了我的注意，谚语是“鹅梦到了什么?”答案是：“玉米。”另一个是匈牙利的谚语：“猪梦见了什么?”答案是：“谷子。”梦是欲望的表达的整套观点可以说几乎概括在这两个谚语中了。

也就是说，我们甚至可以在这些简单的语言中证实我们对梦的解释的理论。但是，格言箴言中对梦不乏讽刺，就好像科学家们关于“梦有如气泡一般”的看法。但总体而言，梦的语言确实有欲望表达的功能，一旦当我们发现事实出乎意料而兴奋时，我们不也是情不自禁地叹道：“我做梦都没想到。”

第四章　梦的伪装

倘若现在我宣布每一个梦都是欲望的表达，即梦除了表达欲望之外再没有别的目的，我知道，这一定会招来人们的强烈反对。

人们可能告诉我：梦可以被解释为愿望的达成，但是，这并不是创举，在这之前如福尔克特、拉德斯托克、普金吉、蒂茜、西蒙以及格利新格尔等都有过此说法。可要说除了以愿望达成的内容以外，就没有其他的梦的内容，那就未免是以偏概全，而且是轻而易举即可推翻的荒谬的结论。因为我们会经常见到充满不快乐内容的梦，这当然不包含欲望满足。悲观主义哲学家爱德华·冯·哈特曼是最反对这种梦是愿望达成的论调的。在他的那本《无意识哲学》的第二部里，他说："梦的内容，可说是昼间活动中，除了我们的理性上、艺术上较为惬意的享受以外的全部烦恼，一并带入睡境所造成的产物。"实际上，甚至包括其他一些不太悲观的察觉者，也都觉得梦里痛苦不祥的内容都远比愿望达成的情况多见。肖尔茨、福尔克特以及其他人都认同这一观点。曾经有两位女士，萨拉·丰德与弗洛伦斯·哈勒姆曾用过她们自己的梦，来统计数字，从而比较不愉快的梦与愉快的梦所占的优势地位。她们发现 57.2% 的梦是不如意的，而只有 28.6% 才是快乐的内容。除此之外，那些带入我们梦境中的痛苦感情以外，还有一些焦灼性的梦。这些沮丧焦虑的情感充斥着整个梦，直到我们醒来。我们常发现，也就是因为这种梦，构成了小孩睡觉时被吓得大哭大叫地惊醒（参照德巴克）的梦魇，因此梦未必全是千篇一律的愿望达成。

由此看来，似乎焦急不安的梦的实例，足以推翻之前所提种种的梦，甚至也可因此指斥愿望达成的说法是无稽之谈。

事实上，要想对这些振振有词的反调给予辩驳的话，也并不是难事。因为我们只要注意到，我们对梦的解释实际上并不是就其梦的表面内容作解释，而是以探索梦里所隐藏的思想内容所做的解释。我们要做的就是对梦的表面含义与隐意进行比较，的确，有些梦的内容确实令人不愉快，可有谁曾花费工夫去对它加以解释，进而揭示其隐含的思想吗？如果没有下过这份功夫，那所持的两种反对的论述也就不足以成立，结果就是，我们会意识到焦灼的梦和不愉快的梦经过解释其实也是一种欲望的满足。

在科学的研究中，经常会遇到一些解不开的难题，我们不妨将它与另一个问题放在一起考虑，有的时候反而能找到意外的解决办法。就好比你把两个核桃凑在一起敲碎，会比一个个分别敲要容易一样。因此，我们现在不仅要解决这一个问题："焦灼的梦和不愉快的梦如何解释为欲望的满足呢？"还要再合起来考虑另一个问题："那些乍看之下，风马牛不相及的梦，它们需要经过抽丝剥茧，可以证实是欲望的满足，为什么不直接表达他们的意思呢？"现在就拿伊尔玛打针的梦这件事来说，这绝对不是一个痛苦的梦，但经过解析，可以很明显地看出，的确是欲望的满足。可为什么肯定得经过这段解释过程呢？为什么就不能直接看出它的意义呢？实际上，伊尔玛打针的梦，乍一看之下，相信读者们未经我分析之前对于做梦者的意愿并不清楚。如果我们把梦是需要解释的认为是一种梦的特点，而称为"梦的伪装现象"，那么接下来的一个问题便是"梦的伪装现象的来源到底是什么"？

对于梦这个问题，我们会有一些解决办法。例如，在睡觉时一个人是不能对自己的梦中想法有个很真切的表达。然而，梦的分析让我们找到了梦的伪装这种解释。我将继续以自己梦为例，我知道我将再一次讲出自己的隐私，但是如果能做清晰的解释工作，但是我深信这是值得的。

前　言

在 1897 年春，我得知我们大学的有两位教授推荐我做临时教授，这个消息的确使我很惊喜，因为两位杰出人物对我的垂青，让我感到是那么的难以置信。可不久我立即竭力使自己冷静下来，不要太期望这样的事情发生。因为教育部对这样的事似乎不予考虑，过去几年已经有好几个被推荐而失败的，他们都是些年纪比我大但成就和我接近的同事，但都已经空等了几年，直到现在都毫无着落。我不应该自认为自己会更幸运。于是，我还是决定不抱任何希望。我自知自己并非有野心之辈，即使没有那种教授头衔，我仍可过得很惬意。可能那葡萄是吊得太高了，连它们是甜是酸都懒得讨论了。

有一天晚上，一位朋友来找我。他的遭遇一直被我引以为戒，因为他很早就被推荐为教授的候选人（对病人来说，有了这头衔的人就会如神仙一般的有地位）。他不但对这样的事表现得相当关心，甚至不时地专门跑到教育部办公室问上司什么时候任命。就在这次来找我之前，他先去了部里，那里的一位高级政府职员被逼的不愿交谈。他直接质问是否他迟迟不能晋升与他本身的宗教派别有关。得到的答复是，鉴于当前的情绪，阁下不能晋升。他说："最起码现在我已知道我自己的真实处境。"我这位朋友所告诉我的这些情况并不是什么新消息，可最起码加深了我的自知之明，因为我与他是同样的教派。

我记录了他来访的当晚的梦，它包含两种想法与两类人物，每个人物有一种想法。在梦中分两部分出现。可在此处，我只描述这梦的前半部分，因为下半部分与我这儿所要表述的问题没多大关系。

1. 我的朋友 R 先生是一个和我极有感情的叔叔。

2. 我走近他，并盯着他的脸，似乎有些变形，脸好像被拉长了，而且脸上黄胡子很清晰明确。

分 析

当天早上我回顾这个梦时，不觉在心里一笑，"嘿！多么无聊的梦"！但是，我却久久不能释怀，从而整天出现在脑中。到了晚上，我开始责怪自己："当你在对病人进行有关梦的解释的时候，如果他们说你在胡说，或者说是太无聊、不值得一提，你肯定会批评他，并怀疑中间必有隐情，他越要回避你越非得弄得水落石出不可。同样，如果你觉得自己的梦是胡说，那么这正表示你的心中有着怕被分析出来的压力。但是千万不能置之不理。"因此，我就开始梦的分析工作了。

"R 先生是我的一个叔叔。"这到底是什么意思？我只有一个叔叔，他的名字叫做约瑟夫。说起我这位叔叔的话，真是很可怜，约莫在 30 多年前，为了再多赚点钱，结果卷入了一起违法交易中，然后就被判了刑。我父亲为了这件不幸的事，竟然在几天之间，头发都变白了。他经常会说约瑟夫叔叔不是一个坏人，他只是一个头脑一时发昏被人利用的笨蛋。那么，如果我梦见 R 先生是我叔叔，那意思就是 R 是一个笨蛋。这种推定让人难以置信，似乎没有任何值得推敲的证据。可我的确在梦中看到那副相貌——长脸还有黄胡须，而我叔叔就是长着一张长脸，同时他的两腮上有迷人的黄胡子。可 R 先生却是个黑发的家伙，但当青春流失的时候，那黑发应该是会变花白的。黑发黑胡子也应该会一根根地由黑色变为红棕再成为黄褐色，最后才会变为灰白色。R 先生现在的胡须的颜色正经历这种变化。让我感到不快的事，当时我也在经历这个变化。在梦里，我见到了 R 先生和叔叔的脸，有如高尔顿的复合照相法——高尔顿为了凸显家庭成员间的相似性，会把几张面孔重复地感光于同一底片上。因此，看来显然是我心中觉得 R 先生是个笨蛋，就和我那叔叔一样。

直到现在为止我从自己这份解释中还是看不出究竟，我想这中间肯定包含某种动机，因此即使进展很小，我仍要继续比较下去。但是，我叔叔本身就是个犯人，而 R 先生却是个彻底的好人。唯一一次例外就是有一次他骑车撞到了一个小孩，因此被罚过款。难道我会把这事当成是他的过错吗？这种比较简直太荒唐了。这个时候我又忆起几天前，我与另一位同事 N 先生的谈话，实际上，他也被推荐为教授。他听到我被推荐升为教授后，就向我表示祝贺，但是我马上拒绝了他。我说："你可不要再这样揶揄我了，实际上，根据你自己的经验，你也明白现在我仅仅只是被人提名而已，根本没有什么了不起。""那可说不准。"他笑着答道，"你千万不要这样说，我因为有问题，才升不了的。你难道不知道那个女人告我的事吗？虽然目前案子已经被驳回了。不过现在我可以告诉你，事实上那案子根本就是一种卑鄙的敲诈，但是我却没有办法使告我的人受到应有的惩罚，很可能那件事会成为不批准我晋升的理由。可你呢？你的品性众所周知啊！"于是就这样，我又由梦的解释与趋向的问题引出了一个罪犯，并指示我如何解释梦。从目前得到的信息，我知道，我的叔叔约瑟夫代表了我的两位要被提名晋升教授的同事，一个是笨蛋，一个是所谓的罪犯。直到现在，我才明白了为什么梦要这样来表达某种东西。如果我的朋友 R 和 N 得不到晋升的症结所在的确是教派的歧视，那么我的晋升同样是无望了。可如果我能在这两位同事身上发现其他晋升不了的原因，那我的晋升仍然是有希望的。我做梦的整个程序就像这样：首先让 R 先生变成了笨蛋，N 先生又变成了一个罪犯，但是我既不是笨蛋，也不是罪犯，因此我们之间并没有相同点。结果就是，我可以得到提升，关于 R 的悲剧不会在我身上重演。

写到这里，总觉得有点意犹未尽，对于这份解释的内容，也仍然不太满意的地方，尤其是为了自己晋升高职的目的，竟然在梦中如此扭曲那两位我一直都很尊敬的同事，更是令我自责不已。幸好，由于我自己深知梦中所分析出的那些内容，绝不是真正的事实，多少也可减轻一下我对自己的责怪。实际上，我绝对不能相信有人敢说 R 先生是个笨蛋，同样也绝不相信 N 先生会被牵扯在敲诈事件中。当然，我也不会去相信伊尔玛真的是因为奥托给她打的那针丙基而使她的病情恶化。总之，如之前的梦例中，梦里所表现的都只是我欲望的表达以及实现，表现得“事实就是如此”的样子。就我的心愿实现的内容来看，我的第二个梦，似乎比第一个梦来得更有道理，因为它很巧妙地利用了客观事实。可实际上，也有些蛛丝马迹可以说明这些可能是事实的毁谤，从而发现这梦的确不是无中生有。因为当时我的朋友 R 先生曾受到同系的某教授反对，而且我另一位朋友 N 先生，也在无意间提供给我诽谤的事实。可我仍要再重复一下我的看法，这个梦还须再深入地分析下去。

现在我忆起那个梦似乎还有一些刚才释梦时未注意到的部分。当我在梦里发现 R 先生就是我叔叔的时候，心里立刻觉得他很亲切。可到底这份感情是对谁呢？因为对我自己那个约瑟夫叔叔，我可从来没有什么感情，而 R 先生虽与我是多年之交的好朋友，可如果我当面告诉他我梦中对他所拥有的那份深厚感情，他一定很吃惊，因为以我自己理智的分析来看，这种情感未免过于夸张了，这就像我对他的智力的评价一样。我把他的人和叔叔交换了。现在，我终于发现，我的这份难以言说的感情，并不属于梦的意境或里面内涵的念头。而恰恰相反，它刚好是与梦的内容相违的，而且在梦的分析过程中，试图巧妙地躲过了我的注意力，极可能这便是它的主要功能。我还记得就在我做这梦的分析之前，曾是多么不愿意，以及我是怎样尽量推迟时间甚至一味地嗤之以鼻的。而今，从我多年对精神分析的经验来看，我深知这种“拖延”和“嗤之以鼻”更表现出其中大有文章，值得再次审视。实际上，这份感情对梦的内容来说，似乎真的是并无多少联系，但它是我的一种情感表达。比如，要是女儿不爱吃苹果，她通常连尝都不尝一口就说那苹果很酸。要是我的病人采取这种行动，我也会立即猜到他所关心的正是他所压抑的观念。同样的道理，我的梦也是这样的，我之所以迟迟不肯去解释这个梦，不外乎是这个梦里包含了我刻意隐瞒的东西。现在经过这样的抽丝剥茧地研究，我才知道我所要掩盖的就是 R 是个笨蛋这一结论。而我在梦中对 R 先生的那种非同寻常的感情，并不是来自梦的隐，而是我那种被压抑的情感。如果那个时候，我的梦在开始的时候就伪装起来，而不同于原来的隐梦——伪装成对立面，那我梦中的那份感情便会达到那种伪装的原始目的。也就是说，在这样的状况下，它不仅仅是一种巧妙的伪装，而且成为了一种掩饰的手段。我在梦中对 R 先生有许多恶意中伤，而且为了掩盖我的这种情感，梦竟然产生一种相反的情感的伪装——觉得他很亲切。

上述发现，也许推广到各方面都是可以成立的。就像第三章我们所提出的梦，有些是很简单的欲望的满足。但那些愿望的达成有所“伪装”或者说是“难以辨认”的梦例，则会表示梦者本身对此愿望存有顾虑，因此会使这愿望加以伪装来表达。我将在我们实际的社交生活中找到一些与此内心活动相似的实例。在社交活动中，我们怎么找到这种现象呢？就两个人在一起工作来说，只有其中一个有某种特权，而另一位又必须对他这份特权有所顾虑，他只得对他自己内心想做的行为有所掩饰。也就是说，他就得戴上一副伪装的假面具。实际上，我们每天待人时所应用的礼节，很大程度上就是一种伪装。如果为了读者们，我对我的梦毫无保留的解释的话，那我肯定要陷入这种撕破假面具的尴尬局面，因此我只好做一些伪装，诗人也在批评这种伪装的必要性：

你们明白最高的真理
却不能传授给学生们

（选自歌德《浮士德》）

政论家也同样地对那些执政者有所顾虑，而把很多使人不快的事实加以掩盖。如果他敢坦诚地写，那么政府肯定会予以制裁——就是一个口头上发表的，那么在事后必受到制裁，如果是书面发表，则会禁止出版或禁止流通。那些作者们为了提防这些稽查，不得不对其言论作些包装，不是完全只字不提地明哲保身，而是以一种旁敲侧击的方式将那些曾被反对的言论予以一种巧妙的伪装。他会根据稽查的严格程度或者形势的敏感程度来调整自己的进攻方式，总之，是要掩盖他的真实想法。例如，他会以两个中国满清的争辩来暗示国内两位官员的争论，来嘲讽其国内有问题的官员，有心的人总能读得懂。而且通常稽查标准越是严格，作家们便越有更巧妙的方法来暗示读者里面真正的含义。

现在的这种稽查所起的作用与我们梦里的伪装在某种程度上的一致性证明了它们来自相同的原因。那么到目前为止，我们须假定每个人在自己的心灵内都有两种精神力量控制心理的进程，或称之为“趋向”“系统”。第一个是在梦中表现出心愿的内容，而第二个却扮演的是稽查的角色，梦的伪装恰是为了回避这种稽查作用的阻碍，但是第二个心理进程力量的本质是什么呢？我们知道，进行梦的分析之前，隐梦是不能被意识到的，只有有意识地被记住的梦才会显示为梦。我们能得出一个合适的假定：只要能被我们想到的，肯定要经过第二个心理步骤所认可；同时第一个心理步骤的材料，如果不能通过第二关，则不能被意识所接纳，而仅仅只能任由第二关加以各种变形直至它满意，才可以进入意识的境界。我们因此才会获得所谓意识的基本性质——意识是人类的一种特殊的心理行为，它不同于或者说独立于表象或观念；它是感官将其他来自别处的材料经过一番加工而形成的产品。而对心理病理学来说，我们绝不可对“混淆我们的意识”这一重要问题忽视，因此我计划以后再作更详细的探讨。

我用以上所述那两种心理的步骤与“意识”的联系的解释，来证实我对R先生虽拥有深厚感情，但他在梦中却被加以如此轻蔑态度的现象。我发现在政界官场里，我也同样能找出一些类似的现象。对于一个国家的统治者来说，他扩张自己私人权力的欲望通常与人民意见是相反的，所以他经常会采取一种很难使人理解的做法，他会有意地器重那些人民极厌恶的官员，赐给他们某些本不应该得到的特权，这样才会或多或少发泄出他对人民意见的藐视。同样，我这掌控意识的第二个心理的步骤，也因为第一个心理步骤的希望，对R先生拥有极深的感情，而将那暗含着的冲动以“把他说成是一个笨蛋”来发泄。

可能我们会怀疑，经过对我们的梦的分析，能不能解开哲学一直没办法解释的人类精神机制结构的问题。但是，现在我并不准备以此路径去发展我的研究，我们应把梦的伪装先阐释清楚，之后在回到原来的问题之上。我们现在假定，让人不快的梦的内容是欲望的满足，但是我们需要知道这是为什么。我们也可以说，梦之所以要伪装成不快乐的内容，实际上就是因为其中某些内容是第二心理的程序所不允许的，而这部分恰是第一心理步骤所需要的心愿，那么为了顺利地表达，就需要伪装。如果说每个梦都来自第一个因素，则所有的梦都是欲望的满足，而第二个因素则是作为，识别，防卫，而没有创造性。如果我们只考虑到第二心理步骤与梦的联系，我们对梦将永远不能做出精确的认识，而本书作者发现的这些梦的问题，也将永远得不到解决。

想要确认每一个梦的秘密意义在于愿望的实现的话，确实需要一番分析工作，因此，我将特别地选些痛苦的梦，然后试着对它加以分析。其中有一些是歇斯底里症患者所做的梦，因而须附上一些长篇的“前言”，因为我们需要去讨论患者的心理过程，这些，无可厚非是很困难的。

当我治疗我的一些精神神经症患者时，他的梦必然就成了我们讨论的关键。我需要随时靠他本身的帮助来对梦中的各种细节加以深入地分析和解释，从而了解他的病情。这个时候，我就常会感受到比我的同事对我的批评更厉害的驳斥。几乎所有病人都不赞成我的梦是欲望的表达这种说法。以下就是一些被引出来反驳我观点的梦的内容：

“你总是说，梦是欲望的表达。”我的一位很聪慧的女病人告诉我，“可我马上就可以说出一个完全相反的梦，在梦中我的愿望完全没办法实现，这下看你怎样才能自圆其说。梦是这样的：我梦见举行一次晚宴，可手头上只有熏鲑鱼。我想出去买东西的时候，偏巧是礼拜六下午，所有商店都关门休息。我准备打电话订一些菜，偏偏电话又突然断线。最后我只好放弃了办晚宴的计划。”

我回答她，尽管你的梦乍看起来似乎完全与我的观点相违背，完全是不能实现的愿望。但是，梦的真正意义总是要经过分析的，绝不是仅用它表面意义所能代表的，于是我问她：“到底是什么因素引发你做这些梦的呢？你可知道，日有所思，夜才会有所梦！”

分　析

我病人的丈夫是个诚实、精明的肉商，前一天他告诉她自己越来越胖，应该减肥了，以后他将每天早起、做早操、严格控制饮食，而且最重要的是，他再也不会参加任何晚宴的邀请。说到这，她取笑她的丈夫，在他经常去的饭馆里，结识了一位画家。那画家执意要求为他画一张肖像，并说，他一生从没有看过像他这般如此动人的面孔。可被她丈夫当场拒绝了，他觉得与其画他自己的脸，还不如去画一位漂亮女孩的背影，可能更合这画家的口味。她深爱自己的丈夫，而且经常和他开玩笑。

她曾要求他以后再也不要给她鱼子酱。我问她这是什么意思？她说，实际上，她一直都很喜欢三明治加鱼子酱，可因为俭朴的习性，她不可以这样做。与此同时她也深知，只要她开口要求，她丈夫肯定会立即买给她吃。但是，相反的是她却要求他千万不要给她鱼子酱，这样她也就可以继续嘲笑他了。

在我而言，这个解释十分勉强。这背后可能隐藏着并不坦承的告白，因为她给我的理由并不充分。于是我突然想起伯恩海姆所作过催眠的病人。在他对病人作催眠后的指示的时候，会突然问及他的动机，他的回答并不是如我们所想象的“我实际上并不知道我为什么这样做”。出乎意料，他令人有些意外地说，他觉得有必要编一个明显不能令人满意的理由来。这和我所提的女病人的鱼子酱故事有那么一点相似。我们可以明白她也是在一种清醒状态下，不自觉地编造了一个不能达成的愿望。她的梦则表达了这个欲望。但当时她为什么需要一个不能达成的愿望呢？

迄今为止，他所提供的联想内容显得有些匮乏，不足以对梦作一番真正的解释。于是我要她讲更多，更具体。经过一段沉默，她似乎终于克服了重重的阻力，她接着往下说，前一天她曾去看望一位她先生经常赞赏的使她多少有一些妒意的女友。还好，她发现自己的女友长得瘦长多了，但是她丈夫却最喜欢丰满身段的女人。于是我追问下去，她又说，她们谈到那个女士希望长得丰腴一些。而且问她："你什么时候能再邀我吃饭呢？我觉得你做的菜很好吃哦！"

现在，这个梦的意义已很清楚了，我可以对我的病人说："实际上在你的那位女友要你请客时，你就已心里有数：'哼！我才不会请你去我家吃饭，如果真的使你长胖了，再让我先生动任何非分之想，我再也不请你吃饭了！'但是你所做的梦告诉你的最重要的信息是你做不了晚餐，所以才会满足了你不想帮你那位女友长丰满的目的。你丈夫所提出的减肥妙方不是说不会参加人家的晚宴吗？于是在你的心中，你就有了这么一个念头：到别人家的餐桌上吃饭会变胖。"现在似乎所有都解释通了！梦里也没有得到熏鲑鱼。但是这个有什么意义？我问她："你是怎么梦到熏鲑鱼的？为什么会想到熏鲑这道菜呢？""因为熏鲑鱼是我那女友最喜欢的一道菜。"刚巧，我也认识她这位女友，而我也知道她确实是不舍得吃，这和我这病人爱吃却又不舍得花钱吃鱼子酱的情况，是完全一样的。

如果我们将一些附加的细节也考虑进去，这一个梦还可以有另一种更精妙的解释，这一情况是不可避免的。我们都清楚，我的病人在梦里放弃一个欲望的同时，在现实生活中也必定想放弃一种。我们清楚，在梦里放弃一种欲望的同时，在现实生活中也必定想放弃一种欲望。我们发现我的病人自己的欲望并没有满足，那么当她梦中的女友的欲望也得不到满足时就显得合理了。但是，实际上是她自己的欲望没有得到满足，我们可以试着把这梦作一新的解释——梦中她不能遂愿，实际上并不是指她自己，只是在梦中以自己代替了那朋友的角色。也就是说，她的确是这样类比了那朋友，而在现实生活中他的欲望并没有得到满足。

但是，这种歇斯底里症的同一性到底有什么意义呢？要说清楚这问题可要再进一步讨论了。同一性是产生歇斯底里症状极重要的一个动因，病人总是借此作用，使自己本身的经验用某种症状表现出来，而且也可以表现出他人的体验，他们有的时候就好像真能扮演人生百态的各角色，因为扮演了别人的角色就好像可以体会别人的痛苦。可能有人以为这不过是所谓的歇斯底里的模仿，歇斯底里的病人有能力可以模仿一些发生在别人身上的症状，而且通过这种模仿可以得到所需的同情，这种症状似乎强化到了仿佛是再现的程度。但是，这只说明歇斯底里模仿的心理过程所遵循的一种路径而已。而这个路径本身与循此路径发展的精神行动却是两码事。行动自身比我们所想象的歇斯底里模仿实在要复杂得多，通过它的推论进而得到潜意识。那么就举个实例来说吧！如果安排一位得特殊抽搐病的女病人和别的病人住同一病房，那么第二天她就可能发现房间所有病人都在模仿这种抽搐，这个时候这位医生可能见怪不怪地说："因为这些人看过这女病人的发作状态，而模仿了她，这就是所谓的一种精神影响。"确实是这样的。我很乐意解释这种影响的发生方式，通常病人们彼此间的了解相对于医生对他们个别的了解反而更多。通常在医生查房之后，他们便会相互询问，互相给予关注。如果某一天有一位病人突然发作了，他们立即会知道那是因为他的悲惨的婚恋或者是其他的原因。这会立刻激起他们的同情心，而且即便未进入他们自己的意识界，他们心中也形成了一个论点："如果这种因素会导致这种症状，那么因为我也有类似的经历，那我也可能也会有这种症状发生。"如果这个结论进入了意识，那么他就可能会天天担心害怕那同样症状的降临。事实上，如果它只是深藏于人们的潜意识里，就会在不知不觉中产生了他们所真正害怕的症状。因此，自我等同并不是单纯的模仿，而是在一种同病相怜的基础上引发的同化作用，再加上某些停滞于潜意识中的相同性质的因素发作所产生的结果。

在歇斯底里症里，同一性尤其是常用于有关性的方面。患有歇斯底里病的女患者经常将自己看作是那些与她自己有过性关系的男人，或者是把自己视为与那些男人有过性关系的其他的女人，我们在爱情中所用的话，例如一些"永结同心""形影不离"实际上也正说明了这种类似的趋向。在歇斯底里的幻想里，或者是他们自己的梦境里，患者只要有性关系，而并不肯定实际上发生，就可以很自然地产生等同作用的效果。在这里我对我所举的这女病人的解释方式只是遵循其歇斯底里的思路，由于她对她朋友的嫉妒（对这解释，她是一直不愿意认同）便使自己在梦中代替了她朋友的身份，并由她来编造出一个症状（愿望的否认）——放弃的欲望。

更详细的说明，我们还可以进一步阐释如下：在自己的梦中，她代替了那位朋友，是因为她那朋友获得了自己丈夫的欢心，而她自己内心很盼望能夺回丈夫对她的珍惜。

还有另一位我的女病人，她做了一个与我的理论有冲突的梦。也按照我那“一个愿望的不能达成，实际上象征着另一愿望的达成”的原则，很简单地解决了她的不服。事情是这样的，有一天，我告诉这病人，梦是愿望的达成。而第二天，她就告诉我，她梦见她与自己的婆婆要一道去乡下避暑，并计划在那儿度假。而我知道的一点是，她很不喜欢与她婆婆住在一起打发这个炎热的夏天，而且，几天前她在距离度假地较远的地方租下了一所房子，只是为了避免和婆婆住的太近。因此这个梦和她想要的结果是不一样的，难道这可以确认我的观点是错误的吗？事实上，这和我的梦是欲望的满足理论并不矛盾。首先，我们需要按梦的逻辑顺序进行释梦的工作。由这梦的推论所得的解释来看，我好像是完全错了。可是实际上她最大的愿望，就是希望我的一切都是错的，而这梦也正满足了她这种欲望。她希望我有错误，这一欲望在梦中得到了满足，但实际上这牵涉一个很严重的问题。在她接受我心理分析治疗期间，从她所供给的资料中，我曾经分析出她生活的某段时间内必然发生了一件事，而这事与她现在的病情有很大的关系。关于这一点，她却以自己完全记不起来而断然否认。但是不久以后，经过一番询问，我们终于找出了我的断言的确是对的依据。因为她心里不自觉地希望有一天能确认我的话是错的，于是，她将这个愿望转变成梦中与她婆婆一道下乡避暑这件根本不可能发生的事，从而使她有充足的理由来证明我的错误，同时得到欲望的满足。

现在我还要再举个例子，这同样是我的一位病人做的，与前一个例子的共通之处就是都和我的理论存在矛盾。

我有一位与我同窗八年的当律师的朋友。曾有一次在我们的小聚会里，听我介绍关于梦是愿望达成的观点。回家后，他竟做了一个怪梦：“他的全部讼案，居然全部都败诉。”于是他就跟我大大地抱怨了一番。当时，我只好推却说：“风水轮流转，一个人毕竟不可能永远胜诉吧！”可我私底下却在想：“就是你八年同学期间，我一直名列前茅，但是这家伙成绩一直平平，因此会不会他内心总有个想法，希望有一天我也会表现得只是一般般呢？”

还有一个年轻的女病人告诉过我一个她的更悲惨的梦，来驳斥我的观点。以下便是她自己的独白：“你应该记得我姐姐现在只有一个男孩查理。她的另一个儿子奥托在我与她们还住在一起的时候就已经死了。我当时最疼爱奥托，而他几乎都是由我带大的。实际上我也很喜欢查理，可他总不及奥托那么惹我疼爱。昨晚，我竟然梦见查理死在我面前，他僵硬地躺在一个小棺木内，两手交叉平放在胸前，周围插满了蜡烛，总之，那样子正如当年奥托死时的情景，这严重地打击到我。现在，就请你告诉我，到底这梦是什么意思呢？你是了解我的，难道我真的那样的狠心地希望我姐姐那最后的一个宝贝儿子都离我们而去吗？或者说这梦只是表示出我宁可让查理代替我那宝贝的奥托去死呢？”

我向她再三的保证，她所做的第二个解释绝对是不成立的。稍作片刻考虑之后，我终于给了她一个满意的答案。当然，这主要还要归功于我对她过去的经历有很深的了解。

这个女病人小的时候便成为无依无靠的孤儿，由年龄比她大得多的姐姐抚养。在常到她家的客人中，她遇到了一位使她一见倾心的人，有一段时间他们几乎已经到了谈论婚嫁的阶段，可这段美满良缘却因为她姐姐的干涉而终告结束。她姐姐却从未解释过她这样做的动机。这段恋情的裂痕之后，那男子再也没有到她姐姐家来了，于是她转而将情感倾注到小奥托身上。而她本人也在奥托死以后不久伤心地离家出走，并开始进行独立的生活，但是对那位男士的情感却从未消失。可她的自尊心令她不愿主动去找他，而她又没办法将这份爱情转移给其他向她求爱的人。她之前的那位恋人是一位文学教授，无论他在哪儿有学术演讲，她肯定是永远在场的听众；她从不放过任何一个可以偷偷看他一眼的机会，但是却不想被发现。我记得她曾告诉我在做这个梦的前一天，她的这位教授要参加一个专场音乐会，她肯定得赶去这样才能见到他。而音乐会就在她讲述梦的那一天。这样的描述让我解释这个梦有些困难。于是，我追问她在奥托死后是否有什么特殊事件发生，她立即回答道：“当然，我记得太清晰了。教授在离开我这么久后又来访，然后就使我在奥托的小棺木旁，再度与他重逢。”这些我心中早就有数的，于是我作了以下的这样解释：“如果现在另一个男孩也死的话，那种同样的情况，肯定会再度重演。你将回去和你姐姐厮守终日，而教授也肯定会来吊丧，那么这样你就可以像上次一样与他重逢。这个梦只不过是表示了你希望再见他一面的欲望，一个一直在你内心挣扎，令你不得安宁的欲望。我知道你已买了今天音乐会的门票，因此你的梦是一种焦躁的梦，只不过是对那差几小时就会达到的愿望迫不及待的提前实现。”

为了将她的愿望给以更全面的伪装，她在梦中还特意选用了压抑这种欲望的最为悲哀的气氛——丧事，来掩盖那与此正相反的爱情的狂热。但是，实际上，即使在她的最疼爱的奥托死亡的时候，她仍没办法抑制住自己对这久别的爱人所拥有的满腔柔情。

此外，我还分析过一个很类似的梦，不过分析出来的结果则是另外的一个方向。这是一个很机智、天性乐观的中年妇女，我是通过她在治疗期间的言行看出来她的一些性格特点的。在一个很长的梦中，她似乎看到她那15岁的独生女死了，僵硬地躺在“木箱”里。即便她本人也考虑到“木箱”的一些细节问题一定有其他含义，她仍想以此梦来驳斥我所主张的梦是愿望的实现这一理论。在分析中，她回忆起在头一天的一个晚宴上，人们提及英文“Box”，这个词翻译成为德文 B ü chse 后有几种不同的意义，例如“箱子”“包厢”“胸部”“掌握”等。从出现在梦中的别的内容看来，很可能在她心里已经预料到英文词 Box 会与德文的盒子扯上关系。而且她也深知 B ü chse 在德国的很多猥亵的戏谑语中，这个词也会指女性生殖器。经过这样一分析的话，我们或许可以大胆地用一种解剖学眼光来看，可以假定躺在箱子里的孩子象征着子宫里的胚胎。至此，她不再否定这样说确实符合了她的愿望。正如一些怀孕的年轻女性，她们不愿自己怀孕，甚至是希望胎死腹中。有一次在与她丈夫激烈地争吵后，她曾用拳头痛击自己的腹部，希望会造成孩子的死亡。因此，孩子的死亡的确算得上是一种愿望，只是过去了很多年之后，生下的孩子也已15岁了，而且时过境迁，因此她一时想不出为什么现在才做这样的梦。我想，这可能是因为这些年发生了太多变故吧！

包括以上所列举的两个梦（内容均为亲人的死亡）一组梦，我会接着在“典型的梦”一节讨论。而下面我要再举一个新的例子，以此来重复我的主张，无论梦的内容乍看是多么的不幸，其结论仍为愿望的实现。

现在的这个梦，本来也是拿来驳斥我的观点的，而且这并不是一个病人所提供的梦，而来源于我的法学界的律师朋友。他告诉我：“我曾经梦见我扶着一位女士进入我家，门口停着一辆开着门的马车。一位男士走到我的面前，同时出示他的警官证件，要求我和他一起去一下警局。那个时候我要求他给我一些时间处理完一些事务，然后再跟他走。”这法学家问我：“难道你能说我内心希望被警察拘捕吗?”我不得不承认：“这当然不可能，可你可想清楚他们是以什么罪名来拘捕你的吗?”“我记得那个是杀婴罪。”“这是杀婴罪?可你当然知道，只有母亲会对初生的婴儿犯这种罪!”于是他尴尬地回答道：

"我本来不愿意告诉你这件有些古怪的事的。"于是，我继续说："如果你不说的话，那么我就只好告诉你，这梦是永远解不开的！"他说："那么好吧！现在我就来告诉你吧！那天晚上我并不是在家睡觉。实际上，我是与一个我深爱的女人一起睡的。而且，第二天一早醒来的时候，我们发生了性关系，然后我又睡着了。也就在那个时候，才会做了刚才我说的那个梦。""你梦见的这个女人结婚了吗？""是的！""你是非常不希望她怀孕吧？""是的！因为这样会使得我们双方都身败名裂的！""那么你们从来没有做过正常的性交吧？""是的，因为我每次都留意在射精前就会出来。""那么我是否能这样推想，晚上好几次你俩都很谨慎地做爱。但是早晨那次你却没有把握是吧？""嗯！可能是这样！"因此，我还是说这梦其实就是愿望的实现，从这个梦来看的话，你是在告诉自己，你其实并没有生下孩子或是你已经将它杀死了。但是我还可以很容易地道出某些有关的地方。你可能还记得，就在几天前我们曾经谈论过有关结婚的烦恼，其中一个最荒诞的矛盾就是，在性交的时候做什么避孕的办法都可以，但是一旦卵子受精形成胎儿以后，不论何种形式的补救办法，都将会构成刑法上的犯罪。这让我想起了中古世纪形成的争论，那时候人们认为胎儿在那一瞬间拥有了灵魂。这才使得今日这种谋杀罪名的成立。当然，你应该也记得雷诺曾有一首诗《死者的幸福》，这首诗就将杀婴和避孕讽刺成同样的罪行。"你说多奇怪，今天早上我也曾经想到过雷诺！"——好！这说明这是梦的一种反应，那么，现在我就要再告诉你梦中另一个附带的愿望实现。你不是说你梦见你自己扶着一位妇女的手走进了你家吗？你心里实际上是希望能名正言顺地带她走进你家去，如果这样，就没有必要像现在那样偷偷摸摸地在她家偷欢。实际上，这个梦的本质——愿望的实现，为什么以这种不快乐的形式来遮掩，我们可能再找出不止一种状况的说明。通过我的一篇有关精神神经症病因学的论文你可以了解到，我认为焦灼神经症的病因中应该包括这种不完全性交。以此来看，你经过若干次这样的性交，其实心中早就已充满不快乐的影子，所以才会由此导致你所做的梦，甚至你还利用不快乐的心境来掩饰你欲望的满足。与此同时，你所提及的"杀婴罪"尚且有待讨论，何以你认为这种只有女人才会有的罪行，会出现在你身上呢？"现在我会坦白告诉你，在几年前我遇到过这样一件事，我和一位少女发生性关系，而导致她怀孕。为避免事情变糟，她悄悄地自己去打胎，实际上，在打胎之前我真的是一点不知情的。但是事后我却有段很长的时间一直在担心，一旦东窗事发，我该如何是好？""我很能理解你的心情，不过你的这个回忆也说明了另一理由：你怀疑你这种不完全性交并不起作用，从而引发这样大的忐忑不安。”

一位年轻的医生对我的一次有关梦的演讲留有深刻印象，回家后他用相同的模式分析了他的另一个主题的梦。他说他在做梦的前一天填报了他自己的所得税报表，他申请的报表比较少，那一张他填得很认真，这个时候他收入甚微，因此他就据实地填报。但是当晚他却梦见一个刚参加完税务委员会会议的朋友告诉他，其他的税表都很轻易地通过了，税务委员们唯独对他的收入申报数字表示十分地怀疑，觉得他以多报少，以此逃税，因此要罚以重金。实际上这个梦对欲望的满足几乎没有伪装——期望成为收入丰厚的名医。这同时又让我回忆起一位大家所熟知的少女的故事，人们劝她绝不可嫁给坏脾气的家伙，否则婚后她会挨揍的。“我宁愿他会揍我。”她对婚姻的强烈意愿让她在婚前就已经考虑到这些不幸，甚至还将它当作愿望。

现在要是我把这相似于“愿望的否认”或“隐忧的浮现”为内容的、乍一看之下和我观点完全相反的梦，都会统称为“反愿望的梦”，那我在这些梦中可以归纳出以下两个原则。其中之一是我们日常清醒和梦境中都经常发生的，但是现在我们暂时把它留待以后再提。那么我们现在先说说这第一个原则，那就是他们的梦都具有期盼我是错了的因素，因此病人在治疗期间发生阻抗时，他们均有这种内容。实际上，我已有了足够的经验，每次我只需向病人说梦是愿望的实现，她们便会被引发这类“反愿望之梦”。我甚至确信，现在在读我这本书的读者，可能有这种与我观点不符的梦。至此我想再次举一个我治疗病人时听到的一个梦，用来重申这原则的真谛。一位少妇，她的亲戚和她们所请教的专家们，都反对她继续接受我的治疗，而她仍坚持要来我的诊所就医，她梦到她家里人不允许她再来我这儿看病，于是她提醒我，我曾经答应她，如果形势必要的话，我将免费治疗她。而我回答是：“我绝不在意钱的问题。”用这个梦来当作愿望的实现的确凿材料，确实有些牵强附会。可这一类的梦，经常可通过其中所含的次要问题的解决，来发掘主要问题的本源。她为什么在梦中梦到我会说出那种话？实际上，我从来没有说过那种话。而一个对她深具影响力的哥哥也许会将这样的观点归因于我。因此，这个梦的目的是要解释她哥哥的话是对的，但是她并不只想在梦中证实她哥哥的话，她还把它当作生命的支柱，而这种意念也成了她生病的因素。

有一个按我的观点似乎难以解释的梦—— 一位叫奥古特斯·斯塔克的医生的梦和他本人所做的解释。他梦见“自己左手食指有初期梅毒感染”。

有人可能会觉得这个梦的内容，除了不合乎愿望实现的原则以外，看来也很合理无须再作任何解释。但是，如果你肯花费精力去探讨的话，你会发现“初期感染”这个名词极近似于拉丁文的“初恋的爱人”，但是用奥古特斯·斯塔克本人的话说来：“这勾起了我之前情场上的失意，而且这梦完全是带有强烈感情愿望的实现。”

现在让我们再来谈一下另一个“反愿望之梦”的第二个原因。实际上，这个动机也是很明显的。这个原因也曾被我长期的忽视了。很多人的性格中或多或少有由“侵犯性”“虐待性”转变而成的相反的“被虐性”的成分。如果他们并不是从肉体忍受痛苦来满足它的快感，而且能从侮辱、精神折磨中得到快感，我们把这种人称为“精神受虐狂”。很明显，这类人会做那些反欲望的，令人痛苦的梦。但是，对他们说来，这却恰恰是一种由衷的祈盼，因为只有如此才能达成他们被虐待的欲望。这里还有个梦例，梦者是个年轻男人，早年时经常虐待他的哥哥，实际上他对哥哥一直有种同性恋的爱慕。在他的性格发生了本质上的变化之后，他做了以下的梦，其中包含三部分：(1）他被他哥哥嘲笑；（2）两个成年人正在以同性恋式地方式互相爱抚；(3）他的哥哥在未经他同意的状况下，将他名下那个他一直希望当董事长的商行变卖。他从梦中醒来后极度痛苦。这实际上就是个被虐待者愿望满足的梦，这个梦可以如此解释：“如果哥哥真这样对我不好，不顾我的利益卖掉我的财物，以此来对我以前所作所为进行惩罚，那么这就是我应得的报应，同时也可以减轻我的罪恶感。”

我希望上述这些例子，可以充分证实，在没有任何更新的充分的反对理由提出来之前，就算是一个内容痛苦不堪的梦，实际上可以解析成是愿望的实现。(我并不觉得他们已经彻底解决了这问题，在以后的篇幅里，我将会再讨论到）我们也不要觉得在解析时发现的，那些人们平时不情愿去想或不愿提及的事是一种巧合。实际上这种不快乐的感知，就如我们平时对不情愿提起或不愿去做的事所产生的反感那样，是我们解开梦的谜底所不得不克服的阻力。即便我们提及了梦中的反感，可它并不表明梦里就没有愿望的存在，实际上每一个人都有一些不愿道出的愿望，甚至有些对自己也不肯承认。但是，我觉得我们仍可以合理地将这些梦的不快乐性质与梦的伪装放在一起想。由此我们可以获得这样的结论，这些梦都是被伪装过的，而且由于梦的主题及由此而产生的欲望令自己反感，欲望的实现会经常受到严重压制，而且被伪装成乍看之下没办法辨认的地步。因此，我们也可以说，梦的改装实际上是一种审核制度的职能。最后我觉得还需要提一下与以这种痛苦为内容的梦稍微近似的焦灼性的梦。如果把这类梦也算在愿望实现的里面，可能对一般未经过梦的分析的训练的人来说，它更难以被接受。但是，在此我可以简单谈谈焦灼性的梦。实际上，这种梦并不是梦的解析的另一个对象，它仅仅是以梦本身来表示出一点焦灼的内容罢了。我们梦中所感受的余韵不过是梦的内容中所明白表示的那些思想而已。如果我们想对这种梦再作解释分析的话，就会发现我们的梦中所表示的焦灼就像恐惧症所产生的焦灼同样，它只是由某种念头的存在而使得的焦灼。例如，从窗口掉下去是可能的，因此一个人走近窗口时应该小心些。但是我们不懂为什么对这类恐惧症病人来说，走近窗口竟会造成他们如此大的焦灼，甚至远远超越实际上所需要的小心。同样，对这种恐惧症的解释，也可以适用于焦灼之梦，这两者同样，焦灼都附着在来自另一来源的某种思想上。因为梦中之焦灼与心理症焦灼有密切联系，既然提到了前者，我不得不在此对后者作一番讨论。就在 1895 年的时候，我曾写了一篇有关焦灼心理症的短文，一直主张“心理症焦灼”均来源于性生活，而且多为其本身的欲望由正常的对象转移而没有地方发泄。这论点的正确性，经过几年来的例证，均屡试不爽。而由此，我们可以得出这种结论：焦灼性的梦的内容多与性有关，也就是这种内容中所附着的“性欲”转化而产生“焦灼”的感觉。以后我将再利用机会找几个心理病病人的梦作一番分析，来证明这个结论。而且最后当我要完成梦之观点时，我将会再次对这焦灼性的梦再作一番探讨，并指出它们也完全符合愿望达成的观点。

第五章　梦的材料及来源

当我们清楚了伊尔玛的梦例后，我们已经了解到梦是我们一种愿望的达成或者说是一种欲望的表达。紧接着，我们便一直把兴趣集中于寻找梦的一般特征这个论调的讨论与证实上，以期能找出梦的一般通性，因此我们在解析过程中，多少也忽视了一些其他特殊问题。现在，我们需要在这条路上回过头来，另辟新径，试着对被忽视的问题作更深一层的探索。可能此后我们将很少提及愿望的达成这一问题，虽说目前还没有就这一问题是否达到“最终结论”做出判断。

现在我们已经深刻地知道，遵循着解析的手法，我们可以由梦之表象意义看出更具一些意义的梦的隐意。我们需要试着在梦的表象中发现那些哑谜、矛盾的线索，以及找到一个令人信服的解决方案，那么想达到这一目的的关键就是重新审视梦中的问题。

第一章中，我们已经对相关学者关于梦与清醒生活之间的关系和梦的来源问题进行了探讨。在此不拟详述。但我们要再次提及三个常被提到的梦中记忆的特点，当时阐释的并不是很明白：

1．梦总是以新近几天印象较深的事为内容。罗伯特，斯特姆培尔，希尔德布兰特，韦德等均主张这种说法。

2．梦选择材料的原则不同于清醒状态，它常使用的材料通常是来自不受注意的小事。

3．梦容易受到童年记忆的影响，甚至是童年的一些琐碎小事，而这些材料在清醒时是通常被隐匿起来的。

当然，早期作者已经对这些有关梦的材料的选择方面存在的问题做出过研究，但均是停留在梦的表象意义层面。

一、梦中最近的和无关紧要的材料

以我个人的经验来说，梦内容的来源到底是什么？我马上就可以下结论说梦里的内容多与前一天的生活经历相关。实际上，我已经用我所调查过的所有别人的或者自己的梦证实了这一结论。基于这个事实，我经常在分析梦的时候，先问清做梦的前一天到底发生了什么事情，并试着从中找出一些端倪。就大部分案例来说，这的确是一条捷径。前几章我分析的两个梦（伊尔玛的打针与长着黄胡子的叔父）都已经帮我证明了这一点。因为，当时得知前一天的事之后，整个可疑的梦境就水落石出了。但为了更进一步确认它的真实性，我将讲述一个我自己的梦，以下我将会提出一些与梦的内容来源问题有关的几个要点：

1. 我去拜访一个很不愿意接待我的家庭……但同时却让一个女人苦等着我。

来源：在前一天晚上，我曾经和一个女亲戚聊天，并且我说："你想买的东西要必须得到……"

2. 我写完了一本有关某种植物的学术专论。

来源：当天早上，我在书商那儿看到一本有关樱草属植物的学术专论。

3. 我在街上见到一对母子，那女儿曾是我的一个病人。

来源：头天晚上，一位在接受我治疗的女病人曾告诉我，她妈妈反对她继续来此接受治疗。

4. 在 S&R 书局，我订购一份每年索价 20 弗洛林（一种英国银币，大概价值 2 先令）的期刊。

来源：头一天，太太曾经提醒我，每周该给她的 20 弗洛林还没给她。

5. 我收到一封信，并且称呼我为会员。

来源：我几乎同时收到两方的来信，一个是自由选举委员会，另一个是人权同盟理事会，我参加了其中一个组织。

6. 一个人，长得很像比克林，站在海边一座陡峭的悬崖上。

来源：《妖岛上的德赖弗斯》和一些别的由英国的亲友所说的消息。

现在，紧跟着我们便产生了一个问题："这些梦的来源究竟是前一天的还是近期内的印象呢?"我认为应该把它确定为梦的前一天，我把这一天叫做"梦日"。我觉得梦的来源是两三天前的印象，但是经过仔细地考虑，我们可以从中发现，这虽是发生在两三天前的事，可是我在做梦前一天就曾经想到过的事。也就是说，那印象的重现曾出现在发生事情的那一刻与做梦的时刻之间，而且，我还可以指出很多新近所发生的事，因为它们勾起了我对往日的回忆，导致它重现于梦中。但是，另一方面，我仍不能接受斯沃博达所谓的“生物学意义上的规则时差”。他认为，在引起梦的印象的白天经历与梦中的再次出现之间，相差应该不会超出 18 小时。

目前，我只能说，我坚定不移地相信每个梦的刺激，都来源于“他入睡之前的经验”。

啥夫洛克·埃利斯对这个问题也表现出了极大的兴趣，而且曾费尽心机地想找出刺激与梦复现之间的时间差，但不能得到结论。他曾讲述过自己的梦：他梦见自己在西班牙，他甚至还想到一个叫达劳斯或瓦劳斯或萨劳斯的地方。但是醒来后，他发现自己已经完全记不起有过这种地名，同时也不能由此联想出什么线索来。可若干个月后，他发现在由圣塞瓦斯提安到毕尔巴鄂的铁路途中，的确有一个站叫做萨劳斯，而这个旅行是他做这梦前八个月去的。

因此新近发生的印象（做梦当天则为特例），实际上与很久之前发生过的印象，对梦的内涵所造成的影响是相同的。要是那些早期的印象与做梦当天的某种刺激（新近的印象）能有连带关系，那么梦的内容就可以容纳一生各个时期所发生过的印象。

但梦到底为什么那么侧重于新近的印象呢？如果我们用之前曾列举过的一个梦来做更为详细的分析，可能可以获得某种结论：

关于植物学专著的梦

我曾写一本有关某种植物的专论，这本书现在就搁在我面前，我还翻到其中有彩色图片折叠的一页，书的每一页都夹着一片干枯了的植物标本，就像植物标本收集簿里的一样。

分 析

就在那天早上，我去一家书店买书，看到过一本标题为《樱草科植物》的书，这是一本有关樱草类植物的专论。

樱草是我妻子最喜欢的花，我一直对自己一直忘记给妻子带回来一些她喜欢的花而心生愧疚。由这送花的事，我突然就联想到另一件我常向一些朋友提起的趣事，通过这个故事可以说明我的观点：我们经常出于潜意识的要求而忘掉某些事情，我们可由这遗忘的事实，追溯出这个人内心不自觉的用意。下面我要说的故事是这样的，有位朋友的太太，她习惯于在生日那天收到丈夫赠给的一束鲜花。可是有 1 年，她丈夫竟然把她的生日忘了，那天他妻子一见他空着手回到家，竟然悲伤地哭泣起来。这位丈夫当时就像丈二和尚摸不着头脑，等到他妻子说出“今天是我的生日”时，他才恍然大悟，拍着自己的脑袋大叫：“天啊！亲爱的对不起！我竟然完全忘掉了！我立刻给你去买花。”可她已经伤心不已，并且觉得她丈夫对她生日的遗忘，明显就是已不再像往日那样爱她的铁证。这位女士在做梦的两天前曾来过我家来探望我妻子，并且与我妻子聊天。从前她曾是我的病人。

还有一些需要补充的事实，我的确写过一篇关于植物学的专论，但我所谈论的是有关古柯植物的研究报告，这篇报告引发了卡尔·科勒的兴趣，使他发现了其中所含有的古柯碱的麻醉作用。当时，我曾预示古柯植物所含的类碱将来可以用在麻醉上，只可惜自己不能继续研究下去。但是做梦醒来的那个早上（那天早上太忙，以至于我不能抽出时间对这梦作解析，直到当天晚上，才开始慢慢分析），我在一种所谓白日梦的状态下，曾想到可卡因的问题，而且梦见我因为患了青光眼，到柏林一位想不起姓名的朋友家中，请一位外科医师来给我做手术。因为这外科医生不知道我的身份，于是就尽力地鼓吹自从可卡因问世以来，开刀变得如何如何方便，而我本人也实在不愿说出，关于这药物的发现自己曾是有功之臣。因为在梦里，我还考虑到一个医生要向自己的同行索取诊疗费是何等尴尬的事。如果他不认识我，那我就不必像欠别人什么人情似的付钱给这来自柏林的眼科专家。可等到我清醒过来回味这白日梦的时候，发现这其中的确暗含着某种回忆。在卡尔·科勒发现“可卡因”不久之后，我父亲因为青光眼而接受我朋友，就是那个眼科专家柯尼希斯泰的手术。当时卡尔·科勒亲自来负责可卡因麻醉，在手术室里，他曾经说了一句话：“嘿！今天可将咱们这三位与发现可卡因工作有关的家伙都聚到一块儿啦！”

现在我的思绪又跳到最近一次使我想起可卡因的时间。就在几天前，我曾收到过一份叫《纪念文集》的刊物，这是一些学生为了感谢教师们和实验室主任的教导而集资印刷发放的。刊物中在每位教授的名位下均列出他们的有名著作及发现，而我一眼就注意到他们将可卡因的麻醉性能发现归功于科勒。现在我才明白，这个梦与前一个的经历有关。当时我和柯尼希斯泰教授在回家途中谈到某一话题（每当提起这话题的时候，我就会感到很兴奋）甚为投机，甚至到了门厅时，我俩仍站在那儿一直在讨论不休。而此时格尔特聂教授夫妇也参与了我们的谈话，然后我还礼貌地对他们夫妇进行了称赞。这位教授就是我刚才提及的那份《文集》的编辑之一，可能是这次邂逅引起了我联想到《文集》的原因。另外的是富人，就是那个因为生日没收到丈夫送的鲜花而伤心的女士，我与柯尼希斯泰的谈话内容可能也与此有点联系。

我再对梦中另一重要成分作一下解释，也就是夹在那本学术专论的书里的干枯的植物标本。而且看起来正如是一本“标本收集本”一般，而标本收集本使我联想到德国高等学校这个词。之后我想起有一次我们高等学校的校长召集了我们这些高年级学生，要大家对一本学校植物标本册，让我们去检查整理。校长分配给我的工作很少，只不过是几页关于几种十字花科植物的而已。这使我感到，他似乎觉得我是个帮不了很多忙的家伙。实际上我对植物学一向不太爱好。记得就在入学考试的时候，尤其是在口试那一关，他曾经考过我有关标本的名字，而我当时就栽在这种十字花科植物的问题上。还好，我的理论知识比较扎实，十字花科就是指菊科，而我最喜欢的花向日葵便属于菊科的分类，我妻子，她可比我更体贴，她常常从市场上为我买些这种我最喜欢的花回来。

那本专论现在就摆在我面前。这句话又引发我另一个联想。昨天我的一位在柏林的朋友弗利斯来信写道：“我一直期望着你想写的有关梦的分析的书早点问世，仿佛你已大功告成，而现在那本大作就摆在我面前由我逐页拜读着。”噢！实际上我自己更是盼望这本书真的已写完了，能呈现在我面前呢！

那折皱的彩色插页。我向来很迷恋书籍，尤其喜欢其中的彩色插页。在我还是一名医科学生的时候，我就是一门心思只想多读一些学术专论，虽然当时经济不是那么的宽裕，可我仍订阅了很多医学期刊，其中包含的很多彩色图片使我很喜爱。同时我也一直为自己这种治学精神而感到自豪。当我自己开始写书，且不得不得为自己的内容作插图的时候，我记得曾经有一张画得极其糟糕，以致受到同事们的嘲笑。由此我不由自主又联想到我童年的一段经历。我父亲曾送给我和妹妹一本内含彩色图片的书《波斯旅游记》（一本叙述波斯旅游的画册），并看着我们将它一页页地撕毁。这从教育的观点来看实在存在着很大的问题。当时我只有五岁，妹妹比我小两岁，因此我对我们撕书的情景记忆很模糊。我上学之后对收藏书籍产生疯狂的兴趣，其疯狂程度甚至可以用“书虫”一词来形容。从那以后，我经常注意到我之所以如此疯狂，可能与我童年这段经历有关。换言之，我觉得是这段儿时的印象，引发了我日后收藏书籍的嗜好。当然我也因此充分意识到我们早年的热情往往是在自找烦恼，因为当我 16 岁时，我就因此欠了书商一笔当时是无力偿还的书资。我父亲当时是不太赞成的，虽说我买书是为了学习。这也算是我和朋友谈心的老话题了。可提及这段年轻时的经历时，又使我联想到这种情形正是我做梦的那天晚上与柯尼希斯泰谈兴正浓的时候，他所指出的我的一大缺点——经常过分沉迷于自己的嗜好之中。

再讨论下去似乎与梦的解析没有什么关系，我们的分析工作就告一段落了，不再细谈，我只是想指出我们演绎的过程是如此地由“山穷水尽”一直到“柳暗花明”。实际上，我与柯尼希斯泰所谈的内容，在此我只是提出了某一部分而已。我的思路进行的全过程正如以下所列的：由我个人的喜好到我妻子的喜好，可卡因，还有一些接受医界同行的治疗导致的尴尬，我对书的喜好，我对植物学的忽视等等。就如植物学而言，这些会成为我和柯尼希斯泰谈话的某些内容。到最后我们会发现，梦是如此地为自我的理想与利益来想尽办法（就如之前所分析过的伊尔玛的打针）。如果我们就梦的论题继续推陈下去，并同时将中间出现的新材料当作参照，我们会发现还有一个问题有待讨论，就是一个与做梦者本身看起来似乎风马牛不相及的故事，结果却是有明确的意义的东西。现在它显示了这样的意义：我毕竟发表过一些（关于可卡因）有价值的研究报告。正如我曾经表示的自诩：“我毕竟是一个工作勤奋、做事严谨的好学生。”而这两句话拥有一个含意：“我的确值得如此自诩。”我之所以提及这梦，主要是要证实梦的内容与前一天的活动有很大的关系。也就是说，只要我们发现我们关注的梦的内容总是与梦中的某件事有关就足够了。

本来我觉得梦的内容只与人们白天的印象有明显联系，可当我进行了以上的解析以后，我才发现另一个经验，也很明显地可以看作是这梦的第二个来源；而梦中所出现的第一个印象，反而经常没什么联系而较为次要的遭遇。“我曾经在书店看到一本书”这样的开头的确曾使我微微地愣了一会儿，而且那内容丝毫引不起我们任何兴趣，可第二个经验却拥有着重大的心理价值：“我与挚友，也就是一位眼科医师热烈地讨论了几个小时，而这话题使我俩很有感触，特别触动了我一些久藏内心的回忆。而且，这对话又因为某位朋友的介入而中止。”现在，我们需要知道，梦中的这两个印象之间以及它们同晚上所做的梦之间有什么关系。在梦的表象意义里，只不过提及了一些无聊的记忆，好像要证明梦的材料来自琐事。同时，那些诱发我们情感的印象以及主要的几个记忆材料都给我们提供释梦的线索。如果我的梦析的确是以梦的隐意按照正确的方法所做出的研究判断，那么，我可以说，我无意间又获得了一大收获。我现在确信那些觉得“梦只是白天生活琐碎经验的重现”的论断是站不住脚的，而且白天的生活印象未必会构成梦境，还有，梦到最后也就成了对无聊的材料在心理层面活动的消耗。恰恰相反，实际上在白天最引起我们注意的印象，完全掌控了我们的思想，我们在梦中对这些事的关注，似乎完全来自于白天那些真正引起我们注意的事情。

可是我梦见的为什么总是一些毫无关系的印象，而对那些真正使我激动得足以有“日有所思，夜有所梦”的印象，反倒隐而不见，我觉得最好的解释方法，就是运用一种“梦的伪装”现象中所提及的，一种心理力量中的“审核制度”，以此来进行一番阐释。有关那本樱草属学术专论的回忆，使我联想到与朋友的谈话的最终目的，就像不想举行晚宴的梦中“熏鲑鱼”是指梦者对她女友的真实想法一样。现在唯一的问题是，在这本学术专论与和眼科医生朋友的对话，这两件看起来毫无联系的经历间，到底是用什么联系在一起的？以“吃不成的晚餐”的梦来说的话，那两个印象间的联系倒还瞧得出来，我那病人的女友是最喜欢熏鲑鱼的，多少可由她女友的人格在她心中产生的反应而流露出一点蛛丝马迹。但是，在这个新例子里面，却是两个毫无关系的印象。第一眼看上去，除了说，那些都是在同一天发生的经验以外，的确再也找不出共同点。那本专论我是在早上看到的，而与朋友的对话是在当晚。由分析所得的答案是这样的：这两个印象的联系在于两者所包含的思想内容，而不在于对印象的表面叙述。而我在分析过程中，曾经特别强调挑出那些连接的关键——某些其他的外加的影响，我已经在分析记录中对这样的字句重点画出。其实，那本樱草花植物学专论的书通常只会让我想到妻子最喜爱的花，但是这次却通过L夫人的生日被遗忘的事情，才使得关于十字花科的学术专论和我妻子最喜爱的花一事扯上关系。可我不相信，只是这些鸡毛小事就可以引发一个梦。正如莎士比亚的《哈姆雷特》中所说的：“主啊！现在要告诉我们这些，并不一定要那些鬼魂从坟墓中跳出来！”

让我们再往下看吧！在更加详细分析下，我看到那个打断我与柯尼希斯泰谈话的是加德纳教授，而且 Gartner 这个词德文意即“园丁”。在我写到这的时候，我想起了以前的一位病人，名叫弗洛拉（罗马神话中的花神），而这正是我们需要讨论的。毫无疑问的是，这些必定是来源于植物学那组概念，它们是中间环节，也就是说由它们构成上述讨论的两个经验之间的联系。此外还须提及某些联系的成立，比如可卡因的一段，就很明确地把柯尼希斯泰医师与我的植物学方面的学术论述联系在一起；也因此使这两种思想内容融合得更加完美。因此，可以这么说，第一个经验成为了第二个经验的隐义。

如果有人指责我这种解释是片面的武断臆测，甚至他们可以说是故意编造出来的话，我也有办法说服他。假如加德纳教授和他的太太不出现，我们所讨论的那女病人叫安娜，而并不是弗洛拉等等，那么这些问题该怎么解释呢？不用担心，答案仍是可以找到的，如果这些思想链根本不存在的话，在其他方面肯定还是会有新的思想链出现的。实际上这类联系并不难找，就如同我们平时玩的谜语或者是双关语同样，人类智慧的能量毕竟是无限的。换句话说，当我们在同一天内发生的两个印象之中无法找出一个可以利用的联系时，那么这梦很有可能会循着另一路径形成另外的梦。可能在白天时另一些无关紧要的印象涌上心头代替“学术专论”在梦中出现。因为在这个梦中，我们再也找不出比“学术专论”这个印象更恰当的可当作分析的关键，很明显它就是那个最佳的思想链。当然，我们没有必要如拉辛笔下“狡猾的小汉斯”同样惊讶和奇怪地发现：“原来只有世界上的富人才是很有钱的!”

遵循着我以上的说法，那些无关紧要的经验在梦中代替对心理上更具重要性的经验的心理过程，如果不能再进一步解释的话有些难以完全令人信服。因此我会在此后各章再多找机会详细解释，以期能使这一观点更为合理。梦的真实性判定并不是由我独断的，而是通过梦的分析过程中的规律进行假定，在此我们讨论的只是结果。就我个人来说的话，由无数的梦的解析所取得的经验使我深信不疑梦的形成曾经产生了“移置”现象，用心理学的话来说也就是一个拥有较弱潜能的原始观念，只有通过中间环节的帮助从最初拥有比较强潜能的强烈观念那里逐渐吸取能量，直到达到某种强度才能脱颖而出，表现到意识界来。这种转移现象在我们日常言行中是屡见不鲜的，尤其是情感或一般运动。例如，一个孤独的老处女可能几近疯狂地喜爱某种动物，或者一个单身男子会变成一个热心的收藏家，或者一个战士会因为保全一小块彩色的布条——他的旗帜而抛洒热血，或者深陷于爱情中的男女会因为握紧对方的手而感到幸福，或者就像莎士比亚笔下的奥赛罗仅仅因为丢了手帕而雷霆大作等等，我认为这些都是足以使我们相信的精神移置的实例。但是，如果我们用同样的方式和原则或者由它来决定，也就是说，所有我们想到的事都经过这种潜意识的过程而产生的话，我认为我们或多或少总会有种“如果真的这样的话，我们这些人的思考过程很不可思议、太不正常了。”的想法；而且如果我们在清醒状态下认识到这种心理过程，相信我们定会感到这些想法的荒诞，同时在以后我们逐渐地再经过一些讨论，就会发现梦里所做的移置现象的心理运作过程，实际上，虽说不算是病理障碍，但是也是非正常的的程序，它是一种原发性质更明显的心理运作过程。

因此，我们可以看出梦之所以以琐碎小事为内容，实际上就是一种“梦的伪装”经过了“移置作用”的表现。而且，我们也不难想到，梦之所以被伪装是由两种前述的心理过程中的审核制度所引发的。因此，不难想到，经过梦的解析后我们可以发现，这个梦切实有意义的来源，实际上是白天的某些经历，由这种记忆再将重点转移到某些看来无关紧要的记忆上。但是，这观点与罗伯特的观点刚好完全相反，可我确信，他的观点实际上对我们来说毫无价值可言，因为罗伯特所要解释的事实根本不存在，他的假定完全是因为不能从梦的表象意义看出内容的真正意义所引发的误解。对罗伯特的辩驳，我还有以下论证，如果真的如他所言，“梦的主要目的在于利用不同寻常的精神活动，将白天记忆中的残留，在梦中逐个予以‘驱除’”，那么我们的睡眠显而易见地成了一件沉重的工作，甚至比我们清醒时的思考更加让人心烦。因为白昼十几个小时所留给我们的琐碎感受是那么多，不用说，即便你整个夜晚都在“驱除”它们，也是远远不够用的，如果成立的话，那么我们根本就不需要精神力量来帮我们忘却那些无关紧要的情节了。

但是我们批驳罗伯特的观点不代表要抛弃他的观点，因为仍存在着须再探讨之处，我们一直未解释过当天乃至前一天的毫无联系的感受，为什么会经常构成梦的内容。这种印象与梦在潜意识中的真正来源之间并不是自然地存在联系，就上面所作的探讨，我们可以看出梦是一步一步地朝着有意识的移置作用中蜕变的。因此，要打开这种虽然最近但没有密切联系的感受，还有它的真正来源，只有期望某种关键性的力量，而且这种印象也有某种有助于实现这种目的的特性。否则，梦中的观念就真的要像梦中运行那样的飘浮不定，而不能自由地表达欲望了。

可能用以下的经验可以给我们一些解释。如果一天当中发生了两件或两件以上可以导致梦的经验时，梦就会将两件经验综合成一个完整的经验，它永远遵守着这种强制规则，把它们整合成一个整体。例如，在一个夏季的午后，我在火车上碰到了两位朋友，但他们彼此间并不相识。一位是很得人心的同事，另一位则是我常去为其看病的名门之后。我替他们双方作了简单的介绍。但在旅途中，他们却只是分别与我攀谈而一直不与对方交谈，因此我只得与这一位说这个，然后与另一位谈那个，实在是很吃力。记得那个时候，我曾对我的那位同事提及请他为某位新人加以推荐，那位同事却回答说，他坚信这位年轻人的能力，只不过这位新人的那副尊容实在难以得人器重，所以没法进入上层社会，成为家庭医生。而我则附和他说，也正是因为这点，我才会觉得他最需要你的推荐。没多久之后，我又与另一位聊了起来，我问到他姑母（我的一位病人的母亲）的健康状况，我还听说她现在还在家中养病。就在这旅程的晚上，我做了这样一个梦，梦到那位我希望可以得到青睐的年轻人，正跻身于一间时髦的客厅内，与一大群有身份的大人物们亲密地相处，并且用一种官方语气为一位老夫人致悼词。之后，我就得到消息说，当时那里正举行着我另一位旅伴的叔母的追悼仪式（在梦中这老妇人已经死去，我不得不承认，我一直就与这老妇人搞不好关系）。如此，我便将在白昼的两个经验感受于梦中综合而构成一件纯粹的经验。

因为无数次同样的经验，我将推出一个原则——梦的形式会受到某种强制规则的作用，将所有梦的刺激来源综合构成为一个整体。在我之前，就像是德拉格、德尔勃夫等人，也都曾经说到过，梦是一种趋向，经常会把多种有兴致的印象浓缩为一个事件。在下一章里（有关梦的功能），我们将会谈到，这种综合为一体的强制规则，实际上是一种“原本精神步骤”的“凝缩作用”的一个部分。

现在我们必须接着考虑这一个问题，由解析所发现的这些导致梦的刺激本源，是否肯定都是近期的（而且极有意义的）事件？或者是，从做梦者心理上来说，只要是很有意义的一连串思绪，便可以不拘时限，只要一想到这事就足以引发梦的形成？经过无数次的分析经验我所得出的结论是，梦的刺激本源，可以看出完全是一种主观心理的运作。

而这种心理过程，根据当天的精神活动，就好像将往昔的刺激变得像刚刚发生的那样新鲜。

现在，可能已到了我们该将梦的本源所运作的各种状况，进行一个系统化整理的时候。梦的本源包含：

1. 一个近期发生而且有意义的事实，在梦中综合成一个整体。例如，把年轻医生和老妇人的丧事追悼仪式合在一起的梦。

2. 几个近期发生而且在心理上拥有重大意义的事件，在梦中结合成一个整体，并不直接表现于梦中。例如有关伊尔玛打针的梦，和把我的朋友当成我叔叔的梦。

3. 一个或更多对做梦者本身很具有意义的经验（经过回忆及一连串的思绪）会在相同时间内发生，却经常在梦中以别的近期发生却无什么联系的琐碎事件当作其表现内容。（在我分析过的所有病人里，以这一类的梦为最多。）

4. 一个内部的重要经验，在梦中以一个近期发生的次要的印象来表现。例如有关植物专论的梦。

从梦的解析来看的话，有一个必须满足的条件：梦中某一成分多是新近某种印象的再现，这种成分很有可能和真正致使梦的刺激（一种很重要的，或者甚至不太重要的）同属外思想的范畴，可能是来源于一个没有意义的记忆，而经过一些联想才得以找出它和真正致使梦的刺激的联系。虽然梦的内容听起来变幻多端，但实际上仅在于两种情况的选择——到底要不要经过移置作用。由此我们注意到既然已经有这种选择性存在，梦本身必然会有各种不同层次的内容，正如医学上解释各种意识状态的变化幅度时，认为这是脑细胞由部分清醒向全部清醒的转化过程一样。

当我们再对梦的本源做一些探讨的时候，我们会发现，有的时候一种在精神上拥有重大意义却不是近期发生的印象（仅仅只是一连串的回忆），在梦的形成中会被另一种近段发生却是心理上无关紧要的琐事所代替，而且这只需要它能具有以下两种条件：（1）梦的内容当晚与近期的经验相联系；（2）导致梦的刺激本身肯定在精神上拥有某种意义。在上述的四种梦的本源中，只有这两个条件是可以由相同的记忆满足的。如果我们觉得这些相似但不太重要的印象，只要是新近所发生的，就可以用来当作梦的材料，然而只要是这印象拖延一天（甚至数天），它们就再也不能当作梦的内容，那我们就等于是认同印象的“新鲜性”在梦的形成中具有与该记忆所附的感情色彩或思想链几乎相等的地位。实际上，这“新近与否”的重要性，还是有待在随后的心理学中进行更深入的探讨的。

顺便说一下，我们还不得不考虑到这样的可能性：在无意识状态下，这种记忆和观念的材料并非一成不变。如果真是这样的话，那么谚语所说的在你做重大决断前，要先好好“睡一觉”其实是有一定道理的。讨论至此，我们已由梦的心理学，转移到在后面还要讨论的睡眠的心理学的领域了。

现在我们的结论仍然面对着一大难题的考验，如果一些毫无重要性的印象想要进入梦中，最起码要与“近期”发生一点联系，那梦中有时出现某些我们早期的生活印象，在该印象发生不久时（其实也就是说，还没失去其

“新鲜性”的时候），若是对心理上没什么特殊印象，正如斯特姆培尔所说的那样，它们既不是那么的新鲜又并非心理上特别有意义的事，为什么不在当时就被遗忘？

关于这种指责，我想我们可以通过心理症病人的精神分析所获得的结论，来做一个满意的回答。现在的解释如下：早些时候发生的对心理有重大意义的印象，不久之后就已转移并且被重新整理，却以某些无什么联系（对梦境或者只是思考来说）的印象所代替，并以此确定在记忆中。因此，这些出现于梦中看来无关紧要的早期印象，实际上在心理上都拥有较大意义。否则它如果真是无什么联系的早期经验，肯定不会于梦中重现的。

由以上的这些说明来看，我想读者们会一致同意所有的梦的刺激物不存在无意义的情况，因此，也就没有所谓“纯真清白”的梦的存在。从这一点来看，除了儿童的梦及某些夜间我们的感官受刺激所导致的简单的梦以外，我绝对毫不动摇地坚信这结论的准确性。除了上述这些例子之外，无论是显而易见拥有重大心理意义的梦，还是经过伪装之后的梦，都必须经过解释才能得以解析出其心理意义。梦所关心的并非琐事，我们也绝不可能允许琐事来打扰我们的睡眠。一个看上去简单而坦率的梦，通过一定的分析方式进行分析，结果肯定是不单纯的，用句较直接的话来说，梦就像是“披着羊皮的狼”。由于这种说法必引致责难，而我自己也想找机会对梦的形成中所进行的伪装作更为详细的说明，所以我准备再举几个我所收集的一些梦为例来做一些解析。

（一）有一位聪慧高雅的女人，在生活中是很内向的，正如经常所描述那类“秀外慧中型”的标准主妇，曾经做了这样一个梦：“我梦见我到市场的时候已太晚了，肉卖光了，菜也买不到。”看来，这是一个很单纯无邪的梦吧！但是，我相信梦的表象背后必有深意。因此我要求她详细叙述梦中的情节，她又说她和她的厨师一起去市场。她问了肉贩，卖肉的说“那就买不到了，”同时还拿另一种东西向她推销说，“这也很不错！”但是她谢绝了，于是再走到一位女菜贩那儿，那有一种不同寻常的蔬菜，黑色的成束地绑着。女菜贩想让她买，但是这少妇回答说：“我不认识那到底是什么，我不想买。”

这梦与头一天的昼间经验之联系是很清晰的。她那天的确是太晚才到市场，导致没买到任何东西。“而且肉铺已经关门”，这经验已经深入她的印象中了，从而导致梦中的这番叙述。然而，这不是意味着男人衣帽不整的粗话吗？但是在这叙述中，却完全没有提及那个肉贩的衣着是否有些不同寻常呢？

梦者似乎在回避这句话，因此我继续询问细节问题。

在人们的梦中，有些事物是因为有口头语言的经历才出现在梦中的，就像梦见某人说什么，或只是听到什么，而不仅仅是想到什么，而且这种说、听的内容通常是因为在清醒生活中确实对这样的事物有印象。当然，这些东西并非一成不变，它们可能作为一种原材料，被加工之后断章取义地出现在梦里。这次解析的方向可以从下面这句话得知。那肉贩子说："那就买不到了。"这句话到底从何而来呢？那就是我曾经说过的话呀！在几天前，我曾劝她说："那些儿时遥远的记忆，你可能再也想不起来了。"可在解析中竟然能发现它已"转移"到梦中了。因此，梦中的肉贩子实际上代表着我，而她拒绝则表现为，她不接受现在的情况移情于从前的想法。"我不认识那到底是什么，我不想买"这话又从何而来呢？出于分析方便，我们可以将此话拆成两半："我不认识那到底是什么"，这是头天她与厨师因为某件事发生争执时所说的气话，而且她当时还说了句"你行为要正经一些"。在这儿，我们能看出这是一种"移置作用"。那两句对厨师所说的话中，她将真正有意义的一句话压制下来，而只用另一句较无意义的话融入梦中。而恰是那句被压制下去的句子——"你行为要正经一些！"才真正符合梦中余下的一些内容。对某些人不合理的要求，我们经常会用一句俗话："他忘了关闭他的肉铺子。"在此我们几乎可以看出这解析后的真相，我们再用卖菜女人的对话来证明一下。卖的菜是成捆的，而且是黑色的，那就只会是芦笋和黑色小萝卜混在一起了。我觉得到此已经不用再去详释这些意味着什么，我们不需要对芦笋进行解释了，而另外一种蔬菜"黑萝卜"则可以被翻译成"小黑，滚开"。因此，这和"肉铺已经关门"所表示的含义其实是一样的，也就是最初的性主题。在这儿我并不想讨论这梦的整个意义，因此还是就此打住，但是到现在这个阶段我们已经可以说明，梦绝非那么率真无邪的。

（二）这个梦是另一个病人所做的梦，从某方面来看，与前一个梦很像，但是角色进行了调换。她丈夫问她："我们的钢琴是否需要请人来调音了？"她回答道："大可不必，但是琴键确实需要调一调了。"

同样，这又是一个白昼间所发生的事的重现。那天，她丈夫的确问过她这样的话，而她也的确这样回答过。可是这梦的意义是什么呢？她曾告诉我那架钢琴是一个使人作呕的木箱子，而且常产生难听的噪音，那是在结婚之前丈夫就已经拥有的东西等等。但是关键句子在于"大可不必"。这句话出自前一天她去拜访她的一位女友时她们的对话，她的朋友让她脱下外套，但是她礼貌地说："谢谢，但我立即就走，那大可不必了。"到这里我又联想到昨天她在接受我的精神分析的时候，曾经突然抓紧她的短上衣，因为她发现有一个纽扣没有扣好。那意思就像是在说："请你不要从此窥看，那大可不必。"木箱子则代表人们的胸部，可是梦的解析使我看到她从开始发育的年龄到现在，她总是对自己的身材很不满。如果我们再次把"使人作呕的"及"难听的噪音"也考虑进去，我们就会发现在梦里女性身体所经常注意到的两件事情：身材、声音，无非是某种更主要的问题的代替品和参照物。

（三）在这里我将暂时中止叙述那位少妇的梦，而对另一个年轻男人的梦作一解析。他梦到自己又将冬季的大衣穿上去，那真是一件惊恐的事，好像寒冬就要来了。这种梦从表面上来看，是一种很明显的天气骤然变冷的反应，但再仔细观察一下，就会发现梦中前后两段，根本无法找出合理的因果联系——为什么冷天穿大衣会是一件惊恐的事呢？在进行精神分析的时候，通过他的第一个联想就使梦变得不再单纯。他告诉我，做梦的前一天有一个女子毫不避讳地告诉他，她最小的小孩，完全是她丈夫使用安全套失败而导致怀孕的。而他本人则以这件对他来说相当深刻的事推演出如下的观点：那种非常薄的安全套可能有危险（会裂开而使对方受孕），但是厚的又不舒服。安全套是一种套上去的东西，对一个未婚男子来说，这种事情发生的可能自然让他感到"可怕"。很明显，这个梦并不像表面叙述的那样纯洁。

现在让我们再回到那位少妇的另一个纯洁的梦吧！

（四）她将一根蜡烛放在烛台上，但是蜡烛断了，不能直立起来。旁边的一个学校的女孩子说她动作粗笨，可她辩解说，她觉得这并不是她的错。

这个也同样是一件真的发生过的事。前一天她曾真的把一根蜡烛放在烛台上，但没有像梦中那样折断。这梦使用了一个显著的象征，因为蜡烛可以是一个能使女性的生殖器兴奋的物品，如果它突然就断了，不能挺立起来，这从男人方面来说的话，就是指"性无能"，也就是阳痿。可一位受过良好的教养，对那些猥亵的事不清楚的高尚少妇，会有可能知道蜡烛在这方面的寓意吗？但她终于说出她曾如何偶然地听到这种事的。有一次当他们在莱茵河上划船时，旁边经过的船上坐着的几个学生兴致很高的唱着这样一首歌：

瑞典皇后，
藏在紧闭的百叶窗后，
用那根阿波罗的蜡烛……

她那时并不清楚最后那句话的意义，因此她曾让她丈夫解释那到底是什么意思。于是这些内容便进入了梦中，在学校中，诗句中的内容表现为粗鲁的做那种事，这可能与紧闭的百叶窗这个诗句中提到的意象有关，所以产生了这样的想法。而手淫的意义与性无能的联系又是经常为人所提及的。梦的无邪内容经过解析之后，就再也不能称其为无邪了吧！

（五）就这样对梦的真实境遇下结论的话，未免为时过早，因此我将再提供同一个梦者的另一个看起来更纯洁的梦。她说："昨天晚上我梦见正在做某件我白天的确做过的事。那就是我向自己的一个小箱子里装书本，因为装得太满，我根本就没办法关上它。我这梦完全与事实一样。"在这儿，梦者再三强调梦与真实之间的极度吻合。所有这一类梦者本身对梦的评价，虽说是属于唤醒后的想法，可经过缜密的推证，我们会发现甚至包括这一类，实际上都属于梦的隐意范围之内。我们已经知道，这个梦的确是叙述了白天所发生的事。可是要想搞清楚这种思想的发生原理，仅仅是做到目前的工作是远远不够的。我们只可以说这梦的重点在于木箱子（参照第四章，梦见箱内装一死去的小孩）装得实在是太满，再也装不下别的东西。而且关注到这一点就已经够了，还好，这梦并未蕴含任何邪恶的成分在内。

在以上举出的这一大堆"纯洁的"梦中，我们发现事实并非如此。性因素被当作稽查制度焦点的动机是很明显的。但这是一个很重要的题目，以后我们再详细讨论。

二、作为梦的来源的幼儿期材料

我认为梦的第三个特征应包括儿童早期的一些记忆。它们看起来似乎完全不会被注意到，因此，我们对它不好确定，而我们讨论的材料的来源在醒来后是辨认不出的。因此想要证实我们梦中的印象来源于童年，没有足够的外部证据做支撑是不行的，必须能以客观的方法着手，而实际上要找出这般实例实在不易。莫里所举的那个实例，应该是最鲜明的具有说服力的了。他记载道，有一个人决定要回到他那已离开 22 年的家乡，就在出发的前一天，他梦见自己处身于一个完全陌生的地点，在街上与一个陌生人交谈。等到他回到家乡的时候，才发现梦中那个陌生的地方就是他家乡的附近，而那个陌生人也是确有其人，那是他已故父亲的仍健在的旧友。这个梦很明显地确认了这是他儿时曾见过这个地方，当然也见过这个父亲昔日旧友。同时，这梦更可以解释出他是如何迫不及待地心系故园，正如那已买了音乐会门票的女性的梦，以及那个父亲已答应带他去哈密欧旅行的小孩所做的梦一样。当然，这些促成儿时印象重现于梦境的动机，然而不经过分析是无从发现的。

我有一位同事，在听过我的这些演讲之后曾经向我夸称，他的梦很少有经过“伪装”的。因为他告诉我，他曾经梦见过，那位曾经在他家做事做到他 11 岁的女仆与他之前的家庭老师同床睡觉。甚至连地点也那么清晰地出现于梦境中。因为他很感兴趣，所以他把这梦告诉了自己的哥哥，想不到他哥哥笑着对他说，确有其事，那个时候他哥哥六岁，很清楚地记得这对男女确有这层关系。那时候，每当家里大人不在，他俩便用啤酒把他哥哥灌醉，使他晕晕乎乎，可是他这小家伙，虽说就睡在这女佣的房间里，可他们觉得年仅三岁的孩子，绝不懂事，所以就在这房里肆无忌惮地干起来。

还有一些梦，即使不经梦的解析，也可充分确定它的来源，这就是一种所谓“反复呈现型”——小时候就做过的梦，在成年期仍然再三地出现于梦境中。我能再举出很多个这样的梦例，虽说我从未做过这样的梦，但是我曾记录过一个这样的梦例。一个 30 多岁的医生，他告诉过我，他从小到现在常做梦看到一只黄狮子，而那形象他甚至可以清晰地描绘出来。后来有一天他终于发现了梦的来源，是一个已被他丢弃的瓷器狮子。后来他母亲告诉他，这是他小的时候最喜欢的玩具，可自己却一点也记不起来这东西的存在。

现在让我们将注意力由梦的表面意义转移到解析以后才发现得出的梦的隐意，我们会惊奇地发现，有些就其内容并不是很惹人注意的梦，一经分析，居然发现其来源也是由儿时记忆所引发的。我再援引一个那位曾梦见黄狮子的同事所做的另一个梦。有一次在他听完南森有关他极地探险的报告后，他梦见自己在一片冰原上，用电疗法为这位患有坐骨神经痛的探险家治疗。在解析的过程中，他记起了童年时期的一件事，这件事很重要，以至于通过这段往事就可以对这个梦进行很准确的解释。那大概是他三四岁的时候，他坐着倾听家人畅谈航海探险的故事，当时他没办法分清 Reisen（德文，意为“旅行”游历）与 Reissen（德文，意为腹痛、撕裂般的痛）的区别，他曾问过他自己的父亲，航海探险是否为一种疾病呢？而招来兄姐的嘲笑，也可能因此他以后再也没能忘记过这个令人尴尬的事。

我们仍有一个相似的情况，就是在我解析那个有关十字花科植物的梦时，我也曾联系到一件我儿时的回忆：我五岁时，父亲曾经给我一本有图片的书，让我一片片地撕碎。讨论到这儿，可能仍有人会怀疑这种回忆真的会出现于梦中吗？还是由解析时勉强产生的关联呢？可我深信这解释的准确性，可以由这些丰富的、紧凑的联想来做一个印证："十字花科植物"——这是我"最喜爱的花"——"最喜爱的菜"——"朝鲜蓟"，而朝鲜蓟须要一片一片地剥下菜的皮来。另一个字"植物标本收集本"——"书虫"，他们是整天以啃食书本为生的。我以后会告诉读者，梦的最后的意义多半是与儿童时期的有关破坏性景象有密切联系的。

另外，还有一系列的梦，由解析过程我们会发掘其引发梦的"愿望"，和其"愿望的达成"均来源于儿童时期，因此我们肯定会惊奇地发现，在梦中"童年时期全部的愿望全部都实现了"。

我现在要继续讨论之前曾提过的那确实相当有意义的梦——我的朋友 R 先生被看成我的叔叔的梦，这个梦对于现在的讨论也有一定的益处。我们曾用它来充分证实出其目的在于达成我的某种愿望——使我被聘任为教授。而且我们也曾看出，在梦中我对 R 先生的情感与事实截然相反，目的是抗议我对这两位同事于梦中给予了不应该有的轻视。因为这是我自己的梦，所以我可以说，因为之前所作的解析结果，仍不能使自己相当满意，我将继续作更进一步的解析。我深深地知道，即便我梦中对这两位的印象有一定程度的扭曲，可在清醒生活中正相反，我对他们评价却很高。只因为我在晋升这件事上，不想和他们有一样糟糕的结果，这种欲望的力量还不是最充分的解释。因为我认为，如果我对教授头衔的企盼的热心程度，还不足以达到会使我在梦与清醒状态下产生如此差距的感知差异的程度。如果那份钻研求进之心真的是那样强烈的话，我倒觉得是一种不正常的野心，但说实话我本身却丝毫不以能实现这种追求为乐。当然，我没办法证实别人对我是怎样的一种看法，可能我是个野心勃勃的人吧！可如果我真的是够有野心的话，我想我也不会以区区一个所谓"大教授"之职位即能满足的，可能老早我就已改行了。

那么，我梦中所拥有的那份野心到底又从何而来呢？在此，我想起了童年的记忆。有一件我儿时经常听到的趣事，就在我出生那天，一位老农妇曾向我母亲（我是她的第一个孩子）预示说，您的儿子将会成为一位伟大的人物。实际上，这预言也没什么特殊的，世界上哪个母亲不是那么殷殷切切、欢欢喜喜地望子成龙呢？又有多少人将自己未竟之志寄予孩子身上呢？而且即使算是恭维之辞，这样的祝福对那位农妇来说并没有任何的损失。难道这俗不可耐的几句话竟成为我追求功名利禄的源泉吗？我现在又忽然回忆起另一个孩童时代的印象，因为比上一个经验要晚一些，可能会更能说明我这份“野心”的来源。父母常带我去维也纳郊区的一个有名的公园——普拉特公园散步。那天晚上，我们去了公园的一家餐厅，那儿有一个穷困潦倒的诗人，向每个桌表演，只要你付钱，他就会照你给他的题目即兴作一首诗。因此，父母请他来我们这个桌，在父亲还未出题目之前，这个人就主动地为我念了几句很美的韵文。而且断言，如果他的预感不错的话，我将来可以做内阁人物。到现在，我仍清晰地记得那晚那个预言。当时正是“比格尔内阁”时代，而且在那次预言不久后，父亲甚至买了些官员或商人的肖像回来，其中不乏赫布斯特、吉斯克拉、昂格尔、伯杰等名人，以表示对他们的尊敬。其中的有犹太人，而且每个犹太学生在他们的书包里总要放个类似于比格尔部长式的公文夹子以自期许。很可能是基于这个印象，刚入大学时，我曾经打算专攻法律哲学（而且这一决定直至读大学前的最后一刻才临时变更，选了医学）。部长的事业与我的专业相差太远了，也就是说应该和部长这一身份无缘了。现在，我们再回头去看这个梦的时候，我才深深地知道我目前这种不尽如人意的生活与充满激情的比格尔内阁时代相比，竟让我如此向往原来的那个时代。而我的梦应该是要表达重返那个时代的欲望吧！对于我那两位值得尊敬、学问渊博的同事来说，只因为他俩都是犹太人，我就如此恶毒地把一个称为“笨蛋”，另一个则强加一个“罪犯”之名，这态度就有如我是个大权在握、赏罚凭我部长了。在这里我却又发现，我可能因为部长大人不愿意授予我教授头衔，所以在梦中，我就以这样荒诞的做法扮演他的角色，以此报复。

这些都显示了即便引发这梦的导火线是近来的某种希望，可那实际上只是小孩的时候某种记忆的强化罢了。我将在以下内容中列出一些渴望去罗马旅行的愿望所引发的梦来作参考。因为每年到我有空可以旅行的季节，都会因健康问题而去不成罗马，因此长期以来我都想在梦中满足这种内心的热切盼望。例如，我梦见自己坐在火车车厢内，在窗边远眺，然后就会看到罗马的台伯河和圣安基洛桥。不久之后，火车便开动了，我才意识到我从来就没到过这里。事实上，梦中那幅罗马的景色，来源于我在某病人的客厅里所看到的一幅很出名的版画作品。在另外一个梦里，我则梦见某人将我带上一座小山顶，然后遥指在云雾中半隐半现的罗马城，记得那个时候我曾因为距离这么远仍能看清景物而惊奇不已。这类梦的内容真是太多了，所以在这里就不一一提及了，但是就此来看，要“看到那心动已久的远方之城”的动机是如何地明显。实际上，我在云雾中看到的可能是吕贝克城，而那座小山是格利欣山。在第三个梦里，我终于发现自己置身于罗马城内了，但令人绝望的是，我发现那里不像是一座城市。那里有一条淌着污水的小河流，河岸的一面是黑色的峭壁，河的另一面是一片草地，同时在那上面还开满了大朵的白花。随后我遇到了一个叫朱克尔先生，然后我决定向他问路，以便在这城市内走一圈。很明显，我根本不能在梦中看到我实际没有到过的城市。如果将我所看的景色慢慢地进行分析的话，我会发现我把梦中的景物分解为了许多元素，每种元素带一定的含义。那梦中的白花把我带到了我所熟知的拉韦纳，这座城曾一度几乎代替了意大利的首都罗马。在拉韦纳外的沼泽地带，还有美丽的水百合生长在那一汪污水中。就像我自己家乡的奥塞湖的水仙花一般，因为它长在水中，我们实际上是看得到却摘不到，因此在梦中，我就看到这些山花是生长在草地上。至于那个河边的黑色峭壁，则突然使我联想到了卡尔斯巴德疗养地的特普尔河谷，而卡尔斯矿泉疗养地则可以将我向祖克尔先生问路时的情况解释清楚。在这杂乱的梦的内容里，我可以看出其中包含了两个可笑的犹太人的故事，这里饱含人间百态，因此我们也经常在写信或谈话中引用它们（即便其中偶然会含一种使人感到酸楚的成分）。第一个逸事是关于“体质”的，它讲述了一个穷苦多病的犹太人，一直都向往去卡尔斯巴德看病，于是没买票就混上了开往那地方的快车，却被验票员发现，每次验票是都被赶下车，而且惩罚很严重。最后他终于在这痛苦旅途中的某个车站见到了一位朋友，朋友问他要到哪儿去，这可怜的家伙回答道：“到卡尔斯巴尔，如果我的体质还能撑得下去的话。”另外一个我联想到的犹太人的故事大约是这样的：有一个不懂法语的犹太人，在巴黎街上向人打听前往希尼街的路。实际上，巴黎也是我若干年来总是想去的地方，在我第一次走在巴黎的人行道上时，心里的那种满足、喜悦之情，迄今仍然历久弥新，也因为这种畅游大都市的喜悦，使我对旅行更具有浓厚的兴趣。另外，关于“问路”这件事，完全是指罗马而言，因为俗话常说“条条大路通罗马”，因此“路”与“罗马”有明确的联系可寻。下面让我们看到“朱克尔”（糖）的人是暗喻了我们经常送身体衰弱的病人去疗养的“卡尔斯巴尔”，我们常建议患有体制性糖尿病的人去那儿疗养。这使我想到一种与“糖”有关的体质衰弱病和“糖尿病”的关系，而做这个梦的时候，就在我与住在柏林的朋友约定在复活节在布拉格会面，我们准备在那里讨论包含“糖”与“糖尿病”的话题。

第四个梦，就是紧接着我和某个朋友见面后不久所做的，这个梦又将我带回到罗马城内。奇怪的是，我发现有个街角竟然贴有这么多用德文写的公告。就在前一天，我写信给我那位朋友，信里曾大胆猜测说，去布拉格这地方将会是一件不愉快的事，同时，我因为表达为了将会面地点由原地点改为罗马的愿望。这是一个我自从学生时期就有的心愿。当时，布拉格还在通行德文。实际上，因为我出生在住有很多斯拉夫民族的摩拉维亚的一个小镇里，所以我推测我应该在很小的时候就懂捷克语。记得在 17 岁那年，我偶然听到别人哼唱的一首捷克民谣，给我留下了深刻印象，虽然我不明白它的意思，但是知道现在我仍然能流利的背下来。因此，这两个梦里有童年早期生活的早期印象。

在最近的一次意大利旅途中，经过了特拉斯梅纳湖。我也终于看到了那条台伯河，但是按照日程的安排，在离罗马还有 50 里的时候就必须返回，这份遗憾更加深了我童年时期的记忆。当我在写这本书的第二年经过罗马去那不勒斯的时候，我突然想起一句曾经读过的德国古典文选（毫无疑问是琼·保尔的著作）：当他下定决心去罗马时，他并不安心，不停地在书房踱步，内心深处也在不断挣扎斗争：到底应该去当个温克尔曼（1717—1768，德国考古学家及艺术史家）做副校长，还是成为汉尼拔将军？我似乎是步了汉尼拔的后尘。同他一样的是，我似乎命中注定到不了罗马——当人们都预想他会进军罗马的时候，他却转到了坎帕尼亚。在这一点上与我相似的汉尼拔，一直是我在校读书时期的偶像，我在这些方面比较像他。和大多数同龄的那些男同学们一样，我们在布匿战役上都很同情迦太基人，而不是罗马。到了高年级之后，我才真正意识到自己作为异族代表什么，别的学生中反犹太族的人要求我必须有明确的立场。这让我心里涌起一种遭受到反犹主义摧残的感受，更让我在内心对这位民族英雄增添了敬仰。在我年轻的心里，汉尼拔与罗马的战斗代表着犹太教与天主教间永不休止地冲突，而在此后不断遭受的一些反犹太人运动所造成的影响，使我这种孩童时形成的印象越发的根深蒂固，对罗马的憧憬实际是象征我的梦生活中的许多其他欲望，要实现它们就要有那些腓尼基将领们那样的坚毅，他们曾经为了实现汉尼拔终其一生的愿望，也就是进军罗马城，跟随他出生入死，遗憾的是没能进入罗马。

而现在，我首次发现有一件青年时代所经历的事，到现在仍深深地在我的感情或梦境中展现出其影响力。当时我大约十一二岁，父亲每天都带着我散步，并与我谈论他对世事的认识。他曾告诉我一件事，以证实我现在的生活比他那个时代要强多了。他说："年轻的时候，就在某个周末我穿戴整齐，然后戴上了我的毛皮帽，在家乡的街上散步，迎面来了一个基督教徒，毫无缘由地就把我的新帽子打入了街心的泥浆里，并大声地骂我‘犹太佬，让开路！’”我忍不住问父亲：“那你是怎么对付他的呢？”没想到他只是极其冷静地回答道：“我走到街心，把帽子捡了起来。”当时牵着我小手的那个身躯高大的男人，我心目中的英雄，竟是这般使我失望，与汉尼拔的英雄父亲布拉卡斯把年幼的汉尼拔带到祖坛上，让他发誓一生与罗马人为敌的那份气概比起来，这种强烈的差别更加深了我对汉尼拔的敬仰，而且，甚至会经常幻想自己就是汉尼拔。

我想我还可以把这份对迦太基将领的狂热再溯源到更年幼的时候。这同时也能证实，前面所提及的不过是强化了这种印象，将之转变成新的形式反映出来。在童年时，我学会了读书以后，看的第一本书就是蒂尔斯所著的《执政与帝国史》，我清晰地记得我曾把拿破仑手下元帅的名字写在标签上，并把它贴在那些木制的玩偶兵士身上，那时马塞那（一位犹太将领）是我最仰慕的大人物。巧的是，我的生日恰恰与这位犹太英雄同一天，大约刚好差了一百年，为此我更感自豪。拿破仑就曾因同样越过阿尔卑斯山，而以汉尼拔自诩。可能我这种尚武精神可以追溯到我童年的更早时期。小时候经常与一个长我一岁的孩子在一起玩，我们之间有时候友好，有时候会打架。在这种由一强一弱的关系下，因为我是弱方，所以会产生这样的欲望。

梦的分析工作越是深入，我们便越会相信在梦的隐意里，孩童时的经验的确构成很多梦的起源，并且起着关键性的作用。

就像我们以前曾经说过，梦很少会把记忆以一种毫无变化的方法方式再现在梦的内容中。但是，似乎是有过若干这种近乎于完全真实的记忆翻版的记载。而我在此也可加上一个孩童时期记忆所产生的梦。我的一位病人曾经告诉我一个只经过一点“伪装”的梦，他本人一下子就辨认出那梦的确是一种正确的回忆。这份记忆在醒着的情况下并未彻底消逝，只是已经有点模糊。但是在分析过程中，他就已清清楚楚地追忆起其中每一个细节。他记得自己在 12 岁那年，曾经去看望一位住院的同学，当时那位同学躺在床上，翻身的时候不小心把他的生殖器露到了裤子外面。而他当时不知怎么回事，看到那同学的生殖器以后，竟然不由自主地也将自己的生殖器由裤裆里掏出来，结果却招来了别的同学惊讶鄙视的目光，而他也十分尴尬，尽力想把它忘掉。谁知在 23 年后，这情景居然在梦中又重现了，不过内容还是稍稍地变化了一下。在梦中，他不再是主角，而变成一个被动的角色，那位生病的同学也被另一位现在的朋友取代。

当然一般而言，在梦的表象意义里，童年的情景多数只有蛛丝马迹可寻，而且要经过耐心的解析才可以辨认出。这一类梦的例证，实际上也难以令人完全信服，因为这种童年经验的确实存在性是根本无法找到见证物的。而且如果发生在更早期的话，那我们的记忆根本无法辨认，因此要获得“孩童时期的经验在梦中重现”的论断，需要利用很多因素，并加以精神分析工作结果，方可予以确认。可在梦的解析时，我们经常会将某一童年时期的经验从所有经验中个别摘出来，以符合自己的意愿。需要说明的是，如果为了追求自己的目的，而离开背景，记录一些由推论得出的童年经验，这样是没有什么意义的，有的时候我也不能将真正作精神分析时所获得的资料全部附带上去。但是，我还是觉得再举几个例子是很有必要的。

（一）我有一位女病人，在她所有梦中都表现一种特点——“匆忙”。比如，随时随地不能误火车等等。有一次她梦见她想去看望一位女友，她母亲曾经劝她坐出租，但是她没听而跑着去，结果路上不停地摔倒。在梦的解析过程中，她想起了儿时嬉戏打闹的情景。尤其是一个特别的梦让她想起了童年时常说的一个“绕口令”的游戏，要说“牛在跑，跑到倒”，要说得越来越快，直到说成一个没有什么意义的单词才停。这也算是一种“匆忙”。这些记忆取代那些不清白的东西，而只留下了与女伴们玩耍的纯洁的记忆。

（二）另一位病人叙述了如下一个梦：她置身于一间摆满各种机器的大屋子里，令她产生了一种置身于外科手术室的感觉。她听见我对她说我时间有限，不能个别接见她，而让她和另外五位病人一块儿接受治疗。她立即拒绝了，而且不愿躺在床上或任何别的东西上，她坚持独自站在屋子的一角，期望我会对她说“刚刚的话不当真”。这时，另外五位却在嘲弄她说她太蠢了，也就在同一时刻，她又似乎觉得她在画很多的方格子。

这个梦的起初，实际上意指“治疗”，和对我的移情作用；而接下去的部分则牵扯到孩童时的一段情景，之后两部分以“床”衔接起来。

外科手术室使我想起了我对她所说过的一句话，记得当时我比喻说，对她的长期精神治疗及性质的复杂就如同一次外科矫形手术，需要耐心，得经得住漫长的治疗。当治疗开始时，我曾对她说：“尽管以后每天都给她一个小时的治疗时间，但是我确实没有太充裕的时间。”这些话可能就触动了她那极易受伤的敏感——这种敏感正是儿童歇斯底里症的一个很重要的特点，他们对爱的需求是永远得不到满足的。我的病人在六个兄弟姐妹中排行最小即便父亲最疼爱的小女儿，她心里仍常认为爸爸用在她身上的时间与爱护不够。而她等着我说“刚刚的话不必当真”可以这样解释。一位裁缝的小学徒送来她定制的衣服，她当时便付钱托他带给老板。后来她问丈夫，如果这个孩子把钱弄丢了，她是否还得再付一次钱。她丈夫开玩笑似的说：“嗯！那是当然要再赔一次的。”（就好像梦中的“嘲弄”）于是她焦灼地反复发问，期望她丈夫说一句“刚刚的话不必当真”。由此梦中的隐意可由以下构筑起来：假若我肯用两倍时间治疗她，那她是否不得不付两倍价钱。她觉得这是一种吝啬且丑恶的想法（孩童时期的不洁，在梦中经常以贪钱所取代，而“丑恶的”这个词恰好构成这两者之间的联想），如果梦中所提及的期望我说出“刚刚的话不必当真”一段，实际上是拐弯抹角地说“肮脏”这个词的话，那么“站在一个角落”和“不愿躺下”均可用另一件童年的经验来解释：她曾弄脏了床，被罚站在一个角落里，爸爸不再爱她，同时兄弟姐妹们也都在一边嘲笑着她等等。关于那小方格，则是她的小侄女曾经画出九个方格，而且在这上面列出一道算术上的难题——每个方格要填一个数字，从而使横竖加起来均得出 15。

（三）这是一个男人的梦：他看见两个男孩疯狂地扭打成一团，从周围所扔着的工具来看，他们大概是桶匠的儿子。后来一个孩子终于被摔倒了，这文弱的家伙戴着一副珍贵的蓝石做的耳环。他抓起了一根杆子，然后就爬起来想追上去打那对手，可对方却拔腿就跑，躲到站在木栅栏旁边似乎是他母亲的女人后面。那女人好像是一位钟点工的妻子，最开始她背对着做梦的人。后来她竟转过头来，看起来很可怕，做梦者吓得立即跑开了，但他还记得那女人的眼皮下有块儿吐出来的红肉。

这个梦以他做梦前一天所遇到的很多的零碎小事作为最开始的材料。当天他的确曾看到两个男孩在街上打架的情形，同时还有一个被摔倒。可当他跑上前想劝架时，两个小家伙都立即跑掉了。“桶匠的孩子”这句话可以用到一句谚语方看出头绪，那句话是“把桶底打穿”。“一副戴着珍贵的蓝宝石做的耳环”，这是梦者自己说的，蓝宝石耳坠一般是妓女的装扮。这往往会使人想到一句时常听到的有关两个小男孩的打油诗：“另一个男孩子叫玛丽——女人出现了。”而那个摔倒的其实是个女孩。那女人站在篱笆旁，当天那两个小鬼跑掉之后，他曾到多瑙河河畔漫步，因为当时就他自己，他就趁人不注意的时候对着木栅栏小解，可刚解完不久，迎面就碰到一位穿戴华丽的老妇人，而且冲他笑，因为这个女人刚才也在他撒尿的地方小便过。于是，在他的梦中，那女人就像他在木栅栏小解一样变为她站在木栅栏边上。正是因为这样的变换牵扯女人小解的问题，才能理解以下几点："红肉""看起来很可怕"，这些都是女人蹲下去小解时，性器官所呈现的样子。

而这梦就这样奇怪地将儿时两件记忆混淆在一起：儿时，他曾将一个女孩子摔倒，而且他还曾看到过一个女孩子蹲着小解。这两次经历都使他有机会窥视到女孩子的性器官。而且梦者坦承，当年也曾因对性太好奇而遭到父亲的严厉责怪和惩罚。

（四）在下面这位妇人的梦里，我们可以看出在一个单纯的想象中掺入了很多的儿时记忆，还有很多荒唐的幻想。

她急忙地赶去购物，在格拉本她整个身体突然像瘫痪了似的双膝瘫软，跌倒在地上。旁边很多人围观，包括一个开车的家伙，但他们都袖手旁观，没有一个人愿意扶她一把。她试着站了好几次，都白费力气。后来她肯定是站起来了，因为她又梦见她被搀进一辆出租车里驶回家去。她进入车内以后，一个很大很重的篮子（看来是市场卖东西用的篓子）由窗口被扔了进去。

首先我们得说明一下，这老妇人还是小孩子的时候就热爱追逐玩耍，以致她的梦一直都显得很"匆忙"。上面这个梦的头一部分很明显来自骑马摔下来的情景。她是在马上坚持不住才落下来的。她年轻的时候，经常骑马，而在更早的童年的时候，她就像一匹马一样。由这摔倒的意念令她回忆起在她童年的时候，家中老门房有一个 16 岁左右的男孩，有一次在外癫痫发作，被路人用街车送回家。即使她并未目睹发作时的情景，可这种由癫痫昏迷而摔倒的印象，却充斥于她的想象中，以致日后对她歇斯底里症的发作的形式造成一定的影响。当一个女性梦到自己被摔倒，多半是有一些性的意味在里面：她们会想象自己变成了"一个堕落的女人"。再从梦的内容来做一番审核，更可以看出确有其意，因为她梦见是在格拉本被摔倒的，而格拉本街正是维也纳最有名的风化区。至于"市场卖东西用的篓子"就更有另一番解释，德文"krobe"除了篓子或菜篮之意以外，还有冷落、不愿意之意，这令她回忆起早些时候她曾对那些向她求婚的人给予多次冷落，可是在后来的日子里，她又觉得自己遭到了报应，她向其他人的求婚也受尽了别人的冷落。这又和梦中另一段"他们只是袖手旁观"很吻合，而她自己也将其解释为"受人鄙视"的意思。还有，那"市场卖东西用的篓子"可能还有一种含义，在她的幻想中，她曾谈及她受人鄙视而错嫁给了一个穷光蛋，沦落到在市场里面卖东西。最后，"市场的菜篮子"也可解释为仆人的象征，这又让她想到一件儿时的经历，在她已经 12 岁的时候，她家的女厨子因为偷东西发现而被解雇，当时女厨子曾跪下来请求宽恕。接着，她又联想到另一个回忆，有个打扫房间的女佣因为与家里的车夫偷情而被解雇，可最后车夫娶了她做妻子。由此回忆，使我们对梦中的“开车的家伙”有了些线索可寻，梦中的出租车司机其实就是马车夫。车夫在梦中与事实恰好相反，并没有对堕落的女人施以援手。关于那“丢篓子”的一段也尚待解释，特别是，为什么它是被“丢进窗口的”，这让我们想到铁路运货工人的运货方法，还可能令人们联想到乡下的一种风俗——越窗偷情，此外还有与“窗”有关的在乡下经历过的事，某年在避暑地，有个男子曾把几株青梅丢进这女人的房间，她妹妹曾经因为有个白痴在窗口徘徊偷窥而被吓着等等。这时，现在由这么多的回想又引出了另一个回忆。她十岁时，在乡下生活时，有位男仆因被发现与一位女佣在屋里发生性关系（他们的这种关系，甚至连她这样的小孩子都看得出来），而被迫双双收拾好自己的东西，赶出门去（而在梦中，我们所用字眼为“被丢进去”）。另外，在维也纳，对佣人们的行李用轻蔑的话“七个梅子”来代替，“拾起你的七个梅子，滚吧！”

我所收集的这些梦，很多都来自心理症患者，而解析结果都可追溯自其孩童时的印象，甚至可能是记忆朦胧或完全记不起来的最初三年的经验。因为这些均取材自心理症病人，尤其是歇斯底里症的病人，导致梦中出现的儿时情景，可能受到心理症的影响走了样，因此若要由此概括到所有梦析的结论，大概仍难令人信服。但就我自己的梦所作的解析和论述而言，当然我想我是没有神经症的症状的，却发现在梦的隐意里，也会意外地找出我童年的某段情景，而且整个梦都可以与童年经验相联系。之前我曾举过这样的原例，可我仍打算提出一些不同但有关的梦。如果我不再多举几个自己的梦来确认其本源有些出自近期的经验，有些出自早已忘却了的童年经验的话，将本章作一结束就未免有些言之过早。

第一个梦

旅途归来之后我又饿又累，躺在床上立即进入梦乡，但人有时候会需要在梦里来表现自己，因此就有了下面的梦：

我跑到厨房去，想找根香肠吃，那儿站着三个女人，其中之一是客店的女主人，她手中正搓揉着某种东西，看来是汤团之类的东西。她要我再等一会儿，等她做好了菜再叫我。（此话在梦中听得并不很真切）我很不耐烦就离开了。后来我想穿上大衣，穿上第一件时，发现太长了，我只好又把它脱下来，这时我惊奇地发现这件大衣上居然铺有一层贵重的毛皮。于是我又拿起另一件带子上绣有土耳其式图案的外套。这时来了一个长脸短须的陌生人。他说我不可以拿走那件外套，因为那是他的，我对他说这外套上绣有很多土耳其式的图案，可他却回答说："土耳其（图案、布条……）又关你什么事?"但不久我们却又变得彼此友善起来。

在对这梦进行解析的时候，我意外地回想起一本大概我平生首次读过的书，实际上我是从第一卷的结尾处开始读的。那本小说的书名、作者我都已经记不起来了，但结局竟然清晰地印在脑海里。那本书中的主人最后发疯了，他不停地叫着三个给他的一生带来最大幸福和灾祸的女人们的名字，我记得其中一个女人叫贝拉姬。但我仍搞不明白为什么在分析这梦时我会想起这小说。因为提及三个女人，使我联想到罗马神话的三位巴尔希女神，她们掌管着人类的命脉，据我所知，我还知道三个女人中的一位是赐予生命的母亲，给予营养。我认为，爱与饥饿只有在母亲的乳房上才能得到最完美的结合。我且顺便提一段趣闻：有位年轻的男子曾告诉我，他本人非常欣赏女人的美，而他说让他最遗憾的是，他的乳母是那么的漂亮，可他当时却因太年幼，而未能利用好他的机会。我经常用这件事在精神神经症机制中来解释"推迟动作"的因素。由上面的推断，其中一位巴尔希女神两手搓着面团，似乎是在做汤圆，一位命运女神做这种事，很怪异，似乎还须再进一步探究下去。这可以用我孩童时另一个经验来做某种解释。当我六岁的时候，由我的妈妈上了第一课，她让我明白我们都是来自大自然的泥土，最后也必会消逝为尘埃。可是不知道为什么我听起来很不舒服，而且表示不相信这种说法。于是妈妈双掌用力地搓揉（正如梦中那女人同样，差别是妈妈两手间没有生面团），然后把搓下来的黑色皮屑让我看，以此证实我们是由泥土变成的！我还清楚地记得我在目睹这种现场表演的实际情况之后，心中感到很惊奇。后来我似乎也就勉强地接受了她这种说法："生命终要回归自然。"在童年时，我常在肚子感到饥饿的时候，跑到厨房找吃的，而每次站在火炉旁的母亲总会告诉我，一定让我要等到饭菜做好了才能用餐。因此梦中我到厨房所碰到的女人，确是暗喻着那三位命运女神巴尔希了。现在再来瞧瞧"汤圆"这个词有何意思，起码它让我联想到大学时教我们"组织学"的一位教师。他曾控诉过一个名叫克内德尔的人利用名字的相似性抄袭他的作品，而抄袭就是将不属于自己的文章占为己有，这又使我得以解释出梦的另一部分，我被人当作是经常在人多手杂的剧院讲堂下手的那名偷大衣的贼，我之所以会写出“剽窃”这个词，完全是一种无意识的行为。而现在我则开始看出，可能这就是梦的隐意之一，而且可以当做梦的表象意义部分的桥梁。下面一连串的词：贝拉姬、剽窃、横口鱼、鱼鳔，就这样由一本旧小说引出克诺洛事件和大衣（德文tiberzieher有几个意思：大衣、套头毛线衣、安全套等等）联系起来。而这其中又很明显这又牵扯性工具。当然，这是一套很牵强的联想，可若非经过梦的运作的努力，我在清醒状态之中是绝不会有这种想法的。然而，似乎需要建立起一个不把一切事视为神圣的强制性联想。我还要一提的是，有个我很尊敬的名字——布吕克（BrUeke，德文可译为字与字之间的“桥梁”，见以上的叙述)，它使我想到我在一所名叫作布吕克的学校里上课时的欢乐时光：

那段欢乐时光，每天酝酿着智慧的宝藏，
无为而有为的追求，有无限快乐的欢畅。

这恰与我做梦中我的无穷欲望形成一个强烈的对比。最后，我又回忆起一位令人尊敬的老师，他名叫弗利契，这名字发音就像是可以食用的Fleisch（德文意思是“肉”)。紧接着我的脑海又涌现出很多景象：我的母亲与客店主人，疯狂的状态和从拉丁药典（Kuche，即“厨房”）可找到的一种饥饿感麻痹的药——可卡因。

由此推断下去，我可以将此复杂思路中的所有部分予以解析，而且可以将梦中各部分逐一予以解析。但因为关系到我的隐私，我不得不在此略有保留。而我将在这纷杂思潮中只执其一端，由此探索梦的谜底。那梦中长脸短胡须的、阻挡我穿第二件大衣的人，模样很像我妻子常向他购买土耳其布料的斯巴拉多一家商店的商人。他的名字叫波波维奇，一个很怪的名字。幽默大师史特顿海姆曾开他的玩笑说：“他道出了自己的姓名以后，牢牢地握住我的手，脸涨得通红了!”我发现我再次乱用别人的名字了，我在前面已经用过布吕克、克内德、贝拉姬、弗利契等一般由名字发音近似而引发的种种联想，基本上没有人否认我们孩童时代都喜欢利用别人的名字来搞恶作剧，可能因为我过于习惯运用这种联想，以致遭到了报应，因为我自己的名字就经常被人拿来当作开玩笑的对象。歌德也曾注意到每个人对自己的名字都很敏感，他觉得那种敏感甚至可能超越皮肤的触觉。而赫尔德就曾以他的名字为题材，写了一首诗：

你是来自神仙的后代，
还是来自野蛮人？
虽然你拥有高贵的形象，
最终也将化为尘土。

我之所以将话题扯到这里来，无非是想说明一下名字的误用确有其真正的意义。还是让我们先回到刚刚谈过的话题吧！我妻子在斯巴拉多购物的事，使我联想起有一次在卡塔罗的另一次买卖。那次我因为过于谨慎而失去了一个很好的交易机会（“失去了一次抚摸奶妈乳房的机会”——见以上提及的那位青年人）。由饥饿而引发的那个梦里，确能导致一种想法：我们不要轻易放弃东西，能抓到手的就要尽量拿，即使要担点风险也没事，我们一定不要轻易放过任何机遇，因为生命是那么的短暂，死亡是无法避免的。因为这其中有及时行乐的观念，又因为它所要满足的欲望可能会引起犯错，所以对于这种“及时行乐”的思想，的确有理由逃避自己内心的审核制度，而托于梦境中。这样，一切梦者获得精神满足时的记忆、各种有制约性的思想甚至是我们难以想到的——最惹人反感的性惩罚的威胁等，都会以各种形式出现在梦中。

第二个梦

这个梦需要更详细的前言：

为了消磨炎热的夏日，我选择了奥塞湖当作度假目的地。于是当天我到维也纳西站去坐火车，因为到得早一点，刚好碰到开往伊希尔的火车还停在车站。这时，我看到了都恩伯爵，他好像又要前往伊希尔去朝见皇上。虽是头天下了雨，但他仍然选择去坐敞篷马车。只见他不慌不忙地由区间车的入口直入，对向他要票的检票员（他可能不认得这位伯爵大人）完全不屑一顾。不一会儿，往伊希尔的车子就开走了，站务员要求我离开月台到候车室等车，但是我有些事情需要在这里处理，需要花些时间，我费了一番口舌才总算被允许继续停留在月台上。这时很无聊，我就利用这机会，静静地看着人们是否用贿赂站务员的方法获得座位。如果真有我猜想的这种事发生的话，我就打算大声抗议，要求人人平等。同时我哼着一首咏叹调，后来，我才发现这是《费加罗的婚礼》中一段由费加罗所唱的咏叹调：

若我的主人想跳舞，
想跳舞，那就让他跳吧！
我愿在旁边为他伴奏……

(我不知道别人能否听明白)

整个晚上我一直极度兴奋，甚至想要找个人争吵，我乱拿那些侍者、车夫来开玩笑（但愿这些并未伤到他们的感情）。这时，各种带有革命意味的、冲动的思想一股脑儿涌上心头，比如费加罗的台词；或是我在法兰西剧院所看到的博马舍的喜剧；一些自命不凡的人的狂妄之言；再如阿尔马瓦伯爵想用其君主之权获得苏珊娜初夜权；甚至是不怀好意的记者们对都恩伯爵的名字所开的一个很大的玩笑，他们叫他“不做事的伯爵”。实际上我并不嫉妒他，因为眼下他极可能正战战兢兢地站在国王面前受训，而在这里正满脑子计划怎样度假的我，才真是“不做事的伯爵”呢！这时一位绅士走到月台上，我立刻就认出这家伙是政府医务监考官，而且由于他的能力和表现赢得了一个“政府的枕边人”的称呼。这家伙凭借着他的政界地位请求给他半价的头等包厢（政府官员有权买半票）。这时我听到乘务员之间的讲话：“我们怎样安置这个半价头等舱的先生呢？”像这样一种喧宾夺主的无理作风，实在是让人无法接受，这真是一种典型的特权例子。我可是付了整个全价呀！事实上，我有一个包厢，但不是通廊的那种，一旦晚上尿急，可没有厕所在房间内。我向列车长抱怨这件事，毫无疑问，我是改变不了什么的。于是怏怏地讽刺他：“今后你们就应该在每个包厢的地板上弄个洞，好让旅客尿急时方便些。”入睡后，在凌晨两点三刻时我因尿急而从梦中过来。在醒来之前做了个梦。以下便是这梦的内容：

在一个学生集会上有一个人——似乎是某个伯爵（名叫都恩或塔弗），后者是奥地利政治家（1833 – 1895），曾经担任首相（1870 – 1871 和 1879 – 1893），和都恩同样，十分地偏爱帝国的非德意志部分的独立，正在激情地演讲，有人问到他对德国人的看法，他以一种很轻蔑的神态，不着边际地回答着那个人：“他们非常喜欢的花，也就是那种款冬花。”紧接着他又将一片残破的干叶子，插进衣服的纽扣洞内。然后我就愤怒地跳起来，但我马上为自己这种态度而惊讶不已。

接下来的内容已经模糊了，那好像是在我一个大学的礼堂里，门口有警卫驻守。而我不得不立即逃掉，然后我接连通过好几个豪华的房间后，跑入了一间装设高雅的套房内，那明显是部长级人物的套间或者是别的公用房，里面的家具尽是棕色或紫色的色调。最后我跑到一条走廊上，在那儿坐着一个很强壮的看门女人。我想尽力避免与她说话，以免被人阻挡在门外，可她却好像认定我的身份是绝对通行无阻似的，因为她竟问我现在需不需要有人掌灯照路。我以手势或者是语言对她表示那大可不必，并且要她就坐在原地。就这样，我狡猾地摆脱了追踪。现在我开始走下阶梯，紧接着又是一道狭窄陡峭的、向上去的小路，我沿着这条小路走了上去。

接着，又是更为模糊的一段：我的第二个任务似乎是要立即逃离这座城市，正如我上述的需要迅速离开那大厅一样。只记得我坐在一辆单马马车内，同时让车夫尽快送我到火车站去。而当他抱怨说我会把他累坏时，我答道："到了车站之后我就不会再要求你赶车了。"这听起来，似乎他已为我赶车赶了很长的一段路一样——一般只有火车才跑得了的长路。然后就是到了火车站，火车站人潮涌动，就在我拿不定主意到底是去克雷姆斯还是去赞尼姆的时候，我想到国王正住在那儿，官方可能会派人在那儿窥伺，于是我就决定去格拉茨或类似的地方。现在我置身于一间火车包厢内，感觉是在斯塔特鲍恩的客车车厢里。而我的纽扣洞内插着一条长形瓣状的东西，同时旁边还衬有一朵用比较硬的料子做的紫棕色紫罗兰，这景象短暂而又惹人注目。

接着，我又再次置身于火车站内。这次，我是与一位老绅士站在一块儿的。我必须想出一个不被人认出的计划，我也确实想出了；后来真的感觉计划实现了，这种思考等同于经历的事情就这样不可思议地发生了。他看起来像个瞎子，最起码有一只眼是瞎了，而我手上拿着一个男用的玻璃夜壶（这是我们刚在这城市里买到的），我把夜壶给他，看来，我成了一个这盲人的看护者了，而且他确实有这个需要，因为他是瞎子。这时，如果查票员见到我们这情景，肯定会让我们过去而丝毫不会怀疑的。同时，这老头子的态度和他的阴茎不知不觉地已经变形了。

这样的梦似乎带有一种幻想，让梦者重新回到 1848 年的革命时期。这可能是 1898 年的革命周年纪念日所带给我的记忆的再现，还有过去我到瓦休远足的时候，曾经到伊尔玛尔村去参观。而那里据说就是爱默斯多夫革命时期学生领袖菲肖夫隐居的地方，菲肖夫这一类人物似乎也在梦的表象意义中出现过很多次，因此这乡村小游可能就是促成此梦的伏笔，而由这个村落，我想起我住在英格兰和我兄弟的住处。他经常用丁尼生的那首题为《五十年前》

的诗来逗引他的妻子，而他的孩子们每次总会改正他的老毛病，因为他弄错了那首诗的名字“15 年前”。这份幻想与看到都恩伯爵所引发的想法之间的联系，就犹如意大利式教堂的正面与背面的建筑物结构找不到丝毫的有机联系一样，可在这里面，它的不同之处就在于它杂乱无序，还充斥着很多的缺口，并且它很多内部结构都显现在外面。

这个梦的第一部分包含有好几种景象，我打算逐步解开来一一解释。梦中伯爵的那份狂妄，几乎就是我 15 岁那年在学校所经历的那一幕的景象，我们的老师总是惹人讨厌，以致我们在无法忍受之下酝酿着一场阴谋去惩罚他。那个时候担任领导的主谋人物的是一位常以英王亨利八世自诩的同学。那样的情况对我来说，就像要发动一次政变似的，他让我来领导这场进攻，并且定下了公然反叛的标志——关于多瑙河对奥地利重要性的讨论。我们这批叛变的伙伴中，有一位出身贵族的同学，他曾被称为“长颈鹿”（因为他的身高所得的绰号）。有一次被一个暴君似的德文教授训骂的时候，他站得就像梦中那伯爵那样的姿态，笔直而傲慢。关于“喜欢的花”还有那“纽扣洞内所插的某种东西”，毫无疑问是暗指着某种花（最后我想起那天我曾送兰花和耶利奇玫瑰（它的卷枯的叶片在潮湿的空气中能重新展开）给我的一位朋友），而我由此回忆起一部莎士比亚的历史剧本《亨利四世》，在第一幕，而且是第一场所表现的那场红白玫瑰的内战。这段回忆刚好可由刚刚提及的《亨利八世》衔接上去。接下来，我们可以由红白玫瑰的问题联想到红白康乃馨。这里有两段小诗，一段为德文，一段为西班牙文，暗暗插入对这一点的分析之中：

玫瑰、郁金香、康乃馨，
每一种花都终将凋零。
伊莎贝拉，请不要
为花儿的凋零而哭泣。

西班牙文诗的楚翔使我想起了《费加罗的婚礼》。而在维也纳，白色康乃馨已成为反犹太族的象征，红色康乃馨则象征着社会民主党人士。在这段联系中，隐含着过去我在风光旖旎的萨克逊旅途中所遇的一次反犹太族运动的不愉快回忆。形成梦的第一个和第三个印象来自我的大学时代。我参加了一个德国大学生俱乐部举办的聚会，谈论哲学同自然科学之间的关系，初生牛犊不怕虎，我以一种纯粹的唯物主义的观点，轻率地提出一种很偏激的看法。

一位学长站起来把我狠狠地痛斥一顿。我记得他是一位很有领导才干、善于组织团体的青年，同时，他有一个绰号，好像是一种动物的名字。然后他又说到他自己曾经养过猪，而且在过去就曾有一段时间很偏激，后来才迷途知返地觉悟。"我愤怒地跳起来"（正如梦中一样），冲动且无礼地驳斥他，我现在很清楚他从小就和猪打交道，所以我对他刚才说话的声调也就不感觉奇怪了（在梦里，我本人对自己的德国民族主义者的态度感到很惊讶）。会场马上引起了一阵骚动，几乎所有同学均要求我收回刚才所说的话，可我仍偏执地坚持我的立场。幸好，这位受辱的学长十分明智，并不接受他们的意见来向我挑战，这争端才就此结束。

这个梦剩下的情景的本源则更难找寻。那伯爵蔑视地提及"款冬"这植物到底有什么意义呢？为此我不得不再对自己的联想系列做一番审视：款冬（德文 Huflattieh，字面意思就是"蹄形莴苣"的意思，他的英译为 hooflettuce）——莴苣（1ettuce，一种类似莴苣的一种青菜）——色拉（salad，尤其是指莴苣凉拌菜）——Salathund（看到别人有得吃感到嫉妒的狗），于是我发掘出很多晦涩含糊的描述，其中颇有深意：例如"长颈鹿"这个词，德文有"猿猴"之意，故由此推断猴，之后猪、牝猪、狗，依此类推的话还可以推出笨驴，恰好可加在我们那位教授的头上，以发泄我对他的轻蔑。

更进一层来讲，我将款冬（我怀疑这是否正确）译为蒲公英，这意思是我由左拉的小说《阳春》想起的一小孩子，带着掺有蒲公英的沙拉一起去。但是"狗"的法文是"chien"，听起来有点像另一种较大的动词"chier"（大便），而法文"pisser"（小便）则表示着较小功能的动词。接着我们就要找出第三种属不同物理状态（固体、液体、气体三态）的，平素在社交场合根本就无法说出口的东西。在那本《萌芽》里，还提及将来的革命等，其中有一段很特别的内容，与一些排泄气体的产生有关，这便是我们俗话说的"屁"（flatus）（实际上这不在《萌芽》而在《土地》一书中）。现在我不得不详细检讨一下，"flatus"这个词为什么要绕这么大的弯子才产生出来：最初提及"花"，接着又是一首西班牙的歌谣，小伊莎贝拉，由此再联想到伊莎贝拉、弗迪南，再从亨利八世引至西班牙征服英国的"无敌舰队"全军覆没之后，英国为庆贺他们历史上的大胜利，曾在一个奖牌上刻了一句"Flavit el dissioalisunt"，（"他把他们吹得已经溃不成军"那些偶然来访的传记作家弗里茨·韦特尔斯博士向我指明，我曾在格言中漏掉了耶和华的名字。而那个英文奖章在云雾一样的背景下刻有明显的希伯来文神的名字，所以既可看作是图案也可认为是铭文）因为西班牙的舰艇是被一场海上暴风雨打垮的。我对这段铭刻的名言很感兴趣，甚至曾经想过，一旦我对歇斯底里症的观念与治疗的研究确有成果发表时，我肯定要用这句话作为《治劫》那一篇的文章的开头！

关于这个梦的第二幕，因为不能完全通过我意识中的审核，所以我不能作较为详细的解析。在梦中，我似乎是取代了某位革命时代的伟大人物，这人曾与一只鹰有一段传奇冒险故事，而且听说他患有一种叫作肛门失禁的毛病等等。虽然这些史迹大部分都是一位名叫霍夫拉特的宫廷枢密说给我听的，但我仍认为这些事不能通过我的审核。梦中那套房来源于那位伯爵的客厅或者是车厢。可“房间”在梦中，经常是象征女性的——在这个梦里则专指妓女。那梦中的看门女人，实际上是一位我曾在她家受她的好意招待，谈吐风趣的女管家，而梦中却一点也没有给她善意的答复。有关灯的事，使我回想起格利帕泽（1791—1872，奥国戏剧家及诗人）曾根据亲身经历写在日后写出名剧《希洛和黎安德》，题为《情海波涛》，由此联系到无敌舰队与暴风雨。

由于我最初选择分析这个梦的目的在于谈及孩童时期的记忆，所以我不准备再详细探讨这梦的另外两部分，而只是举出其中一部分来表明它们是怎样使我想起我的两个童年情景的。读者们可能会认为，那是因为有关性的资料需要被抑制下来，但是这也不全是这样。实际上，很多事我们没有必要隐瞒，可仍然感到“不足为外人道也”，而在这里，我并不准备深究造成我避开这些隐瞒真相的原因，我们是想找出那些使梦的真正内容无法表现出来的内部稽查的动力。对于这个问题我愿意坦承，这些梦中有三个地方显示出在我清醒时一直抑制的情感的过分夸张与荒诞自大，这些思绪居然在梦中分别地，甚至在梦的表象意义中呈现出来（看来）我可真成了一个狡猾人物。而且在梦未成形的那晚，我的精神也相当地兴奋。各式各样的浮夸，例如我提及格拉茨这地方，会用到富人惯用的口吻“格拉茨一共才值多少钱”，读者们如果是还记得大师拉伯雷的名著《巨人传》中的人物，那么我这梦的前部分就牵扯到这一类吹嘘狂态。而以下所列出的，则属于我所述的两个童年回忆。

这是来自童年印象的一些材料。我曾为了旅行买了一个新的棕紫色的行李箱，这颜色在梦中曾表现了好多次：用一种比较硬的布料做成的棕紫色紫罗兰、旁边的一个“少女饰品”，以及部长房间里的家具颜色。我们都知道，儿童们觉得东西只要是新的，肯定能引人注意。现在我要告诉读者们一件我童年的往事，我对这个描述的记忆甚至更强于我本身所经历的。这是我长大以后家人告诉我的：我两岁时仍经常尿床，而当我因此受责时，我就会对我的父亲说，等我长大后，我要在最近的一座城市给他买一张新的大红色的床。因此在梦中，我们在城里刚刚碰到的，就是一种承诺的实践（男人便壶与女人用的衣箱或木箱的象征有某种横向的联系）。而所有孩童时期的自大狂妄在这一句承诺中都是表露无遗，梦中所述的小便困难，于小孩子说来到底有什么意义，我们已在前述的梦中（本章开头部分）有所解释，神经症病人的精神分析已经告诉我们，那些尿床的习惯与日后性格中野心的趋向有很大的联系。

在我七八岁时有一件我记得很清楚的小事情。有一天晚上，在我即将睡觉时，我不管爸妈的不愿意，拗着父母要睡在他们的那间卧室内，父亲因为我不听话而责备我，同时说了一句“这种男孩子将来肯定没出息”。这句话当时肯定是很严重地伤害了我的自尊心。因为就在很久以后这情景在我梦中曾出现过很多次，而且每次必连带地呈现出我各式各样的成就和受人尊重的影像，似乎在对我说：“看，你已经有成就了。”而童年的记忆也深刻地说明了梦中最后出现的一个人物——为了报复，我将人物关系颠倒过来。那老人，肯定是指我父亲，他的一只眼瞎了，就像我那一只眼睛患有青光眼的老父一样。在梦中我照顾他小解，正如我幼年时他照顾我一样。由青光眼想到了可卡因，我对可卡因的研究使他的青光眼手术得以成功完成，这好像又让我实践了另一次的承诺。此外，我还同他开玩笑，在梦中，我把他弄成了那副惨相：瞎了眼，我不得不用玻璃尿壶服侍他小解，而心中却快乐地想着我那引以为傲的癔症理论。

我这两个孩童时代与排尿有关的情景，按照我的说法，如果可以找出与我的狂妄自大有关系的话，那么奥塞湖的包厢上恰好没有洗手间的状况，甚至我已经料到第二天一早一定会出现那种没有地方小便的困境，这更深化了我的这种说法。因为没有厕所，我不得不在旅途中强忍着尿意，而真的造成我于早晨因尿急而惊醒。我想，肯定有很多人认为我现实中尿急的感觉才是这梦的真正刺激来源，而我却有不同的看法。梦里的念头为因，而尿急是果，因为我平日很少在晚上起来小解，尤其是这种夜半的时刻更无可能，而且即便是在比这更为舒适的旅途中，我也从来没有有过尿急而惊醒的经验。实际上，这个论点即便不能得出解释，也丝毫不会削弱我以上论断的可信度。

还有，在梦的解析时获得的经验，使我注意到一个事实：梦的解析虽然更容易从梦的来源和愿望的刺激，通过思想链的运行，而溯源至孩童时代，从而找到清晰的联系，使人感觉到解释很充分。可我仍要问自己，这因素能否当作梦的基本条件？如果这想法能成立，那我就能概括地说，每一个梦，其表象意义均与近期的体会有关，而其隐意均与很早之前的体会有关。早在在歇斯底里症的病人身上，我已经注意到，那些早年的经验在他们的想法中竟然如此清晰地连续到现在。可我仍是很难确认这个说法，在下面我将再用梦的形成中早期经验所扮演的角色作深入探讨。

以上我们提出了梦的形成所具有的三个特点，第一个是梦的内容多半以不重要的事为表象意义，这已通过梦的伪装的讨论作了使人满意的解释。还有另外两个特点，即强调梦的内容多选用近期和孩童时代的经历。我们仍很难从梦的动机方面解释这两个特点。现在就让我们暂时先记住——这两个特点仍需更详细的解释与检验，应该从有关睡眠时的心理状态中，或从研究有关精神机制的构造的讨论中作一番细谈。以后我们就会发现：经过梦的解析，正如通过一个窗口一样可以窥见整个精神内部机制的内部结构。

但在这儿，我准备再强调一下由最后这几个梦所分析得出的另一个结果：梦通常并不只一种含义。通过我们所接触的梦例我们不难知道，梦会出现意义或愿望的满足的叠加，经过分析，会发现最下面的一层甚至可以追溯到童年时期，也就是说它的复杂程度已经不是好几个愿望的同时满足这样的简单了。最后，我想可能会有人问我，判定这种现象是“经常”而不是“一定”，这样是否更正确。

三、梦的躯体方面的来源

在本文的第一章中我已全面地对科学家们怎样看待躯体刺激对梦的形成的作用进行了讨论，再去看看他们的研究成果，我们不难发现有 33 种迥异的躯体刺激来源：一是由外部世界的客观存在的感官刺激引发的；二是主观察觉到的感官内在兴奋诱发的；三是由体内的感觉刺激诱发的。而且，我们能得出这样的结论：通过这些有关梦的研究，和对梦的“精神来源”与“肉体来源”是共同运作或者是根本不存在的讨论，专家们试图将精神来源作为背景或者否定精神来源这一说法。最终认为梦与身体刺激有关。然而就这有关肉体来源的可靠性进行分析之后得出：感官的客观刺激在这几个因素中——

在睡中偶然发生的刺激，部分包括心灵兴奋。它们的意义还有其证明，都会有人用实验的方法予以证实。而仅能主观觉察到的感官刺激，由入睡前的感官意象在梦中复现得以证明。躯体刺激对梦中的意象及观念的影响，现在还不能准确地说明，但是基本上由众所皆知的消化、泌尿和性器官的兴奋状态，可以对梦产生影响并且可以作为梦的一种来源这种观点已经得到学术界的普遍认可，这一点是毋庸置疑的。

“神经刺激”和“肉体上的刺激”被部分人认为是梦的躯体来源，而且是梦的唯一来源。

但是，许多对此表示怀疑，并且认为这一理论目前的理论依据并不确切。

无论提倡这种观点的学者们是如何地有自信，尤其是对偶然的、外界的神经刺激方面，他们可能不难在梦的内容里找出这种来源，但是，他们也不得不承认一件事实——梦中所发现的这些丰富的思想的大量材料来自外部刺激。就在这一方面来看，1893 年，玛丽·惠顿·卡尔金斯小姐曾在六个礼拜间，对她自己的梦及另一个人的梦做了观察研究，她发现她们的梦境与外界刺激的联系分别只达到了 13.2% 和 6.7% 而已；在她收集的所有梦例中，只有两个梦可以与我们的器官的感知扯上关系。这个统计数字更使我们早先由自己的经验所造成对这说法的怀疑显得更为合理。

有人干脆就将梦分成了两类，一种是上述的神经刺激引发的梦，另一种是由其他的因素引发的梦，并且进行了大量的研究。如同 1882 年，斯皮塔就曾经把梦分为“神经刺激梦”和“联想梦”两大类。可是，这仍解决不了问题。因为只有找出梦的躯体来源与梦的观念内容之间的关系，才算是真正解决这悬案。除了上述“外来刺激之来源并不多见”的证实以外，还有第二个疑问，即很多梦如果用这种梦的来源，解释似乎不能完全行得通。在这我举两个疑点：第一，为什么梦中外来刺激的真实性质经常不易看出，而多数会以其他的物体代替，进而被误解？第二，为什么心灵对这错误感受到的刺激所生的反应竟是这样地不定而多变？

我们已经清楚的是，斯特姆培尔曾对这质疑做出解释，他认为睡眠的时候心灵与外界隔离，所以没办法对外界感官刺激给予正确的解释，以致被迫对这来自各方的朦胧的刺激构建一番幻象。在他那本《梦的性质及其来源》第 108 页，他有如下说法：在睡眠的时候，由外界或内在的神经刺激，在心灵上引发出一种感知或者是一种感知的综合，情感或者所有的精神过程被心灵感知，而这种感知在心灵里唤起了属于醒觉状态时所经历到的一些记忆、影响，这也就意味着是那些之前的各种感受——可能是毫不经过润色的，或者是有一些精神价值附着于上的。就这样，经过神经刺激，导致心灵收集出一些或多或少的意象记忆，而使人有如在醒着的状态下一般，心灵能“解释”这些睡眠中由于神经刺激所生的印象，同时赋予它们相应的精神价值。这种解释的结果就是所谓的“源于神经刺激的梦”—— 一种梦，它的成分是由神经刺激在心灵上产生了很多的精神效果，再按照复现法则产生梦的相关内容。

在主要观点上与这观点相同的，就是冯特的主张，他认为梦的观念大部分来源于感官的刺激，尤其是全身性的刺激，所以引起的多半是不真实的幻象，运用的只是小部分真实记忆，而发展成幻觉的程度。以这种观点来说明梦内容与梦刺激的关系，斯特姆培尔曾作过一种譬喻：“正如一个不懂音乐的人，用他的十根指头在琴键上乱弹一般。”也就是说，梦并不是一种由精神动机引发的精神现象，而只是生理刺激导出的后果，只是因为受到刺激后，心灵也无法以其他方法表现其反应，而不得不以精神上的症状来表现而已。基于同样的假设，梅涅特曾对 obsessiveidea 的解释作了有名的比喻：“在它的数码转盘上，每个数字都会高高地以凸字表现出来。”

虽然这观点看来被人们广为接受，谈论起来也很有吸引力，但我们仍不难看出它的问题。每一个在睡眠中使心灵产生幻觉的躯体刺激，经常都可导致许多不同的梦的内容。可斯特姆培尔与冯特都无法指出外界刺激与心灵用以解释的梦内容之间的联系。也不能解释利普士所说的关于刺激在其创造性活动中是如何对材料做出选择的。其他的反对意见大多针对这观点的基本假设——“在我们的睡眠中，心灵不能正确地感受外界刺激”。老一辈的生理学家布达赫曾经告诉我们，在梦中，心灵仍可以正确地解释那些由感官所得到的记忆，而且正确地给予反应；并且已指出，对个人较重要的感知在睡眠中往往不会与别的刺激同受忽视，反而它们经常自然地脱颖而出，引发睡眠者的特别重视。一个人在睡觉的时候，听到别人叫自己的姓名经常会很快惊醒，对别的声响却经常是照睡不误的。当然，这是基于一个大大的前提：在睡眠中，我们的心灵仍能辨别出各种不同的感知。因此布达赫觉得并不是心灵无法解释睡眠状态中的感官刺激，而是它对这些刺激并不产生丰富的兴趣所致。后来李普斯又将布尔达赫这一套拿了出来，以此来攻击主张肉体刺激这一派的理论。在这些争论中，心灵就如同一段趣闻中的睡者一般，你问他：“你在睡觉吗?”他回答“不是”。而当你再问他：“那么你借我几个弗洛林吧?”他却有了借口：“哦！现在我已睡着!”

有关躯体刺激形成梦的观点仍有很多的不适之处，可以从其他方面进行补充。观察的结果是，在我们开始做梦的时候，外部刺激马上介入，但我们不能确定外界刺激必然会导致梦的形成。例如，我在睡觉时感觉到触摸或压力的刺激，有很多的反应可供我选择。我可能根本不理睬它们，直到醒来，才发现我的腿没有盖上被子，或者是我因为侧卧而压着一只手臂。实际上，在精神的病态研究中，我发现很多的例子，都是很兴奋的感知或运动方面的刺激，在梦中却引不起丝毫反应。或者，我在睡眠中一直感觉到这份刺激的存在，正如睡眠中经常感受到的痛感同样，可在梦中却没把这痛感加入梦的内容里面。第三，我可能会因为这刺激而惊醒，驱散或避开这种刺激。还有第四种反应，我可能由这神经刺激导致梦的产生。其他可能性如果想要形成梦，则至少要与第四种可能性的频率一致才行。因此，如果没有躯体刺激来源的动机，那么梦是没办法产生的。

鉴于上述的梦来源于躯体刺激的说法的诸多漏洞，一些学者像施尔纳和跟随他的哲学家福尔克特等，都致力于更详细地探讨和研究那些由躯体刺激所导致的拥有各种梦的幻像，以确定其精神活动的本质，所以他们才会将梦当作一个心理学上的问题进行研究，而且觉得梦纯粹只是一种精神活动。施尔纳不仅将梦的形成用他如诗如画的文笔加以精彩地描述，而且他深信自己已经找出了心灵处理在梦的构筑中所受到刺激的原则。按照施尔纳的说法，想象是不受拘束的幻象，它是刚由白天所受到的束缚中解放出来的，梦就会用一种象征的手法将我们的感受以发出刺激的器官或者形成刺激的器官特性表现出来。于是，他写了一本释梦的书，就是一种解析梦的导引。靠这些，我们得以通过躯体感知、器官状况，以及刺激的性质从梦的意象中找出其本质意义。比如，“猫的意象就代表着坏脾气，而一块颜色浅淡、光滑的白面包就代表着赤裸的人体”。

但是其他梦的研究者并不赞同这种梦的解析理论，因为它的主要特征就是它的夸张性。但是，施尔纳的读者们对他的观点极难接受，甚至连一些我也觉得颇有道理的，都因为所言太玄而难为一般人所相信。我们可以看出，他的方法实际上是古代象征主义梦的解析方法的再现，只不过他用来释梦的，仅局限于人体的象征符号而已。由于缺乏科学所能理解的方法，使得施尔纳这观点的应用仍受到很大的限制，由此对梦所做的解释仍然充满不确定性，尤其是一种刺激可以在梦中用好几种象征符号代替的观点，更使人难以信服，甚至连他的门徒福尔克特特也很难确信房屋象征人的身体的说法。还有另外一个反对的理由：按照他的观点来看，梦的活动根本是一种无用的、特别是无目标的心灵活动，心灵自身仅仅满足于围绕着刺激构成一些幻想，而根本就不曾想将这刺激消除掉。

做施尔纳这个躯体刺激的观点尚有一基本致命的缺点，因为某些躯体上的刺激是连续存在的，而这种刺激一般认为在睡眠中较清醒时心灵更容易感受到它的存在。为此我们就很难解释，为什么心灵并不整晚地连续做梦，为什么不是每夜都梦见这些相联系的器官呢？如果对这种质疑，我们出如下的遁词，即要引起梦的活动，不得不先使眼、耳、牙齿、肠等器官存在特殊的兴奋状态，那么我们将会面临另一难题：怎样证明客观性质是这些刺激增加的？这只在少数梦中可以找出证明来。如果想证明梦见飞翔象征着肺叶的伸缩，那么现在的这种梦，正如斯特姆培尔所说的那样，应该是频繁被梦见的，否则就得证明在做这梦时梦者的呼吸更加活跃。当然，还有第三个更好的解释，也就是说，当时存在某种特殊的动机使梦者的注意力倾注于那些平时恒定存在的内脏感知。然而，这将使我们的论证远远超越施尔纳的观点范围。

施尔纳与福尔克特的观点，其目的在于唤起我们对某些有待解释的梦的特点的关注，从而促进更新的发现。实际上梦境的确拥有所谓的身体器官及其功能的象征现象。例如，梦中的水经常代表着想小便的冲动，而男性性器官经常以直耸的硬物或木柱作为一种象征等等。还有一种视觉新鲜，色彩斑斓的梦中意像与别的晦暗不明的梦象进行比较，我们也难以驳斥那种“由视觉刺激引发的梦”的观点。同样地，对那些含有声音人语的梦也不能否认的确是有听觉幻觉形成的存在。一个就像施尔纳所说的梦——两排长得活泼可爱的儿童站在一座桥上对峙着，互相打来打去，直至梦者本人坐到桥上去，并且从他的下颏拔出一根大牙方结束这场怪梦。另外，福尔克特的另一类似的梦，两排抽屉拉出拉入，最后也是以拔牙作为结束。因为这两位作者记述了很多这类梦的形成，因此我们绝不能把施尔纳的观点看成一种昧于真理的猜测。因此，我们必须做的工作便是怎样对这种所谓的牙齿梦的假想象征作一种不同的解释。

在对梦的肉体来源的讨论中，迄今我一直未引述我们由梦的分析所得出的结论。现在，如果可以利用一种从前研究梦的学者们所不曾用过的方法，去确认梦拥有精神活动的内在价值，欲望以及梦的前一天所提供的近期的材料作为梦的内容。那么对于其他研究梦的观点，如果忽视了这种重要的研究方法，以致把梦看作是对躯体刺激所做出的精神反应，这些都不必再多作批评即予以否定。否则，就等于说（实际上，这根本不可能的）有两种完全不同的梦：一种是来自自身的观察的梦，另一种是来自那些早期的学者所做的观察。现在为消除这种矛盾，我们不得不尝试在梦的观点的范畴内找到方法，用以解释那些由躯体引发的梦。

目前这方面的工作，已经有了最初的进展。我们发现，梦的工作是一定会将感到的全部梦刺激综合成一个整体（见本章开头部分）。我们知道如果做梦的前一天遗留下来了一些印象深刻的心灵感觉，那么这些感受会和欲望结合在一起形成梦，而且这些印象常常是一些平时不会引起注意的琐事。想要一起构成梦的材料并没有太多的条件，只要它们之间经常有一些沟通的观念就可以。梦实际上是睡眠时对心灵感受的一切做出的综合反应。就目前已分析的有关梦的资料来看，我们发现梦包含了精神残余和一些记忆痕迹。这些记忆，即便其真实性根本无法当场验明，可至少能充分地感受到精神上的真实性（因为多半与最近或孩童时代的资料的确有关联），而且我们只能说他们拥有一种“当时活动”的性质。有了这种观念，我们会比较容易地预测，睡眠时受到刺激产生的感觉与本来就存在的真实记忆将会综合成怎样的一种梦。当然，须强调的是，这些刺激对梦的形成的确是重要的，因为它毕竟是当时一种真实的躯体感受，不得不通过与精神所拥有的其他事件相结合，才构成了梦的材料。换句话说，睡眠中的刺激不得不与那些人们所熟知的、日间经历遗留下来的精神残余以某种方式相结合，才会形成一种愿望的实现。但是，这种结合并不是必需的。我们已经知道，对于梦中所受的物理刺激，可以有很多种不同形式的反应。而如果这种合成的产物形成以后，那么代表这有可能是出现的观念材料充当了梦的内容，也就可以在这梦的内容里看出一些躯体与精神的来源。

梦的本质并不因为躯体材料融入精神来源而发生什么变化：无论它是以何种真实的材料为内容，通过哪种形式变现出来，都只是代表着愿望的实现，或者说是欲望的满足。

在此，我提出几种可以转变外界刺激能改变梦的意义的特殊因素。我们曾经在前面提到过，梦的形成以及对刺激的反应由梦者当时的生理状况，比如当时外界刺激强度、睡眠深入的程度等与偶然因素的突然结合来决定。在一定的强度刺激下，他也许会继续入睡，也许会被唤醒，并且对这种强度的刺激做出相应的反应。因为有这些差别，外界刺激对梦形成的影响也会因个人的不同而不同。就我自己来说，睡眠向来很好，很少被外界刺激所惊扰，因此由外界肉体刺激引发的兴奋很少能进入我的梦中，大部分的梦均来源于精神上的动因。实际上，我只记得我只有一个梦是与客观的痛苦的躯体刺激来源相联系的，通过考察外部刺激在梦中是怎样发挥作用的，这对我们的研究很有意义。

在梦中我骑着一匹灰色的马，有些胆战心惊，还有些小心翼翼，那样子显得笨手笨脚。之后我碰到同事 P 先生，他穿着一件花呢制服，挺直背脊端坐于马鞍上。他提醒我注意自己的骑马姿势。然后我才开始觉得越来越稳定，轻松自如，甚至越骑越觉得舒服。我的所谓马鞍就像一个从马头铺到马尾的垫子。我骑马行走在两辆拉货的车中间，就在我骑马进入城市街道后，我转过身想下马。原本我打算停在一座临街的开着门的小教堂门，但我事实上却在另一座小教堂前下了马。旅馆就在这附近，我本可以骑着马到那个旅馆，可我还是情愿牵着它到那儿。不知为什么，我似乎不愿意骑着马回到旅馆。在旅馆前面，有个旅馆的雇员正在张罗，他在门口交给我一张纸条，那纸条是我的，他向我调侃其中的内容，上面写着一句“没有食物”（而且底下用双线加注），再下去又另有一句，好像是“没有工作”，之后的梦的内容是一些模糊的概念，大概意思是，我在一个陌生的城市流浪。

乍一分析，还不能很明确这梦是痛苦刺激所引发的。但是就在前几天，因为我的阴部长了疮而寸步难行，痛苦万分。那时候，一方面，我疮疖疼痛，身体发烧而且浑身无力，胃口也不好，另一方面，我的工作量又很重，这一切交织在一起让我接近崩溃，而令我苦恼的是，我又不能停止工作。由于这病痛的性质与发病部位，有一件事是我肯定没办法做的，那就是骑马。而就是骑马活动构成了这个梦，这可能是一种对此刻病痛的最有力的否定方法。实际上，我根本不会骑术，从前也没梦到过骑马。我之前唯一一次骑马，还是直接骑在马背上，没有放鞍子，所以更是我不喜欢的。可在梦中，我却骑着那匹马，这代表着梦里我认为，在我的阴部根本就没有长什么毒疮。或者说，我之所以骑马，是因为我希望并没长什么疮会妨碍我。由我对这个梦的叙述可以猜测，我的马鞍实际上是能起到缓解痛苦催我入睡作用的安抚剂。可能因为舒适，我最初的几小时睡得很香甜。后来痛感又开始加深，直到使我都快要痛醒时候，我的梦就出现了，而且抚慰我：“接着睡吧，你不会痛醒的！你现在既然可以骑马足见并没有长什么毒疮，哪里人长了毒疮还能骑马呢！”而梦就这样成功地把我的痛感压制下去了，使我可以继续沉睡。

梦并不是只用一个根本与实际情况不符的顽强的意念来敷衍我所受的疥

疮痛楚。正如痛失爱儿的母亲或赔钱的商人在遭遇发生之后出现的幻觉一样，在梦里，它所否定的感知细节和被用来抑制这种感知的某些细节，其实是梦的一种手段，它把梦中情景与我心中所进行的活动的其他材料进行联结，从而在梦里复现了这种材料。我曾经骑着一头灰色的马，这颜色与胡椒盐的颜色一样，同时就像我同事P所穿的花呢制服的颜色，那是我最后一次在乡下见到他。而这恰好让我想到，长疮的人是不能吃调味品太多的食物的，它可能会使身体不舒服，而且一般人也都以为疖疮的病因与糖多有联系。我的朋友P先生自从替我去治疗一位女病人以来，总是爱在我面前趾高气扬的。其实那位病人的状况并非很糟，她听从了我的治疗以后，病情已经开始好转。这位女病人实际上正如《星期日骑士》（周末骑士伊特齐格的有名原则："伊特齐格，你骑马到哪里去?""不要问我，问我的马好啦!"）里的马一样，很乐意跟着我走，因此，我梦中的马就是这位女病人的象征。我觉得"很轻松自如"，实际上就指在我同事P先生代替我之前我在女病人家照顾她时的一种感受。我记得不久前，城里名医同事向我讲起这个家庭，以及我对这位女病人的处理，作了如此评价："我想你就像稳坐马鞍。"在自己的身体正受着病痛的折磨，还坚持每天为病人做八到十小时的心理治疗，也称得上是尽心尽职了。可我也深知，如果没有理想的健康状态，的确没办法再将这繁多吃力的工作继续干下去了。在梦中又充满一大堆如果这个病继续发展下去的恶果的联想。我在梦中抑郁不安，实际上就是指自己处于困境之中。更进一步地讨论，我发现这梦可以由骑马来代表我的愿望的实现，更追寻到童年的回忆，我曾与年长我一岁的侄子（那时他在英格兰）在童年时吵架的情景。还有，这个梦也采用了一些我去意大利旅行的素材作为梦中的片段：梦中的街道恰好是威洛纳与锡耶那两城市的风景。更深一层的理解引向性方面的梦念，我发现梦中所用的这些风光明媚的城镇，竟可能是这位未曾去过意大利的女病人所梦见的"意大利"。与此同时，我提及P先生之前，是我自己到她家给她看病的，还有我那疖疮所长的位置，都会隐约有性的意味。

在我的另一个梦中，也同样成功地将打扰睡眠的刺激驱赶掉了，这次的骚扰来自我的感官刺激。实际上，偶尔发生的刺激与梦内容的联系是在很偶然的机会下发现的，才使我对这个梦得以深刻了解。"在一个夏天的早晨，我住在提洛尔（在阿尔卑斯山中）的别墅里面，醒来时我只记得梦见'教皇死了'。"对于这个短短的毫无印象的梦，我竟然完全无从分析，扯得上关系的是，几天前我曾在报纸上看到有关他老人家身体微有不适的报道。可这天早上我太太问了我一句话："今天早晨你可听到教堂的钟声大作吗?"实际上，我根本没听到这个，可的确因为这句话而对梦中情景恍然大悟。因为这群虔诚的提洛尔人敲出的钟声，使我因睡眠的需要产生了这样的反应，为了报复他们干扰别人的睡眠，我居然会构成了这种梦的内容，而且得以继续沉睡而不再被钟声打扰。

在以上所列举的一些梦中，有一些完全可以作为研究神经刺激的梦例。我大口喝水的梦便是一个很好的例子，其唯一来源便是躯体刺激，而且由"渴"的感知引发的"愿望"，又成为梦的唯一动机。其他种种躯体刺激即可产生梦的例子也不在少数，一个病妇梦见她扯掉下巴的冷敷器具，是一个对痛刺激产生的较不正常的"愿望的实现"的反应。这可能使梦者暂时忘掉了痛苦，而将其病痛感知转移到别人的身上。

关于我那三位命运女神的梦，明显是个饥饿的梦。而它却把这种对食物需求的渴望移置到儿童对母亲乳房的期望上，并且用一种纯洁的梦代替了某种不能公诸于世的欲望。在有关都恩伯爵的梦里，我们应该可以看出一种偶发的躯体需要，通过某种程序，与一种精神生活中最强烈、最难压抑的精神冲动产生联系。还有就是伽尼尔所写的那样，拿破仑一世被炸弹的爆炸声惊醒以前，将爆炸声带进了一个战争的梦中。由此我们很容易清晰地看出，在睡眠中将精神活动引入并且对睡眠中的感觉产生影响时期最终而且是唯一的目的。一位初次办理破产诉讼案的年轻律师，因为太全身心地投入于某件破产讼案而感到疲劳，在睡眠中，竟然梦见了由于这件讼案结识的赫斯廷的G.赖克先生，而这名字"Husyatin"又让他无法摆脱，并使他很快从梦中醒来，才发现他的枕边人正因气管炎而不断大声地咳嗽。

现在，让我们用拿破仑（这位出名的精于睡眠之道的传奇人物）的梦与曾提过的那位好睡的医科学生的梦进行比较。他曾经被女房东从昏睡中叫醒，提醒他已经到了上医院的时候了。当他再次蒙头大睡的时候，他就梦见自己正躺在医院的病床上，而最可能的解释就是，如果我已经在医院里了，那就没有必要此刻起床赶去医院了。这明显是一种方便的梦，而梦者自己也承认那的确是他做梦的动机。因此，可以看出一般的梦所拥有的秘密，所有的梦，就某个方面来说，都属于方便的梦。这种梦可以使睡者继续酣睡而没有必要醒来。梦是睡眠的保护者，而不是干扰者。以后在另一章，我们打算再就醒觉状态的精神因素探讨这种观念，但就目前来说，我们可以用这种观点来解释外来的刺激引发的梦。无论是心灵完全不理会外来刺激的强度和意义在睡眠里引发的感觉，还是利用梦来否定掉那些外来的刺激，又或是第三种说法：睡眠中的心灵无法回避这些感受刺激，它总是将一种适应睡眠理想状态的感知编织到梦里，以抵消其他干扰睡眠的因素，从而否定感觉的现实性。就像拿破仑那样，他就认为“那只不过是阿尔哥的枪炮声在梦中的回忆而已”，从而继续酣睡。

睡眠欲望可以在任何状况下作为梦的动机之一存在，睡眠的欲望是一种有意识的自我调整其本身的感受，再加上梦的稽查作用和后面将会提及的加工润色，而使自我形成了梦。这种观念必须在梦形成的动机探讨中谨记在心，每一个成功的梦都是愿望的实现。至于梦所必然附带的、不变的睡眠欲望和被梦内容赋予满足的欲望，到底是什么关系，以后再详论。由睡眠愿望的说法，我们可以补缀斯特姆培尔与冯特观点中的不足，并且可以对外部刺激解释的任意性和反常性进行说明。实际上，睡眠中的心理可以对外来的刺激予以正确的感受，并投以自己主动的兴趣，或者是进行睡眠的终结。所以，这些对外部刺激的解析中，只有通过了权威的睡眠欲望的审核制度，才能在梦中表现出来。梦中情境所用的逻辑可用下面的例子来代表：“那是夜莺，而不是云雀。”因为如果真是云雀的话，这美妙的夜就要结束了。但是通过这种稽查的外界刺激，心灵可能有至少一种解释，之后再选出其中与心理上的愿望冲动最相适应的，当做梦的内容。因此，可以说梦中每一个内容都有肯定的存在，而无一令人生疑之处。对梦境所作的错误解析实际上并不是一种幻觉，而是一种遁词（如果你愿意这样称呼的话），正如梦的审核制度所代替的转移置换，生活中的精神活动过程也免不了有这种扭曲事实的缺点。

只要是外界的神经刺激和躯体的内部刺激的强度足够引发心灵对它们的注意（如果它们只可以引发梦，而不能达到使人惊醒的程度），它们既可变成梦的出发点，又可当做梦的中心素材，之后再从这两种心理上的梦的刺激所产生的意识间找出一种恰当的欲望的满足。实际上，我们可以发现很多梦都能从其内容里找到躯体上的因素。但是一般不会发生这样的情况，即没有欲望的活动，仅仅是为了形成梦才会唤醒。梦无非是代表愿望的实现罢了，它的工作就在于从当时活动着的感觉材料中找出能借此达成的某种欲望。即使这些感知材料带有痛苦不快乐的成分，它仍然可以构成某种梦。心灵可以巧妙自如地使某些会引发不快乐的材料得到满足，这听起来有些矛盾，但是它们确实需要进行两种精神动因的实现，并逃过它们之间的稽查作用，我们如果考虑到这两点，那么矛盾也就变得理所当然了。

大家都知道，精神生活领域里存在着一些“被压抑”的欲望。这些欲望属于原发系统，它们需要得到的满足受到继发系统的压迫或者反对。在二者之间我们并不是用时间性的存在来划分的，即这些愿望最初存在，后来就被摧毁消除了。精神神经症研究中有个压抑理论，它认为虽然存在制约力量的制约，但是被压抑的欲望依然是存在的，只不过可能会暂时地被压抑。某种促使这种冲动实现的精神结构，一直处于正常的工作状态。一旦这些受压制的愿望发挥作用，继发系统的压制力便告消除（这种压制是可以意识到的），这时才在心理本源表现出不快乐来。总之，我们的结论是，如果在睡眠中有来自肉体上的不愉快的感受发生，梦的活动可以利用这种感觉来达成某种原本就受到压制的愿望。这个时候审核制度仍或多或少地起着制约作用。

这种说法对于某些焦灼的梦可以解释得通。但是另外一些梦却不太适用于这种愿望理论，而需要其他的解释。因为梦中的焦灼均免不了带有神经症的特点，它来自心理性欲的兴奋，其焦灼是代表受压抑的本身的欲望。因而这种焦灼，正如整个梦一样，拥有很明显的神经症的焦灼，我们也就需要考虑欲望的满足失去作用的临界点的界定问题。也有一些焦虑性的梦是来源于躯体（就如同某些肺脏或心脏有疾病的患者一样，经常因为偶发的呼吸困难而焦灼）。同样，它也可以使自己的某些受强力压制的愿望在梦中予以实现，这些欲望如果由于心理的原因进入梦，就可以导出那份焦灼。要想对这两种看起来互相矛盾的情况找出合理的说明，实际上也并不难。有两种精神因素都存在这两类焦虑性的梦中：一种是感情方面的，一种则是属于观念方面，这两种因素联系紧密。关于这两种因素与焦虑的关系有两种情形。第一种是，来自肉体的焦灼引发了受压制的观念内容，再加上性兴奋，使焦灼可以宣泄出去。第二种情形是，有性兴奋的观念内容可以从压抑中得以解脱，从而使焦虑得以宣泄。第一种情形中躯体产生的情绪变化会从精神予以解释；而反过来另一种情况，来源都是由精神因素引发，可受压制的内容却很明显地从躯体上将那种焦灼宣泄出来。但是，在这些方面的探讨所面临的各种困难与梦的认识并没什么联系，而这些困难之所以会产生，是因为我们的讨论范围已经跨入了焦灼的演变与压抑的问题。

毫无疑问，来自身体内部的梦刺激包含了身体的普遍感受性，不仅可以提供梦的内容，而且能使梦念在全部材料中挑选出最适合其特性的部分当做梦所呈现的内容，并将别的部分予以舍弃。同时，头一天留下来的机体普遍感受性会同对梦产生重要影响的精神残余结合。总的心境在梦中是一致的，当然也允许略有不同。一旦这些感觉所带来的反应是痛苦，那它就可能会通过另一相反的形式来表现。

如果睡眠时来自躯体的刺激没有达到应有的程度，那么它们对梦境的影响，最多也只不过像最近几天中遗留下来的印象。换言之，它们只有某些观念内容相符合才能形成梦境，否则就无法有助于梦的形成，如一些廉价的现成货色，可以在需要的时候随时取用，不像是一些珍贵的材料只能通过指定的途径获取，所以就成了不重要的梦的来源。在这儿我可作一种比喻：当一位艺术爱好者拿一块玛瑙请艺术家将之雕刻成艺术品时，由于这块材料的形状、颜色和纹理都是现成而且体现某种主题和景物，所以就很容易完成，同时有一定的方向性。如果他所用的材料是满地皆是的大理石、沙石之类寻常的石头，那么艺术家就可以按照他自己的意愿来决定加工成什么成品。在我看来，这比喻就可以解释为什么那些几乎每天都发生的普通强度的躯体刺激所提供的梦内容并不在每晚或每个梦中出现。

可能，要想精确地说明上述的意思，最好还是举一个释梦的例子。

有一次，我对人们梦中常有的四肢无法动的感觉产生了兴趣，而思索竟日，结果当天晚上我就做了这样一个梦：

梦中的我衣衫不整，从楼下用一种接近于跳的方法，每步跨三个台阶上楼梯，我为自己健步如飞而得意。突然我发现我的女仆人正从楼梯上向我走下来，刹那间我感到十分尴尬，想立即转身躲开，却感到脚被什么东西给绊住了，竟在楼梯上动弹不得。

分　析

这梦中的意象来自于日常生活中的真实状况。我在维也纳所住的房子是两层的，诊所和书房在楼下，楼上是起居室，两者之间只有一个楼梯可以上下相通。我每天晚上结束工作后就回到楼上的卧室去工作。而且就在做梦的前一天，我的确是衣冠不整地蹒跚上楼，但是在梦里却变得近乎衣不蔽体，但与平时情况一样，印象不算很清楚。在梦中我一次走上两三个台阶地跑上去，这在梦里可以看出是我愿望的实现。因为能如此步履轻松，而且表示我的心脏功能还相当不错，同时，这种跑上楼的自由轻松其实恰与后半段动弹不得的困境形成了一种鲜明对比。它向我证明，梦中的运动是十分完美的。

但是，我上的楼梯并不是我家的楼梯。最初我无法认出那地方，后来看见了那个向我走来的人，我才明白这是什么地方。这个女人是我每天出诊两次去给她打针的一位老妇人的女佣，而梦中的地点的确就是我每天要走两趟的老妇人家的阶梯。

这个阶梯与女佣怎么会跑入我的梦中呢？因为自己衣冠不整而羞惭，毫无疑问是带有性的成分，但是那女佣人实际上比我年纪大很多，而且一点也不吸引人。这些疑问不禁使我想起以下的插曲：每天早上我去她家看病时，总是习惯性地在上楼时清清自己的喉咙，然后把痰直接吐在阶梯上。因为这两层楼梯间连一个痰盂也没有，所以我认为楼梯如果不能保持干净的话，问题也并不在我，而是她应该买个供人使用的痰盂。可那女管家是位稳重的老妇人，所以她对我有了成见。于是她经常打听我是否又弄脏了楼梯，如果注意我又随便吐痰了，她就会大声的抱怨，让我又有一阵窝囊气好受，而且以后再见面，她也不再作任何礼貌的招呼。就在做梦的头一天，我又因为那女佣的恶言激起了我对她的反感，因为当我看完病走到大厅时，那女佣竟然拦住我说："大夫！你最好擦干净鞋再进来吧，你看看我们的红地毯又被你搞脏了。"而这些事件大概可以解释为什么阶梯与女佣出现在我的梦中了。

至于为什么"跳台阶上楼"，这与我在楼梯上吐痰也是有密切联关系的。咽喉炎与心脏病被看作是对吸烟的两种惩戒，因为我吸烟，我家的管家也讨厌我，怪我不够清洁，因此我在两家均不得好感，这些在梦中就混合成一件事。

还有一些其他有关此梦的解释，必须等我可以指出衣冠不整的典型之梦的起源以后再作详细的解释。从刚才描述的梦可以看出，梦中运动被禁止的感觉并不会经常发生，而是在某些特殊情节需要时才会发生。而我睡觉时的运动系统状况对解释这个梦的内容并没有什么帮助，因为就在不久前，我才发现我又习惯地跳着上楼，跟梦中情景完全同样。

四、典型的梦

一般而言，如果其他人不把隐藏在梦背后的潜在思想告诉我们，我们便不能对他的梦加以解释。因此，我们对梦加以解释的工作也会受限制。因为梦的内容特别具有个人色彩，每个人都可以根据自己的想法自由地组建自己的梦的内容，而其他人则对其规则难以理解。另有一些梦例几乎是每个人都做过的，它们是有同样内容、同样意义的梦。因为这种典型的梦，无论梦者是谁，它几乎都来自同样的本源。

基于此，这类梦的研究尤其适合我们对梦的来源所作的探讨，也因此我拟在这章专门讨论它。但是，我们又会发现目前的技术对于这些材料并不是很适用。梦者往往不能像别的情形下产生我们所期望的联想，这对我们解析典型的梦造成了一定的困难。为什么有这种困难，和我们应该怎样补救技巧上的困难，则留到下一章的时候再讨论。读者们将来肯定会明白我在本章为什么只能处理几类典型的，而不能涉及别的梦。

（一）裸体的梦

有些人梦见赤身裸体或者在陌生人面前穿得很少时，并不引发梦者的尴尬羞愧。但我们目前所认为较有探讨价值的是那些使梦者因此而尴尬，并在回避的过程中产生了某种奇怪的运动抑制，却发现无法改变这窘态的梦。唯拥有这些因素的梦，才被称为典型的梦，否则其内容的核心可能又包含于其他各种关系中，并具有因人而异的特点。这种梦的本质就是梦者因梦而感痛苦羞愧，而且急于以运动的方法遮掩其窘态，却无能为力。我相信大部分读者都曾有过这一类的梦。

我们暴露的程度与界限大多相当模糊。可能梦者会说："其实我当时是穿着内衣的。"可实际上这是一幅模糊的图像。大多数情况下，梦者对裸露的叙述均以一种较模糊的方法表示："我穿着内衣或衬裙。"而通常，所叙述的这种衣服的单薄程度并不足以引发梦中那么深的羞愧。一个军人，经常梦见自己不按军规穿衣服，便代替了这种裸体的程度，"我走在街上，忘了佩戴，军官向我走来……"又或是"我没戴领章"，或是"我身上穿着一条老百姓的裤子"，等等。

在梦中被人看见还会觉得不好意思的对象大多是面对一些陌生面孔，而这些人的面孔无法辨认。而且在典型的梦里，梦者多数不会因自己所羞愧尴尬而受外人的呵斥。相反，那些外人都呈现漠不关心的样子，又或者是正如我所注意过的一个梦中，那人是一副僵硬不苟言笑的表情，而这更值得我们好好回味其中韵味。

梦者的尴尬与外人的漠不关心恰好构成了梦中的矛盾。以梦者本身的感觉，实际上外人多少应该会惊讶地投以一眼，或嘲讽他几句，甚或驳斥他，这样才更加符合梦者的感情。关于这种矛盾的解释，我认为可能外人憎恶的表情，因为梦中愿望达成的作祟而予以代替，而梦者本身的尴尬却可能因某些理由而保存下来，这两个部分显得有些失调。对于这类内容被愿望达成伪装的梦，我们仍不能完全明白。基于相似的题材，安徒生写出了有名的童话《皇帝的新衣》，而最近福尔达又以诗人的手笔写出相似的护符。在安徒生童话里，有两个骗子为皇帝编织一种号称只能被天神和诚实的人所看到的新衣。于是皇帝就信以为真地穿上这件连自己都看不见的衣服，因为这纯粹虚构的衣服变成了人心的试金石，人们害怕得只好装作并没发现到皇上的赤身裸体。

然而，这就是我们梦中的一些真实写照。我们可以这样假设：这看来无法理解的梦内容导致了记忆中的某种境遇，可是这境遇已失去了原有意义被赋予新的意义。我们可以看出，这种由继发性系统在意识状态下怎样将梦内容予以曲解，而且这因素决定了所产生的梦的最终形式。还有，在强迫症和恐惧症的形成过程中，这种曲解（当然，这是指同样心理的人格来说）也扮演了一大角色。

更有甚者我们还可能指出产生这些误解的材料取自何处。梦就如同那骗子一样，梦者本身就是那国王，而有问题的事实则因道德的驱使（希望被别人觉得他是诚实的）而被别人出卖，这也就是梦中的隐藏的含义——被禁锢的愿望，受压抑的牺牲品。我对神经症病人所做的梦的分析使我发现梦者童年时的记忆在梦中的确占有一席之地。只有在童年，我们才会有那种穿戴很少地置身于亲戚、不熟悉的保姆、佣人和客人之前而丝毫不感羞惭的经验。我们发现年长些的孩子们被脱下衣服的时候，非但没有不好意思，反而还会兴奋地大笑、跳来跳去、不停地拍打自己的身体，而母亲，或者是在场的其他人总要呵责几句："嘿！你居然还不害臊——不要再这样了！"小孩总是有一种裸露的愿望。无论我们随便走过哪个村庄，总可以碰见一些两三岁的小孩子在你面前卷起他（她）的裙子或敞开的衣服，这可能是一种友好的行为。我有一位病人仍清晰地记得他八岁的时候，想跳着舞去邻居小妹妹的卧室里，因为那时他只穿着睡衣，所以被保姆拦着不让去。神经症的早期，童年时曾在异性小孩面前暴露自己拥有相当重要的意义。在脱衣服或者穿衣服的时候，感觉被人窥视的偏执性妄想，也可以直接归因于他们童年的这种经验。这种幼稚的行为发展到一定程度成为病态之后就是"暴露狂"。

童年这一段天真无邪的日子，回想起来就像是在天堂，而天堂实际上就是每个人童年一大堆想象的实现。这也就是为什么人们在天堂里可以赤身裸体而不羞愧，而一旦羞恶之心开始产生，我们便被逐出天堂的幻境，才有自己的性生活与文化的发展。此后只有每天晚上借着梦境我们才能重新感知这天堂的日子，我们曾推算最早的童年期（由不复记忆的日子开始至三岁为止）

的印象，都是各遂其欲的产物，因此这印象的复现即为愿望的达成。因此，赤身裸体的梦即为裸体梦。

裸体梦的中心人物，经常是梦者自己，而并非童年的影像。而且因为日后穿衣的情境和梦中稽查制度的作用，导致梦中经常并非全裸，而是呈现出衣冠不整的样子，再加上一个使他羞愧的旁观者。在我所收集的这类梦中，在幼年裸露的情景中并未出现真正的旁观者，毕竟，梦境并不是单纯的回忆。奇怪的是，我们童年时的性兴趣和对象、歇斯底里症和强迫性神经症却从不出现在梦中，而只有妄想症仍保留这旁观者的影像，虽看不见那个真实的他们，可病人本身却荒诞地深信他们仍暗中窥伺于左右。在梦中这类旁观者多半为一些并不太注意梦者尴尬场面的陌生人所代替。这实际上就是对梦者想向他们熟悉的人裸露的一种“反愿望”。“一些陌生人”有时在梦中还另有含义，它往往代表着反愿望的一些秘密。我们甚至可以发现，即使妄想症中所有的事物得到复原，这种混乱的状况依然会如约出现。病人不会觉得孤独，因为他身边会有很多人，但是他被窥视就不同了，况且窥视者是身份不明的陌生人。

而且，压抑作用在裸露梦中也会发挥一定影响。因为那些为审核制度所不容许的暴露镜头均无法清晰地呈现于梦中，因此，我们可以看出梦引发的不快感知完全是继发性系统所产生的反响，而唯一避免这种不快乐的办法，就是尽量使得这种压抑得以回避，这样裸露情形就不会产生了。

在以后的章节里，我们将会再讨论一些有关运动禁止的感知。现在我们可以看出在梦中它代表“意愿的冲突”和“否定”。根据我们潜意识的目标，暴露是一种前进，而根据审核制度的要求来说，它却是一种本身的结束。

我们这种典型的梦、童话以及其他文学创作材料之间的联系并不是巧合或偶然的。有的时候优秀的作家能够以其深入的自省、分析将这种转化表现出来，他的作品可以通过相反的方向溯源到梦境本身，而作品只是从梦所蜕变出来的其中一种产品。有位朋友曾介绍我看戈特弗里德·凯勒的《绿衣亨利》，其中有一段尤其引起了我的注意：“亲爱的李，我认为你永远无法体会到奥德修斯回到家园，赤着身子、满身泥泞地现身于瑙西加及其女伴之前时所感受的辛酸激动！你想知道那到底是什么意思吗？且让我们详细地玩味这件事吧！如果你曾离乡背井，远离亲友迷途于异乡；如果你曾历尽沧桑；如果你曾饱经忧患，陷于困境、被人遗弃的境地，那么可能有天晚上，你会梦见自己已经回到家园了，你看到了熟悉的最可爱、最美丽的景色；还有一大堆你所思念的、感激的人们都会跑出来迎接你，而突然间你发现自己衣衫褴褛几乎是赤裸，而且全身泥泞，你会立即被一种无法说出的羞愧、恐惧感所包围，你想找个东西盖住自己，或者找个地方躲起来，而最后汗流浃背地惊醒过来。一个饱经忧患、颠沛于暴风雨中的人，只要尚有人性，肯定会有这种梦的，而荷马就是从这人性最深入的一面挖掘出这感人的题材。”

所谓的人性中最深入的一个方面，引发读者们共鸣的诗篇，难道不就是由那些发生于童年精神生活的激动所演变成不复记忆的影像吗？童年的心愿，再也不被容许，受到压制后，还会借着这沦落天涯的断肠人的希望，表现于我们的梦中，也因此使这实现于瑙西加故事的梦，然后就顺理成章地变为一种“焦灼的梦”。

至于我梦见自己飞快地上楼梯，而后动弹不得停留在阶梯上，因为拥有这些主要特点，因此也是一种裸露梦。这也可以追寻至我童年期的某些经验，也只有知道了这些，才能使我们了解女佣人对我的态度（例如说，她怪罪我弄脏了地毯）如何使她在我梦中扮演了那样的角色以及有什么样的地位。现在我差不多可以对这梦作合理的解释了。在精神分析层面，人们习惯于把无必然联系但是时间上临近发生的两种思想解释为主题上的关联性，事实上，它们不过是一个整体的局部。两个乍一看好像是毫无关联的思想一旦紧随着发生，那么它们就不得不视为一件事来加以阐释。正如我们念英文字的时候，一旦 a 与 b 合写在一起，我们就得将其合念成一个音节那样，而释梦的手法其实也不外乎如此。通过了解到阶梯梦的其余成分后，我就可以类推到与这个梦相关的一些梦的释梦手法。而这一系列的梦则是由于我对以前一位保姆的模糊的回忆。这是一位我从吃奶时到两岁半寄养于她家的妇人，我的记忆已是很模糊了，最近由母亲口中获知，这妇人长得又老又丑，却很精明能干，而由我所做过有关她的一些梦来看，她待我似乎并不太和善，而且对我不能达到她要求的清洁标准，她就经常加以斥责。因为我那病人家里的女佣人也在这方面对我加以数落，于是，在我的梦中，便把她取代了那个几乎已不复记忆的保姆。当然，这里有一个假设，那就是即使这位保姆对待小孩子很苛刻，可小孩子对她仍然是很喜欢的。

（二）亲人死亡的梦

另一系列典型的梦，内容是关于至亲的人之死，例如父母，兄弟、姐妹或儿女的死亡。在这儿我们不得不将这种梦分成两类：一种是梦者在梦中并不感觉悲痛，醒来时不禁为自己没有应该有的情感而诧异；另一种却使梦者为这个至亲之死深深地感伤，甚至会于睡中流泪啜泣。

上述的第一种梦，实际上不能算典型的梦。因为这种梦一旦分析下去，必然会发现其内容与显梦还是有明显的区别，它们有意地隐藏一些欲望，正如我们说过的那个梦见姐姐的孩子死在小棺木里的梦（见第四章），这个梦并不表示梦者希望她的外甥死去，就像我们由分析获知的那样，而是隐藏着想见到离开了很久的情人的愿望——她在很久之前参加另一个外甥丧礼时见过这个人后，就再也没见到过。而这欲望，才是梦中真正的内容，所以并不会使梦者因此而伤感。可以看出这种梦所包含的感情并不属于这类梦的内容，而应该是梦的隐意，所以说梦的本质观念内容并没有变化。

可另一种梦，梦者在梦中见证亲友的死亡，并且产生悲痛的情绪。这表现出正如内容所指的——梦者的确希望那位亲友死亡。但是，因为这种说法肯定会引发曾做过这类梦的读者们的质疑，当然，我会尽可能以最使人信服的理由来加以说明。

我们以前曾经举过一个梦例来说明梦中所完成的欲望并不一定是现在的欲望，它们可能是在过去的、已放弃或受压制而埋藏的欲望。可因为它又复现在梦中，所以我们不得不承认它们仍然存在。换言之，它们并没有完全消逝，并不是像我们人死了而完全归于虚无一样，它们倒有点像《奥德赛》中的那些魅影，只要喝了人血还是可以还魂的。那梦见孩子死于木箱内的例子就包含了一个 15 年前就存在的欲望，而且梦者已承认其存在，这可能是最重要的梦的观点的观念，有关梦者童年的记忆就来源于这个欲望的存在。当这梦者还是一个小孩的时候（的确是在几岁时发生的，她已记得不太清楚了），她听到人家说，她母亲在怀她的时候，曾患过严重的精神郁梦症，曾强烈地盼望这孩子胎死腹中。等她长大了，而且自己有了身孕，她只不过依样画葫芦地形成了这样的梦。

任何人如果曾经梦见父母、兄弟或姐妹死亡而很悲恸，我并不觉得这就会证实他们现在仍然希望家人死亡，而解释梦的观点，实际上也不需要有这种确认。它只是在说明，这种梦者必然在其一生的某个时段或者童年时有过这样的希望。可我认为，这些说法，似乎还很难让人信服，很可能，有人完全反对这种想法的存在。他们觉得无论是现在已消除的或还存在的，这种荒唐的希望不可能曾经发生过，所以我只能利用现有的例证来勾勒一下已潜藏的童年期的心理状态。

首先，让我们来分析一下小孩子与他的兄弟姐妹之间的关系。我的确不明白，为什么我们总觉得兄弟姐妹永远是相亲相爱的。因为，实际上他们之间有很多的矛盾和冲突，我们能证明出这种疏远实际上是来自童年期的心理，有些还会延续至今。即使我们看到他们现在的关系很和善，友爱互助，甚至患难与共，实际上，童年时期彼此却有很深的敌意。比如，年纪大的孩子会欺负弟弟、妹妹，谩骂或者和他们抢玩具。而年纪较小的只有满腹怒气，不敢发作，对于年纪大的兄弟姐妹会感到害怕又嫉妒，而后来他们对不公平和不自由的反抗意识的启蒙正是源于压制他们的姐姐或哥哥。这时他们的父母会抱怨孩子们总是不和睦，却总也找不到原因。实际上，即便是一个乖孩子，我们也没办法要求他的脾气达到我们成人所要求的那样。因为小孩子几乎都是以自我为中心的，他们迫切地感到自己的需要，并很努力地想去满足自己的需要，特别是有竞争者出现的时候——可能是别的小孩子，首先是与兄弟姐妹之间的竞争，他们肯定会全力以赴。对于这样的孩子，我们的评价就是“坏孩子”，责怪他们的顽皮。但毕竟像这种年纪，他们是不可能通过自己的判断或者是以法律的观点来为自己的错误行为负责的。但随着年龄的增长，在所谓的儿童期结束之前，利他主义的冲动和道德的观念已经开始在他们的自我意识里慢慢苏醒，援引梅涅特的话：“一种继发自我渐渐出现，并最终压制了原发自我。但是，道德意识的发展并不是与年龄的增长同时进行的，而且，其发展期也因人而异。”我们把这种道德观念变化的停滞习惯性地称为“退化”，可实际上这只是一种发展的受阻。虽然原发自我虽说被继发性格发展所遮蔽，但在歇斯底里症发作或者其他情况，我们仍然可或多或少地看得出原发自我存在的痕迹。在歇斯底里性格与顽童的性格特点之间，我们的确可以找到很明显的相同之处。相反，强迫性神经症，却是因为原发自我的呼之欲出，而引发的道德观念的过分发展。

有很多人，他们目前与其兄弟很和睦，而且为他们的死亡而悲痛欲绝，在梦中却发现他们早年所具潜意识的敌意，仍然没完全消除。

尤其是由两三岁或者再大一点的小孩子对其小弟弟、小妹妹的态度，还可以看出一些很有趣的事实。父母亲往往会告诉他，新生的弟弟或妹妹是鹳鸟从天上送来的，而小孩子在仔细地打量这新来的小东西以后，往往会坚定地说：“我看，纳西鹳鸟还是会再把他带回去的。”在此，我郑重地说明，我认为小孩子在新弟弟或妹妹降生以后，都能感觉到他们带来的竞争的坏处。我曾有个小病人，他现在与比他小几岁的妹妹相处得很好，可当他知道妈妈又要生一个弟弟或妹妹的时候，他的反应是："无论怎样，都不把我的红帽子给她！"如果说小孩要长得更大时会觉得弟弟妹妹将使他少受很多宠爱的话，那他的敌意应该是从弟弟妹妹出生时就已经产生了。我听说有一个不到三岁的女孩居然想要和摇篮里的婴儿搏斗，而她的理由是，她觉得这小家伙如果继续活着对她很不利。小孩在此段时间多半都强烈地、毫不掩盖地表现他的嫉妒心理，而且，如果那新生的弟弟妹妹不幸早亡，他会觉得他再次挽回了之前全家对他的宠爱。但是，下次，如果那鹳鸟再送来一个小弟弟或妹妹时，这孩子会很自然地希望他死去，以使他又可以像他们来到这个世上之前一样开心，受到全家人的独宠。当然，就正常状况来说，小孩对其弟妹的态度，可能只是一种因年龄段不同所致的结果。而经过一段时间，年长的姐姐就会对新生无助的小弟妹产生母爱般的本能。

一般来说，儿童期的孩子对弟妹的仇视实际上比我们所看到的、观察到的更为普遍，而作为成人的我们总是很少注意到这一点。

就拿我自己的儿女们来讲，但是我却缺少时间去观察他们在这方面的表现，这并不是说我做的是没有论据的研究。但为了补偿这点，我曾认真地观察了我那小外甥，他那众宠于一身的"专宠"在15个月后因为他妹妹的降生而结束，从此有了对手。虽然，刚开始他对这新妹妹表现很好，抚爱她的小手，还摸摸她。可还不到两岁开始学说话时，他就立即用这新学的语言，表示了自己的敌意。一旦别人谈到他的妹妹，他就会气愤地哭叫："她实在是太小了，太小了！"而再过几个月，当这妹妹已经长得够大而不能说"太小了"的时候，他又找出了另一个她并不值得如此受爱护的理由，他总是找机会像大人说她没有长牙。还有，我们家人都特别注意到我另一个姐姐的大女儿，在她六岁的时候，花了大概半个钟头，对自己的每个姑姑、姨妈不停地讲述一件事，并要求认可她的观点："露西现在还不会明白这个吧？"露西是她的竞争对手——两岁半的妹妹。

我了解的女患者中，都曾梦到过兄弟或姐妹的死，并找出了其中所暗含的强烈的敌意。在女病人身上——是一个例外，除此之外，我都得到过这种梦的经历，可这例外，只经过简单地分析，又可证实这种说法的正确。有一次，当我正为一个女病人上分析课的时候我突然想到她的症状可能与此有关系，因此我问她是否有过这种梦的经验，想不到她居然说没有。她说只记得在四岁时做过一个与此相关的梦（当时她是全家最小的孩子），以后这梦也出现过好几次：一大堆孩子，包括所有哥哥姐姐、堂兄、堂姐，在一个大操场上游戏。突然间他（她）们全都长了翅膀，飞上天去，而永远不再回来。她并不明白这梦有什么意义，可我们却很容易看出这梦是代表着所有哥哥姐姐们的死亡，只是用的是一种不受所谓的审核制度控制的原始模式。同时我还大胆地进一步分析：她小时与叔伯的孩子们常住在一起，其中曾经有个孩子夭折，梦者当时还不到四岁，她由于好奇问大人：孩子死了是什么意思？而其所得的回答大概就是："他们会长出翅膀，变成小天使飞走。"经过这种解释，小女孩就做了那个梦，那些梦中的兄姐们都长了翅膀，就如同小天使同样，而这是最重要的一点——飞上天了。可我们这小天使的编造者却独自留下来了。全部都飞走了，只有她一个人留下来，这不奇怪吗？孩子们在操场上游戏，他们飞走之前是一群蝴蝶，由此看来，似乎小孩子的思想联想也与古时候人们想象赛姬和有翼的蝴蝶时的联想一样，以为人类的灵魂长着一对和蝴蝶一样的翅膀。

可能有些读者现在已同意小孩的确对其兄弟姐妹存有敌意，可他们却还是怀疑，难道小孩的赤子之心竟会坏到想致他们的对手于死地的程度吗？但是，有这种看法的人，却忽视了这一事实，小孩子的死亡观念和我们成人并不完全同样，他们脑海里甚至根本没有生老病死的惊恐，坟场冷清的可怕和无极世界的阴森。所有成人对死的不能忍受，以及神话中所说的可怕的末日，在小孩心中其实是根本不存在的，死的惊恐对他们是陌生的、不可理解的，所以他们常会用这种可怕的话对他的伙伴大声地恐吓："如果你再这样的话，你就会像弗朗兹一样死掉。"这种话让做母亲的听了大为惊讶，乃至不能原谅；甚至当一个八岁的孩子在和母亲一起参观了自然历史博物馆之后，竟然对他母亲说："妈，我实在太爱你了，如果你死了，我肯定把你做成标本然后放在房间内，这样我就可以天天见到你！"小孩对死的观念就是像这样与我们不同。

对小孩子而言，他们没有见到过死亡的凄凉景象，也无法意识到死前的痛苦，因此"死"与"走了"对他们来说只不过是同样的"不再打扰别的还活着的人们"。他们根本分不清这个人在不在，是因为旅行、失业、疏远，还是永远的死去。如果一个小孩年幼时，一个保姆被解雇了，而没过多久母亲死了，那么我们由分析经常可以发现，这两个经历在他的记忆中被保存在同一个系列。另外还有个需要清楚的事实是，小孩往往并不会强烈地想念着某位离开的人，而这常使一些不理解的母亲为之伤心。例如，当这些母亲离家里几个礼拜回来后，孩子们并不说并不想念妈妈。可实际上，如果她真的去世了，她才会明白孩子们在最开始只不过好像是忘了她，只是在后来又想起了他们的母亲。

因此，如果一个小孩希望另一小孩不存在，那么他就可能通常会选择让那个孩子死亡来完成欲望的表达。由死亡愿望的梦所引发的心理反应证明，无论其形式有多么不同，在梦中所代表的小孩的愿望和成人的愿望达成的方式是一样的。

但是，如果我们把小孩梦见其兄弟姐妹的死解释为童年的自我中心使他把兄弟看作对手的话，那么，直接的后果就是，对于父母之死的梦又怎样解释呢？父母爱他、育他，难道他还以这种自我中心的理由来表达出这样的欲望吗？

对这种难题的解决，我们可以从一些线索着手，大多数父母之死的梦，都是梦见死亡的是与父母同性的。因此男人经常梦见父亲之死，而女人经常梦见母亲之死。当然我并不能说都是这样，可大部分状况均如此，以致我们需要用拥有一般意义的因素来进行解释。一般来说，童年时的性偏爱好像引发了儿子视父亲、女儿视母亲如同情敌。而只有他（她）死了，他（她）们才能随其所欲。

当读者想要斥责这种说法荒诞绝伦的时候，我希望你们能客观公正地考虑一下父母与子女实际上的关系怎样。我们首先不得不把传统的行为标准或孝道所要求与我们的父子关系以及日常真正所观察到的事实分清楚，这样就不难发现父母与子女间的确隐藏着不少的敌意，只不过在很多状况下，这些欲望不能通过稽查作用的审核制度而已，但是这种关系也给了这些欲望表达的机会。

让我们先讨论一下父亲与儿子之间的关系。我觉得因为奉行了基督教“十诫”的禁令，而使得我们对这方面事实的感受纯化了，或者我们不敢承认人性都忽视了“第五诫”的事实，在人类社会的最低和最高阶层里，对父母的孝道往往被其他方面的兴趣取代了。从古代流传下来的神话、民间小说等都会让我们发现很多使人深思的传闻，他们在传递给我们一种认知和模糊的信息，让我们觉得父亲本该有的，或者说是自古就有的形象就是霸道专横、滥用其权，是无情的一家之主。比如，宙斯将其父亲阉割而代替其位，克罗诺斯吞食自己的儿子，就像公野猪吞食掉母野猪刚生下的幼崽一样无情地吞食掉自己的孩子。在古代家庭里，父亲越是残暴，儿子肯定越与其产生敌对，而且更希望其父早日死去，以便可以早点接掌其权。甚至在中产阶级的家庭里，父亲也因为不让儿子作自由地选择或反对他的意愿，而形成了父子间的敌对。医生经常可以看到这样一件矛盾的事实：父亲死亡时的悲伤与得到自由之身的满足感这两种感受同时存在。在今天，现代社会的父亲仍然对得来已久的父性权威至死不放，这才使得诗人易卜生得以在他的戏剧里将父子之间源远流长的矛盾搬上了舞台。

母亲与女儿之间的冲突大多开始于女儿长大了想争取性自由，而受到母亲多方干涉的时候。而母亲在这个方面也多少因为眼见含苞待放的女儿已长得亭亭玉立，而自己却青春不再，难免有被迫承认自己的衰老，同时放弃性满足的欲望的不甘。

所有这些都在一般人身上发生过，可对一些把孝道看作理所当然的人来说，对其父母之死的梦，却仍无法解释得通，或者是不愿意相信自己有这样的想法。但是，我们仍可就以上讨论继续探讨这些童年早期就存在的希望父母死亡欲望的来源。

就精神神经症的探析而言，更确认了我们以上的各种说法，因为分析的结果显示出小孩最早的性欲望发生在很早的年龄。女儿萌芽时的感情对象是父亲，而儿子的对象是母亲。因此对儿子来说，父亲变成可怕的对手，而母亲就成了女儿的对手。这种状况正如兄弟之间对手的敌视一样。因此在孩童的心理中，这种感情很快地形成死亡欲望。一般说来，在双亲的方面，也经常表现出性偏爱。很自然，父亲很疼爱女儿，而母亲袒护儿子。因为如果没有性偏爱的作用，他们会更加严格地管教孩子。小孩子们也会注意到这种偏袒，同样也会对冷淡他们的一方表示出对立情绪。小孩觉得大人爱他的话，并不仅是满足他一种特殊需要，它必须包括纵容他各方面的意愿。大概来说，小孩做出这些选择，一方面是因为其本身的性本能，另一方面则来自双亲的性偏爱的刺激加强了这种趋向。

孩子们这种偏好的表现通常不被注意到，其实其中的一部分在孩子们的童年时期就不难发现。我朋友有一个八岁女儿，在她妈妈离开餐桌的时候，她就会不自觉地利用这机会，俨然以母亲的代理人自居“现在我是妈妈了，卡尔，你现在要再多吃些蔬菜吗？好，你自己拿吧”等等。一个还不足四岁的聪明伶俐的女孩在这方面的心理特征尤为明显，她曾经说：“现在妈妈可以走了，之后爸爸肯定要和我结婚，而我将变成为他的太太。”这绝不是说她不爱她的妈妈。同样，如果在父亲远行的时候，男孩被允许睡在母亲身边，而一旦父亲回来后，他又被叫回去与他不喜欢的保姆睡觉的时候，他肯定容易产生一种欲望：父亲永远不在家该多好！这样他就可以永远拥有那个亲爱的、美丽的妈妈。而父亲的死明显就成为这一愿望的达成，因为小孩由经验（例如已死去的祖父永远不再回来的例子）得知，人死了就再也不能回来了。

虽然在小孩身上，我们可以找到与我们的解释很多的吻合之处，可从成人神经症患者的精神分析来看，并不能使这一领域的医生认可这一观点。因而，神经症病人的梦不得不加上梦是愿望的达成这一前提才可以更完整地了解。

曾经有一位年轻的女患者哭着告诉我，“我再也不想见到我的亲戚了，他们觉得我可怕。”紧接着，她又主动地告诉我一个她四岁时所做的梦，这梦到现在她仍然清晰地记得，当然，她实际上根本无法知道其意义。一只狐狸在自己家的屋顶上来回走着，接着，有些东西掉下来，好像是她自己倒下了；然后就是妈妈被抬出房子外死了，梦者因此而大哭。我告诉她这梦是指她曾希望见到自己母亲死亡的童年欲望，因此她的亲戚才会觉得她可怕。然后她又给我讲了一些小时的故事，作为梦的相关补充。当她还是小孩子的时候，街上的小男孩给她起了个绰号侮辱她，绰号就是“狐狸眼”。还有当她三岁时，有一次从屋顶上掉了一块瓦片敲破了母亲的头，使她头部出了很多血。我曾对一位年轻女病人的各类精神状态作过透彻的分析。在她起初发作的狂暴惶恐的状态下，她对母亲表现出一种很讨厌的情绪，只要母亲接近她，她就对母亲拳脚交加，辱骂，可与此同时，却对一位比她大很多的姐姐很顺从。然后她又醒了过来，但是睡得很不稳定。这个时候我通过梦的分析开始了对她的治疗。这个时候的梦大多经过一些掩饰，间接地暗示了她母亲的死亡。有一次是她参加一个老妇人的葬礼，还有一次是梦见她与姐姐都坐在桌旁，身上穿着丧服，毫无疑问这些都可看得出梦的意义。在她慢慢地康复后，她开始有了歇斯底里的恐惧症的症状，而最大的恐慌就是会担心她妈妈发生什么意外，无论是她当时身在何处，只要一有这种念头，她就要赶回家看看母亲是否还活着。通过这个病例，再加上我从其他途径得来的资料，可谓是收获不小。由此可以很明显地看出，心理机制对同一个让它产生兴奋的观念，是可以产生不同的反应，就如同对同一作品可以用几种文字翻译一样。我认为在她狂暴惶惑时，当日的继发性系统已完全被平时受压制的原发性系统推翻，以至于对母亲潜意识的恨意占了上风，才通过梦的运动性思想明显地表现出来。后来，病人变得较为沉静而清醒的时候，表明自己的心灵不安已平息下来，审核制度才得以抬头，她对母亲的敌意只有在梦境中才会出现，而且只有在梦中她才能表现出让自己的母亲死亡的欲望。最后，当她在向正常之路迈进的时候，她就产生了对母亲的过分地关心，甚至悲伤，这是一种歇斯底里的逆反应和自卫现象。而由这些观察所得，我们对于这个歇斯底里症的少女又常对其母亲存在深深的依恋的原因有了清晰的解释。

在我的另一个病例中，我曾经对一个患有严重强迫性神经症的青年人的潜意识精神生活作了很深入的研究。当时严重到不敢上街，因为他害怕自己在街上会见人就杀，他整天都在为街上发生的任何可能牵扯他的谋杀案，找出证实自己无罪的证据。当然，这个人的道德观念和他的教育程度都拥有比较高的水平。通过分析（并靠此以治疗其病）可知，在这要命的强迫意念下，却隐藏着他对过分严厉的父亲的一种谋杀冲动。这个冲动曾经在他七岁那年就显现了出来，这让他十分吃惊。但是我可以说，其实这种冲动早在七岁之前就已经酝酿着了。在父亲死之后，他开始转嫁内心的恐惧。就在他 31 岁那年，他把这种强迫意念转嫁给陌生人，进一步形成了这种恐惧症。一个曾希望谋杀亲父的儿子，怎么可能对其他无血亲的陌生人不存杀害之心呢？于是他就把自己锁在房间里，分析到了这里，我们对她的行为就不难理解了。

以我现有的经验来看，后来完全变成精神神经症患者的病人，父母多数在其童年时代的精神生活中占有很重要的位子。对双亲之一产生深爱而对另一方深恨，由此形成于童年期间里永久性的心理冲动，同时也是今后发生这种病症的一个重要原因。

但是，我不相信精神神经症患者与普通人在这方面有明显的区别。也就是说，我不相信这些病人本身能创造出一些绝对新奇而不同于正常人的特点。比较可能的说法（这是由平时察觉正常儿童所得到的证明）应该是，日后变成精神神经症患者的孩子，在对父母的喜爱或者敌视的层面，将一些正常儿童心理中不明显、不强烈的因素明显地表现了出来。

古代传下来的一些野史逸闻其实也可以看出这种道理，只有通过以上所说的孩童心理的假定，我们才能真正知道这些故事深邃而又普遍的意义。在这里我将提出的是有关俄狄浦斯王的趣闻以及索福克勒斯的所创作的同名悲剧《俄狄浦斯王》。

俄狄浦斯就是底比斯国王拉伊俄斯与王后伊俄卡斯达所生的儿子，因为神谕在他生前就已预示他长大后会杀害自己的父亲，因此一生下来，就被弃于野外。可他却被邻国国王收养，成了该国的王子，直到他后来发现自己出身不明而去求神谕时，神谕告诉他，他命里注定将杀父娶母，并警告他远离家乡，他才决定离开这国家。可就在这离家的路上，他碰到了拉伊俄斯大王，因为一个突然的争吵，他将这身份不明的父亲杀死了。他后来到了底比斯之后，在这里他解开了拦路的斯芬克斯（希腊神话中人面狮身怪物）之谜，而被感激的国民拥为王，与此同时娶了伊俄卡斯达为妻。他在位期间国泰民安，他与自己的生母生下了两男两女。直到最后底比斯发生了一场大瘟疫，他的国民再次去求神谕，索福克勒斯的悲剧至此开始。这个时候所得的回答是，只有将谋杀先王的凶手赶出他们的国度才可停止这场浩劫。可凶手在哪呢？事情过去那么久了，而这个罪犯又到哪儿找呢？

而这部悲剧主要就这样一步一步，山穷水尽，而又柳暗花明地（正如精神分析的工作同样）慢慢地引出最后的残酷真相：俄狄浦斯就是杀死拉伊俄斯的凶手，而且更糟的是他本身还是那个死者与其妻所生的儿子。为这稀里糊涂所做出来的罪孽而感到很震惊的俄狄浦斯，终于走进最悲惨的结局，他弄瞎了自己的眼睛，然后离开了家乡之国，完全符合了神谕的预示。

《俄狄浦斯王》是一部关于命运的悲剧的书，天神意志和人力在灾难面前只不过是蚍蜉撼柱，正是那种强烈的对照形成其悲剧性。而观众深受感动的大约是这人力的渺小，神的意志的不可违抗吧！近代作家也因此纷纷以他们自己构想的故事来表达这样的矛盾，以期望达到同样的悲剧效果。但是，观众们却似乎对这些作品中无法改变命运而死亡的可怜的人并没有投以相似的感动。就这一方面来说，这些后来的悲剧都无法达到预期的效果，或者说是一种失败。

因此，如果说只有《俄狄浦斯王》这部戏剧才能使现代观众或读者产生与当时的希腊人同样的感动，那么唯一可以解释的是：这部希腊悲剧的感人之处其实并不在于命运和人类意志的冲突，而仅仅在于这冲突的情节中所表现出的某种呼声引发的共鸣，它所选取的材料的特殊让我们的内心的情感呼之欲出，因此对比之下，使我们会觉得《女祖先》等近代的命运悲剧作品缺乏真实感。的确，在俄狄浦斯王的故事里，是可以找到我们的心声的。他的命运之所以让我们感动，是因为我们自己也随时准备着承担这样的命运，那命运就像是我们自己的命运得到昭示，而“女祖先”之类的现代命运悲剧则显得太荒谬。因为在我们还未出生之前，神谕已将最毒的咒语加在我们一生当中。正是这种命运，使得我们第一个性冲动的对象就是自己的母亲，而第一个仇恨和想杀害的对象就是自己的父亲。与此同时我们的梦也会使我们相信这种说法，俄狄浦斯王杀父娶母就是向我们证明，一种童年时候欲望的得以达成。可我们比他幸运的是，我们其实并没有变成精神神经症患者，而可以成功地将对母亲的一种性冲动逐渐地收回，而且逐渐忘掉对父亲的嫉妒仇恨。我们的原始欲望在俄狄浦斯身上得到了满足，同时我们的欲望又得以全身而退，而尽其可能地通过稽查作用给予压制。文学家出于人性的探究而发掘出关于俄狄浦斯的罪恶的同时，也让我们看到了内在的自我，以及这种被压制的原始的欲望。我们在剧本的结尾合唱中就会发现这种暗语：

看，这就是俄狄浦斯，
他解开了宇宙之谜，明智过人。
地位至尊，
他福星高照，光芒万丈，堪比星辰，
如今陡然陷入苦海，怒浪滔天，自身难保。

这段直白的告诫深刻地打动了我们。因为自竞争时代以来，我们就一直傲慢地自认为如何聪明，如何有办法。正如俄狄浦斯那样，我们看不到人类与生俱来的欲望，以及自然所赐予我们的负担，一旦我们能够认识到这些，我们大多是很不愿正视这童年的往事的。

在索福克勒斯这部悲剧里，我们可以发现有关俄狄浦斯的故事是从古老的梦中得来的线索。剧本的梗概就是，由童年早期的性冲动而导致的与父母的乱伦。那个时候伊俄卡斯达曾经为了安慰还不知道其身份、为神谕而担心的俄狄浦斯说，她说那不过是梦罢了，很多人都做梦的，未必有什么重大意义：

以前有很多人做梦，
娶了自己的母亲。
虽然他们有时也曾预料到，
但并不曾为此心急如焚。

与从前一样，梦见与自己母亲发生性关系的人也不少，可人们却对此而大感愤怒、惊讶而不能明白。由此来看我们不难找出这种悲剧和父亲之死的梦的关键所在，这同时也是对梦见父亲死去的一种补充材料。俄狄浦斯的故事，实际上就是对这两种典型的梦所产生的幻想的强烈的现实反应，而也就像在成人身上一样，令人觉得厌恶，这种存在不得不加上伪装的感情，所以故事的内容中也必然融入了恐惧与自责的情感。梦经过一定的润色加工而无法辨认，同时通过伪装使欲望得以表达，只有这样，才合乎神学的旨意。当然，这部作品与其他作品同样，试图将神的万能同人类的责任心相协调的企图，必定失败。

另外一部伟大的文学悲剧莎士比亚的《哈姆雷特》，也与《俄狄浦斯王》一样来自同一本源。可因为不同时代的差距，这段埋藏文明和人类感情生活压抑的历史，在心理生活上存在着差异，导致对这同样的材料做出不同的处理。在俄狄浦斯王那里，儿童的欲望通过幻想形式被表现出来，而且可以像梦中一样得以实现。而在哈姆雷特那里，这些欲望都被压制着。我们只有像发现精神神经症病人的有关事实一样，通过这种过程中所受到的抑制效应才能看出其存在。在这出近代悲剧里，英雄人物的性格大部分掺入了很多犹豫不决的色彩，其实这已构成悲剧决定性效果不可或缺的因素。这个剧本主要就在于刻画哈姆雷特要完成加在他身上的报复使命，但戏剧却并不没有延续的原因，它没提及这犹豫的因素和动机，而各种不同的解释都没办法使人满意。按照现在流行的看法，这是歌德开始提出的，哈姆雷特代表人类中一种特殊的人类类型，他们的直接行为能力被高度发达的智慧所蒙蔽。而另外一种观点认为，莎翁在此显示给我们的是一种所谓神经衰弱式的病态和优柔寡断的性格。但是，从整个剧情来看，哈姆雷特绝对不是一个无能的人。从两个不同的场合，我们可以看到哈姆雷特的表现：一次是他故意地、富有技巧地，甚至毫不犹豫地杀死了两名谋害他的朝臣；另一次是在愤怒下，杀死了躲在帷幔后的窃听者。那么，为什么他对父王的鬼魂所托付的工作却迟迟不前进呢？唯一的解释就是这项工作拥有某种特殊性。哈姆雷特可以随心所欲，可却对他的杀父仇人，那位篡其王位、夺其母后的坏人无能为力，那是因为这人的所作所为正是他自己在童年时想了很久的欲望的实现，所以对仇人的仇恨早被良心的自责不安所代替。因为良心告诉他，自己实际上比这位杀父娶母的凶手好不到哪里去。那么在这里，我是把故事中的人物潜意识所含的思想通过意识界的语言表达了出来。如果有人觉得哈姆雷特是一个歇斯底里症的病人，那么我不得不承认这是由我的解释而使得的不可避免的结果。他与奥菲莉亚的对话中所表现出的性变态，也与这种推断的结果相吻合——在此之后几年里，这种性变态一直盘踞在莎翁的心中，直到最后才在《雅典的泰门》一剧中达到高潮。当然，我们其实可以说，哈姆雷特的遭遇实际上是影射莎翁自己的心理。乔治·布兰德斯在对莎翁的研究报告中指出，这个剧本是在莎翁的父亲死后没多长时间写出的。也就是说，父亲的死亡使得他童年时对父亲的情感复苏了。还有，我们可能知道，莎翁早夭的儿子，也是叫哈姆涅特。正如《哈姆雷特》处理人子与父亲的关系一样，他另一部与此同时期的作品《麦克白》则是以无子为题材的。正如所以神经症的症状和梦的内容，都能经得起过分的解释。甚至有时候是需要经过一段过分的解释才能看出其真相一样，所有真正的文学作品绝不仅仅是纯粹的动机和诗人心灵的冲动的产物，而且需要承认，它可能有两种以上的解释。在这里，我只想就这位富有创意的文学家心灵冲动中隐含着的最深的一层来加以讨论。

关于这一类亲友之死的这些典型的梦，我想用一般梦的观点再加以解释。这些梦显示给呈现给我们不一般的状态，它让一些潜在想法所构成的梦念，躲过审核制度，而以本来的面目表现出来，而这其实只有在一种特殊状况下才有可能发生。以下两种因素有助于这种梦念的形成：第一，我们心中肯定潜藏着一种欲望，我们完全相信，这些欲望在做梦时也不会被发现，所以梦的审核制度对这种怪异念头毫无戒备。就像所罗门法典，当年就没预想到要加设一条有关杀父之罪的刑律一样。第二，在这样的特殊情况下，潜在的、意想不到的欲望经常以某种对亲人生命关心的形式表现，对当天白天遗漏下来的感受产生让步。但是焦灼肯定会利用相对应的欲望如影随形地步入梦境。因此，在梦中这种欲望经常能被白天对他人的关心所掩盖。但是如果有人觉得梦只不过是心灵的活动的延续，才把这种亲友之死的梦排除在一般梦的解释之外的话，那么这些解释也就更加简单，而一些遗留下来的难题就再不需要加以深究了。

试着进一步研究这种梦和焦虑性的梦之间的联系是很有意义的。在亲人死亡的梦里，潜在的愿望大都能避开审核制度，而不受它伪装。因此梦中必然会感受到伤痛情感。焦虑性的梦也只有在审核制度所有的或部分受到压制时才可能发生。而另一方面，只要是由肉体来源而引发了真实的焦灼感，则那强大的审核制度就会加强管制。因而，我们能很清晰地看出心灵如此运用其审核制度来伪装梦内容的用意，只有这样做才能避免焦灼或其他形式的痛苦后果的发生。

在前面，我已提及过儿童心理中的自我主义，现在我要再次强调这一点，因为梦也保存了这份原有特点，因此我们很容易由此看出其间的关系。梦有共同的特征，梦都以绝对的自我为中心，都可找到所爱的自我形象，甚至可能以经过伪装的面目出现。而梦中所达成的欲望也都是这种自我的欲望。即使表面看来是利他的梦，实际上都是利己的。下面我将举出出几个看似有悖于这种说法的例子进行分析。

1. 一个还没到四岁的男童告诉我他的梦。他梦见一个很大的盘子里，放着大块的烤肉和蔬菜，而突然之间，那些并未切碎的肉却一下子被吃光了，可他却没看见是谁吃掉的。

这个家伙梦中的饕餮的客人到底是谁呢？当天的经历必能给我们提供一点线索。几天以来，这小孩子一直按医生的要求只喝牛奶。做梦那天，众人罚他不能再吃晚饭，因为他早就已被限制少吃食物，但是他太顽皮了并不很在意接受这份惩罚。他知道自己今晚肯定是没东西吃了，就努力避免再想肚子饿的事情。但是，在梦中即便经过了伪装，可毫无疑问，他自己就是梦中那个对丰盛晚餐期望已久的人（甚至是一大块没切开的肉）。但是他知道自己是不准吃这些东西的，因此他也不敢像其他饿了的孩子经常做的梦那样，坐在餐桌旁大吃一顿，所以梦中这个吃掉烤肉的人才不敢露面。

2. 有天晚上，我梦见自己在一个书店橱窗里看到了一本我很感兴趣的收集本（艺术作品、历史、成名艺术家的专集）。这本新集的书名叫《著名的演说》或《演讲》，而出现的第一卷上有莱契尔博士的名字。

分析时，我对这个德国反对党的莱契尔，一个有名的大演说家，居然会在我梦中出现而纳闷儿，实际上我应该不会去关心他。原来事情是这样的，几天以来我一直对几位需要精神分析的患者治疗，一天要花掉十到十一个小时。因此我自己就是那个长篇大论的演说者。

3. 在另一个场合，我梦见一名我所认识的大学同事告诉我："我儿子是近视眼……"随后是一些简单的对话，而紧接着的第三部分就出现了我和我的长子。就这个梦的隐意来看，这位教授和他儿子只是用来影射我和我的长子，后面我会就其中另一特点再详细地讨论这个梦。

4. 从以下的这个梦，可以看出一些真正以自我为中心的那种感情，到底是怎样隐藏在关怀别人之后的。

我的朋友奥托看上去像生病了，脸色红褐，而且眼球凸出。

奥托是我们的家庭医生，我对他很感激。因为几年来都是他在关心着我们的小孩的健康，他不但在他们有病的时候给予治疗，而且每次来总会找一些借口带些礼物给我们。在做梦那天，他恰好来我家做客，那个时候我的太太注意到他看上去很疲倦。当天晚上，我就梦见他这个样子，简直就像是一个得巴塞杜氏病的病人一样。如果你忽视了我所说过的释梦原则的话，那么你肯定会解释这个梦代表着我很关心友人的身体健康，才会将这份关心的感情会带到梦中。但是这与我关于梦是欲望的满足和梦是自我主义的冲动有矛盾。如果你们那样分析我的梦，那么我为什么又要担心我们的奥托会得巴塞杜氏病呢？你们肯定是没办法使我满意的。因为实际上，他的这个诊断没什么依据。而另一个方面，我对于自己的分析利用了一件我六年前发生过的事情。那个时候我们一些人，包含 R 教授，都坐在一辆马车里，因为要在黑夜中赶路，而且这里据我们度假的驻地乘马车需要一个小时。因为车夫太疲劳，结果把我们都翻下了河，还好大家都没受伤，可我们只好在邻近的旅馆里过夜。那个时候我们的不幸引发了村民的同情，有很多人都来看望我们。其中有一位男士，一看就知道身患巴塞杜氏病（他的皮肤很褐红、而且眼球凸出，可喉部并没肿胀），和梦中的情景一样，他来就开始招呼我们，而且问我们是否需要什么帮助。R 教授告诉他："现在我们不要什么，只需借我一套睡衣就可以了。"可这位慷慨的男士却回答道："很抱歉，这我可没有。"然后就离开了。

然后继续分析下去，我才想起巴塞杜氏并不只是那一种病的名字，与此同时也是一位教育家的名字。但是，对于我的朋友奥托，我曾经拜托他，万一出现意外，孩子们的身体健康问题，尤其是青春期这个年纪（因此我提及了睡衣）全部交给他负责。可因为梦中我看到奥托身患有上述那位慷慨村民的症状，我才明白梦中意义是"如果我有不幸的话，奥托对我的孩子们会如那村民对我们同样关怀和体贴。"这梦所含的自我意味，现在应该可以清晰地看出来了吧！

可这梦的愿望达成又在哪里呢？并不在于我在对好友奥托进行报复，他似乎在我梦中受到了不公平的待遇，而且在以下的情况中也有体现。正如我将梦中的奥托比做那村民同样，我自己也变成了另外一个人——R 教授，因为我有求于奥托，正如 R 教授那个时候有求于那位村民同样，这才是关键所在。就实际情况来说，我无法与 R 教授相提并论。因为 R 教授在学术圈内总是独树己见，直到晚年才得到他早就应有的教授头衔。于是我再次发现我很希望做一个教授，那句"他一直到晚年才……"是我们的一个愿望的实现，因为这表示我还能活很长时间，有足够时间在我的儿女们的青春期中亲自照顾他们。

至于其他使那些梦者感到快乐或陷入恐惧的很典型的梦，我本身是不曾有过这些经验的，可就我所做的精神分析倒也是可以讲很多的心得。从现存的那些资料来看，这些梦也仅仅是一种童年意象的再现。也就是说，梦可能包含那些童年时代最喜欢的事物，包括急速运动的游戏在内。差不多所有的舅舅、叔叔们，不是对着小孩伸出自己的双臂带着孩子满地跑，就是放他在自己膝下慢慢地摇，之后突然一伸腿，吓得小孩哇哇地大叫，或者把小孩高高举起，再突然收手，出其不意地吓他一下。而在那种时刻，小孩总是会高兴得大叫，而且毫不满足地要求再来一次，尤其是这种游戏如果有一点惊恐或晕眩的感知在内的时候。以后在他们梦中又反复出现这种感知，可却把扶他们的手省略了，于是他们就在梦中能自由地在空中飞。我们都知道，所有小男孩都喜欢荡来荡去或玩跷跷板一类的游戏，可是一旦他们看了马戏团的运动表演后，对这些游戏的回忆就显得更加清晰了。某些男孩，歇斯底里症发作时，就只是会对某种运动不断熟练的重复，即便这些动作本身并不是那么的刺激，可却给当事者带来关于性感知的兴奋。简单地说，儿童时候兴奋的游戏都是在飞上、掉下、还有就是摇晃的梦中得以出现，只有肉欲的感知现在变成了焦灼。但是，所有母亲都知道，可以使小孩兴奋的游戏最后都会以争吵或哭闹结束。

所以我有充足的理由否认以睡眠状态下，皮肤的感知、肺脏的收缩动作等来分析这种飞上、掉下的梦，我发现这些感知都可以因为梦所带来的记忆重新复现。因此，不如说它们是梦的内容自身，而不仅仅是梦的来源。

但是，我并不能对这些典型的梦做出充分合理的解释。更明确地说，是因为我现在拥有的众多资料使我走入这一种进退两难的困境，而现在我所说的一般意见是这样的：每当任何心理动机需要它们的时候，这些典型的梦所拥有的皮肤或运动的感知就会冲淡了；而不用它们时，它们就被我们忘记了。至于这与儿童经验的联系，则可从我对神经症的分析中得到确认，可我却没办法说出这些感知的记忆（即便看来都是典型的梦，可却有因人而异的记忆）到底对梦者一生的经历还有哪些其他意义。但是，我还是希望能有机会再详细分析几个好例子来补充不周全的地方。可能有人怀疑，为什么这种飞上、掉下、拔牙的梦很多，可是我却还说资料贫乏，实际上从我开始注意释梦的工作以来，我自己竟然都从来没有过这种梦，即使我治疗过很多神经症的人，可并不是所有的梦都能解释，还有很多梦都没有办法去解释，某些形成神经症的因素，在症状将消失的时候，会变得更厉害，但是最后的问题仍然没办法解释。

（三）其他典型的梦

或兴奋或焦虑的飞翔的这类梦，我从未做过。但是我要以精神分析的角度来讨论这些梦。我从中总结出一条规律：这些梦其实也不过是再现了童年时期的某些印象，即它与童年的游戏有关。孩子们在儿童期甚至是在以后的岁月中的梦里，都会比较偏爱那种刺激的体验。比如说，叔叔用伸开的双臂带他们旋转，体验飞翔的感觉；或者是举得很高，然后假装跌落；或者是将孩子放在双膝上，然后突然把腿伸直让他们滚下来。孩子们对于这种游戏百玩不厌，我们会发现这些游戏有一种共同特点，那就是很刺激、好玩。对于梦中的情形，他们不是依靠外力而是自己在空中飞翔。只要让孩子重温一遍这些，诸如荡秋千、跷跷板或者杂技表演的游戏，沉睡在他们梦中的记忆就会被再度激活。就像梦中飞翔落下、头晕等这类游戏的最吸引人的地方就是能引起性快感，当然，我的意思是说孩子们也会有这种感觉。孩子们在歇斯底里发作时会使用引起快感的方法。这种游戏通常以吵架和哭闹结束，这时就会将快乐转变成焦虑。

通过以上的论述，我觉得有一种理论可以推翻，那就是认为飞翔和跌落的梦来源于触觉刺激和肺部活动的理论。实际上，这些感觉是记忆的重现，他们是梦的一部分，而不是梦的起因。

我现正走入解析典型的梦的困境。对于有些观点我需要声明，典型梦中的触觉和运动感觉处于一种特殊的状态。精神需要它们作为来源时，它们就会被唤醒；不需要它们时，它们就被闲置。目前通过我对精神神经症的分析，我认为这些梦与童年期经验之间建立了某种联系，至于以后会不会增添新的意义则无法下定义，可能是否产生，或者产生的意义也会因人而异。但是值得说明的是，我已经通过对梦例的详细分析，弥补了这种缺陷。我还需要补充的是，有人觉得既然飞翔、跌落、拔牙之类的梦是经常发生的，那么就不应该缺乏材料才对，可是我却常常抱怨材料匮乏。我在这解释的是，从我研究梦开始，我从没做过这类梦。虽然，我做过神经症病人的梦，但是有些内容还是没办法解释的。我觉得必然存在一种与神经症相关的某种精神力量妨碍我们挖掘梦的深层含义。

（四）考试之梦

每一个在学校经历过升级考试的人，总是会说他们常做一种噩梦，梦见自己考试失败，甚至他不得不参加补考。但是对已获得大学学位的人，这种很典型的梦，又会被另一形式的梦所代替，他经常梦见自己没有获得大学毕业考试。他们在梦中却清晰地知道自己已经有了多年的医疗实践，并且早已步入大学教师之列，或者早已当上了教研室主任了。怎么可能还没有得到学位呢？因此常使梦者深感疑惑。我们童年时代为自己的错误行为受到处罚的记忆，则由我们学生时代的苦难日子——考试使它们重新出现在我们的脑海，因此，神经症的"考试焦灼"，也是因为这种幼稚的恐惧而加深的。但是，一旦学生时期过去以后，再也不是父母或老师来惩罚我们，以后的日子乃是自己所支配，可每当我们感到某件事做错了，疏忽了，或者未尽其本分的时候（一言以蔽之，也就是当我们自觉有责任在身时），我们就会再梦到这些曾令自己紧张的入学考试或大学毕业考试，这都源于内心对惩罚的恐惧。

对我们的考试之梦作更深一层的研究，我不得不提一下我的一位经验丰富的同事斯特克尔。在一次科学性的讨论会上，他发表了有关这方面的看法。按照他的经验来看，他觉得这种梦经常发生在已经通过考试的人身上，而对于那些考试失败者说来，是不会做这种梦的。由很多事实证明，使我深感考试的焦灼的梦经常发生在梦者第二天将要从事某种可能有风险，而且不得不负责任的大事的时候，而就在我的梦中所出现的肯定是一些梦者曾花费很大的心血，从他的结果来看这只是类似于杞人忧天的那些经验，以证明往日的情况不合理，与实际差距很大。这样的梦使梦者完全意识到自己的梦的内容在醒觉状态下受了很大的误解，也就是说，梦中的讽刺"我已经是一位医生了"等等，其实都是梦提出的一种特殊的安慰语言。因此，他的用意以下面的话概括为："不要为明天的考试担心了！赶紧想想你的升学考试，那时不也紧张得要死，而后很简单地通过了吗？就像是你的毕业考试之前不也很紧张吗？现在你已经是医生了。"但是，梦中的焦灼却来源于做梦者当天所遗留下来的某些经验。

那么就我自己和他人有关这方面的梦境来说的话，分析起来即便不是很精确，但却从一定程度上证明了有效性。例如，我从没有一次通过关于法医学的考试，可我却从没梦到这事。相反，对于植物学、动物学和化学考试，我却总是大伤脑筋。但是不知道是有运气还是考官仁慈，即使我常梦到这几科考试的危险性，而且常梦见每次都考不好历史考试。但是每一次我都能过关。我得承认一个事实，这大多是因为当时的历史老师（在另外的一个梦中，他成了一个孤独的善人）从不曾漏掉一件事，那就是我在交回的考卷上，经常在没有把握的题目上用指甲画叉，以暗示他对这问题不要太严格了。我有一位病人，他曾在大考的时候缺席，但之后补考通过了，但是在国家公务员考试中失败了，到现在仍不能被政府录取。他告诉我，他常梦见前一次考试，可后一次考试却从没梦见过。

我现在所解释的有关考试的梦正面临着和典型的梦一样的困境——梦者提供的材料过于少，以至于难以做出更有说服力的解释。在不久之前，我所得出的结论“你已经是一位医生了”，现在看来，不仅是一种自我安慰，同时也是一种自责。似乎在说：“你已经老了，为什么还要做那些没用的事呢?”我们可以从这些复杂情感里体察到与梦的隐意的一致性。斯特克尔是第一位分析考试梦的人，他说这种梦完全是影射性经验和性成熟，在我看来，即使考试梦中出现一系列自责的情感关系到应责备的性行为的反复性，我们也应该觉得理所当然。

第六章　梦的工作

到现在为止，人们都是试图通过记忆中梦的显意对梦进行解释，目的很明显，是为了证明梦的显意能够解释梦。他们通常以显梦为依据对梦的性质进行判断。但是，这方面我们有一些不同的资料。一种介于梦的显意和梦的隐意之间的材料已经进入我们的研究领域。换言之，我们以梦念代替梦的显意来解释梦的意义。因此我们所面临的将是一个崭新的工作，一份独创性的工作——详细检验隐藏的梦念与梦的表象意义之间的联系，并探讨后者是如何由前者蜕变而来。

梦念与显梦就像以两种不同的形式表达同一种内容，或说得更清楚些，显梦就是以另一种表达形式将梦念传译给我们，而所采用的符号和法则才是我们研究的目的和价值所在，我们只有通过译作与原著的比较，才能了解。一旦我们做到了这点，那么梦的隐意就再不是一个秘密了。显梦，就有如象形文字一般，其符号不得不逐一地翻译成梦念所采用的文字。因此，这些符号绝非以其图形的形态就能解释的，它不得不按符号所代表的象征性来进行这项翻译的工作。比如说，现在我面前呈现一个画谜：有一所房子，在屋顶上有只木舟，之后是一个大字母出现；再来便是一个无头的人在飞跑……乍一看，我肯定会斥责这简直是荒唐而毫无意义，一只木舟怎可能摆在屋顶上，无头人怎么会跑，而且人哪有可能比房子还大，还有，如果整个画面是代表一幅景物，那么一个字母又代表什么呢？自然界哪有这种景象？因此要想对这画谜作出正确的解释，只有抛却这些对这部分或整个的反对批评，反过来将这每一个意象均视为有意义的，而绞尽脑汁地去找出每一个所代表或牵扯的文字，而后再把这些文字凑合成一个句子，这时它们再也不是毫无意义了，而很可能地，成了一句漂亮动听、寓意深长的格言。梦实际上就是这么一种画谜，只是我们祖先没把握住真正的释梦方法，而误把画谜当作一张艺术作品加以鉴赏。也因此，才会认为梦根本就是毫无意义，一文不值。

一、凝缩作用

在梦的隐意与表象意义之间的比较过程中，首先会发现梦的工作包含了很多凝缩作用。就梦的隐意之冗长丰富说来，相比之下，梦的显意就显得贫乏简陋而粗略。如果梦的叙述需要半页纸的话，那么解析所得的隐意就需要六倍、八倍甚至是十倍的篇幅才写得完。这比例也会因梦而异。可就我的经验来看，这种关系的大致趋向是不变的。一般来说，我们多半会低估梦所受压缩的程度，也就是说，当我们以为解析出来的梦的隐意就是梦的全部材料时，如果尝试继续分析，我们必然会发现梦之后还有更多内容。因此我们不得不先声明一下，一个人永远没办法肯定地说他已将整个梦完完全全地解释出来了。即便所做的解释已到毫无瑕疵、使人满意的地步，但他仍可能由这同一个梦里又找出另一个意义来。因此严格地说，凝缩的程度是没办法定量的。

在形成梦的过程中，精神材料并非简单呈现，而是通过了大量的凝缩作用，所以所记住的梦的内容其实是梦念被极度压缩过的，因此必然存在比例失调。因为我们经常有种感觉，“我昨天整个晚上做了一大堆的梦，可却忘了一大半”。因此有人会认为醒后所记得的部分只不过是整个梦的片段，而如果能把所做的梦的全部内容追记出来，那就差不多可与梦念等量齐观了。就某一程度来说，这种说法不无道理。梦只有在睡醒后立即记下来才有可能精确地把握住全部内容，否则随着时间的推移必渐渐淡忘而不复记忆。我们不难有这样的印象，即梦得多而记得少。这实际上是一种错误的感觉，而这种错误的感觉的来源以后会再详细解释，此外，梦工作所采用的凝缩作用并不因为“有可能遗忘掉一些内容”的说法而有所影响。因为我们可以由记忆所尚保存的梦的各片段分别找出所代表的大量意义，即使我们记起的只是梦的一小部分，它依旧能通过某种途径进入到另外一组梦念之中进行表达。但我们毕竟没有理由判断这些遗忘掉的梦所暗含的梦念肯定与我们所保存下来的部分内容所解析出来的隐意完全一样。

就每一部分梦的表象意义逐步分析时所形成的那些思想来看，很多人肯定禁不住会问：“难道现在分析这个梦时，在随后的分析中联想到的内容都能构成梦的隐意吗?”换言之，全部的观念都是十分活跃的，并且在梦中是否发挥了一定的作用还未知。而且存在一些念头只在分析的过程中作为思想链出现过，而并没有真的在梦的形成过程中发挥作用，这样的说法是否更合理？我们不妨在解答这一疑问之前，陈述我的前提。当然，这些分散思想的组合确实有一些是到分析时才初次出现的。但是我们可以相信，这种组合只有在各种思想之间的确在梦的隐意里有某种关系时才会出现，可以说，只有在另一种更基本的关联形式存在的状况下，才有这种新组合的结果。就像是回路或者短路的电路一样，这些联系依托于或许看不到的更深层的联结而存在。由分析时所形成的大部分思想来看，我们不得不承认它们早在梦的形成初期就已有所活动，因为如果我们从一连串的思想下手，很多乍看之下对梦的形成并没关系的思想，会突然带给我们一个确实与梦的内容有关的结果，而这正是梦的解析所不可或缺的，也只有从那一连串的思想追寻下去才能达到梦的隐意的最终内容。大家不妨再翻阅前面所说的有关植物学专论的那个梦，即挖掘其中所含的惊人程度的凝缩作用。（尽管我并没有完全地解析出来）

但是，人们在做梦前睡眠状态下的精神状态又是怎样呢？是否全部梦念都并列地陈列于脑海里呢？还是一个个相继出现？或者说各种不同的意志，各由不同的制造中心，一起涌到心头，在此交汇？我觉得现在讨论梦形成时的心理状态不用提出这种仍不能确证的观念。但是，我们别忘了我们所想的是潜意识的思想，这与我们自己冥思苦想中的意识思想是有较大差别的，而后者通常是有目的的自我观察。

但是，梦是在凝缩作用下形成的这一观点毋庸置疑，那么，这个凝缩过程又是怎样进行的呢？

现在，如果我们假定这一大堆的念只有很少的思想能用一种概念元素，表现在梦中，我们就可以推断说，凝缩作用是用省略的手法来对付梦念的。也就是说，梦并不是梦思的精确译者，它并没如实地翻译，而只是梦念的部分的、破碎的投射。我们很快就会发现，这种观念实际上是不太正确的。可现在，我们姑且以此为起点先自己问自己："如果梦念中只有很少数元素能进入梦的内容，那么到底是什么条件来决定这些选择呢？"

为解决这个问题，我们先研究一下这种梦内容中有哪些符合我们所追寻的条件的元素，而这方面最好的资料是那些在形成时经过强烈的凝缩以后才形成的梦，下面我选用之前说过的植物学专论的梦来加以解释。

（一）植物学专著的梦

梦内容：我写了一本有关某种植物的专论，这本书就搁在我面前。我翻到其中一页折皱的彩色图片，看见一片已脱水的植物标本，似乎和植物标本收集本里的一样。

这梦的最主要内容就是植物学专论。这是因为当天的实际经验所产生，当天我的确曾在一家书店的橱窗前看到一本关于樱草属的专论。但是在梦中却并没提及这是什么植物，梦里只提及一本植物学专论被遗留了下来。这植物学专论立即便使我联想到我曾经发表过的有关可卡因的著作，而可卡因又指引我的思路走向一种叫做《纪念文集》的刊物和大学实验室的几件事，以及柯尼希斯泰医师，他是我的挚友，一位眼科专家，他对可卡因临床应用于局部麻醉有绝对的功劳。还有，柯尼希斯泰医师又使我想起，我曾和他在前一天晚上聊过天，却被别人打断了。那个时候谈到外科、内科同事间怎样付医疗费的问题。到这里，我发现这谈话的内容才是真正的梦的刺激。而有关樱草属的专论即便是真实的事情，但也和刺激无关。现在我才看出来，植物学专论只是被用来做当天两件经历联系的工具，利用这无关紧要的真实印象，然后却把这些有心理意义的经验以这种迂回的方法联系起来。

但是，并不是只有植物学专论这个复合概念才能进行联结，如将“植物学”“专论”等字眼分开来想象，也可能会产生扑朔迷离的各种梦念。由“植物学”让我想到一些人物：加德纳教授和他漂亮的太太。一位名叫“弗洛拉（花神）”的女病人，以及另一位有关买花的那个故事中的L夫人。加德纳这人，让我再次联想到在实验室以及和柯厄斯坦的谈话。还有这次谈话所谈到的两位女性中，那个与花有关的女人，使我又想到两件事：我太太最喜爱的花，以及我匆匆一瞥所看到的那本专论的标题。再加上在中学时代的一次经历和大学的一次考试，和另一种崭新的思想，有关我的爱好（这曾从上述的对话中表现出来），这个中间环节又将忘记送花的记忆连接起来。朝鲜蓟不仅使我想到意大利，还让我忆起了童年时期第一次读书的景象。因此，“植物学”就是这个梦的精髓所在，而且成为各种思想的交叉点。而且，我能确认出这些思想都能从当天的对话内容中找出关联。现在，我们就似乎在思潮的工厂里，正在从事着加工的工作，就像歌德《浮士德》中第一部分第四幕《织工的大作》中所描述的：

牵一发而动全身，
梭子似的来回游走，
织线一刻不停地流转，

一拍就连接着千头万绪。

在梦中的“专论”再一次关系到两个题材：我学习的片面性以及培养我的爱好的高昂代价。

由这初期的研究来看，“植物学”和“专论”之所以被用作梦的内容，是因为它们能使人想到大量的梦念，它们代表着很多梦念的交叉点，而就梦的解析来说，它们拥有了丰富的意义。这种解释可用作另外一种形式的表达：梦的内容中的每一个成分都拥有很多的意义，它们能在梦念中多次出现。

如果我们认真检查梦中每一个成分怎样从梦念演变过来时，那我们将可以了解得更多。由那彩色图片引到另外一个新的题目：同事们对我的研究所持有的态度，以及梦中出现的我的爱好问题，还牵扯我童年时曾经把彩色图片撕碎的记忆。已脱水的植物标本关系到我中学时那个植物标本册，而且这个记忆是个关键的点。

因此，我可以看出梦的显意和隐意之间的联系，梦中的各元素受到梦念的牵制，同时，每个梦念也可以代表多个元素。从梦中某一个成分入手，经过联想的思路可以引起好几种梦念。相反，如果从某一种梦念着手，也可以引发出好几个梦中的成分。而在梦的产生进程中，并不是一个梦念而是一组梦念组成，这就像是在不同的地域选举国会议员一样在梦中选代表。实际上整个梦念受到某种加工的过程中只有那些拥有最强烈、最完备的分子才体现出来，因此这种过程反而更像联名投票。无论是哪一种梦，经过我的解释，我总发现基本原则屡试不爽，由整个梦念演变而成梦的各种成分，与此同时相关的梦念有多次作用于每一个元素。

为了说明梦念和梦内容的联系有必要再多举一个例子。下面所举的例子可能可以更清晰地看出两者巧妙地互相交织的联系，这是一位幽闭恐惧症患者所做的梦，读者们在以下的分析中就可以看出为什么我如此喜欢这梦的结构，而称它为“很聪明的梦活动的产品”。

（二）“一个可爱的梦”

梦者与很多朋友在街上驾着车子兜风，这街上有一间很平常的旅馆（可实际上并没有），在这旅馆里正上演着一部戏剧。起初他是个观众，可后来竟成了演员。接着，大家都开始换衣服，然后准备回城里去。一部分人被带上一楼，一部分人被带上二楼。楼上的已换好了装，可楼下的仍然慢吞吞的，使得楼上的同伴不满，以至于引起了争吵。他哥哥在楼上，他自己在楼下，他觉得哥哥他们换装那样的匆忙简直太没道理（这部分较模糊）。而且，他们在到达此地之前，早就已经决定好谁在楼上，谁在楼下。接着，他独自沿街走向城市，脚步很沉重，举步维艰竟至在原地动弹不得。这时候一位老年绅士加入了他的行进队伍，而且愤怒地谩骂意大利国王。最后，到达坡顶之后，他的脚步开始变得轻松自如。

他举步维艰的印象尤其清晰真切，甚至醒之后，他还分不清刚刚那是在梦中还是在清醒生活中。由梦的表象意义来看，内容倒是很普通，但是这次我要一反常规，以梦者觉得最清晰的部分开始着手解析。

梦中所感到的很大的困难就是举步维艰并带气喘，那是做梦的人在前几年生病时曾有过的症状，那个时候再加上一些其他的症状，被诊断为肺结核（可能是癔症的伪装）。从裸露梦所做的研究中，我们已经清楚了这种梦中运动受禁制的感知，到现在为止，我们还可以看出这可以在其他时候表现别的目的。梦内容中有关爬坡的那部分，起初很吃力，到了山顶又变得轻松了，这让我想到法国小说家都德的名作《萨福》里，有一位年轻人抱着情人上楼，在开始的时候情人轻如鸿毛，但是爬得越高越觉得不堪重荷，这种景象实际上就是一种他们之间关系发展的象征，而都德借此来告诫年轻人千万不要对出身低贱而且身份不明的女子爱得过深。即便我知道这病人最近和一女伶相爱，但是最后破裂，可我们不能说，我这种解释完全正确。在《萨福》中的情况恰好与此梦相反，梦中的爬坡开始是困难，而后来轻松，可小说中的象征却刚开始轻松，后来却成了重负。让我吃惊的是，病人竟告诉我这种解释恰好和他当天晚上看的一部戏剧的结构很相似，那剧本叫做《维也纳巡礼》，讲的是一位开始受到人尊敬的少女，后来沦落到卖笑生涯，又与一位上层男士发生关系，开始向上爬，出人意料的是最后她的地位却更加低落。这使他想起另一个剧本《步步高升》，而这一部戏的广告画就是以一截楼梯为代表。

再往下的解析表现出，那位与他恋爱过一阵子的女伶就住在梦中的那条街上，可这街上并没有旅店。但是，当他在维也纳与这位女伶度夏时，他就住过附近的一间小旅馆。当他离开旅馆时，他告诉车夫："发现这儿没有一只跳蚤，我很高兴！"（实际上，害怕跳蚤又是他的一大恐惧症），可是车夫回答说："这地方怎么可以住人呢？这根本算不上是一间旅店，最多也只不过是一间小店而已。"而"小店"这两个词又使他立即想起一句诗："后来我就成了这个主人的宾客！"可这首乌兰德的诗中所赞颂的主人公却是一棵"苹果树"，第二段诗句又从思潮中体现出来：

浮士德（面对着年轻的女巫）：
我曾经有一段美梦，
我见到了一株苹果树，
那儿高挂着两个最漂亮的苹果，
她们诱惑我不由自主地“爬上去”。
漂亮的苹果，
自从天堂里惊鸿一瞥，
你就朝夕相处这苹果，
而我很高兴地获知，
在我的花园里正长着这种苹果。

“苹果树”和“苹果”的内涵我觉得是毫无疑问的：那女伶丰满的酥胸，就是使这位做梦的人神魂颠倒的“苹果”。从梦的内容来看，我们可以确定这梦带有梦者少年时代的另一种印象（梦者这时已 30 岁）。如果这种说法正确的话，那么肯定会牵涉梦者的奶妈。对于儿童来说，奶妈柔软的胸部实际上就是孩子能好好睡觉的旅馆，奶妈和都德笔下的萨福，实际上就指他新近抛却的那位情妇。

这位梦者的哥哥也出现在梦内容中，他哥哥在楼上，而他在楼下。这与事实又是相反的，据我所知，他哥现在穷困潦倒，失去了社会地位，而他过得很不错。在叙述进梦内容时，梦者曾就他哥哥在楼上，可是他在楼下一节闪烁其词。正巧这句话正是维也纳常用的口语，当一个人名利丧尽时，我们就会说他被放到楼下去了，像说他垮下来一样，而现在我们应该清晰地看出，在梦中某件事故意以颠倒事实的情况出现时，肯定有它特殊的意义，而这种颠倒恰好解释梦的隐意与显意之间的关系。如果要明白这种颠倒，确有据可查。在这梦的结尾，很明显爬坡和《萨福》中的描述正是颠倒的一例，但是这种颠倒的含义可以分析如下：在《萨福》这本书中，那男人抱着的是与他有性关系的女人上楼，而如果在梦念里，所有都颠倒的话，那应该是一个女人抱着男人上楼。可这只有可能发生于童年时期，奶妈抱着婴儿上楼，所以这梦的结尾部分成功地将奶妈和萨福拉上了联系。

正如诗人创造出《萨福》这名字，总免不了引申到女人同性爱一样，梦中人们在楼上、楼下，也意味着梦者心中对性方面的幻想，而这种幻想，就和其他受压抑的欲望一样，与梦者神经症很有关系。梦的解析并没办法告诉我们，这些仅是幻想，而不是事实的记忆，它只可以提供给我们一套想法，让我们自己再去品味其中的真实价值。在这种状况下，乍一看，真实的与想象的都拥有同样的价值（除了梦以外，其他更重要的心理结构也有这种情况）。正如我们早已知道的，“一大群人”代替着一个秘密。而梦中的哥哥，运用对童年意象的追忆产生的幻觉，来代替此后遇到的情敌，之后再加上一件没什么联系的经验，“一位老年绅士气愤地谩骂意大利国王”意味着低阶层的人踏进了高级社会所发生的冲突。这样看来倒颇似都德笔下那年轻男士所受的警告，而这也同样可用在哺乳的小孩身上。

下面我将就一个接受我治疗的老妇人的梦进行分析，从而为梦的凝缩作用再提供一个梦例。这个病人的梦很复杂，她患有严重的焦虑症，同时梦里有很多性的想法。当我让她意识到这一点时，她本人感觉很震惊。我虽然试图尽可能解释清楚，但是仍然有些力不从心，所以材料显得有些不连贯。

（三）金龟子的梦

梦的内容如下所述：她将两只金龟子放在盒子中。她因为担心它们被闷死，于是打开盒子将它们放掉。一只金龟子飞出窗了，当她听从某人的话关闭窗户时，不小心将另一只金龟子夹死了。

我们对这个梦进行如下分析：丈夫出门后，她和 14 岁的女儿一起睡觉。傍晚时分，女儿告诉她有一只飞蛾掉进了水杯，但她并没有把它拿出来。第二天，她同情这只飞蛾。当天晚上，她看过一些关于动物的书籍。书上讲几个孩子将一只猫扔进了开水里，这并不是结局，书里还详细地描述了这只猫在水中抽搐挣扎的样子，很可怜。这两件事发生在她做梦之前，它们本身并没有什么启示意义，但是却给她提供了一条线索，让她沿着对动物残忍这一方向去寻找蛛丝马迹。几年之前，他们在外地旅行时，她发现女儿对动物异常残忍。诸如，先捉一些蝴蝶，然后毫不留情地杀死。还有一次，她曾把一根大头针插到一只飞蛾身上，让它带着大头针在屋里飞了好久。更有甚者，她曾将蝉蛹活活饿死了。很小的时候，她就以撕掉大甲虫和蝴蝶的翅膀为乐。但是，现在她却认为这种曾经认为的乐趣是一种残忍，甚至对自己的行为感到震惊，或许我们可以认为，她变得仁慈了。

有个令我的病人觉得矛盾的问题，让她想到了一个外表和性格之间的冲突问题。就在她女儿开始喜欢抓蝴蝶的那一年，她们生活的地区发生了金龟子的虫灾，连孩子们都痛恨这种虫，只要他们遇到就会无情的踩死它们。我的病人曾见过一个男人甚至将金龟子的翅膀撕掉，吃虫子。她曾经在婚后三天写信给父母表明自己的心迹，自己在5月出生，5月结婚，她感到幸福。但是事实真是这样吗？答案是否定的。

做梦的当天晚上，她把以前的信件拿出来，给孩子们读了一些，半是玩笑半是认真。其中有一封很有趣的求婚信，那是一位钢琴教师写的，当时她还是个姑娘。其中还有一封是一位贵族的示爱信。

还有一些零碎的没有联系的琐事。比如，她因为自己没有注意到而使女儿看了莫泊桑的一本“坏”书而自责。另一件事是，女儿向她要砒霜，这件事使她想起了都德的《富豪》中莫拉公爵用于保养容颜的药丸。

她甚至一直神经兮兮地担心外出的丈夫，她在白天会产生很多的幻觉，因为她总是担心他会在旅途遭遇不幸。从之前对她的分析记录中可以看出，她的潜意识中在埋怨丈夫变老了。我可以从她主动提供给我的她做梦前几天所发生的事之中推断出她这种隐藏的梦念。有一天，他在做家务时突然对丈夫说了句“你上吊去吧”，在她说这句话的前几个小时，不知道从哪里听到，如果男人上吊，则会强有力地勃起。也许是对勃起的欲望终于逃脱心灵的压抑才不经意地说出来。其实，“你上吊去吧”的意思就是“你一定要勃起”。《富豪》中詹金斯医生的药丸正有这种作用，病人现实中是知道的，春药中最有效的就是斑蝥，它使用将金龟子碾碎制成的。分析到如此，我们终于发现了梦内容的最核心的部分。

她和丈夫争吵的另一个原因是她喜欢开窗通风睡觉，而丈夫却喜欢关窗安静地睡觉，而疲倦则是她梦中抱怨的主要表现。

在上面的三个梦里，大家更容易看出梦内容与梦念的多种联系。但是，因为这些梦并未经过彻底的分析，因此可能有必要再选一个梦来做系统的分析，以便辨认出梦是怎样被如此多的程序进行多重决定的。为达成这个目的，另外选用前面提过的伊尔玛打针的梦作为例子，我们就可以看出梦的形成，以及凝缩作用是怎样在梦的形成过程中起作用的。

梦内容中的主人公就是我的病人伊尔玛，在梦中她看来正如她平常的样子。因此，那毫无疑问代表她本人。但是，当我在窗口给她检查的时候，她的态度却是我从另一位妇女身上所看到的，这其实是表达了我的一种欲望，我想要用另一个女士代替她的态度。因为伊尔玛在梦中有白喉性黏膜病，使我联想到长女得病时的焦急，因此她又代替了我的大女儿。因为他和我女儿名字的一样，让我联系到一位因毒素致死的病人。在梦中，伊尔玛的模样一直未变，可她的角色却发生着变化。她成了一位我在儿童医院神经科治疗过的一位病童，在那里我的两个朋友表现出了很不同的性格特点。我的孩子充当了这种转换的中介。因为她总是不情愿张开嘴巴，正如梦中的伊尔玛变成了另一位我检查过的女人，而利用同样的联系，又联系到我太太身上。还有就是因我在她喉头发现的病变，进而联系出好几位其他的人。

由伊尔玛而引发的一系列联想所产生的那些人物，在梦中并不会亲自出现。她们全部聚合于伊尔玛梦象的背后，因此伊尔玛成了一个集合形象，且不能避免很多互相冲突矛盾的性格。在梦中，伊尔玛代表了其他那些被梦中凝缩作用忽略的人物，可却仍然把这些人物的特点稍稍保存下来，点滴地注入梦中伊尔玛的形象。

为了使梦的凝缩发挥作用产生集合形象，我们可以再举另一个方式，让两个以上的真实人物的特点集中于一人身上，形成一个梦的意象。我梦中的M医师就是以这种方法构成的。他的身份就是M医师，而且言行都同于平常的M医生，可他所生的病和身体上的特点又属于另一个人物——我的哥哥。苍白的脸色是他们两人的共有特点，因此并无特殊意义。梦中的R医生同样是R和我伯父的集锦人物，可这个“集锦人物”却是用不同方法编造出来的。这次我并没把两个人物记忆中的特点加以合并。相反，我应用了高尔顿制造家人肖像的办法，我把两个人物重叠在一起，使得两人的相似特点更加明显，而彼此之间不同的特点却因为互相中和而变得不明显了。梦中我伯父出现的漂亮胡子，是R与我伯父两人外貌上的共同特点，至于，那胡子慢慢地成为灰色，则可以联系到我父亲和我自己。

以上就是我所举出的另一种方法，用建立集合形象和复合的人物形象来促进梦的凝缩。接下来我们将从另一个方面探讨这一问题。

伊尔玛打针的梦所提及的“痢疾”这个名词也是由多重因素决定的：它可能是由“白喉”这个词音的相似而引发的。可另一方面，它也有可能是影射我送去东方旅游的那个病人（这位病人的“癔症”是个误诊）。

梦中所提及的pmpyls（丙基）这个词也是一个极为有趣的凝缩产物，在梦念里实际上戊基这个词更有分量。很有可能这是在梦产生时，两字之间发生了简单的移置作用。而实际上由以下的补充分析，移置作用是为接下来的凝缩做铺垫：如果我对pmpyls这个德文字多考虑一段时间，那么它的同音字

pmpylaea 一定会自然浮现出来的，而 propylaea 并不是只有在雅典才能找得到，在慕尼黑也能看到。大约在做这梦的一年前，我恰好去慕尼黑看望一位病重的朋友。而我刚好与这位朋友提过三甲胺这种药物，因此梦中紧接着丙基之后的“三甲胺”明显是有助于我的这种说法的。

正如在另外的梦分析中的那样，我在这里曾发现了一些有相同的价值的观念，而这些观念是由联想建立的。我承认在梦念中的戊基的确是在梦内容中被“丙基”这个词代替了。

一方面，这梦联系到我的朋友奥托的一些想法。他不了解我，认为我做错了，还赠送了我一瓶含有戊醇怪味的酒。可另一方面，又有一些关于住在柏林的我的朋友威廉的思想，与前者形成比较，他真正理解我，他可能会永远觉得我是对的。而且他会提供给我一些有关性过程的很有价值的化学研究资料。

引发我注意的是一些引发梦的近因。首先是戊基，它是决定梦内容形式的关键。至于有关威廉的思想的产生，则多半是从威廉和奥托两人之间的比较中而激发的，各部分都与奥托的思想有关。在这整个梦里，我一直有种明显的趋向，排除掉那些我不喜欢的人物，而偏向能和我有共同认知的人。因此我在梦中通过唤起一个支持我的人来批评惹我生气的那些反对我的人。这样属于奥托思想的戊基则在另一组的化学领域中触发记忆的按钮，随之产生了“三甲胺”的记忆。“戊基”本来也可以不经过伪装地进入梦内容中，可却因为其所能包含的思想，可以由威廉思想的字眼所包含而失败。我们需要进一步寻找多重决定戊基的元素，因此，我们需要对梦再进行探索和过滤。“戊基”和“丙基”在某些程度很相似，而在威廉那一组中，慕尼黑又和“丙基”有很多的关联，这两组以“propyls－propylaea”的形式结合。而双方正如经过了协商，以中间产物显现于梦的内容中，于是就这样形成了一个含有多重决定的共同符号。也就是说，多重决定必然会导致一个元素更容易进入显梦。所以为了形成这种共有代号，梦内容中注意力的转移肯定发生在某些联想范围内靠近该重点的细节上。这个伊尔玛打针的故事多多少少已让我们看出，在梦的形成过程中凝缩作用所扮演的角色。我们发现凝缩作用的特点，即在梦内容中找到那些再三重现的元素，然后形成新的联合物（集锦人物，混合影像）和产生一些共同代号。那么凝缩作用的目的和采用的方法，要等到我们讨论到梦形成的全部心理过程以后再作更深的研究。现在先让我们就所得的结果作整理，我们所得到的事实是这样的：由梦念和值得注意的梦内容之间的关系正好由梦凝缩来补充。

梦中的凝缩作用一旦用“字群意义”表达，则更容易为我们所了解，这一点在梦进行处理词和名称时很容易看得出来。一般来说，梦中所出现的词经常被看作某些具体的事物，并与东西所附带的思想一样，也需要经过同样的结合变化，然后这种梦就产生了各式各样滑稽的新词语。

1. 我的一位同事寄来一份他的论文，其内容就我来看，好像对新近生理学的发现有些高估了，而且也对自己使用了很多言过其实的话。于是在那天晚上，我梦见了一句很明白的针对这一份论文所发的批评，“这篇文章是以norekdal为模板写成的”。这个新词的形成乍看起来的确使我费解，我猜想它极有可能是对德文“巨大的”或“出众的”这样的词的一种模仿，可我却怎么也找不出词源到底是从哪来的。最后，我才发现这个怪词可以分为两个名字：Nora（娜拉）与Ekdal（埃克达尔），而这又分别来自易卜生的两部名剧。前不久我曾读过一篇评论易卜生的文章，而且这篇论文的作者新近发表的一篇作品，正好是我梦中所批评的对象。

2. 我记得我的一位女病人曾向我讲述过一个梦，梦以一个无意义的复合词结尾。梦中，她和丈夫出现在一个农民的宴会上。她说：“这将会用‘玉米糊’这个寻常的词来结束。”她似乎在梦中认为，它是一种用玉米做成的布丁，即玉米糊。这个词被拆分后可以是玉米、疯狂、慕男狂和奥尔缪兹（摩拉维亚的一个镇名）。这些零碎的词语构成了她和亲戚们在吃饭时的谈话内容。“玉米”这个词的背后还有一些词，诸如“Meissen”（一种麦森·德莱斯顿的鸟形瓷器），“Miss”（她亲戚的一位女英语教师刚去了奥尔缪兹），“mies”（犹太俗语，“让人讨厌的”）。我们会发现，这个复合词的音节可以引发一系列的联想，然后引起不同的观念。

3. 我们将讲述一个年轻人的梦。做梦当天晚上，一位熟人因为要交给他一张名片而按响他家的门铃。当晚他就做了一个梦：他一个人在家修电话直到很晚。他走后，电话铃就间歇地响个不停。他的佣人因为不知道该怎么办就把他找了回来，他只好无奈地说：“像tutelrein这样的人连这样一件事都解决不了！可笑！”

通过此梦例我们不难看出，梦的这个诱因只是构成梦的一个因素。它本身并无价值，只有当梦者将其当作是一种先前经验，它才会有价值，这个先前经验并不一定要与此相关，可以通过想象来赋予一个替代性意义。他小时候和父亲生活在一起。有一次，他将一杯水打翻了，水浸湿了电话线的花线，结果电话铃声吵醒了父亲。不停地响表示浸湿，间歇地响则表示滴水，而“tutelrein”可以被拆分为三个词进行分析，它们连接了三个事物。“Tutel”代表法律术语，是“监护（tutelage）”的意思。“Tutel”（或者是Tuttel）在粗鄙的话里是指女性乳房。引申为Zimmerrein（家务训练）的词则由rein（纯洁、干净）和Zimmertelegraph（家用电话）组成，这与地板被打湿构成联系，而且这个词的读音比较像梦者的一个家庭成员。

4. 在另一个场合中我曾经做了一个可分成两部分的梦。第一部分是一个我清楚记得的单词“Autodidasker”，第二部分则是我几天前的一个幻想，幻想的内容是：当我下次遇见N教授，我一定要告诉他我最近向他请教的那个病人患的是神经症。因此，这新创的词Autodidasker拥有两个特点，即有一定的复合意义，同时这个词和我内心希望在现实中纠正N教授有密切关系。

目前Autodidaskei这个词可以简单地分成为Author（author，作者）、Autodidakt（自学者）和Lasker（拉斯克），在此后者的基础上可想象到叫做Lasalle（拉萨尔）的名字。

现在的第一个词Author就做梦的这段时间来讲正有一番特殊意义。那个时候，我给太太买了几本我哥哥的朋友（一位奥地利名作家）的作品，而且就我所知，这人名叫作J. 大卫，与我是同乡。有天晚上，我夫人告诉我，大卫的一本小说（描述天才被埋没）曾使她大受感动，因此我们的话题就转变为孩子们是否有天赋或怎样发掘自己子女的天才的问题上来了。通过这本书，她对孩子的前程也很担心。我对他说，她所害怕的这种差错可以用良好的教育来弥补。当天晚上，我的思路更加的宽广，满脑子交织着我太太对子女的担心和一些其他的琐事。那小说作者曾告诉过我哥哥一些关于婚姻的看法，这种想法也指引我的思想进入旁支而产生了梦中的很多象征。这条思路引导至布雷斯劳这地名，一位我们熟知的女士结婚后就搬到那个地方居住。我的忧虑由对子女的前程转到了对女人的哀伤，而这正是梦念的中心，在布雷斯劳有一个例证足以证明。可在布雷斯劳，我找到了两个人名：拉斯克（Lasked）和拉萨尔（Lasalle），这两个例证都可用来确认我的担心——我的子女的一生将会被女人毁弃，这两个例证都代表了两种使得男人毁灭的路。这些追逐女人所引发的想法，让我想到我的弟弟，他到现在仍然独身一人，名字叫亚历山大，可我明白，我们习惯于称他为亚力克斯，酷似拉斯克的发音，而且经过这件事让我的思路又从布雷斯劳通向另一条道路。

但是，我所做的很多姓名、音节的拼写工作与此同时还有另外一种内涵。

这代表了我的内心的某种欲望——希望我哥哥能享受家庭的幸福。而且可以用以下方法表现出来：左拉有一部描述艺术家生活的小说，其内容和我的梦念有想通之处。于是更待追查的是，这个出名的作者通过书中主人公 Sandoz（桑多兹）把他个人和他的家庭乐趣融入进作品，而这名字可能通过以下步骤进行变形：Zola（左拉）如果反过来写便成了 Aloz，可这种伪装仍然不够，他又将 Al 改变了，并将 Alxander 中与它一样的第一个音节变成第三个音节 sand，结果就形成了 Sandoz 这书中人物的姓名，而我提到的 Autodidasker 也是运用这种同样的方法产生出来的。

至于我想要告诉 N 教授，我们两人一起看过的那位病人的确患上了神经症这个幻想究竟是怎么如梦的。可以由此追溯：在我快退休的时候碰到了一个麻烦的病例，那个时候我认为那是一种严重的器质性疾病——也可能是脊髓交替退化病变，但是没办法确认。这实际上完全可以诊断为神经症，这样最符合一切症状，可因为病人极力否认曾得过性病，这使我不得不否定自己的诊断。因为这种困难，我不得不求助于一位我很敬佩的医师，他听了我的怀疑后，认为我的判断很有道理，他告诉我："你继续观察一段时间吧！我认为他患的一定是神经症。"因为这位医师反对我关于神经症病源的观点，因此即便我并未反对他的诊断，我仍然保存了怀疑。几天以后，我告诉这病人，我现在根本无能为力，劝他另请高明。但是，出乎意料的是，他到这个时候突然坦白告诉我，之前他曾对我撒谎，他感到羞愧歉疚，他告诉我他原来患过性病，但不好意思说出来，然后他向我详细的讲述了他的性病病因。我为有这样的结果而欣慰，因为毕竟由于他的坦诚我才能确诊，但是我又有些惭愧，毕竟我得承认我所请教的那位前辈，不会因性问题的隐瞒而受挫，仍能做出正确的诊断，的确技术高超。因此，我决心下次与他见面时，立即告诉他，事实证明他是正确的，是我错了。

上面的就是我梦中所要做的事。可就算我承认了自己的错误，又可达成什么愿望呢？我迫切希望自己的判断是错误的，或者更准确的说，我真正的目的就在于确认我对子女的担心是没有必要的，也就是说，在梦念中所采用的我太太的恐惧可因此而确认为错误。梦中所关注的事实的对错与梦念中的核心并没有脱节。那么我们怎样看待这样的问题呢？由性所引起的器质性和机能性损坏之间，或者说，从性的问题来说，在梅毒性瘫痪和神经症之间不是也一样的存在二选一的必然选择机会吗？

在这结构完备的（而且经过分析后意义清晰的）梦里，N 教授不仅代表这种推断所产生的结果和我想确认自己错误的想法，也不仅是由布雷斯劳这个地名联想到那位婚后住在那里的朋友；梦中N教授的显现，还与那个时候我们一起看病人后的聊天有些关系。记得在他看完病人后，除了提出前面说到的建议之外，他还问我一些私人问题："你有几个孩子了""六个。"他以关切的、长者的神态又询问我："男孩还是女孩?""男女各三个，他们是我最大的骄傲和财富。""嗯！你一定要小心些，女孩子问题还不是太大，倒是男孩子日后的教育并不轻松!"我回应他，最起码到目前为止，他们都还很听话。很明显，这种有关我儿子以后的说法让我不太高兴，正如他当时对我那病人的诊断认为不过是神经症一样。于是，这两件连续发生的事情就因此而合在一起，而当我在梦中加入了神经症的故事的时候，我就利用它来代替了有关孩子教育的对话。实际上，我太太所揪心的孩子问题才是真正与梦念的核心有关的。于是，即便我对N教授所说的儿童教育问题引发的隐患也进入内容中，可它却隐藏在我的希望中——"确认这种担心仅仅是杞人忧天"，与此同时这幻想代表了这两种互相冲突的抉择。

5. 有一天早晨，我做了一个关于言语凝缩作用的梦，但是我只模模糊糊地记得一些内容，我记得前面有一个半手写半印刷的词。这个词是"erzefilisch"，在"它对性感有erzefilisch的作用"中独自出现。我立即发觉这个词原本应该是"erzieherisch"，意思为"educational"（教育上的）。也就是说"erzefilisch"中第二个"e"的音不是"i"而应该会是"syphilis"（梅毒)。我很好奇这个词为什么会进入我的梦里，因为对于我个人还是我的职业都与这种性病无关。我突然发现我可能漏掉了一个词，"erzelerisch"，这样就能解释第二个"e"是怎么回事了。我记得我家的女家庭教师Erzieherin向我请教卖淫的问题。为此我还给她一本关于卖淫的书，她好像在这方面不太正常。后来我又告诉她很多关于卖淫的事。如果从另一个方面来说，我就可以解释"syphilis"（梅毒）这个词了，因为我本来说的话（Erzhlung）是想对她造成一种影响，产生一种（erziegerisch）作用，但是我又怕poison（毒害）了她。所以说，"Erzefilisch"这个词其实是由"erza"和"erzieh"这两个音节共同组成。

这种在梦中出现扭曲的词语的现象和妄想症很像，但是有时也会在癔症与强迫观念之中出现。这就像儿童玩游戏的感觉，他们将词视为实际的事物，甚至杜撰出词语或者语法句式，这些都是梦和精神神经症疾病产生的因素。

梦的凝缩作用中很关键的就是对梦中无意义词语的深入分析。根据梦中讲的话和思想是否一致判断它的来源，如果不一致，那么可以认为它们来自梦中的材料。这种话可能略有变动，也可能无一改动地保留下来。梦中的内容来自回忆中的语言，它是只言片语的拼接，可能会传达出多重意思。梦中的话往往能暗示实际讲出的话。

6. 我有一位女病人曾经梦到一个男人，他长着很多的胡子，还有一双奇怪的、很有神的眼睛，他的手指向挂在树上的一块指示牌，上面写着："uclamparia—wet（原德文没办法翻译，此为英译者自创）。

解析：那男人长相很是威严，他闪烁的眼神立即使她想起罗马近郊的圣保罗教堂里所有见到的细工镶制成的教皇绘像。在早些时候的有一位教皇拥有金黄色的眼睛（实际上这是一种视觉的幻觉，可却经常引发导游者的注意）。更深一层的联想表现出这个人的整个长相的确和她的牧师很像，而那漂亮胡子的造型使她想到她的医生（我——弗洛伊德本人），而那人的身材却和她父亲相似。这些人对她来说，都有一种共同联系——他们都指引指示她生命的道路。再进一步地探究，金黄色的眼睛＋金子＋钱——所受精神分析治疗花费了她很多金钱，而使她很伤心。金子，更让她想到酒精中毒的"金治疗法"，如果他不会得酒精中毒，她就会嫁给他——她赞同别人偶然喝点酒；她有的时候也喝点啤酒或普通的酒，这又使她想到圣保罗教堂及其周围的环境。她想起那个时候曾在这附近的一所叫"三泉"的寺庙里喝了一种"天主教之一支"僧徒用"尤加利树"所酿制的酒。后来她告诉我，这些僧侣是如何在沼泽地带种植尤加利树，而把整片沼泽荒地变为良田的。因此"uclamparia"这个词可以看出是由"eucalyptus"与"malaria"两字合成，那么"wet"这个词则是由该地区从前为沼泽地区所引发的想象。还有，"潮湿"有的时候也暗示着相反的"干燥"。而巧合的是，那位如果不沉迷于酒杯就可与她结婚的男人名字便叫 Dry。这怪名字 Dry 来自德文字源。德文"drei"意为"三"，因此，这又影射到"三泉"寺庙。在说到先生嗜酒的时候，她曾用了以下夸张的说法："他能喝掉整个泉水"。而 Dry 先生自己也曾自我嘲讽地说："因为我永远'干燥'，因此我不得不经常喝酒。'，而"eucalyptus"也意指她的神经病症，这病最初曾被误诊为"疟疾"，因为她的焦灼性心理症发作的时候，经常发冷发热，导致在意大利时被人误认为是疟疾，而她自己也相信从那些僧侣手中买到的尤加利树汁的确治好了她这种病。

因此，"uclamparia—wet"这凝缩的产物恰好是梦者的心理症与其梦的交叉点。

7. 这是我自己的一个较繁长杂乱的梦，主要情节是：在一次旅程中，我突然想起下一站是Hearsing港，而且再下一站为Fliess。后者恰好是我一位住在B市的朋友的名字，而B市是我经常去玩的城市。而“Hearsing”这个词则是使用了普通维也纳近郊的地名所常有的ing字尾，例如“Hietzing，Leising，Middling”，（古代米底亚字，意思是“我的快乐”，可是德文“快乐”就正是我的名字“Frcude”这个字。）之后再加上另一个英文字，“Hearsay”，意即毁谤、造谣，而凭借这个与另一白天所发生的无关紧要的印象关联起来——首先在《费林根脓疮》的刊物上讽刺中伤侏儒Sagter Hatergesage（SaidheHashesaid）的诗。还有，由“Fliess”与“ing”字尾拼凑成的字“Vlissingen”确有这地名，这正好是我哥哥从英国来访问我们时所经过的港口。而“Vlissingen”在英文中则称为“Flushing”，意即“Blushing”（脸红），这不得不使我想起一些患有“ereutophobia”（惧红症）的病人，这种病例我曾治疗过好几个，还有，最近贝希特洛（Bechterew）所出版的有关这方向的神经症的叙述，也使我很愤慨。

第一个读了这本书的读者对我作了以下的责怪，可是后来的读者可能会赞成：“如果真是这样，梦者未免都表现得太幽默而且富有机智了吧?”但是，实际上就梦者来说，的确是如此。只有将这种批评引申到梦的解析者身上时才会遭到反对，如果我们的梦呈现得幽默，可不是我个人的过失，而是梦形成时所处的特殊精神状态，而且这与机智、幽默的观点大有关系。梦之所以会变得幽默，大都是因为阐明思想的最直截的方法通常行不通所致，我的读者们可能会相信我的病人的梦所表现的幽默并不低于我自己所提出的梦。因此，这种批评更使得我投入到“梦工作”与机智的比较研究。

8. “考试的梦”在解析的时候也遇到了同样的困难。我已在“典型的梦的特点”里提及过，梦者所补充的一些想象资料一般满足不了解析的需要。对这类梦有更深一层的了解则有待于更多类似的梦资料的收集与挖掘。就在不久前我所说过的安慰词句，如：“你早就是一个医生”等，实际上并不只是一种安慰，也是一种谴责。这句话的言外之意是：“你那么大人了，还做出这种傻事，居然还犯这种小孩子的错。这种自我安慰和自我谴责的混合体正是“考试的梦”也拥有的特点。因此，由最后分析的那个梦来看，我们完全可以推论“傻事”“小孩子的毛病”都是被指责的性行为的重复。

梦中的文字变化和一般发生妄想病的状况差不多，而且在“癔症”和“迫使观念”的病人身上也可以看到。小孩子口头上的恶作剧，在某种年龄的时候，他们也真正把“词”“话”当作对象，甚至创造出一些新鲜的语言、自己创造的语法句，而这些就成了梦和精神官能症的共同来源。

对梦中奇怪的新词进行分析，尤其适合用来探讨梦工作的凝缩作用的程度。可千万不要因上述的少数例子产生一种错误的感觉，以为这些材料都属少见的甚至是例外的梦。恰好相反，这种梦例有很多，只是在精神分析治疗中，梦的解析工作很少有记载下来整成报告的罢了，而且所能报告出来的解析大多也只能为神经病理学者所掌握。

在我们的梦中有很多话语，确实清晰地来自某种想法，差不多所有这种“梦中的话”都来源于梦资料中记忆犹新的话，这些话的措辞可能原封不动，可能只是稍加变动。平常“梦中的话”是由说过的一些话东扯西拉地凑合在一起，句法可能不变，可整句话的意思却可能变得暧昧，甚至连句法都有变化，通常这些梦中的话，只是重复那些记忆犹新的话罢了。

二、移置作用

当我们收集以上的梦凝缩的例子时，我已注意到另外一种重要性不低于凝缩作用的因素。某些在梦内容中占有重要地位的部分可能在梦念中却完全不被当成一回事。反之，很多在梦念中位居核心的问题却在梦内容中找不出蛛丝马迹。而梦就是这样无法捉摸，由它的内容通常并不足以找出梦念的核心，也就是说我们不能简单的以这两者中的一个为参照物来找到本质性的梦源因素。举例说来，在之前提过的植物学专论的梦里，梦内容中最重要的部分明显是“植物学”，可在梦念里，我们主要关注的问题却是同事间所发生的冲突与矛盾，还有对自己耗费太多时间于个人嗜好上的不满。我们不排除梦内容与植物学依靠某种我们看不到的某种涣散联系（因为植物学一直不是我喜欢的科目）而以不同形式表现对方，梦念隐藏的含义也有梦的表象里看不出来的，因为梦念透露了对与地位低下的人有性关系的危险性的担忧。由此可以看得出梦念中仅有一小部分遁入梦内容内，而给予过分的夸张。同样，在金龟子的梦里，梦是为了表达性欲与残酷的关系。残酷这个因素虽然进入梦中，但是它却不表达想要表达的意思，而是表现了另外的关系，也就是说，它以一种置身事外的感觉存在于梦中情节之中。在关于我叔叔的梦中，那漂亮的胡子在梦内容中算得上是一个核心，可却与我们分析后找出的梦念——求功成名就的欲望，竟是风马牛不相及。通过这些梦，我们不得不相信移置作用的存在。

可与此完全相反，在伊尔玛打针的梦里，我们发现了梦内容中的每一元素竟然与解析后的梦念完全一一对应。因此分析过这种梦后，再碰到以上所举的梦例，我们不免为这梦念与梦内容间的崭新而不调和的联系感到惊讶。如果我们在正常生活中的心理过程中发现，一个思想的产生于从一堆思想中挑选出来，才在意识界受到特别重视，那我们就会认为某种特别的心理价值（某种程度兴趣）会附着于脱颖而出的思想。可是我们发现在梦念中存在多种不同元素的状况下，这种价值并不因为其重要而被保留下来，或者说，它们有可能在梦内容的表现根本就不予以考虑。我们甚至可以认为，那个被抛弃的元素所具有的精神价值才是最高的，是的，我们可以肯定地这样认定。在梦形成的过程中，那些附有强烈兴趣的重要部分通常成了次要部分，而被梦念中某些次要的部分所取代。这种情况，乍一看似乎梦在选择材料是仅仅考虑了决定的多重性程度而未考虑精神强度，但是这样认为对吗？我们可以假设，在梦中显现的未必是梦念中重要的，而需要看它在梦念中出现的次数，但是，这个假设并不足以使我们对梦形成的了解增进多少。首先，我们没办法相信，多重决定性和固有的精神价值在表达着不同的意义，这样对事物的本质来说是有些相悖的。那些在梦内容中最重要的思想必然是在梦念中出现的，因为不同的梦内容不是凭空产生，而是以它们为核心向我发射的。但是，梦可以排斥那些经过特别强调而备受关注的元素，而选择强度略弱于它们的元素作为梦内容。

这样的困难，靠研究梦内容的多重决定作用或许可以解决。很多这方面的读者，可能会认为发现梦元素的多重决定性作用并不是什么重要的工作。因为在分析时，我们是从各梦中的元素入手，将它们引起的想象记载下来的，那么有关这些元素在记载的思想资料中比较容易再次出现的可能性难道还会有什么怀疑吗？我可以接受这种反对意见，虽说我听自己说的话也没什么差别。现在只能说出以下的想法：在梦的分析中所找出的思想，一些已与梦的核心相去很远，而有些甚至似乎变成了是为了一种特别目的而设的人为的增加物。这种目的性很容易猜到，但它们能立即识别出目标，也就是在梦念和梦内容间建立某种联系，而这通常是很勉强的联系。而且在很多状况下，如果这些重要元素在解析时没有能找出，那么我们会发现梦内容无法得到多重决定性的同时，也得不到令人信服的决定性。因此我们可得出这样的结论：在梦的选择中处于决定性位置的多重决定，可能不会永远是梦形成的最关键的因素，而通常只是某些不被我们知道的精神力量的次要产物。但是，我们不能否认在某些特殊元素对于进入梦内容的元素的选择方面，多重决定性作用仍会起到一定的作用。根据我们观察可知，在一些独立性很强的梦材料中，如果多重决定性作用不出现，我们就需要花费很大精力才能使它出现。

现在，我们不妨这样假定：在梦中，一种精神力量，一方面可发现那些具有高强度精神作用的那些元素，另一方面，也就是用多重决定性作用的方法，在较低精神价值的元素中塑造出新的重要的价值，而凭借这种新形成的价值才能遁入梦内容中。这种办法如果真的是梦形成过程中一部分，那么我们可以说，在梦形成的过程中，各元素之间必然产生了一种精神强度的转移和移置，这种可以变动的差异构成了梦的显意与隐意的差异。而根据梦内容与梦念的不同，我们所假想的这一心理运作正好是梦的工作中最核心的一环，我们称之为梦的“移置作用”。我们可以认为梦的凝缩和梦的转移在梦的形成过程中起到了主导作用。

我觉得靠梦的移置来解析梦中包含的精神力量很容易，而移置的结果只是使梦内容不再与梦念的核心相联系，而梦只凭这种伪装的面目再现潜意识里的梦欲望，但是，我们目前已熟知了梦的伪装，因此我们可由此溯源出在精神生活中某种心理过程对另一种所做的稽查作用。而梦的移置就是达成这种伪装的主要方法之一，我们只能假定梦的移置是因这种审核制度的作用下产生的一种内在的精神自卫。

在梦形成的时候，到底移置、凝缩和多重决定性哪个处于首位，哪个为副，且留待以后再说。可与此同时，我们需要讲清楚的是，使梦念中那些元素进入梦的内容中需要达到的条件：它们需要摆脱审核制度下的稽查作用。目前以及以后的研究过程中，我们会默认梦的移置作用是一种确切的事实。

三、梦的表现手段

我们知道，在梦的隐意向显意转变时梦的凝缩作用和移置作用在发挥作用。若我们接着探讨，就还会发现另外两个因素，它们对选择何种材料进入梦中具有决定性的影响。

即便我们讨论的进展有中断的危险，可我认为有必要先把解释梦的程序粗略的介绍一下。我得承认，要把这些程序解释得清清楚楚，而且能让反对者深信不疑的最简单方法是用某些特殊的梦当作例子，予以详细的解释（如我在第二章对“伊尔玛打针”所做的分析），之后把所发现的梦念集中起来，找出构成这个梦的程序。换言之，用梦的综合来完成梦的分析。实际上，我已经在好几个梦例中根据自己的指示使用上述方法进行了分析，但是现在我又不得不重新进行整理。因为这牵扯有关精神资料的性质问题，有很多的理由，而实际上每一个理性的人都是不反对的。这些顾及在分析梦时并没有太大的影响，因为分析可以不完全，但是它们仍然能保有其价值，即便它并没有深入梦的内容。可对梦的综合说来却不是这么一回事了，人们如果觉得梦不完全，那么它就不会拥有说服力的。因而我只能对读者陌生的人所做的梦进行分析，进而加以整理综合，但到目前为止，我的材料只能来自我的神经症患者，那么我不得不把这问题的讨论暂时搁下，直到我可以把神经症患者的心理和这个题目结合在一起，就在另一本书里。

我在进行将梦念进行综合的工作中，发现了并非所有在梦的解析中出现的材料都具有相同的价值。如果没有稽查作用，梦中的一部分以梦念直接构成的部分可以直接代替梦。另外的材料则常被认为不是那么重要的，我们目前也没有办法来支持后者对梦的形成也是有贡献的论调。相反，在梦发生以后到分析这段期间里，可能发生了很多让它们产生关联的事件，因而这部分材料即包含了所有由梦的表象意义指向隐意的联结路径，还有一些中间的联结关键：在分析的过程中，借着它们才能发现那些联结的路径。

现在，我们只对根本（重要）的梦念感兴趣，这些通常是一组异常繁杂的思想结构与记忆的综合形式出现，这是由于它们拥有与我们清醒生活所熟知的联想特性。它们往往是一条思想链，这条链由同一个中心点出发，不同的梦念之间又存在许多的接触点，可以随时联结。每一系列的思想都会存在与之对立的思想，它们之间又会构成对立联想的联结。

当然，这繁复构造的不同的部分间存在着很多逻辑关系。它们能表示前景或背景，离题或者是说明，条件、例证或者是反驳等。当整个梦念在梦的运作压力下时，这些元素就会像被外力挤压而翻转、破碎、堆积在一起——正如碎冰被挤成一堆——于是就产生这样的问题：构成它基础的逻辑构架会变成什么样？梦中到底是用什么来代表“如果”“因为”“正如”“即便”“或者，或者”等连接词呢？显而易见，如果没有这些连接词，我们是不能理解任何句子或词语的。

我们最先得到确认的是，梦并未有什么方法来表现梦念之间的逻辑关系，总的说梦不注重这些连接词。梦所表达和操纵的只是梦念的直接内容，而解释梦的过程，就是要把这被梦的运作破坏了的关系重新建立起来的过程。

梦之所以不能表达出这种逻辑关系，和它本身精神材料的性质脱不开关系。正如绘画与雕刻所受到的限制一样，它们不会像诗歌那样可以使用语言去表达自己的真实想法。同样的因素，它们的缺陷部分始于那些它们想利用的用于表达一些想法的材料之上。在绘画中找到其表达原则之前，它曾尝试过要克服这种缺陷，在古代的绘画中，每个人物的嘴里都有着精短的说明性文字，用来叙述画家没办法用图画来说明的想法。

现在，可能有人会对梦不能表现逻辑关系表示不同意。因为在一些梦中经常有十分复杂的智力运作，反对或确认某些叙述，以至用来讥讽或比较，就和在在清醒时的思想同样。可这又一次说明了表象不一定真实。因为如果我们深入分析这些梦，会发现这整个思想只不过是梦念原料中的一部分，而不是在梦中产生的智力运作。这个外表在梦中看来像是思想的东西，只不过是又一次显现了梦念的重要材料，而不是梦念间的相互关联，而只有梦念题材之间出现联系才是思维。我将会提出某些有关这方向的事实（请看第六章“荒诞的梦”）。也并非不能建立联系，最容易建立起来的联系是在梦中说的那些看似很特殊的话，它们其实就是那些梦念材料中出现的尚未经过修饰的言语的再现。这种话通常只不过是暗示了包含在梦念中的一些事件，而梦的意义则可能和它差距很大。

可我不得不承认重要的思想活动并非梦念材料的再次复现，的确在梦的形成中起重大的作用。在完成本题目的探讨后，我将说明这种思想活动所扮演的部分。那个时候我们就会知道这思想活动并不是从梦念生成，而是在梦完成以后（由某一角度来看），由梦本身结束的产物。

我们暂且假定，梦念之间的逻辑联系在梦之间不是单独出现的。比方说，如果梦中产生矛盾，或者它就是梦本身的矛盾，或者是它是由梦中某个梦念产生的一对矛盾。梦的矛盾只能以最间接的方式与梦念之间的冲突联结起来。但是正如绘画（最起码）最后可以找到一种方法，用一些说明性的文字在梦的特征上进行修饰从而表达温情、恐吓等。梦也可凭其他的一些手段来表述梦念之间的一种逻辑联系，不同的梦可以选择不同的表现形式。实验显示，各种梦都有表现方法不同的变化，有些梦并不理解它的材料之间的逻辑联系，而另外一些则试着尽量讲明白。于是，梦有的时候与它处理的材料相差不远，有的时候却又迥然不同。同样，如果梦念在潜意识中有着时间顺序，那么梦对于梦念的时间顺序上的处理也会有所不同。

梦的运作如何决定梦念之间的这些（逻辑）联系（而这是梦的工作中很难表现的）呢？我将逐一地加以陈述。

一般我们认为，梦能够将所有的材料结合，然后通过在一个统一的环境或者事件中加入梦念之间的联系就可以进行梦的进程。它们能够再现逻辑关系，由这点来说，梦正如雅典学派画家帕那萨斯那样，把各个时期的哲学家和诗人都集中于同一幅画上，这些人的确没在一个大厅或者山顶同时存在，但是从思想的角度来看，他们确实是同一个群体。

梦慎重地遵照此法则，对于细节也不放过。无论是什么时候，只要梦把两个元素紧紧地结合在一起，那么这就表示在有关的梦念之间肯定存在着非同寻常的密切关系。这和我们的文字很像，“ab”是在一个音节里发音的两个字母，而一旦“a”与“b”之间存在一个间隔，那么这就意味着“a”是之前的一个词的最后字母，而“b”是后一个词的开头。因此，梦中要素的并列不是不相干的梦念随机并接在一起，实际上在梦念中各部分之间的联系是很紧密的。

为了体现这之间的因果联系，梦有两种本质上一致的程序。假设梦念是：“因为这样，所以如此。”最常见的表现方法是先从从句开始作为序梦，之后才开始以主句作为主梦。如果我们解释合理的话，那么时间的前后联系也是可以倒过来的。只是一般梦的较详细的部分是和主句相对应的。

我的一位女病人有一次讲述了一个梦，是表明梦的因果联系的很好例子，我将在后面把它完整地写出来。梦是这样的：它有一个简短的序曲，接着包含一个很漫长的梦，这个梦紧紧围绕着一个主题，可以称之为“花的语言”。

序梦：当她走入厨房，两位女佣正在那儿，她故意指责她们还没有把“那份食物”预留妥当。与此同时，她看见厨房里有一堆坛子，为了让水控干净，口朝下地在厨房里摆放着。两个女佣人好像是去提水，不过不得不步行到河边去取水，梦中的那条河穿过房子进入院子。接着梦的主梦就这样接下去：她跨过一些排列很奇特的木桩往下走去，而手里拿着开着红花的枝条，感觉很高兴，因为她的衣裙并没有被它们钩着……

序梦和她双亲的房子是有关系的，这是没有任何问题的，梦中的话是她妈妈经常挂在嘴边的。那堆坛子是来源于附近的一家小杂货店。主梦则涉及她的父亲。他本身不洁身自爱，经常调戏女佣人，后来因溺水而死。因此，藏在序梦背后的意义在于：“我出生在这样的家庭背景下，在贫穷，没有社会地位……”主梦也有同样的观念，并且用一种愿望的满足把它加以发展：“我身份高贵。”其实隐藏的真正观念是：“因为出生是这样的卑微，因此我的生活也就是这样的了。”

据我了解，把梦分成两个不等的两部分，并不始终表示这后面的梦念和前面的梦念之间拥有因果的联系。反过来，我们会觉得是同一材料用不同的观点体现在不同的梦中。当然，晚上那些最后使得射精的梦就是这样的，这是一系列将肉体需求越来越清晰表现出来的梦。这两个梦来源于梦念不同的中心，只不过它的内容却相同。换言之，一个梦的中心在另外一个梦中只是起到了启示性作用。反之，在这梦中不重要的部分可能却是另外一梦的中心。可在某些梦中，可是梦若被分成了一长一短两个部分，毫无疑问，这两部分之间有着明显的因果联系。

因果关系的表达方式会因为梦的内容的宽泛性或者存在的联系而不同，当内容不宽泛且两个意象是转换关系时，表达方式就会发生我们不易察觉的变化。当这种转变的过程被我们亲眼目睹时，我们才会考虑它们的因果关系的存在，而不是仅仅注意到一个事物被另一个事物替代那么简单。

我已经谈到这两种方法在实质上是一样的。第一种方式是通过梦的顺序来表现，而第二种则是通过意象直接转变。我们不得不承认，大多的梦例之中并没有因果关系的表达，因果关系已经在梦的形成过程各元素的混乱中消除了。

这种“或者……或者……”的关系在梦里更是难以表现的。它们已经被插入梦的整个前后关系中，似乎二者都是同样的有用。伊尔玛打针就是一个鲜明的例子。很清楚它的隐意如下：“我不用为伊尔玛的病痛负责，因为这不是因为她不愿意接受治疗，就是因为她的性生活并不顺利，或者是因为她的病痛是器质性的，而并非癔症，对此我只能说无能为力。”这梦基本上满足了所有这些可能性。如果根据梦的欲望，它也毫不犹豫地加上了第四种可能。在解析完这个梦后，我才把“或者……或者……”加入梦念的内容中。

但是，在重现一个梦的时候，梦者喜欢用“或者……或者……”比方说“或者在花园，或者在客厅”。实际上，这种表述方式是不准确的，梦念在这类情况下的联结方式，不该是“或者”，而应该是“和”。因为“或者……或者……”这种表述方式通常用来指这些单独存在的梦元素很模糊，但是这种模糊是可以消除的。在这种状况下，解释的原则是，将这两个状况看成同等效力的，然后以一个“和”字把它们连接起来。

因为梦念之间并不存在统一的用词系统，而梦也没办法建立这样一个系统（至少目前没有发现）。同时，梦念本身具有模糊性，所以梦中思想的两条主要线索就不自主的分离了。

比方说，曾经有一次我的朋友留在意大利，我刚好有一段时间和他失去联系。当时我梦见收到了有他地址的电报。那是以蓝字印制的电报体，第一个字是模糊的：或者是“Via（通过）”，或者是“Vilia（别墅）”，或者是“Casa（房子）”；第二个字是“Secemo”，念起来似乎是意大利的人名，这让我想起了我与这位朋友讨论过的词源学的题目，而且也表示了我对他的不满，因为他把自己的住址保密了那么长时间而不告诉我。但是第一个字的三种可能状况却在分析后变得各自独立，而且都能成为一个思想串列的起点。

在父亲出殡前一天的晚上，我梦见了一个布告（招贴或者海报，很像在火车站候车室中贴有那种禁止吸烟的布告），而且上面印着“你被要求闭上两只眼睛”，又或是“你被要求把一只眼睛闭上”。我总是习惯把它写成“You arc requested to close the all eye（s）”。

这两个不同的说法有不同的含义，在分析时就引发分歧，我那个时候选择了很简单的送殡仪式，因为我很明白父亲对这种仪礼的态度。但是家中的其他成员对这种清教徒式的简单葬礼并不怎么赞成，觉得会被那些参加葬礼的人瞧不起。因此，其中一句话“你被要求把一只眼睛闭上”说明，闭着一只眼，可能是忽视的意思。在这里我们很容易发现非此即彼所表露的模糊意义，梦的运作不能用单一字眼来表现出梦念中所呈现的模棱两可，因而这两种思想即便在梦的表象意义中也开始分开了。

在有些梦例中，这种要体现出非此即彼的困难是借着将梦分成同样的前后两部分来克服的。梦处理不同意见和矛盾的方法是值得我们注意的。对梦来说，“不”似乎是不存在的，它经常把对立的双方联合起来，或者把它们当作同一个事件来呈现。它甚至会随意地用相反意思代替了原来的元素而在梦中出现。因此，我们不能根据第一感觉判断一个元素在梦念中的意义。

刚刚在前面提及的一个梦中，我们已经分析过它的第一句“因为出生是这样的卑微，因此我的生活也就是这样的了”。在此梦里，病人曾梦见自己正跨过一些高低排列的木柱走下来，而手里拿着开着红花的枝条。因为这形象，使她想起了那位手持百合花并宣告耶稣诞生的天使画像，而她的名字恰恰又是玛丽亚，与此同时也使她想起，当街道用青色树枝装饰起来，举行耶稣圣体游行时，那些穿着白色袍子步行的女孩子。据此，梦中这开着花的枝条肯定是暗含着贞洁的意思。“枝条上长着红花”，看起来似乎是山茶花。梦仍在进行当中，在她走下来的时候，花已经都要枯萎了。所以接下来肯定是月经的暗示。由此来看，这握着好似百合花一样枝条的少女同时也象征着茶花女：她平常戴着白色的山茶花，而在月经来临时候，就会戴青红色的。这带着花瓣的枝条，与此同时代表着贞洁与不贞。而这梦表现她对这一生纯洁的欣喜，但是在有些部分却暴露了相反的概念（如花的凋谢），显示出她因为各种有关贞洁的过失而感到的罪恶感（也就是说，在她孩童时候发生的）。在分析梦的进程中，我们可以很清晰地把这两种思想区别开来。自我安慰的那一部分是比较表面化的，而自责的那部分较为深藏，这两种想法几乎是完全对立的，可性质相像的元素却在梦的显示之中用同样的事件来表现。

梦的形成机制所喜欢的逻辑联系只有一种，那就是类似、相同或相近的联系，或称为“恰似”关系。因为关系不同，它在梦中能用各种不同的方法表现。梦念之间早已存在的平行与这种“恰似”关系的组合是形成梦的第一个基础。而梦的大部分运动只是制造一些新的平行关系。这些关系尽管已经存在，但会因为没办法通过稽查作用的审核而没办法进入梦中。梦的运作趋向于凝缩，因此梦的凝缩作用有利于这种相似关系的表现。

相似性和一致性在梦中都体现为统一性，这是它们的某种共性。这种统一性或体现在既有梦念中，或者以新的构造形式存在。第一种可以称为“认同作用”，第二种则称之为“复合作用”。“认同作用”被用于人身上，而“复合作用”则用于事物统一材料。后者有时也是可以用于人的，而地点则经常被当做人一样看待。

在认同作用里，只有和共同元素相联系的一个人才可以表现于梦的表象意义中，其他人则被压制了。但是这个人具有覆盖性，因此在所有的关系和环境中的明示对象是这个人或者是这个人所覆盖的对象。在复合作用里面，这种情况扩展到人的联系，这梦的影像概括了所有人所持有的特点，而不是每个人都共有的；因此这些特点的组合促使了一个新的单元化的复合人物出现。复合的实际过程可以分成好几种，梦中人拥有一个与他有关的人的名字，在这种状况下，这和我们在清醒生活中的认识很相似，即我们认为他是一个人，但是他的相貌却像另一个人。从另一个角度来说，梦中人物的外貌特征实际上是由两个人组成，一部分属于第一个人，另一部分属于第二个人。或者这第二人所参与的其实并不是外观的，而是存在梦中人的姿态，语言和所处的环境中。在最后的这种情况下，认同作用和复合作用在构造人物特征方面的区别就不那么明显了。但是，并非所有的复合人物都能制造成功，如果失败的话，梦中的情景就会依托于其中一个人而存在，而另一个人则会变成不重要的旁观者。做梦的人有时候可能会用这些词句来形容这种状况："我妈妈也在那里"。梦内容中的这一元素可能像象形文字中的决定性因子，它的作用不在于发音，而在于说明其他的符号。

在梦中形成两个人物结合的共同元素可以被排除。一般来说，认同作用或者复合人物的结构形成的目的是为了避免表现出共同的因素。为了避免说"A 仇视我，B 也是这样"，于是我在梦中制造一个由 A 和 B 合成的人物，他具有 A 和 B 的所有特征，或者说我想象 A 可以代替 B 做一些 B 特有的动作。像这样造成的梦中人就有了新的联系，而它代表 A 和 B 的状况下，使我可以在梦恰当的时间里加入了它们共同的元素。也就是说，对我的仇视态度。凭借这种方法经常能使得梦内容达到显著的凝缩。如果我可以依靠别人把同样的状况表现清楚，那就可以省去我直接表现与某人有关的复杂状况。我们也可以很轻易地指出，这种利用认同形式来表现的方法可以有效地避过审核制度的阻抗。稽查作用所反对的，可能恰好落在梦念中某一人物的特定思想上，因此我就找寻另外一个人，他也与这被反对的材料有关，不过联系较少。这两人在稽查点上的联系使我可以塑造一个复合人物，它有了两人的一些无关紧要的特点。无论是源于认同或复合作用，使得这个人被允许进入梦内容而不被阻抗；因此，利用梦的凝缩作用，我满足了审核制度的要求。

当梦呈现出两个人共有的元素时，这通常是暗示着另外一个被蒙蔽的、因为审核制度而不能表现的共同元素。共有的元素一般凭借置换作用来达到顺利表现的目的。于是，梦中复合人物往往会伴随一个不重要的共同元素，使得我们能得出这样的断语：梦念中肯定还隐含另一个更加重要的共同元素。

根据上述的讨论，认同作用或者是复合人物拥有以下意义：首先，它体现了与二人相关的共同元素。其次，它体现了一个移置了的共同元素。再次，它只是体现了一种只有欲望的共同元素。因为欲望有一个复合二者之间转换的共同元素，所以梦就利用认同作用来表达这种关系。在伊尔玛打针的梦中，我渴望把她与另一病人进行转换。也就是说，我期望另一病人像伊尔玛一样接受我的治疗。梦达到这种愿望的方法是，出现一个名字叫伊尔玛的妇女，她接受我检查是所占的位置，正是我从前看到的另一妇女接受治疗时所占的位置（请看第二章）。在有关我叔叔的梦里，这一种交换已成为梦的中心：由于我对同事的态度和判断会阻碍部长对我的认可，因此我就自认为是部长。

根据经验，我发现每个梦都是联系着做梦者自己的，丝毫没有例外，梦完全是自我中心主义。当自我在梦的内容中没有出现时，我可以很有把握地说，自我肯定利用认同作用隐藏在这人的背后，其实我还是会被加入到梦的整个关系当中。在另一种状况下，如果本人的自我出现在梦中，那么我也可得知别人的自我也凭借认同作用隐藏在我的背后。因此在分析这种梦的时候，通常得注意我同这个人所共同拥有的隐匿元素（而这元素是联结在这个人身上的）。在其他的梦里，自我和别人同时出现，可当认同作用发挥作用之后，那个人就会表现出我的自我。这些认同作用使我得以详细观察到，在自我的思想中，哪些部分是审核制度所不能通过的。因此，自我在梦中可以数次出现，时而直接呈现，时而通过认同别人而表现。通过连续多次的认同作用，梦的材料得以凝缩。这种梦者的自我得以用不同的形式多次出现在梦中，它和自我意识中在不同的时间、地点或关系中表现的情形是相吻合的。例如，我们可以这样说："当我想到我从前是很健康的一个孩子。"

相比用在人身上，认同作用在表示地点等专有名词时会更容易解释，因为这样就会避免了自我问题的困扰。在我的有关罗马的梦里，我发现自己在一个叫罗马的地方，不过却看到街上很多的德文广告、标语，觉得很奇怪。其实后者就是一种愿望的实现，它使我马上想到布拉格。而这愿望可能起源于我童年时度过的德国国家主义时期（而这已经过去）。

在做这个梦的时候，我和朋友约定在布拉格见面。于是罗马和布拉格的认同可以用一种欲望的共同元素来解释，即我想在罗马碰见朋友，而不是在布拉格。可能是为了达到见面的目的，我宁愿将布拉格想象成罗马。

这种创造复合结构的可能性也恰好构成了使梦常披上一层神秘外衣的最主要因素。因为它在梦内容中引入了一种不能依靠感官感受到的元素。这种建构复合意象的精神程序，很明显地和清醒时幻想神或者半人半神的怪兽的状况有相同点。唯一的不同点在于，清醒的时候，是这些性的结构自身决定了这想象的形象，而梦中复合结构的形成，却取决于某些和它外表毫无联系的因素——也就是梦念所含的共同元素。梦中的复合结构可以有很多形式去呈现，最简单的方法就是把某物的属性直接附加于另一事物的看法上。更复杂的方法是巧妙地利用两者在现实中所含有的相同点，把两个物体结合成全新的形象。由于材料的选择和拼接的变动性，使得新的产物可能很离奇，也可能会被觉得是充满创意。如果凝缩成的一个单独存在的各个对象之间不协调，那么梦的运作通常是制造出一个相当明显的核心，同时附着一些不很明显的特点。在这种状况下，我们可以说，把材料组合成一个单独统一体的努力算是白费了。这两种表现相互交叉，同时产生一些本质上相当于两种视觉形象竞争的东西。从绘画的角度看，当画家想通过一个总体概念表现个别的视觉形象时，也会采用类似的方法在画面结构上进行处理。

梦是很多这样的复合结构的组合。在前面所说的梦的分析中，我已经举出了很多例子；下面，我将再补充几个。以下这个是第五章中报告过的梦，是用“花的语言”来描述病人的生命进程的。梦中的她在手中拿着很多开红花的枝条——我们曾经表示这代表着圣洁和性罪恶。根据花朵的排列情况让梦者想到了繁盛的樱花。可是这些花儿，如果单独去看每一朵花则又像山茶花，而且给人的总体印象却如同一种外来植物。这种复合机构的各元素之间的共同点可以从梦念中显示出来。开花的枝条暗指那些她喜爱的各种礼物的组合。因为小时候她获得的是樱花，在此之后获得山茶花树，而“外来植物”则象征着一位到处游历，为得到她的青睐而赠送画的一些花朵的自然学家。还有一位女患者在她的梦中则出现了一座很印象模糊的建筑物，那如同是海滨更衣室或是乡村常见的室外厕所，又像是城市房屋楼顶之间的建筑物。前两个元素之间的共同点是人们的赤身与脱裤子，而与第三者的联结就可以得出这样的结论：她童年期曾在楼顶上脱衣服。另外一个男人则在梦中出现了两个地点的集合，而且在这个复合地点进行治疗。里面的一个是我的诊疗室，另外一个则是他首次结识太太的娱乐场所。一个女孩在哥哥答应请她吃一顿鱼子酱以后，就梦到哥哥的脚上粘满了黑色颗粒的鱼子酱。这感染的元素（道德上的意思）和她回忆起的小时候双脚长满的红疹（而不是黑的），还有鱼子酱的颗粒组合成一个新的概念，她是从她哥哥那里得到的。在这个梦里（别的梦也一样），人体的部分被当作东西来看待。在弗伦齐记录的一个梦中，那个复合的意象由医生和一匹穿着睡衣的马组成。在分析过程中，这位女患者意识到，睡衣象征着小时候她看到父亲一幅情景，这其实是表现了她对性的好奇。当她还年幼时，保姆经常带她到一个军队的种马场，因此她得到很多机会来满足她那还没被压制的好奇心。

我在前面曾说过，梦不能表达矛盾、相反的或者是“不”的内容，我现在将开始否认自己的说法。有一类属于相反的前提下的例子是利用认同作用来表现的，在这些梦例中，梦念的转换或者代替的思想能以对立的形式建立联系。关于这一点，我前面已经列举过很多例子。一组相反的梦念可以在它的对立的或者颠倒的梦念的名下。它以一种特别的方法表现在梦中，似乎可以把它形容为玩笑。“对立”并未直接表现在梦中，可却经过梦内容（那些为了其他的理由而创造的）中正好与它相邻接部分的扭曲而泄露它的存在事实，正如一种事后的回忆，我们不妨用一个例子来说明这种过程。“上楼和下楼”的梦中，表现的爬楼梯与梦念的原型恰好相反，即是这刚好和都德名作《萨福》中情景相反：在梦里往上爬的动作开始很困难，后来却很轻松，而在都德的故事中开始极其容易，而且后来却困难了。其他的梦者同他哥哥的“楼上”“楼下”这个表示兄弟间社会地位的联系在梦中也恰好倒过来，这表示出现在梦念中，两件材料之间的联系是相反的。而我们可以发现，梦者幼年的时候的想让乳母拥抱的幻想，与在小说的情节中刚好相反，主人公却抱着太太上楼梯。我那梦见歌德抨击 M 先生的梦也同样如此。在这种梦的分析中，不得不弄清楚这联系，否则是不可能解析成功的。梦里歌德批评一位很年轻的 M 先生，而事实上存在梦念中的却是另一个很重要的人物（我的朋友弗利斯），他被一个不知名的年轻作家批评。在梦中，我计算歌德去世的日子，事实上的计算却是根据一位瘫痪病人的生日。梦念中拥有决定性影响力的思想刚好与歌德应该得到疯子般待遇的思想相矛盾。“对立”，梦（潜藏的意义）这么说：“如果你不了解书里说的是什么，那么你（评论家）便是白痴，而非作者。”另外，我想这种把意义歪曲的梦都暗含着一种轻蔑，有着这种“背叛一件事”的思想，（例如说，在萨福的梦中，梦者把他和他兄弟之间的联系颠倒过来）。另外，与此同时我们可以看到这种梦中的反过来的手法经常是用于被压抑的同性恋冲动。

顺带说一下，把一件事扭转到反方向是梦的运作中很喜欢用的，也是应用最广泛的表现方法。它的第一个好处就是能满足梦念中一些特殊元素的愿望。“如果这件事是相反的话，那该多好！”这常是表现自我对记忆中那些不尽如人意部分的期望的最好方法。还有，“对立”是逃避审核制度的有效方法，因为它形成一堆歪曲的材料，而且拥有一种瘫痪的效果。比方说，对尝试要去了解这梦的含义泼冷水，因此，如果梦很顽固地不愿表露其意义，那么追踪梦表象意义里那些恰好与之相反的特殊元素是很有意义的，因为经过这种手法后整个状况就明朗了。

除了将主题颠倒以外，我们还要注意时间的倒置。梦的伪装最常见的方法是把事情的结局或者思想串列的结论放在梦的开始部分。也就是说，把结论提前和事情的因素留在梦的后面。因此，如果不把这个原则放在脑海里，分析梦就要无所适从了。

在有些梦例里，我们不得不把很多梦内容颠倒过来才能找到它的真正意义。比方说，有一个年轻的强迫症患者因为父亲对他不好，所以在某个梦中隐匿着一个自儿童时代就已存在的诅咒父亲死亡的欲望。但是，父亲又是他所害怕的，梦的情况是这样的：他回家晚了，父亲就责备他。这梦发生在精神分析的治疗过程中，根据他的联想来看，其本来的意思可能是，他生父亲的气，因为父亲回来的太早了。他更情愿父亲永远不要回来，这就等于诅咒父亲死去。因为这个男孩子在父亲外出之时对另一个人做了性侵犯动作而觉得有负罪感，男孩被警告说："等你爸爸回来，有你的苦吃了！"

如果我们要更深一层地研究梦念和梦内容的联系，最好的方法就是将梦本身当作起点，之后研究梦表现方法中的形式特点到底与隐含的梦念间有何联系。这些形式特点在我的梦里留下了深刻的印象，最明显的是，梦里面各种梦的意象会激起不同的感知强度，在梦的各个特殊部分或者是不同的梦里，又都拥有不同的清晰度。

每个不同的梦象之间感觉强度的差异范围很普通，涉及我们希望的超过现实的清晰度，同时也会关系到梦的特征的模糊性，这种模糊性似乎必然出现，让人难以解释，而这种模糊性有时是浅显的，它和我们在清醒世界中感知到的不清晰度是不一样的。我们经常会说，梦中模糊的对象是"稍纵即逝的"。而觉得更清晰的梦想肯定是酝酿了很长时间的。现在的问题是，到底是梦念的什么决定了梦内容各片段的清晰度呢？

我们不妨从试图否定我们的预期设想开始分析。因为梦的材料包含睡眠时所感知到的真正感受，于是我们可以这样假定：因为这些真实的感觉的强度在梦内容中占有一定的地位，所以它们可以激活梦的各元素。或者反过说来，在梦中尤其鲜明的梦象，肯定能追溯到睡觉时的真正感知。可从我的经验来看，这种假定从未得到科学证实。同时我认为现实因素对梦象的强度上不会发挥任何作用，所以，那种认为睡眠时的真实感觉形成的梦元素的清晰度与记忆所产生的有差别的观点，毫无疑问是不堪一击的。

另外，我们可能这么觉得，一些特殊梦象的感知强度（鲜明度）与对应的梦念所包含的精神强度有关系。而精神强度就相当于精神价值，即最鲜明的也是最重要的是梦念的核心所在。现在我们知道，真正重要的元素一般是不能通过审核而进入梦内容中的。可无论怎样，象征它们的直接派生物可能会在梦中获得较大的强度，但并不一定因此而成为梦内容的中心。但是这种想法由梦与其构成材料的比较研究来看也是错误的。梦念中元素的强度和梦内容中对应元素的强度是毫无关系的，实际上梦念材料与梦之间发生了"全部精神价值的完全转换”，这来自尼采的言论。在梦念中重要的元素的直接派生物在梦中或许只作为过渡性元素成为短暂的存在，而且在一些更强烈的意象的比较之下，显得并不重要。

梦中各元素的强度是由两个独立的因素决定的：其一，完成愿望实现的元素是有较大的强度。其二，由分析过程来看，梦中最明显部分乃是产生大部分思想链的源泉，那些最鲜明的元素也拥有最多的决定因子。换种说法，即最大强度的梦元素，最大量的凝缩作用得以在它们那里得到加强（请见第七章）。我们期望有一个公式来表达出这两个决定因素和强度的联系。

前述那个问题——关于梦中引发某一元素的强度或清晰度的因素不能和下面这个关于梦各部分或整个梦的清晰度的问题混为一谈。在前一问题里，清晰度是和模糊度相对，而后者中的清晰则和混乱相对。可这两种尺度在质的增删上是互相平行的。拥有鲜明印象的那段梦，经常是含有高强度的元素。反之，模糊的梦则拥有一些强度较小的元素。但是，梦与模糊或含混的尺度标准相比梦元素的清晰度问题要复杂得多。我会在下文分析这一问题。

可在某些例子中，人们很诧异地发现，梦的清晰度与梦的自身的构造没有联系，它反而由梦念的材料直接而来（而且是梦念的一部分）。我曾有一个梦，在我醒来的时候，觉得结构完美、明确而毫无瑕疵，当我在梦中仍然迷糊的时候，即半睡状态时我就想理出一类不受凝缩与移置作用的影响，可以被称为“睡眠中的幻想”的梦。但是细察这少有的梦例的时候，我发现它仍然和其他梦拥有同样的缺陷和毛病。因此就把“梦想象物”的分类删掉了。梦的内容表明我和朋友面对着一个需要长期探索的雌雄同体理论，而愿望实现的力量使我觉得这观点是清晰而毫无瑕疵的。因而，我是在梦中进行判断梦是完整的这个问题，而且我的判断部分是一个重要的部分。在这梦例中，梦的运作侵入了我半睡半醒间的思想，将之变化使我觉得这是对这梦的判断，实际上这是在梦中没有明确表现出来的梦念的部分材料。有一次，在分析一位妇女的梦时，我遇到了与这梦同样的状况。开始时她不愿意说明，因为“这是很模糊和混乱的”。可当我再三告诉她这样就不能做出正确的判断后。她说，有好几个人进入了梦里。她本人、大夫和她父亲，但是她却不能确定她父亲是否就是她父亲本人，或者那个人到底是谁，还有诸如此类的问题。把梦与她分析过程中的联想结合起来，很清晰地确认这是一个常见的故事，关于一个女佣人怀孕了，可不能确定“私生子的父亲到底是谁”。因此梦显示模糊的部分实际上就是促成这个梦素材的一部分，即是说，这素材以梦的形式来体现。梦的形式或者梦见的形式普遍的用来表现其隐蔽的主题。

对梦或者梦的解析善意的评论，经常是用来掩盖那以微妙方法出现于梦中的部分，即便实际上是出卖了它。比方说，一个梦者说："梦已被抹掉了。"而分析结果则显示出他回忆（童年的），他在倾听那个替他擦屁股的人交谈。另外有一个例子值得详细记载。一个年轻小伙子做了一个很清晰的梦，内容提示他有关童年时的幻想。他梦见傍晚时分，在夏季游览胜地的旅馆里面，因为记错了房间号码，最后又走进了一间客房，房里一位老太太与她两个女儿正脱衣就寝。之后他说："梦在这里有个空当，可是却少了一些东西，最终出现了个男人，他好像是想把我扔出去，然后我就挣扎。"他即便尽了力，却一直没有办法记起这重要部分，毫无疑问这是暗示着他儿时的幻想。到最后，真相终于大白了，他所想找寻的实际上在他叙述梦的隐蔽部分的时候已经表达出来了。这空当就是这些要上床的女人的阴道，而"缺少了某些东西"，则是对女性生殖器的代表。在他年轻的时候，他对女性生殖器官有很强的好奇心，与此同时相信有关幼童的性观点，根据这观点，女人也是拥有男性生殖器官的。

这时候我想起了另外一个同样意义的梦。梦者说："我和 K 小姐一起进入公园餐厅……之后就是含糊的部分……中断……之后发现自己处在妓院的客厅之中，那儿有两三个女人，其中一个仅仅穿着内衣内裤。"

解析：K 小姐是他前任老板的女儿，他说，就像是他的妹妹，不过他几乎没有机会与她交谈。但有一次，他们似乎开始察觉到彼此性别的不同，他似乎在说："我是男人，而你是女人。"他仅去过一次梦中的餐厅，那是与他姐夫的妹妹一起去的，对他说来，她没有什么吸引力。曾经有一次他与三位女士途径这间餐厅的大门。那三位女士分别是他妹妹、表妹和姐夫的妹妹。尽管她们都是女人，但他却对她们没有什么兴趣。他很少逛妓院，总共才去了两三次。

对于这个梦的分析主要建立在梦中"含糊的部分"及"中断"的基础上，所以指引他回想起在孩童时代，出于好奇，曾经（即便不很经常）偷窥过比他小几岁的妹妹的生殖器。后来曾有意地回想梦中所隐含的不良行为。

同一天晚上，所发生的梦的内容构成了一个整体的不同部分。它们分成这些章节，而且，很多组合方式和数量都是很有意义的，这可以看成是深藏着的梦念中的信息。在分析含有很多章节的梦（或是同一晚上发生的梦）时，我们可能不应该忘记，这些分开的片段可能含有同样的意义，而且可以用不同样的素材表达着同一个冲动。如果是这样的话，那么第一个梦通常是被歪扭曲最严重的，而紧接着的就较为明晰了。

《圣经》中由约瑟夫分析的法老所做的关于母牛和玉米的梦就属于此类。约瑟夫记载的《古代犹太史》第二卷第五章要比圣经上详细得多。法老提起第一个梦后说："我看到这景象时，就从梦中醒了。在我思考这个梦象到底有什么意义的时候，我又再度入睡了。接着又做了一个梦，这比之前一个更令人吃惊，这使我感到惊恐与迷茫……"听完国王对梦的叙述之后，约瑟夫说："国王，即便这个梦用两种形式来表现，可却拥有同一意义……"

荣格在那篇《谣言心理学的贡献》中提及某个女孩做过的经过伪装的色情梦，但是不经过深入分析就被她的同学识破了，并且讲到这个梦是怎样进行更进一步伪装和修饰的。他在评论另一个与此相关的梦时说："在一系列的梦中，最后一个梦的意象所要表达的思想，正是这一系列的梦象的核心。审核制度利用一连串的不同象征符号、移置作用、无邪的伪装等来达到尽量维持与这一情节的距离。"施尔纳对这种梦的表现方法很熟知，他曾经描绘过，而且把它与他的器质性刺激的观点结合在一起，当作是一种特殊的定律："最后由某一特别神经刺激引发象征性的梦的构造都要遵循这一般的规则，即在梦开始时，它用一种最遥远，最不确定的暗示描绘着产生刺激的对象，但是最后当全部可能的图像来源枯竭时，它则赤裸地表现出刺激本身，或者是（依据梦例不同）有关的器官或者是该器官的功能。因此，梦在指示出其器质性因素后干净利落地达到了目的……"

奥托·兰克肯定了施尔纳的定理。他报告的女孩的梦被分为两个部分，之间有一段间隔，可却是同一个晚上发生的，可是第二个梦是以达到性欲高潮而结束。即便没有从梦者那里取得详细的资料，我们也能进一步很详细地分析第二个梦。但是从两梦之间的众多关系来看，可以发现第一个梦所表现的内涵和第二个梦一样，只不过是以一种比较隐匿的方法表达而已。因此第二个达到性欲高潮的梦使我们能给予第一个梦完美的阐释。兰克即根据此梦例，用梦的原理很正确地来分析"生成性欲高潮或遗精的梦"的意义（请看第六章）。

根据经验，我认为很少有机会遇上要用梦的材料所表现的内容来判断梦的清晰或混乱。后面我将讲解一下对梦的清晰和混乱起决定性作用的因素（之前没有提过，而这将决定梦中各因子的价量）。

有时候当梦中的某一情景或背景，在呈现过程中突然停顿时，我们可以这样解释这种情况："似乎在另一个地方发生了这件事。"过了一阵子，梦又回到了原来的主题。这中途的停顿仅仅是梦的材料的一个从属，这是一个插入的意外思想。梦念里面通常用同时来表示条件，即"如果"变为"当……时"。

那个在梦中经常性地发生，而且是那么地靠近焦虑的被禁止运动的感觉究竟拥有什么意义呢？在这种状况下，梦中想要前进，但是却发现自己的双脚无法动弹，想要做点什么可却被一些困难阻挡着。列车就要开了，但是却不能赶上。想举起一只手为受到的攻击进行报复，可却发现无法抬起手，这样的例子真是不胜枚举。之前我们已经在裸露的梦中提及这种感觉，可是却没有对它进行认真地分析。一个观点认为睡眠中大都会出现运动麻痹，因而就产生了这种感觉。但是为什么我们不一直梦见这种被抑制运动的梦呢？我们可以很合理地认为，这种在睡眠中的任何时候都可以唤起的麻痹感，可以使某些特殊的表现容易暴露出来，但是只是当梦念的材料需要这样表现时，我们才会有这样的感觉。

这种没办法做任何事情的感觉，并不是经常以某种感觉呈现在梦中，有时候它甚至是梦内容的一部分。以下是这方面的一个梦例，我觉得它对这种梦的意义提供了很好的说明。这是我的梦：这个地方是私人疗养院与别的几栋建筑的混合，一个男仆人让我进去接受检查。在梦里，我知道有人的某些东西被偷了，而这检查是因为怀疑我与这丢失的东西有关。由分析来看，这检查有两种意义，而且包含了医学检查。因为知道自己是无辜的，而且又是这里的顾问，因此我一言不发地跟着仆人走。在门口，我碰见另一位仆人，他指着我对那个仆人说："为什么你要带他进来？他是个值得敬佩的人。"之后我就独自走进大厅，那里摆着很多机器。这使我联想到但丁《神曲》第一部《地狱篇》以及地狱里的使人惊恐的刑具。我的一个朋友睡在其中一个机器上，他不可能看不见我，不过他却假装没看到。之后他们说我可以走了，可我却找不到自己的帽子，而且双脚无法动弹。

这梦的欲望明显是想证明我是一个诚实的人，而且可以自如地离开，梦中是为了满足我的这种欲望。因此，在梦念中肯定存在着与欲望不一致的材料。"你可以走了"是一个无罪的信号。如果在梦的末尾，有阻止我离开的很多事情的发生，不就可以认为是那些含着压抑的矛盾的材料在这个时候呈现出来了吗？因此，我不能找到帽子的因素就是"你不是个诚实的人"，而梦里并没办法做任何事情是用此来表达一个相反的状况，即表示"不"的方式。

因此，我又要修改前面所谈的梦是不能表达“不”的话了。

在一些别的梦里，没办法行动并不是单纯的一种情境，而是一种感觉。这种被禁制运动的感觉无非是一种更强有力的表达相同矛盾的方法，它表现着一种意念，而且受到对立意志的强烈压制。此被禁制运动的感觉代表着一种意志的矛盾冲突。我们以后将会提及，睡觉中所连带的运动性麻痹恰好是做梦时精神过程的基本决定因素之一。我们明白运动神经传导的冲动无非是意志力的展现，而我们在睡眠时感受到的此传导受压制的事实，无非使整个程序显得更适合于表达意志和反意志的行为。根据我对焦虑的解释，而且很容易看到意志受到抑制的感觉为什么那么接近焦虑，而在梦中经常和它相连。焦虑是一种肉欲的冲动，来源于潜意识而且受到潜意识的抑制（根据后来的理解，这句话不再成立）。因此，当梦中，被禁止感和焦虑相连时，这肯定是属于某个产生肉欲的时刻的一种意志的行为问题。或者说，这本质上是一种性冲动的问题。

我将在别的地方讨论梦里的评论“毕竟这不过是梦而已”的精神含义，我在这儿只不过是要说，这是为了分散对所梦见的重大事件的注意力。有趣的是，梦本质的一部分在梦里被描述为梦到底有什么价值？这有关梦中梦的谜已经被斯特克尔在分析一些使人信服的梦例后解开了。再说一遍，它的目的是为了减少对梦里所梦见事物的重要性，也就是去除其真实性。梦里所梦见的是梦的希望，而且是打算在醒后将其蒙蔽的状况。因此可以很合理的推想，梦里所梦的是现实（真实的回忆）的显现。但是，那些梦里所表现的其他事物应该是梦的愿望。也就是说，希望这被称为“梦”的事物不会发生。那么换个说法，如果某一事件是以梦中梦的方法插入梦中的，那么可以很肯定地说，这事件是真实的最确定不过的了。

四、表现力的考虑

到现在为止，我们已经讨论了很多以梦呈现梦念之间关系的方法。我们知道在形成梦之前，梦念不得不经过某种程度的改造，那么被改变的梦念材料的一般性质是什么样的呢？我们也了解，这些材料被剥离了很多相关联系后，还要经过凝缩的程序。与此同时，因为元素间强度的移置，也导致了材料间发生了精神价值的变化。到现在为止，我们所思考的移置作用只是限于将一个特殊的思想与一个和它很相近的互相替换，结果促成了凝缩作用，使一个介于两者之间的单元化元素的进入梦境（而不是两个）。我们并没有提及其他的移置作用，从分析可知，还有另一种移置作用，它换掉有关思想的语言表达方式。在这两种情形下，移置作用都建立在一系列联想的基础之上，这种程序能发生于任何一种精神领域。而移置的结果可能是一元素代替了另一元素，或者是某一元素的语言形式被另外一种所代替。

第二种梦的形成的移置作用不仅在观点上是有特别大的吸引力的，而且也可以解释梦元素伪装的极其荒诞的外表。移置的结果经常会使得梦念中一种枯燥又抽象的表现转化为形象而具体的形式，这种变化的优点及目的一目了然。从梦的观点来看，形象的事物通常能够被呈现出来，它可以直接在梦中表现。而抽象事物则在表现方面有很大的困难，正如画家用绘画却不能表现报纸中的政治主题。因此，这种变化不仅使表现能力受益，而且可以有助于凝缩和审核发挥作用。只是抽象形式的梦念都是没办法利用的，但是当它变成形象语言后，梦的运作所要的比较与相似（如果没有，它也会自己创造的）在这新的表达形式下就可以更简单地建立了。这是因为在每种语言的发展历史中，具体名词比抽象性名词有更多的想象空间。我们还可以这样想，在形成梦的过程中（使得杂繁分歧的梦变得简洁和统一），很多精力是花在使梦念转变为恰当的语言形式上的。任何一种想法，如果其表达方法因为各种原因而被限制的话，那么它一定可以对其他思想的表达方式产生决定性以及选择性的影响。可能从开始就应该像这样，如同写诗歌。如果诗要押韵，那么对偶句中的第二句就肯定受到两个限制：它不得不表达某种符合作者最初意愿的含义，而其表达也要符合第一句的韵律。最好的韵诗是那种找不到刻意求韵的斧凿痕迹的诗歌。而且它想表达的意义，因为互相制约的关系，只需要对被选定的文字稍作调整，就可能满足诗韵了。

在其中的一些例子中，这种变化表达方式的方法甚至直接帮助了梦的凝缩，因为它含糊的字眼表达出很多梦念（而不是一个）。而所有的文字的智慧就这样被梦的运作运用。我们没必要因为文字在梦的形成中所扮演的角色而感到奇怪。既然它是很多思想的交汇点，它注定是含糊的；而神经症患者（比方说，在构造强迫性思想与害怕时）利用这些文字的好处是基本上都没有羞耻之感（不比梦来得少），以达成凝缩和伪装的目的。我们也不难发现，梦的形成也表达的移置作用而得利。如果用一个含糊的字眼代替了两个意义明确的词语，那么结果肯定会混乱；如果以形象表达来代替我们清晰地日常的表达方法，那么我们的理解能力将会大受阻碍。梦从来不给我们引导，应该按字面解释还是按隐喻的内容，而且是否直接和梦念相连，还是要通过一些中间插入的语句。在解析一切梦元素时，我们经常怀疑：

1. 是否要看它的正面或反面意义？
2. 是否要当历史来解析？
3. 是否以象征的方法来解析？
4. 是否以其文字意解析？

可即便是这样含糊的性质，我们也可以说梦给我们这些工作者造成的困难，比那些古时候的象形文字来得简易多了。梦不是为了使人理解而产生的。

在这里已举了几个梦例，它们证明了梦就是运用含糊文字的联系来表现的。以下我将对一个梦进行解析，内容基本上都是把抽象思想变为图像。这种梦的分析法和利用象征方法来分析梦是不同的，而且区分界限分明。在象征的梦研究中，解析家可以随意选择理解象征的关键；而在这种语言伪装的梦里，关键线索常常是明了的，并且依托于常见的语法基础。如果在恰当的时机中有正确的处理的话，那么我们便可以部分或完全地解释这种梦，有时候甚至我们没有必要借助梦者提供的资料。

我的一位熟人的太太突然做了下面这个梦：她梦见自己坐在剧院里，那儿正上演瓦格纳的歌剧，一直到早上 7 点 45 分才结束。剧院正厅里摆放着大大的桌子，观众坐在那里吃早饭。她那位刚从蜜月旅行回来的表哥和他的年轻太太坐在一起，边上是一位贵族。看上去他们的关系已经很公开了。大厅的中间有个高塔，塔顶是一个平台，周围绕着铁栏杆。指挥员就在上面（他拥有利希特的特点）。他在那里一刻不停地跑来跑去，直到汗流浃背，他只能通过那种位置来指挥簇拥在高塔底下的乐队。她和一位女友坐在包厢内。她年轻的妹妹打算从正厅前排递给她一大块煤炭，因为她不知道它会如此长，所以感觉快冻僵了（正如包厢在这漫长的演奏里，需要暖气来保持温暖同样）。

即便梦是汇集在一种情境下，但是由另外的角度看，仍显得有些荒诞：例如说那位于正厅的高塔，还有在上面的指挥！最不可理解的是她妹妹竟然递给她那些煤块！我特意要求她不要将这梦做个分析。因为我对梦者的人际关系有比较透彻的了解，因此不靠她的分析就可以解释梦里的某些部分。我知道她挺同情一位音乐家——他的事业因为发疯而使得他过早地结束了自己的音乐生涯。为此，我觉得应该把正厅的塔当作一种暗喻——她希望那个音乐家是利希特，凌驾于整个乐队之上。此塔是利用恰当的材料做成的复合图像。塔的下部分代表这人的伟大；顶层的栏杆象征那个人的命运；他在里面像一位囚犯或一条牢笼里老虎同样团团转，这也暗示了那位音乐家的名字沃尔夫，即狼的意思。这两个思想可能要用疯人塔表示出来。

解决了此梦的体现方法后，我们便能运用同一方法来了解第二部分的荒诞——她妹妹递给梦者的煤块。“煤块”一定是指“秘密的爱”：

没有火焰，没有煤炭，
却燃得如此炽热。
就像秘密的爱情，
从不会被人发现。

她和这位女友都还没有结婚（德文“sitzen geblieben”按字面的解释就是坐冷板凳），她的妹妹（仍然有结婚的希望）递给她煤块，因为“她不知道它会这么长”，梦并不是特别指出什么会这样长。如果这是指故事，那我们会说这是指的演出时间；不过其实它是梦，因此我们只好把这只言片语当作是独立的实体，觉得它是含糊的，并且加上“在正厅前排”这一修饰语。梦者的表哥和他的太太在正厅中坐在一起，而后者袒露的爱情更进一步的确认了对“秘密爱情”的解释。整个梦的中心，在于秘密的爱和公开的爱情之间的对立。在这种情形下，那位身居高位的人既指那位贵族，也指那个有才华的音乐家。

以上的谈论使我们意识到一定不要低估它将隐梦转变为显梦过程中的作用。这个作用是，梦境考虑它将利用的精神材料的表现力，这多数是指视觉形象的表现力。在各种主要梦念的附属思想中，那些拥有视觉特点的将大受欢迎；而梦的运作并不迟疑地努力将一些没办法应用的思想重铸成另一种新的语言形式，即便变得不寻常也无所谓，只要这个程序可以帮助梦的表现，并解除这种拘束性思想所形成的压力。把思想内容变化成另一种模式的同时，也有利于激活凝缩作用，而且可能创造出一些与其他梦念的关联，而这些本来是不存在的；这第二种思想，可能是为了与第一个思想相一致，就把自己原始表现方式作了改变。

赫伯特·西尔伯勒曾经就梦的生成发表了很多将梦念变化为图像的直接观察办法，因此可以独立研究这梦的运作的要素，他发现，在很疲惫的状况下，做一些理智的工作，通常思想会脱离而代之以一个图像——他发现这是那个思想的代替物。西尔伯勒以一个不太恰当的“自我象征”来形容这种代替物。下面我将引用锡伯尔论著中的三个例子，而我以后将在提及有关现象的特点时会再次提及这些例子。

例一，我想修改一篇论文中不完美的部分。

象征——我发现自己正在削平一块木板。

例二，我努力回忆自己即将进行的形而上学的研究。该研究的目的是追寻存在的基础，努力探索一条通向更高意识形式的道路。

象征——我把一柄长刀插入蛋糕中，似乎是想要切下一块。

分析 ——我的插刀的动作意味着“探索出一条路”……下面是对这个象征的解释：我经常在聚餐时切蛋糕，把它分给就餐者。我切蛋糕所用的是一把弹力刀，因此要尤其小心。要把切好的蛋糕取出来，干净整洁地放到碟子里也相当困难，因此我必须将这刀子小心的塞到蛋糕下面。在这图像里还有更多的象征，因为这是一种“千层糕”，因此刀子要切过很多层（这和意识与思想的很多层面互相对应）。

例三，我失去了一系列思想的线索，我正努力地把它找回来，不过得承认已经不可能再得到这种思想的起点了，那个起点已经彻底地消失了。

象征——印刷工人印版的部分，只是尾部的几行字迹已经掉了。

我们从笑话、引语、音乐和格言在受教育者的精神生活中所起的作用来讲，这一类的伪装能够表征梦念的。我们应当期望它们经常被用来代替梦念以作伪装的目的。比方说，梦见很多四轮马车，每一辆车上装满不同种类的蔬菜，这到底具有什么意义呢？它是卷心菜和大头菜的相反意义，也就是混乱的意思。不过很奇怪，这梦我只听说过一次，一个普遍有效的梦产生于个别的梦念中，而这些都基于一些大家都熟知的暗示和文字的代替物。而且这些象征大部分是梦与神经症病人，传说与习俗共同拥有的。

如果我们更进一步地探究这个问题，就能发现在完成这种代替的过程中，梦的运作并不是利用什么创新来达到目的。在这种状况下，为了避免审核制度的阻挠，梦使用一些早就存在于潜意识中的方法，首先对神经症幻想中存在的材料进行替换，使得这些被压抑的材料在玩笑或暗示中被表达出来。因此即可理解施尔纳对梦的分析，而我曾经为他辩解过（请见第五章）。这种对自己身体想象的先入为主的概念并不是梦所特有的，也不是梦的唯一特征。通过我对神经症患者的思想分析发现，它经常存在于这些患者的潜意识中，而且起源于对性的好奇，即出于成熟期的青年，对异性或者同性生殖器的强烈好奇。施尔纳及福尔克特所坚持的，房屋并非专门用来象征身体，他们的观点是正确的，不论是梦，或是神经症的幻想都是如此。不过的确有很多病人，用建筑物来比喻身体和生殖器。对这些人来说，柱子或圆柱代表着大腿（正如《所罗门之歌》内的象征），每一个门代表身体上开的口（即洞“hole”），每一种小管都象征着泌尿器官等等。有关植物与厨房的一些观念也同样可以用来隐匿性的意象，对植物已形成了很多语言学的用语，如一些可以溯源到古代的类比想象：像什么上帝的葡萄园、种子，和《所罗门之歌》中的少女的花园等等。在思想或者梦里面，最丑陋和对性生活最详细的描述也可以用那种看来是纯洁无邪的厨房活动暗示；如果我们忘记了在最寻常的事情中会隐藏着性的象征这样的事实，那么我们也将没办法理解癔症的症状以及神经症儿童受不了鲜血或生肉，甚至见到蛋或空心面就恶心，还有一些带有神经症病人将人对蛇的害怕进行夸大等等，而在这些背后都有关于性的意义。无论什么时候，神经症使用这些伪装，都遵照着一条人类古代文明已经走过的路径，并一直沿用到现在，这些在言语、迷信和习俗上都可以毫不费力地找到证据。

以下我将表述一个曾记载的一位女病人做的关于“花”的梦（我在第六章答应将此梦记载下来）。在这个梦里，我对有关性的解释的元素，都特别注意。在经过解释后，梦者就失去了对这美梦的爱好。

（1）序梦：她走进了厨房，那个时候两位女佣人正在那里干活儿。她挑出她们的毛病，责怪她们没有把她那些食物准备好。与此同时，她还看见一大堆厨房里常用的坛子，口朝下地在厨房里堆放着以让里面的水滴干。这两个女佣人准备去提水，不过要步行到那条流经屋里流进院子里的小河。

（2）主梦：她从有很多排列着奇特的木桩或篱笆的高处向下走。那是一个小方形的木板架构成大格子状，它们并非用来让人攀爬的。因此要找个落脚的地方也很困难，她又为衣裙没有被什么东西钩破而感到很开心，因此她体面地走了下来。她手里握着一根大大的枝条，实际上像是一棵树，上面开满了红花，枝芽交错而且向外扩展。看来有点像樱桃花，可单独看时又像是重瓣的山茶花，尽管这种花并非长在树上。当她下去的时候，底下的花朵都开始凋零了。走下来后，看到一位男佣人。她很想和他说话，但是他正在修剪着同样的一棵树，他用了一个小木片努力把长在树枝中像苔藓似的倒垂下来的一团团头发刮下来。还有其他的工人也在花园砍下了同样的枝条，把它们丢到路边上，到处都是，有些人各自拾取了一些。她问他们，自己是否也可以拾取一株。一位年轻男人（她认识的一位佣人，但是不太熟悉）正站在花园里，她走上前问他，如何把这种枝条移植到她自己的园子里去。他却拥抱了她，但她却摆脱了，并指责他难道他认为谁都可以这么抱着她，他说这没有什么不可以，这是被允许的。之后他说他情愿和她到另一个花园去，教她怎样移植花木，而且加上了一些她不太理解的话："无论怎样，我需要三码（后来他又这么说是三平方码）的土地。"他好像是向她索取什么东西，作为他教给她的报酬，或者想要在她的花园中取得什么补偿，或者想要逃避一些法律，而且由此得到一些利益，可并不伤害她。至于他是否真的展示了什么给她看，她一点也不清楚。

这个梦可以说简直是一种自传式的梦，而我完全是因为那个象征要素才把它提出来的。这种梦通常发生在精神分析期间，其他的时间很少发生。

我当然藏着很多这种资料，但是如果都提出来，将使我们太过深入于神经症病患的状况，使整个梦的解析显得过于混乱。这些材料可以得出一致的结论，即梦的运作不需要进行一些特殊的象征活动，它只是利用那些已经存在于潜意识中的象征，因为它们更能符合梦的构成的要求（从拥有的表现力来看），并且可以有效地逃避审核制度。

五、梦的象征表现：进一步的典型梦例

上述自传梦的分析明确地表现出我自一开始就看到了象征在梦中的存在。但是，对它的范围和价值，因经验的积累以及威廉·斯特克尔的影响，我才渐渐达到一个完整的认识。这里，我必须稍微讨论一下斯特克尔。

这位作家对精神分析的破坏可能和他贡献的同样多。他带给这些象征很多出人意料地解释，起先大家对这些解释都表示怀疑，不过后来，获得证实并被大家接受。但他的解释受到怀疑是合情合理的，我这么说并没有小看斯特克尔成就的意思，因为他用来支持（说明）其分析的例子经常不能使人信服，而他所利用的方法也不具有科学性。他是利用直觉来解析梦的象征。关于这一点，我们需要感谢上天赐予他理解象征的特殊才能。可这种禀赋不能完全被接受，而它又没办法予以置评，因此其正确性就不可得知了。这正如医生坐在病床旁，以嗅觉来判断患者的传染病一样，即便临床确实存在能凭嗅觉做出这样判断的医生（这经常是退化的），而且确实可以凭嗅觉诊断出伤寒病。

随着精神分析的进展，可以发现很多病人都有这种惊人的对梦的象征的直觉。因为他们大多数人是早发性痴呆病患者，所以有一段时间人们曾怀疑有这种趋向的梦者都患有此病。可事实并非如此，这实际上只是个人特殊的禀赋，并没有病理学意义。

当对梦中代表性的象征的广泛应用已经理解的时候，我们会产生这样的疑问：这些象征是否都拥有确定的意义，正如速记中的符号一样，甚至还会想利用象征的解码来编一本新的“梦书”。对此，我有这样的意见：这种象征并不是梦所特有的，而是潜意识思想，尤其是关于人的思想观念的特点。经常可在民谣、童话、故事、成语、文学典故或流行的神话中发现，而且这要比在梦中表现得更为彻底。

如果我们一定要找出他的象征性意义，并研究与象征意象有关的目前仍然没有解决的问题，我们就应该超越梦的解析的范围去理解。在这里，象征只是一种间接的表现方法，我们不能无视其特点而与其他的间接表现方法混为一谈。在有些例子里，象征与它所代表的物象拥有很明显的共同性。但在别的例子里，却是隐匿而不是那么明白的，因此使人对这种象征的选择感到难以理解。可肯定只有后面才能讲清象征联系的根本意义，而且这类情形还表明了象征关系发生的特性。今天那些与象征联系相接的事物，在史前可能是以概念或语言的身份相连接的，这象征的联系似乎就是先前同一关系遗留下来的痕迹。或者说是一种之前身份的标志。正如舒伯特指出的那样，很多梦例中，同样象征的应用可要比在共同语言来得更为普遍。很多的象征和语言同样悠久，而其他例如“飞艇”“齐伯林”，这个地方指以他名字命名的大飞船则是在近期才产生的。

很多象征习惯于或者倾向于表达同样的事情。但是我们不能忘记梦中精神资料的特殊可塑性。很多场合，象征应该以它本来的意思来加以解释，可有的时候，梦者却在其记忆中衍生出力量将种种平时不表示性的情况来当作性的象征。如果梦者有机会在各种象征中随意选择的话，那么与梦念中其他的材料的中心有关联的象征肯定是首选。也就是说，象征的选择除了受典型的影响，还与梦者的个人原因有关。

即便从施尔纳以来的研究也使人没办法对梦的象征的存在产生任何的异议，以至于哈夫洛克·埃利斯也觉得梦不可避免地充满着象征。我们却不得不承认，象征的存在不仅使梦的解释变得简约也让它变得困难。当遇到可以采用自由联想技术进行解析梦的时候，梦的象征就无用武之地。在古代被应用的那种随意判断，在当今的科学时代已经不被允许使用，但是斯特克尔的随意解释却几乎将它复活。因而遇到梦内容中的象征的时候，我们不得不运用综合技巧，一方面依存于梦者的联想，另一方面依存于释梦者对象征知识的了解和掌握来弥补联想的不足。为了杜绝对梦的随意判断，在解释象征时必须相当谨慎，详细探究那些明显有象征意味的梦用意如何，将二者进行融合，以避免自己遭到不必要的批评。对梦的分析的模糊性，一些是因为我们知识的不完全，这在持续的进步后会慢慢加以改善的，还有一些则要归咎于梦象征本身的模糊性。它们经常有一种或多种的解释，正如中国的汉字一样，正确的结果不得不通过前后文的意思判断才能得到。这象征的含糊与梦的凝缩作用有关联。即便是区区一个梦的内容，却可以表现出在性质上完全不相符的各种思想与愿望。

在这些限制与保留条件下，我将进行深入的讨论。皇帝和皇后（或者是国王和王后）经常代表梦者的双亲，而王子和公主经常代表着梦者本人。可伟人和皇帝都被赋予了同样高度的权威性。比方歌德在很多梦中都以父亲的象征意义出现。所有长的东西，例如木棍、树干、雨伞等代表着男性生殖器。另外一个常见可难以理解的男性生殖器是指甲锉，也许是因为它可以上下摩擦。箱子、皮箱、橱子、烘炉以及中空物体、船、各种器皿则代表子宫——梦中的房子经常指女人。而梦里对于门房是否开或锁的关心则容易理会（参考我 1905 年的《一例歇斯底里的分析片段》中关于杜拉的第一个梦）。因此不需要直截了当地指出什么是用来开门的锁匙。在爱伯斯坦女公爵的歌谣里面，乌兰德利用锁和匙的象征来架构画出一篇动人心弦的性爱。一个穿过一套房间的梦便是逛妓院或走进后宫的意思。可从沙克斯列举的干净利落的例子看来，它也可以代表婚姻。梦者梦见一个熟知的一个房间在梦中成为两间，或者刚好相反，这和童年时对性的好奇（探讨）有关。在童年时候，女性的生殖器和肛门被认为是一个区域——底部，后来才发现这个区域原来拥有两个不同样的开口或洞穴。阶梯、梯子、楼梯或是上、下阶梯都代表着性活动。梦者爬上墙壁，或者从房屋的正面自上而下爬行（经常在很焦虑的状况下），则象征着直立的人体，或者是婴孩攀爬着父母或保姆身上的回忆。其中光滑的墙壁其实象征男人，因为害怕的因素，梦者经常用手紧握屋子正面的凸出物。各种桌子也象征女人，这可能是运用对立作用形成的，因为在这些象征中，它的外观是毫无凸起的。从另一方面来说，“木材”代表了女性的“质地”。从其文字学上的联系来看“Madeira 群岛”这个名词的意义象征着葡萄牙的森林。因为“床与桌子”构成婚姻，所以后者在梦里经常代替前者，因而观念中的性被移置为吃饭的情结了。至于衣着方面，人的帽子经常被认为是表示男性的性器官。外衣也是这个意思，即便研究过这象征有一定程度是因为发音相似的因素。在男人的梦中，领带经常是阴茎的象征。毫无疑问，这不但因为它的形状，而且它是男人所特有的、不可或缺的物件，更因为领带是能依个人的爱好随意选择的。这种自由，从所代表的物看，是自然要被禁止的。在梦里利用这种象征的男人，在现实生活中是很喜爱领带的（近似奢侈的），而且收集了很多。梦中很多复杂机械与器具都很可能代表着性器官（通常是男性的）。梦的象征作用在描述这一方面时发挥得淋漓尽致。而各种武器或工具毫无疑问都是男性生殖器官的象征，如犁、来复枪、左轮手枪、匕首、军刀等。与此同时，梦中的很多景象，尤其是那些桥梁或长着树林的山岭，都很清晰地象征着性器官。马尔西诺夫斯基出版过一组梦（由梦者画出来），毫无疑问地表现了梦中出现的风景与其他地点。这些画很清晰地刻画出梦的表象意义和隐意的分歧，如果不小心的话，它们像是设计图或地图，可如果详细地观察就知道它们是代表人体、性器官的，而这时这些梦的内容才能被解释。至于那些不可领会的新词，就肯定要考虑它们是否能由一些拥有性意义的成分凑成的。梦中的小孩也经常代表性器官。的确，不论是男人或女人都喜欢幽默地把他们的性器官叫做“小东西”。斯特克尔觉得“小弟弟”是阴茎的含义。与一个小孩子玩耍，或打小孩的梦经常暗示着手淫。表示阉割的象征则是光秃秃的头顶、牙齿脱落、砍头等意象。如果梦关于阴茎的普遍象征两次或多次重复出现，就是梦者用来防止阉割的保证。梦中如果出现了蜥蜴，那种尾巴断了又会再长出来的动物，则拥有同样的意义。在很多神话和民间传奇里，代表性器官的动物在梦中也有相似的意思，如鱼、蜗牛、猫、鼠（表示阴毛），而男性性器最主要的象征则是蛇。动物、小虫常象征小孩子——弟弟、妹妹。被小虫所纠缠经常是怀孕的象征。

值得一提的是，新近呈现在梦中的男性性器的象征：飞艇，或者是拥有飞行和其形状的联系。

斯特克尔还提到很多象征和例子，但是还没有充足的确认。他的论点，尤其是那本《梦的语言》载有关于解释象征的最完全的材料，里面大部分是凭借想象得来的，不过通过研究后知道是正确的，如那部分关于死的象征。但是，因为此作者缺乏批判精神，而且又喜欢以偏概全，因此使人怀疑其解释是否可靠。这种过失甚至能使观点变得毫无意义。因此在接受他的结论前，必须要仔细考虑。因此，我很只谨慎地引述他的几个例子。

依据斯特克尔的思想，梦中的“右”和“左”拥有道德的意义，“右手边的小道常用来指正直之道，而左手边的则是走向犯罪的路径。因此，‘左’可以代表同性恋、乱伦或性异常。而‘右’则代表着婚姻和娼妓性交等。而其意义经常决定于梦者自己的道德观”。梦中的亲属也是代表性器官的意思。在此，我只能确认孩子和妹妹是拥有这种意义的（他们属于“小东西”这个范畴）。另一方面，我却碰到了一个毫无疑问的例子。在这个梦例中，“妹妹”代表着乳房，而弟弟则代表着较大的乳房。斯特克尔觉得梦见追不上车子的含意是悔恨年龄的差别太大，没办法赶上。他说旅途中带着的行李，是一堆把人拖住的罪恶。可这个行李却通常正确地象征梦者自己的性器官。斯特克尔也给经常在梦中出现的数字赐予特定的意义。可这些解释必须有足够确凿的证据，与此同时也并不是永远正确的。在他的少部分例子中，这种解释似乎可以得到确认，在很多梦例中“3”这个数字可以从很多方面来证实是男性生殖器的象征。

斯特克尔提出的推论是，性象征拥有双重意义。他问：“是否有种象征（如果此想象暗示着）能同时表现在男性及女性身上呢?”实际上，括号内的句子已经消除了这观点的大部分不确定性。因为实际上，想象并不经常这样暗示（承认）着。根据经验可以这么讲，斯特克尔的一般化推论无法表达出事实的繁杂性，即便有些象征可以代表男性性器和女性性器，而另外一些象征则基本上或全部代表男性或女性的意义。我认为有些是能同时代表男女生殖器的，如亲属中的儿子、女儿或弟妹。而有些则只用于象征某一性别，在想象中不会用长而硬实的物品来暗示女性性器，而中间是空的木箱、箱子、木盒等是不能用来代表男性性器的。不过在性的双重意义上，梦和潜意识幻想则运用性象征的倾向，表示出一种原始的特性。因为孩童时期，幼儿们并不了解生殖器官的两性分化，而认为两性的性器是相同的。有的时候我们可能会误解某一象征拥有两性的意义，因为有些梦有普遍的性倒错，也就是将女性表现为女性，或将男性表现为女性。这种梦其实可能表达了一种女人想要成为男人的愿望。

性器官在我们的梦中可以用身体的其他部分来象征。例如可以用手或脚来代表男性性器官，口耳甚至眼睛来表示女性的生殖器开口，还有就是人体的分泌物——黏液、眼液、尿、精液等在梦里可以互相代替。斯特克尔后面这句话大体上说来是对的，不过却受到拉德勒的批评，他觉得要做这样的修改："实际发生的情况是，很有意义的分泌物——如精液，被一些无所谓的东西代替了。"我希望上面这些不完整的提示会激发人们去研究探讨这个题目和收集这方面的资料。本人在《精神分析引论》（1916－1917 第十讲）中，曾尝试给梦的象征予以更详细的报告。

以下我将用几个例子来解释这些象征在梦中的应用，并指出如果不重视梦的象征，我们就没办法解释梦，而且，在很多梦例之间，人们是如何情不自禁地承认了这些象征的意义！与此同时，我要提醒大家，也不要过分估计梦的象征的重要性，导致梦的解析成为翻译梦的象征的观点，而忽视了自由联想技术，这两个梦的分析方法是相辅相成的。无论是就观点或实际来说，后者的地位是首位的，因为能从梦者的评论中，总结出决定性的意义。而对象征的了解，正如我说过的那样，只是一种次要的部分。

梦例一：帽子用来象征男人（或者男性生殖器）

（节选自一位年轻妇女的梦，她因为害怕受到诱奸而患有广场恐惧症）

"夏天，我戴着一顶奇形怪状的草帽，在街上静静地散步。草帽的中部向上翘起，而周围则向下垂，"这时，病人的叙述稍稍地迟疑一下，"其中一边比另一边低一些。我兴高采烈十分自信，当我从一群年轻军官身旁走过的时候我想，他们都不能伤害我。"

分析：由于她不能对这帽子产生任何有关的事物的联想，因此我对她说："这个中间部分竖起而周围向下弯曲的帽子，肯定是指男性生殖器。可能你会觉得奇怪，为什么用帽子来代表男人？但请你不要忘记这句话'unter die Haube Kommen'（"躲在帽子下"），其实是'找一位丈夫'的意思。"我故意不问她帽子两端下垂的程度为什么不一样，即便这些细节是解释的关键所在。我继续对她说，因为她的丈夫拥有这样漂亮的性器官，所以她没有必要害怕那些军官。也就是说，她没有必要企图从他们那里得到任何东西。因为经常受诱奸的幻想影响，她不敢独自出去散步。基于其他的材料，我已经多次向她解释其焦虑的原因了。

梦者对此分析的反应是惊讶的，她先是收回了对帽子的叙述，紧接着又声称她从来没有说起帽子两边下垂的事。可我确信自己没有听错，因此不被她影响，坚持她肯定说过。之后她沉默了好一会儿，等鼓足了勇气才询问道，她丈夫的睾丸一边比另一边低拥有什么意义，是否每个男人都是那样？就像这样，该帽子特殊的细节就被这样解释了，而她也赞同了这个解释。

当病人告诉我这个梦时，我已经对这帽子的意义很熟悉了。而其他的不那么明晰的梦，倒使我想帽子也可以代表女性的生殖器。

梦例二："小东西"——性器官的象征；用"被车碾过"来象征性交

（那位患广场恐惧症的女士的另一个梦）

她妈妈把她的小东西（也就是她的小女儿）送走了，因此她不得不自己一人走。她和妈妈走进火车车厢内，看到她的小东西正在沿着轨道直直地走着，她想肯定会被火车碾过的。她似乎听到她骨头被压碎的声音（这使她产生不舒服的感觉，可仍然没有真正的害怕），之后她透过窗子向车厢后面看，看会不会瞧见那些碎片。之后，她责怪母亲为什么让小东西自己走。

解析：要将这个梦做一个完整的解释并不是容易的事。它是一连串循环不断的梦的一部分，因此不得不和其他的梦放在一起才能被彻底地了解。我们很难找出足够的素材来解释这些象征。患者开始接受分析。她说，这火车之旅和她过去一段经历有关，暗示她曾离开神经疾病疗养院的旅行。而她爱上了这个疗养院的医生。在她妈妈来把她接回家的时候，这位医生到车站来送行，并送给她一束花当作分别的礼物。她感到很尴尬，因为她怕妈妈看到了这个状况，在这里，她妈妈就象征着阻挡她的爱情尝试的角色。而的确在病人年轻的时候，这严厉的女人曾经充当过这种角色。她的另一个想象与这个句子也有关："她透过窗户向着车厢后面看，看看是否可以看见那些碎片。"由梦的正面来看的话，很容易使人想到她的小女儿被碾过而成为碎片，而她的想象却指向另一个方向。她想起曾看见父亲在浴室里赤裸的身影。紧接着她继续谈论关于两性的差异，与此同时也强调即便在背后也能看清男人的性器，而女人是见不到的。在这里，她觉得"小东西"其实是指男性性器官，而"她的小东西"，也就是她的一个四岁的女儿，是指她自己的性器官。她抱怨母亲想要她像没有性器官那样活着，在梦的开始就表露出这种指责："妈妈把自己的小东西送走了，因此她得自己一个人走。"她在自己的想象中，"自己一个人在街上走"就是指没有男人，没有任何性关系——她不喜欢这样，而这所有都说明当她还是小女孩的时候，的确因为受到父亲的宠爱而遭到妈妈的妒忌。

对这个梦的更深一层的解析，可从同一晚发生的另一个梦显示出来。在那个梦中，梦者把自己与自己的兄弟类比。实际上她自己就是一个很男性化的女孩，别人经常说她应该是个男孩子，与兄弟类似的结果清晰地指出"小东西”意义也就是性器官。她的母亲肯定把他（或她）阉割了。这只可能是因为玩弄她的阴茎才受到处罚，因此这认同作用也确认了她小时候曾自慰过。到现在为止，她这个记忆仍然只是限于其兄弟身上，从第二个梦的一些资料来看，她在早年的时候肯定知道男性性器官，不过到后来忘掉了。更进一步来说，第二个梦暗示了“幼儿期的性观点”。按照这一观点，女孩子全部是被阉割的男孩，在我暗示她曾有过这种孩童式的估计时，她立即用一段逸事来证实这一点。她说她曾听到男孩对一个女孩子说，“是切掉了吗?”女孩子立即回答道：“不，我认为都是这样的。”

因此，第一个梦里的把小东西（性器官）送走和那个威胁着她的阉割有关，最后，她对母亲的责怪是想把她生成男孩。

可“被车碾过”所表现的性交在梦中并没有明显地看出来，但是可以通过其他很多来源加以确认。

梦例三：象征着性器官的建筑物、阶梯和洞穴

（一个被父亲情结所压抑的年轻男子的梦）

他和父亲一起外出散步，散步的地方肯定是普拉特公园，因为他见到了大圆塔。而且前面还有一个小屋，看上去有点斜，屋上拴着一只泄了气的气球。他父亲问他这是什么原因，他对父亲的问题感到很惊讶，不过还是解释了。之后，他们走进了一个院子，院子里展着一大张锡片。他的爸爸想要割一大片下来，于是先是向周围望望，看看是否有人在看到他。他对父亲说，只要告诉门卫就可以毫无麻烦地弄到一些。一组阶梯，从这院子向下延伸到一个洞穴那里，而且它的外壁是一些软绵绵的物质，正如盖上软皮面的扶手椅子，在这个洞穴的终点是一个长方形平台，紧接着又是一个洞穴。

解析：病人肯定是属于治疗效果不佳的一类。也就是在分析的前一段时间里基本上是没有困难的，可从某一点以后，就变得开始没办法接近了。他好像不需要任何帮助就能自己把这个梦解释了。他说：“那圆塔肯定是我的性器官，而它前面的拴着的气球就是我的阴茎，而我却在担心它的软弱。”为了更加详细地观察，可以把圆塔当作臀部（孩子们习惯地认为臀部是生殖器的一部分），在它前面的就是阴囊。他的父亲在梦中问他这是什么原因，即等于问他性器官的功能和目的是什么。在这里似乎应该把状况倒过来，即梦者变成发问者。因为实际上他从来没有这样问过他父亲，因此我们把这当作是梦念的一个意愿，又或是一个条件从句，“如果我曾向父亲求教性启蒙的相关知

识……”在梦的另一部分中，我们将看到这想法的持续。

铺展着一大张锡片的院子，这是与梦者父亲的商业有关，而并不用象征性解释。为了慎重起见，我用“锡片”来表示病人爸爸真正在经营着的物质。同时，我并没有对梦的表述进行修饰。梦者加入了他父亲的企业，但是他对父亲的经商手段很不认可。因此，对于上面的梦念可以这样解释：“即使我问他，他也会用欺骗客户的手段应付我。”至于那个表现他父亲在商业上不诚实的“割取”，他却有另外一种解释，也就是表示着手淫。我不但对这解释很清楚，而且在这个梦里也能确认。实际上，手淫的秘密性质这里可以用相反的形式来表达：也就是可以公开地做。与我们想象的一样，手淫的行为再次移置到梦者父亲的身上（和梦中前面一段父亲问他问题一样）。他很快地把洞穴认作阴道，这是因为墙壁上有柔软的覆盖的缘故。从别处得来的体验来看，我想说，就和向上爬一样，向下爬一样是代表在阴道内性交。

梦者自己替两个洞穴之间隔着的一个长方形的平台作了自传式的解答。他曾经有过性交，后来因为抑受到抑制的关系而不得已中断。现在希望治疗后可再度性交，但是这个梦结尾的时候，却越来越不明显了。任何对此了解的人都会想到是第二个主题涉入梦的内容里来了，而这因为父亲的商业，他的欺骗行为，和解释第一个洞穴是阴道共同暗示着：这些都肯定是指向与梦者母亲的关系。

梦例四：孩童阉割的梦

（1）一位3岁5个月大小的男孩，很不喜欢他爸爸从前线回来。有一天早上醒来，他带着激动与困扰的神情，一直重复说着：“为什么爸爸要用一个盘子托着他的头？昨晚爸爸的头在盘子里。”

（2）一位正患着强迫性神经症的学生清晰地记得在他6岁的时候，一直不断地做着下面的梦：他到理发厅去理发，一位身材高大，严厉的女人却把他的头砍下。而且，他认出这女人是他的母亲。

案例五：梦中的楼梯

（兰克所报告与解析的梦）

我不得不感谢我那位同事，他曾经提供给我关于牙齿刺激的梦，现在他又给我另一个典型的有关遗精的梦。

我奔下楼梯（或者一层公寓），追着一位女孩，因为她对我做了一些事，因此肯定要处罚她。在楼梯的底下有人替我拦住了这个女孩，因此我捉住了她，可不知道有没有打她，因为我突然发现自己在楼梯的中间和这女孩性交（似乎正如是悬浮在空中一样）。可这并非真正的性交，我只是用性器官摩擦她的外生殖器而已，而当时我却很清晰地看到她的生殖器的外观，而且还有她的头正向上转向一侧。在这次性行为过程中，我看到在我的左上方挂着两张小画，这画也像是悬挂在空中一样，画着房子周围绕着树木的风景。在比较小的那张画的下面，没有签画家的名字，却是我自己的姓名，似乎是要赠给我的生日礼物。之后又看见两幅画前面的便条，说还有更便宜的小画，之后我自己就很模糊了，我感觉自己好像躺在楼梯台上的一张床上，最后，自己却因为遗精带来的潮湿感醒过来了。

解析：在做此梦同一天的当晚，梦者曾经在一间书店里，在排队的空当看到一些陈列在墙上的图画，这与那个在梦中看到的有些相似，他靠近一小张他很喜欢的图画，想看看作者是谁，但是他根本不认得这位作者。

后来，他与几位朋友在一起的时候，听到了一个关于一个波西米亚女佣夸赞她的私生子是在“楼梯上生的”的故事。梦者询问了有关这不寻常事件的细节，了解到这女佣人带着她的情人回到家里，因为在那里根本没有机会性交。因此那男人在兴奋当中就和她在楼梯上行了性交。梦者那个时候还用一个讽刺掺假酒的比喻，并说这小孩实际上是在“地窖阶梯的葡萄酒里”生产的。

梦和那天傍晚发生的事有密切的关系，而且梦者可以很容易地把它们融入到梦中。可他却很难把梦中属于幼儿期回忆的那部分挖掘出来。这楼梯是他消磨大部分童年时光的地方，他在楼梯上面的那间屋子住了很久，尤其是他在这里首次有意识地感知到性的问题。他经常在这楼梯游戏，除了别的事情以外，他还经常骑在楼梯的扶手上由上面滑下来，这给他性的感知。而在梦中他也是很快地冲下楼梯——是那么的快，用他的话来说的话，他并没有把脚搁在阶梯上，只是像一般人所说的“飞”过它们。如果考虑幼时的经历，那么梦的开始部分就显现出性兴奋的因素。梦者曾和邻居的小孩在楼梯和其他的建筑物里玩有关性意味的游戏，并曾有过像梦中一样的满足愿望的经历。

如果我们还记得前面对性象征的研究——楼梯和攀爬楼梯，几乎毫无例外地表示着性交行为，那么这梦就很清晰了。其动机，由遗精的结果来看，仅仅是纯粹地属于性欲的，梦者在睡眠当中被激发起性欲——这在梦中是用冲下楼梯来体现的。此性兴奋中的施虐狂倾向在追赶和掌控女孩上表示出来。

性欲冲动就逐渐增加并指向性行为，在梦里用捉到小女孩，并把她放在楼梯中间来表示。直到这里，梦仍然是象征形式，拥有性意味，这对于没有经验的梦的解释者来说或许是不可理解的。可对性欲兴奋的强度来说，这种象征式的满足还能让人安睡。而这兴奋最后使得达到性欲高潮，整个楼梯实际上是象征着性交，这个梦就很清楚地证明了我的观点，即以上楼梯具象征性的一个理由是，二者都拥有韵律性的特点，梦者在梦中很清晰、很明确表达的事是那拥有韵律性的性行为和它的上下动作。

有关另外两幅图画，除了它们的真实意义以外，我这里补充几句。除了他们的实际意义，它们仍然拥有“Weibsbilder”（这个德文的字面意义为“女人画”，俗指“女人”）的象征意义，可以被称为荡妇。很明显的是有一幅较大而另一幅较小，正如梦中有一个大女人和一个小女孩出现似的。而那“还有更为便宜的画”，却代表了有关娼妓的情结，可是梦者的名字署在较小的那幅画上，那是生日礼物的观念，却暗示着对双亲的情结。

最后那个不很明显的状况，梦者见到自己睡在平台的床上，与此同时还有一种潮湿的感觉，似乎指的是幼儿期自慰提前，其原型是与尿床相似的快感。

梦例六：真实的感知及表现的重复

曾经有一个35岁的男人讲述了一个他记得很清晰的梦，而且说这个梦是他在4岁时做的：一位负责执行他父亲遗嘱的律师（他3岁的时候父亲就逝世了），买了两只大梨，给了他一个，而将另一个放在卧室的窗台上。当他醒来的时候觉得他梦到的是真事，并一直固执地要求妈妈到窗台上把第二个梨子拿给他，妈妈只是却不以为然地笑了笑。

分析：这位律师是一位快活的老绅士。梦者似乎记得那位律师真的曾经为他带来两只梨。窗台也正如他在梦里看到的那样。可这两件事之间一点联系都没有。他妈妈不久前曾经告诉他一个梦，说有两只鸟停在了她头上，她曾自己问自己它们什么时候会飞走。可它们却没有飞走，而且其中一只还飞到她嘴上吮吸她的嘴。

因为病人不能想象，因此给我们机会用象征的方法来尝试解析。那两只梨代表那曾经给他滋养的母亲的乳房，而那个窗台就是前胸的投影，正如在梦中房子的阳台一般。他醒过来的真实感肯定是有道理的，因为他妈妈确实是用母乳哺养他，而且实际上他断奶的时间也比一般孩子晚，以至于4岁时他还能吃到她妈妈的奶。这梦不得不如此分析："妈妈再给我（或让我看）那过去我吮吸过的乳房吧。""过去"是以用吃了一只梨子来表现，"再"那么久表示他渴望另一只，在梦里，对一行为定性的重复，经常以一物象的数目上的重复来表达。

应该引起我们注意的是，在一个 4 岁小孩的梦里，象征就已经饰演着各种角色，这是人们意料之外的，我们不妨猜测，梦者最开始的时候就得利用象征。

以下是由一位 26 岁的女士提供的不受外来因素影响的梦例，表明在她早年的时候，在梦生活以外或以内也应用到了象征。在她三四岁的时候，保姆带着她和小她 11 个月的弟弟，还有年龄在二人之间的表妹一起上厕所，以后再一起外出散步。因为她是老大，所以让她坐抽水马桶，而另外两个坐在便桶上。她问表妹："你是否也有一个钱袋呢？华特（她弟弟）他有一个小香肠，我也有个钱袋。"她表妹回答："是的，我也有个钱袋。"保姆很开心地听她们说话，然后就回去告诉了孩子们的妈妈，而她得到的是狠狠地斥责。

梦例七：正常人梦中的象征问题

经常用驳斥精神来分析的理由之一是，梦的象征可能是神经症患者思想的产物，不会发生在正常人身上。最近这观点还被哈夫洛克·埃利斯所强调。而现在精神分析发现，正常和神经症患者的生活之间并没有质上的区别而只有量的差距。而且在梦的分析中，压抑的情结在健康和病人身上都是同样运作的，显示出二者的机制与象征都是完全一样的。正常人的梦，实际上比神经症的人含有一些更简单、更聪明和更特殊的象征，在后者当中，因为审核制度更加严谨，因此产生了更为严重的梦的伪装，使象征变得更加含糊和不易解释。以下这个梦就说明了这种事实，这是一个并不是神经症患者，却是相当规矩和保守的女孩子所做的梦。在与她的交谈中，我知道她已订婚，只是有些障碍使她的婚期不得不延迟。她告诉我以下的这个梦。

"因为祝贺生日，我在桌子的中央摆放了很多鲜花。"在回答问题的时候她曾经告诉我，在梦里她似乎是在家里（她现在并没有住在那儿），她有一种"幸福的感觉"。

因为常用的象征使我不需帮助即可解释这个梦。这是出于她渴望当新娘的愿望：桌子和当中摆放的鲜花，代表着她和她的性器官。她用完成这个来显现对未来的愿望的迫切实现，因为她已经期望生孩子了，所以她似乎觉得结婚已经过去了好久。

我向她指出“桌子的中央”事实上不是一个很常见的表达方法（她承认了）。当然我不能直接地对这一点不停地询问，我小心地不去暴露象征的意义，而只是问她梦中其他分离的部分在她的脑子里有什么想法。在分析的过程中，由于分析兴趣的增加，开始的保守态度正在渐渐消除，并被一种开放性的态度所代替。

当我问那些是什么样的花的时候，她第一个回答是一种“珍贵的花，别人必定为得到它付出了不少的代价”，之后说它们是“山谷中的百合，紫罗兰、石竹花，或者是麝香石竹”。在梦里，呈现的百合花通常的是象征贞洁的意思，她确认了这个假设，因为她对百合花的联想也是纯洁。山谷通常是象征女性的，因此梦的象征运用这两个花的英文名词的巧合，强调出了她的可贵贞操——“珍贵的花，别人必须为得到它付出很高的代价”，表达出了她期望丈夫可以重视她的价值，我们将会看到“珍贵的花”这句话在三个不同的花的象征中都拥有不同的意义。

“紫罗兰”表面看来是没有任何的象征性的意义的，可据我来看，它似乎是很大胆的，可能可以溯源到它与法国词语“Viol”（强奸）的潜意识有关。让我惊奇的是，梦者也联想到了英文字中的“Violate”（暴力），这个梦利用了“Violet”和“Violate”之间偶然的想象（它们只是在最后字母的发音上略微有不同），来用“花的语言”表现出梦者对强奸的看法（另外一个使用花的象征），同时显露出她性格上可能存在的一些受虐倾向。这是个很恰当利用“文字桥梁”来连接到达潜意识上的较好的例证。“别人为得到它要付出很大的代价”是指要成为妻子或妈妈要以其生命当作代价。

紧接她说那是“麝香石竹”或“石竹花”，因此我想这词可能与“肉体”（Carnal）有关，可梦者的联想却是“颜色”（colour）。她还说，“麝香石竹”是她未婚夫送给她次数最多的花。说完以后，自己又突然承认所说的并不是实情：正如我所期望的，她所想象的不是颜色而是“肉体化”。实际上“颜色”也不是太离题的联想，可却取决于“肉体”的意义（肉色），这也是同样的情结决定的。这种缺乏坦率的状况说明这里的阻抗是最大的。相呼应的事实是，这点的象征性最清晰，而且本身的欲望和压抑对于男性生殖器论题之间的斗争也最为强烈。梦者叙述其未婚夫经常给她那种花不仅暗示着“肉体”的双重意义，而且还指出它们在梦中具有男性生殖器的含义。花的礼物，正如在生活中最使她激奋的因素，表现着一种性礼物的交换：她把贞操当作是一种礼物，而且期望着被回报以感情的和性的生活。在这里，“珍贵的花，别人为得到它需要为它付出代价”毫无疑问的是有着经济意义的。梦里的花包含了处女的贞操，男性力量和暴力强奸等一系列象征。值得指出的是用花的象征性是很平常的事，可能情人之间赠送花朵也是拥有这种潜意识的意义。

她那在梦中准备的生日宴会，毫无疑问是指婴儿的诞生，她把自己视为未婚夫，同时代替他为她准备生产，也就是与她性交，潜匿的思潮可能是这样的：“如果我是他，我不可能再等下去，也会不顾是什么安全期而与她性交，甚至会用暴力的。”暴力这个词从此显示出来了，因此本身的欲望的虐待因素也得以表露。

在梦的更深一层，此语“我在桌子中央放了……”毫无疑问的是自慰的意思，即幼儿时期的性欲。

梦者不慎泄露了她对自己身体缺陷的关注，而且这只能在梦中才会变为可能：她认为自己是一张桌子，是非常平的没有突出的地方，而且再强调着“中央”的可贵。在另一个场合中她用了这些字即“花的中央部分”，也就是指她的处女的贞操，桌子的平面状态也肯定与她自己身体的特点有关。

我们应当看到这个梦的浓缩：没有多余的内容，每一个字都有象征意义。

后来，梦者自己也替这个梦作了一些补充说明：“我用皱褶状绿色的纸来装饰花朵。”她又说这是用来罩在平常的花盆外面的普通的“包装纸”，她紧接着说：“来掩饰那些不平整的地方，那是一些不好看的东西。有一个缝隙，一个空当，而这些纸看来似乎是地毯或是苔藓。”对于“装饰”，她的联想是“端庄”，与我期望的同样。她说绿色太显眼，而她的想象是“希望”另外一个与怀孕的关系。在这一部分的梦，主要的因素并不是认同男人，羞耻的思想与自我启发先来，她为了他而把自己装扮得好看，而且承认自己身体上的一些缺陷，由于她的性格不容易讲出来，但是她想要尝试有所改变。她有关地毯和苔藓的联想很清晰的就是指示着女性的阴毛。

这梦其实反映了一些在清醒的时候毫无察觉的思想，即便是有关肉欲的爱和性器官。她被“安排了一个生日（生日指生产的日子)”，即是说，她被性侵。它也表露了对被奸污的恐惧，但可能还包含有快乐的受虐思想。她承认了自己肉体上的缺陷，而对自己是处女予以过分的评价来当作补偿。她以羞耻心当作她肉欲的信号，其目的在于生产一个婴儿。物质的考虑（不在情人考虑之内的）也找到了显现的路径，而这，未婚夫完全不知情。连接这简单的梦的情感——一种幸福的感受，表示对于那很有力的感情在梦中得到了满足。

费伦齐说得特别正确，象征的意义和梦的内容在那些来找精神分析的人的梦中是最容易被找出来的。

在这里我要插入一个同一时代的历史人物的梦。这样做是因为它在任何梦例中都表示着男性的性器官，而在这里却有着更进一步的意义，很清晰地表现了男性性器官的特点，马鞭无止境地伸长除了表示勃起外，再也不能代表什么了。另外，这是一个很好的例子，因为可以说明某些严肃的思想可能是由幼儿期的性资料来表现的。

梦例八：俾斯麦的梦

（录自沙克斯的一篇论文）

在他的那篇《男人与政治家》中，俾斯麦援引了他在1881年12月18日写给皇帝威廉一世的信，书里有这样一段话："阁下的来信使我有勇气向阁下汇报一个1863年春天的梦，那是发生在战争最猛烈的时候，任凭是谁也不会知道结果将是什么，我梦见（我醒来后的第一件事就是向太太和其他的证人叙述此事）自己在狭窄的阿尔卑斯山山路上骑着马，右边是悬崖，左边是岩石。小径越来越窄，所以马儿不愿意再继续前进了。因为太狭窄的缘故，因此要转回身来走或是下马都已是不可能了，之后我用左手拿着马鞭，击打着光滑的岩石，求得上帝的援助，马鞭无止境地延伸，岩石壁像是舞台上的背景一样跌到下去（不见了），开辟了一条宽敞大道，可以看到小山与森林的景象，像是波希米亚的：那里有普鲁士军队的旗帜，即便是在梦中，我脑子里仍然马上浮现出向你报告的念头。这个梦很完美，在我清醒过来的时候，感到全身都是喜悦与力量……"

这个梦分为前后两个部分。在前半部分，病人发现自己无法前进。但是却奇迹般地在第二部分中逃脱出来。马儿与骑士的困境，很容易知道是此政治家危机境况的梦的图像。对这次危机他大约拥有一种特殊的感知，因为他在发生前就对这个问题考虑了很久。在上面援引的文字中，俾斯麦用同样的比喻，用那里不可能有"出路"来形容那个时候的形势。因此，他肯定很清楚这个梦的图像的含义。这与此同时是锡伯尔"官能现象"的一个例子，梦者脑子里运转的各种程序，每一个他想到的解决方案都依次遇到不可逾越的障碍，可他却不能把自己从这种执着中分开，很恰当地把骑士进退不得的状况表达了出来。他的骄傲使他不能考虑投降或逃跑的问题。在梦中是这样显示的，“回转过身来或下马都不可能。”在他那种冲创性的人生（不停地为别人的利益而辛劳工作）中，俾斯麦肯定很容易把自己想象成一匹马，实际上他这样表示过很多次，例如他有名的言论“好马是死在工作中的”。由此来看，“马儿不愿意前进”不过是在表示这过度劳累的政治家想要躲避现况的愿望，用另外一句话说，他用睡觉与做梦来消除“现实原则”对他的束缚，及第二部分明显显露愿望的实现，实际上在这段文字中（阿尔卑斯山的小径）就暗示出来。毫无疑问，俾斯麦已经知道他可能要在阿尔卑斯山的加斯泰恩度过下一个假期，因此这梦把他带到那里，他一下子摆脱了所有的政务的纠缠。

在梦的第二部分，梦者愿望的实现可以用两种方法来表现：一种是不经过伪装的，另一种是象征性的，其象征性的表达是以阻挡前进岩石的消逝，之后展示出宽阔大道来表现他梦寐以求的“出路”。而最便捷的，不经过伪装的就是那前进中普鲁士军队的图像。为了解这个梦想，并不需要创造出一些神秘的假定，只用愿望达成的观点就足够了。在此梦中，俾斯麦已决定，为避开普鲁士内部的冲突，最好的办法是赢得对奥地利战争的胜利。因此，这梦表现出愿望的实现。正如我所假定的，当梦者看到普鲁士军队和他们的旗帜出现在波希米亚（敌人的境内）的时候，此梦例与众不同的是，梦者不只是达成梦中的愿望就满足了，他知道怎样在现实中实现，任何了解精神分析的人都不会忽视的一个特点就是那无限伸长的马鞭。我们明白马鞭、棍子、枪矛和相似的东西是男性性器官的象征，而马鞭伸长的时候，毫无疑问表明男性性器官的最大特点是延展性，而这种现象夸张地比喻了它无限伸长，似乎表示着来自幼儿时期的过度投入。而病人左手握马鞭的事实则很清晰地暗示着手淫，即便这并不是指梦者的现实的状况，而是很久之前孩童式的欲望。斯特克尔医师发现，在梦中左手足代表着错、压抑的和罪恶的事，在这里是很适合的，可以适用于孩童时被压抑的手淫，在这最深的幼儿期层面，以及和这个政治家现在的计划有关的表面我们很容易找到一个与二者有关的中间层。抽出马鞭击打岩石，同时向上帝求援，于是得到奇迹式的解放。这和《圣经》中摩西用岩石击出水来救助以色列口渴的小孩很相似。我们可以不假思索地认为俾斯麦对《圣经》这一段记载很熟悉，因为他是来自一个热爱《圣经》的新教家庭。很可能在这段冲突期间里，俾斯麦把自己比喻成摩西，不过这解放人民的领袖得到的报酬却是反叛、仇恨与忘恩。在这里，我们应当和梦者的意愿相连。但是，此段《圣经》记载也含有手淫性幻想的内容，摩西在神下命令的时候，手握着杖子，而上帝因为他这违法的行动而惩罚他，说他在未进入良善的邦国之前肯定会死去。那被禁止的握杖子的行动，在梦中肯定是握着阳具的象征，因为它的鞭击而使得水源和死的威胁，这所有我们都能找到幼儿期手淫诸多主要因素的联合。我很有兴趣地察觉到：在此校订过程中怎样把这两个不同来源的图像联系在一起（一个是源于天才政治家的心灵，而另一个则是来自孩童心灵的原始冲动），并由此成功地避免了所有引发困扰的因素，握着杖子（或鞭）是个禁忌和反叛举动的事实，只是象征性地以“左手”表示罢了。另一方面，在梦表象意义中，呼唤上帝意味着要公开否定任何的压抑和秘密。至于上帝对摩西的两个预示：他会看到良善的邦国，可不能进入。第一个很清楚是满足的“看到小山和森林的景色”，而第二个是使人苦恼的，大约是因再度校正而删除了，这成功地把此景色与前一个连成一单元，即用岩石的消除代替了水的流出。

我们可以想象，在幼儿期手淫性幻想未来时（这包含压抑的因素），孩子肯定是希望他人不知道发生过的任何事情。在此梦中则恰恰相反，想要将所发生的事情马上报告国王，这一相反很奇妙地与表层梦念的胜利幻想和梦表象意义的一部分配合得天衣无缝，这种胜利与征服的梦，经常掩盖着战胜情欲的意愿。梦中的某些迹象，比方说，梦中的前进受到阻挡，但是当他运用他那可伸长的鞭子抽打时就展现了一条宽阔的大道，可能即指向这点，但是没有足够的理由可以推断，说这种确定的思想和意愿呈现在整个梦中。这是个伪装得很成功的梦的例子。所有使人不快的事都被表面的保护层遮掩着，从而可以避免焦灼的产生，这个梦是个成功的愿望实现，丝毫不违背审核制度，因此我们可以相信在醒来的时候“充满着喜悦与力量”。

梦例九：楼梯梦的变异

还有就是我的另一个男病人，患有严重的神经症和自我绝禁性欲念症，他的幻想（潜意识的）病态地固定在他妈妈的身上，而且经常反复地做着与她一起上楼的梦。我曾经有一次向他提到，一定程度的手淫也比这种强迫性的自制对身体的害处小些，之后他就做了下面这个梦：

他的钢琴老师责怪他不专心练琴，骂他没有认真地练习莫斯切尔斯的“Etudes”及克莱蒙特的“Gradus ad Panassum（高蹈派的练习曲）”。

在评论时，他指出“Gradus”也是阶梯的意思；而琴键本身就是阶梯，因为它分有音阶（阶梯）。

可以说没有任何思想在梦中不可以用来代表“性”的事实和愿望。

梦例十：小解的象征

请参考第二页的一系列图画，这是费伦齐在匈牙利一份叫做《纸媒》的漫画刊物上找到的。他一下子就可以看出这是梦的观点。兰克就曾因此写了一篇论文。

那幅图画的题目是《一位法国女保姆的梦》，只有最后一张图片才表现出她被小孩的叫声吵醒。换言之，前面七张图都是梦的各个不同阶段，第一张图描绘的应该是使梦者醒过来的刺激：小孩已经感到一种需要，并请求她的帮助。可是在梦里，他们却不在房间里，她正在带着他一块儿散步。在第二幅图中，她已经把他带到街道的一角让那小孩小便，使他可以继续地睡着。可那个想唤醒她的刺激一直连续着，而且的确在不断加强着，这小男孩因为没有人理睬的因素，叫得更加的大声了，他越是加大声音坚持要保姆起来协助他，梦就越保证说什么都很好，而且她没有必要醒过来：与此同时，梦也把越来越强的刺激转变为越来越多的层面。小孩解出的小便就越来越有力量。在第四张图片上，它居然可以浮起小舢板了，接着就是一艘平底船，之后一艘轮船和邮轮。这位天才的画家很清晰地描绘了想要睡觉与继续不断使梦者醒来的刺激之间的挣扎。

梦例十一：用人来象征男性性器官，用风景来象征女性性器官

（达纳报告的一个梦，梦者未受教育，她的丈夫是一位警察）

……之后有人闯进屋里来，她很害怕，大声呼喊着要警察来。可他却和两位流浪汉攀登着很多的梯级悄悄地溜到教堂里。在教堂的后面有一座小山，上面长满了茂密的灌木。警察戴着铜盔，佩戴铜领，外面披一件斗篷，而且留着褐色的胡子，那两个流浪汉静静地跟在警察后面走，在腰部围着袋状的围巾。教堂的前面有一条小路延伸到小山上；它的两旁长满青草与灌木丛，而且越来越茂盛，在山顶上就变为寻常的森林了。

梦例十二：一位化学家的梦

是一个年轻男人的梦。他正努力戒掉手淫习惯，希望和女性建立正常的性关系。

在做梦的前一天，他指引学生做格氏化学反应，就是通过碘的触媒作用

将镁溶解在绝对干净的乙醚中。两天前，在做同样的反应时发生了爆炸，把其中一位工作人员的手烧伤了。

1. 他似乎是要合成溴化苯镁。他很清晰地看到了实验器材，可却用自己代替了镁。一会儿，他感觉自己处在一个很不稳定的状态，他不断地对自己说："这样就对了，事情进行的很顺利，我的双脚已经开始慢慢地溶解，膝盖也变软了。"之后，他用手触摸到了脚。这时（他不能说出是怎样做的）他把双脚伸出容器以外，对自己说："这一定是不对的，即便应该如此。"在这个时候，他已经部分地醒来了，不过为了向我汇报，他就重温了这个梦。他对梦的内容感到很害怕，在这半睡的状态下，他很激动并重复着"苯，苯"。

2. 他和家人正在某地，十一点半的时候他还要到肖腾特去见一位特殊的女士。（"某地"可能只是指维也纳近郊，"Schottentor"则接近于市中心。）但是他却在十一点半才醒来，于是他对自己说道："已经太晚了，你十二点半也到不了那个地方。"接着，他看见全家人围坐在桌子旁，他的母亲是很清晰，而女佣人正拿着汤碗，于是他这么想："既然已经开始晚餐了，要出去现在也是太晚了。"

解析：他本人也觉得毫无疑问的，第一部分的梦也与要会面的女士有关（这梦发生在他约会的前一天晚上）。他承认他指导的那个学生尤其使人烦恼，他曾对他说："这是不对的。"因为镁没有产生什么反应。可那学生用一种漠不关心的语调回答："不，不是这样的。"那学生肯定是代替了他本人（病人），于是他对这分析也和那学生对合成一样漠然置之。而那梦中的"他"则是代替了我。他漠视分析结果，我肯定是很不高兴的！

再说，他（病人）是那个被用来分析（或合成）的材料，问题的关键是成功的效果怎样。梦中关于他脚部的情节，让他想起了在前一天傍晚发生的事。那天晚上，他在去舞蹈班的路上遇到了一位他特别想追求的女士。他把她抱得很紧，以至于她都叫出声来了。当他放松对她双腿的压力的时候，他能察觉到她强有力的压力正压迫着他大腿的下部直到膝盖的部位，这与他梦中提及的部位是同样的。由此看来，这位女士是瓶子里的镁——事情最终还是产生作用了，从我的联系来看，他是女性，对于那女人说来，他是男性。如果和那女人的关系相处得很好，那么对他的治疗也可以顺利完成，他本身的感知和膝盖的感受都趋向手淫，这与他前一天的疲倦有关。他和那女人的约会实际上是在十一点半，而他想以睡过头来回避，而与他的性对象留在家（即是手淫）则对应着他的阻抗。

当他重复着“Phenyl”（苯基）的联系的时候，他告诉我他很喜欢这些末尾是“yl”的词，因为它们很好用，如Benzyl（丙基），Acetyl（乙酰基）等，这说明不了什么。但是当我向他暗示着“Schlemihl”（“Schlemihl”是与用“一yl”结尾的词押韵的一个词，来源于希伯来文，德文中常指笨手笨脚无能的人）也是这系列中的另一个时，他笑了起来，并说在这个夏天里，他读了本普霍斯写的书，里面有一章是《被拒绝的爱情》，里面的内容实际上包含了对“无能之人”的批评。当他读这本书的时候，他曾对自己说：“这就与我一样。”他错过了这个约会，他就是另一个“无能之人”。

梦中的性象征似乎已经在实验上给以确认了，在1912年K. 施罗特尔医师运用斯沃伯达所提出的条件，使受到极度催眠的人产生梦，结果发现梦的内容大半取决于暗示。如果暗示他应该梦见正常的或不正常的性交，那么这类暗示的梦，就会用那些对精神分析所熟知的象征来代替性的材料。例如说，如果暗示一位女士，说她应该梦见和一位朋友做同性恋的游戏，那么这位朋友在梦中背着一个破旧的毛茸茸的手袋，上面有个标签注明“只限于女士”，这位做梦的女士之前一点不知道梦的象征与其解释，但因为施罗特尔医生实验后不久就自杀了，所以，即使我们对这些实验感兴趣，仍然难以评估他们的价值。留下的记载仅仅就是刊载在《精神分析公报》的报告中。

罗芬斯坦在1922年的报告也有同样的结果，而且贝特海姆和哈特曼所做的另外的实验是尤其有趣的，因为他们没有利用催眠术。他们大约讲了一些与性有关的故事给患有科尔萨科夫氏精神病的患者听，把他们搅糊涂，之后让他们把这些故事再说出来以观察其歪曲的程度。他们发现在病人解释梦时，所熟悉的象征出现了，例如上楼、插入与枪击，代表着性交，而刀和烟其实是象征着阴茎。他们觉得楼梯象征的出现相当重要，为他们正确地观察到“没有任何意识的改造欲望可以做成这种象征”。

只有当我们对梦中象征的重要性，做个恰当的评价后才可以继续研究第五章提及的典型的梦。我想应该把这些梦基本上分为两类：一类是那些永远拥有同样意义的，另一类是那些虽拥有梦的同样的内容却有着各种不同的解释的。有关第一类的典型的梦，我在考试的梦里已经很详细地说明过了。

关于忘记乘火车的梦应当和考试的梦放在一起，因为这两种梦拥有同样的感情，通过其解释让我们认为这样做是可以的。还有就是有一种安慰的梦，与那种梦中感知到的焦灼相反，即对死的恐惧。“分离”是最常用也是最容易建立起来的死的象征。于是，这种安慰的梦是这样的：“不要害怕，你不会死

(分离)。”正如考试的梦会这样安慰他说：“不要怕，这次我觉得也不会发生什么。”这种梦的困难的地方在于它除了表示安慰外，还会有焦灼的因素。

那些因为“牙齿刺激”引发的梦，经常在被分析的病人中出现。不过却离我的理解很远。患者对解析总是拥有很强烈的阻抗作用，这是出乎我的意料的。可最后，人们有很多充分的理由相信，在男人中这些梦的动机都是因为青春期性的手淫而来的。我将要分析两个这样的梦，其中一个是“飞行的梦”。它们都是同一个人梦见的，他是一个年轻的男人，有强烈的同性恋愿望，可在现实生活中却尽量抑止。

他在剧院前排欣赏着《费得里奥》的演出，L君坐在他的旁边。这个人与他意气相投，而他很想与他做朋友，突然间他从空中飞过剧院大厅，飞向舞台，并用手从嘴巴里拔出两颗牙来。

他说似乎是被投掷在空中的感觉。因为上演的剧是《费得里奥》，因此想到这样的台词：

他赢得了一位可爱的女人……

这似乎是适当的，可即便是获得了最可爱的女人，也不是梦者最后的愿望。另外两行则更加切题：

他完成了伟大的抛弃，因为变成了朋友的朋友……

此梦包含着“伟大的抛弃”绝不仅仅是一般愿望的满足，它还隐现出梦者痛苦的反思，他的友谊经常是不幸的，会被“抛弃”。它也暗示着这个恐惧——他的厄运在他与此朋友的关系上出现，而且还害怕遭到他身边欣赏《费得里奥》歌剧的年轻男子的拒绝。紧接着这个梦者作了如下的坦白：有一次被一位朋友拒绝后，他在肉欲的兴奋下连续作了两次的手淫。他对此感到羞愧。

以下是第二个梦：他由两位认识的大学教授治疗，而不是我，其中一位对他的阴茎做一些处理，他担心是开刀。另外一个用铁条靳住他的嘴，因而使他掉了一两颗牙齿，他被四条丝巾缚了起来。

此梦拥有的性意义是毫无疑问的。那丝巾表示着对一位相当熟知的同性恋者的模仿。梦者根本就没有性交过，在真实生活中也从来没有想要和男性性交。因此，他想象的性交是来源于他青春期经常会有的手淫。

在我看来，凡是有牙齿刺激的典型梦的变体（如牙齿被某人拔掉等）都可能做出同样的解释。可我们感到迷惑的是，为什么“牙齿刺激”拥有这种意义呢？我想指出，对性的压制经常是由身体下部转变到身体上部的。因此，癔症患者各种症状应该表现在性器官的情感与意愿，都在那些不易受到批评的身体部位表现出来（如果不表现在恰当的性构造上）。我们有一个例子，在潜意识的象征中，性器官是用面孔来象征的。在语言上，屁股与脸颊是相似的，而阴唇与嘴唇相似，把鼻子和阴茎相比也是常见的，而且因为二者都有长毛而更相仿。只有牙齿没有相似的类比，可正因为是这种相似与不相似的组合，让牙齿很适宜用来做受到性压抑的压力表现的媒介。

可我不能假装说有牙齿刺激的梦都是手淫的梦，即便我认为这种解释毫无疑问。我已经尽我所知的予以解释，虽然存在尚未解决的问题。可我总要引述另一个语言学上相平行的用途。在我们自己的世界中，手淫的行为被模糊地形容为"sich einen aus reissen"或者是"sich einen herunterreissen"（字面的意思是"拔出来"，"拔下来"）。我不知道这名词来自什么地方，其想象的基础是什么：可"牙齿"和第一句话很配。

根据一般人的信念，梦见牙齿脱落或者是拔掉是说明亲戚的死亡，可从精神分析的观点来看，这种说法只有在开玩笑的条件下才能成立（前面已说过）。在这里我想援引兰克所提供的一个牙齿刺激的梦：

我的一位同事，一直以来就对梦的解释有着浓厚的兴趣，他寄给我这个来源于牙齿刺激的梦：

不久前，我梦见自己在牙科诊所内，牙医正在用牙钻钻我下巴的一颗牙。他钻过了劲，结果把牙齿弄坏了，之后他拿起一把钳子，毫不费力就把它拔了出来，这使我吓了一跳，他让我不用担心，因为他真正治疗的并不是那颗牙。他把牙齿搁在桌上，它马上分离成几层（对我来说，这似乎是上排的门牙）。我从做手术的椅子上站了起来，好奇地走近它，并问了一个我感兴趣的医学问题。牙医一边把我白得出奇的牙齿各层分开，并用某种器具把它捣碎，一边回答说，这和青春期有关，因为只有在青春期之前，牙齿才这么容易掉下来，如果是女性的话，在生下孩子后会这样。

之后我就察觉到（我相信那个时候我是处在半睡状态下）自己在遗精，但是却不能很清楚地知道这和梦的哪个部分有关，不过似乎在牙齿时就已经发生了。

之后我梦见的东西不再记得了，仅仅记得结尾是这样的。我把帽子和大衣遗留在某个地方（可能是在牙医的衣帽室里）希望有人能拿来给我。而我那个时候只穿着外套，正要追赶一辆已经开了的火车。

我在最后时刻跳上了最后那节车厢。那个时候已经有很多人站在里面，我没办法挤入车厢内，只好忍着，最终还是有机会摆脱了。我们的列车要进入隧道时，迎着我开来两列火车，它们从我们的车厢中穿过去，这让我觉得我们的火车像个隧道。从之间的一列车厢的窗子望出去，我似乎觉得自己是在车厢外面。

前一天的体验与思绪提供了解释这个梦所需的资料。

（1）实际上我最近到过牙科部门治疗，而在做梦的时候，下巴的一颗牙一直在痛，就是梦中牙医磨钻的那一颗。治疗时，他对这颗牙齿的处理又比我想象的要久一点。在做梦的那天下午，我再一次因为牙疼到牙医那里，他对我说可能还要拔掉患牙同一侧的另一颗牙，因为痛感可能是来自于此。那是一颗智齿，当时我问了一个有关他的医德问题。

（2）就在同一天下午，我因为牙疼引发的坏脾气向一位女士致歉。而她却告诉我她害怕把她的那一个牙根拔出来（其牙冠已经完全报废了）。她觉得拔掉眼牙（上颚犬齿）是很疼和危险的事，即便一位朋友曾经告知她把上排的牙齿拔掉是很简单的，她的坏牙恰好是在上颚。这位朋友又告诉她说，曾经有一次在局部麻醉之下她被拔错了一颗牙，这无疑又增加了她对拔牙的担心。之后她又问我的牙是臼齿还是犬齿和我对它们的了解，我指出他这些看法中迷信部分的同时，即便与此同时也强调了某些大家所接受的事实。之后她向我提起一个很古老但是又流传很广的传说，如果孕妇牙疼的话，那么她将会生一个男孩。

（3）这种说法引发了我的兴趣，因为这关系到弗洛伊德在《梦的解析》中所提及的牙齿刺激的梦是手淫的代替这一观点，因为这位女士说的传说中牙齿和男性性器官（或男孩）是有联系着的。当天晚上我就翻到梦的解释的有关的部分。我发现下面这些论点和前述两件事同样对我的梦具有影响。弗洛伊德对“牙齿”刺激的梦的看法是：“在男人之间，这些梦的原因都是由青春期手淫的欲望而来的。”而且“各种有牙齿刺激的梦的变体（如牙齿被某人拔掉等）都能作同样的解释。可我们感到迷惑的是，为什么‘牙齿刺激’会具有这种意义呢？对于这一点，我想强调对性的压制通常是利用身体下部来转换到身体上部的（在这个梦中，却由下巴转到上颚）。因此癔症病患者各种本来应该表现在性器官上的情感却在别的不被反对的身体部位体现出来”和“可我仍要引用另一个语言学上相平行的用途，在我们这一国，手淫的行为模糊地被形容为‘sich einen aus reissen’或者是‘sich einen herunterreissen（拔出来，拔下来）’。”在年轻时，我就明白这种表达就是指手淫，有经验的梦解释者将会很容易地找到在此梦中潜隐着的幼儿时期的资料。另外梦中的牙齿如此容易地被拔出来，后来变为上排的门牙，使我记起孩童时的一件往事，我自己把松动的上排门牙拔掉，很容易而且不疼痛。这件事（我仍能很清晰地记得它的情节）刚好发生在首次有意识地对手淫进行了试验之后（这是一个类似于银幕的记忆）。

弗洛伊德所援引荣格的话："发生在女性的牙齿刺激的梦具有'生产的梦'的意义"与一般人所相信的孕妇牙疼的意义使得此梦中有关（青春期）男女病例不同的决定因素。这又使我想起了前一次从牙科诊所回来后所做的梦。那次我梦见刚刚嵌上的金牙冠掉了出来，这使我大为愤怒。因为我已花了大笔的钱，而且这笔钱还没有弥补过来。可现在我已经能了解这个梦的意义了，这是承认了手淫在物质上超越了爱。因为后者，从经济的观点来看，其实是比不上前者的；而我坚信这位女士关于怀孕妇女牙疼的意义又重新唤起我的这些思想。

我想这位同事的解释是极富有启迪性的，事实上没有什么可以反对的，我没有什么要补充，除了对第二部分的梦所可能暗含的意义以外。这部分内容似乎表现出梦者由自慰到正常性交的转变，很明显的是经过了极大的困难（如火车进出的隧道）及后者的危险性（如怀孕和外衣）。

此外，从观点上说这一个梦例让我感兴趣的有两点：第一，它提供了赞同弗洛伊德观点的证据：梦中发生的射精伴随着拔掉牙齿的举动。无论射精以何种形式呈现，我们都应该把它当作是一种不需要用手机械刺激的手淫式的满足。另外，此梦中伴随着射精的满足并没有任何对象，甚至并不针对想象的对象。相反，我们认为它是自体性欲（autoerotic），或者是能够表现出些微的同性恋倾向。

第二点要强调的是，下面的观点是不可信的。有人说，这个梦例并不能说明弗洛伊德的观点，因为前一天发生的事足够使人了解这梦了。梦者去看了牙科医生，他和某女士谈话及曾阅读《梦的解析》都能很清晰地解释他为什么会产生这个梦，特别是他的睡眠受牙疼的困扰时。如果需要，我们也可以理解这个梦是怎样处置了那打扰他睡眠的牙疼，通过拔掉痛牙，同时以性冲动来掩饰痛感。单凭读了弗洛伊德的解释，梦者就可以把拔牙齿和手淫连在一起了，同时是这种关联在梦中起作用，除了这种关系长久以来就存在的，而梦者自己也承认这点，否则这样的说法就毫无根据。在这句话中，这联系不仅通过与该女士的谈话而复苏，而且也和他下面所报告的事件有关。因为在读《梦的解析》的时候，他并不理解作者的观点，而盲目相信牙齿刺激梦的典型意义，而且想要知道这种意义是否能应用到所有的这种梦上。此梦确认了这点（最起码对他来说），并说明了他为什么会去怀疑这个观点。从某种程度来说，此梦也是一种愿望的实现，让自己相信弗洛伊德观点的正确性和可适用的范围。

第二类经常会有的梦，包含那些梦者飞行或浮在空中、跌落、游泳等等。这种类型的梦又有什么意义呢？只给出一般性的回答是没有任何作用的。下面我们将看到，它们在每个梦例里都是不同的，只有它们那些未经处理的感知材料才是由同一个来源得到的。

精神分析的材料使我判断这种梦就是再现孩童时期的印象。它们和包含运动的游戏紧密相关，即是那些很能吸引孩童的游戏。几乎所有叔都曾把孩子举向空中，或者是让孩子骑在他的膝盖上而突然伸直脚，或者把孩子高举过头之后假装让他跌落。孩子们很喜爱这种活动，不断要求重来一遍，特别是一些动作会带来一些害怕与目眩的刺激时更令他们喜欢。很多年后，他们就会在梦中重复这些感觉，不过在梦中他们省掉了支持的手，因此他们就好像是浮着或跌落，而没有丝毫的支持。孩童喜爱荡秋千及跷跷板是每个人都了解的：就在他们看到马戏班子里的杂技表演时，这种记忆又复活了，男孩子们歇斯底里的发作有的时候使得这种玩乐重演，拥有复杂动作的技巧，这种动作的游戏即便本身是无邪的，可却经常引发性的感知。孩童的顽皮游戏，如果让我来形容这些经常在飞行，跌落，眩晕等动作的梦中重现，那些快乐的感觉就变形为焦灼感，这正如每个妈妈知道的那样，这种顽皮的行动经常以拌嘴和哭泣结束。因此，我反对那种觉得飞行或跌落的梦，是因为睡觉中的触觉感或者是肺脏伸缩感等引发的观点，我觉得这些感知是由于梦所牵连到的记忆的重复。也就是说，它们只是梦内容的一部分而不是来源。

这些由同样的本源、相似的动作而使得的素材，可以用来表现各种可能有的梦念，因此自由浮沉的梦（经常拥有欢愉的调子）有各种解释。对某些人说来，这些解释是因人而异的，可对其他人来说，它们又可能是典型的。我的一位女病人经常梦见自己在街道某个高度上浮游着，她很矮，而且很害怕与别人接触而感染。她的那个飘浮着的梦满足了她两个愿望，一个是把她的脚从地上升高，另一个是让她高人一头。对另一个女病人来说，她发现自己关于飞行的梦表达了“像一只鸟那样”的愿望，而别的梦者梦到飞行则是想变为天使，因为白天的时候他们并没有被称呼为天使，从飞行和鸟的密切联系来看，男人的飞行的梦是有肉体意义的，因此，当我们听到有些梦者对这种飞行力量感到骄傲时是不觉得为怪的。

维也纳的保罗·费登，后来到了纽约，他曾经在维也纳精神分析的集会上报告了这种很吸引人的观点，即这种飞行的梦很多都是勃起的梦。因为这经常占领人类幻想的奇特的勃起，给人的记忆是反重力作用的（请用古代的配有飞翼的阳具相比），他的观点令人印象深刻。

值得一提的是像穆利·沃尔德那样，很反对任何一种梦进行解析的道貌岸然的研究者，也支持飞行或飘浮的梦是拥有情欲的。他说这种肉欲的出现是“飞行的梦最强有力的动机”，而且强调伴随着很强的紧张感，常常和勃起或遗精有关。

“跌落”的梦则通常拥有焦灼的特点。对妇女来说这种解释是没有一点困难的，因为她们大都认为“跌落”是向情欲诱惑低头的象征。我们并没有忽视跌落的幼儿期的来源，几乎每个孩子都有跌倒之后被抱起来爱抚的经历。如果晚上从床上摔下来，他的保姆当然是会把他抱到床上去的。那些经常梦见游泳，而且在水中划行前进时感到极其快乐的人通常都是尿床的。

有关火的梦的解释，这是通过禁止让孩子“玩火”，避免他们为自己尿床找到借口，因为这些梦例中有很多关于孩童时候尿床的记忆。在我的那本《一例歇斯底里的分析片段》（杜拉的第一个梦）中，我利用做梦者的病历，对这类火梦进行了深入地分析，而且也体现出这种幼儿期的材料是怎样被用来表现成人的冲动的。

如果我们不同人梦中的同一显梦内容理解为“典型”的意义，而这些梦内容会经常地出现于梦中，那么我们就可以提出很多“典型”的梦例来。比方说，可以叙述经过一条胡同或者是穿过一套房间的梦，还有一些有关盗窃的梦。这些神经症的人在睡前会认真详细地采取各种防范措施，因为他们常梦见被野兽追赶，例如野牛或者马匹，被人用刀子、匕首或矛枪威胁着等等。后面的这两类梦是那些焦灼者的梦的表象意义所特有的。对这些资料的特别研究是很必要的，可是在这里我却想提出两个其他观察得到的现象，即便这并不是完全只能用于典型的梦上。

我们越要寻求梦的解答，就越会发现成人大多数的梦，都是与性的资料和表达情欲的愿望有关。这只是适合于那些真正解析梦的人，即是说那些在梦的表象意义中发掘出其隐意的人，而并非那些记下梦的表象意义就感到满足的人（例如说纳克记载的性的梦）。我现在要说的这个事实一点都不使人奇怪，而且与我解释梦的原则完全相符。从孩童时期开始，没有哪一种本能会像性本能遭受那样大的压制（请看拙著《性学三论》），同时也没有其他的本能会留下那么多那么强烈的潜意识愿望，可以在睡眠状态下产生梦。在解释梦的时候，肯定不能忽视掉性欲情结的重要性，当然也不应该过于夸大，使得人们认为它是唯一重要的。

如果详细解释的话，可以断定很多梦都是双性的，因为它们都可以进行“多重解释”，从中可以表现梦者同性恋的冲动，即那些与梦者的正常性行为的相反的冲动。我不赞同斯特克尔和阿德勒一直认为的“所有的梦都是两性的”的观点，因为我认为这是不能举例说明的。而且值得注意的是，很多梦可以满足不是情欲（广义的）的要求，如饥渴的梦，方便的梦等。因此我觉得，“每个梦的后面都有死亡的阴影”或者是“每个梦都表现出梦从女性趋向男性化的趋势”都是不适用于梦的解释的范围。

如果说“每一个梦都需要性的解释”的话（批评家对这一观点不停地而且是愤怒地加以抨击）那么不可能在我这本《梦的解析》中找到答案，在之前的八个版本中没有，在以后的版本中也不会有。

我之前在别的地方曾经表明，一些看来是无邪的梦可能蕴藏着最原始的情欲的愿望。我可以用很多的例子来证实这点。而且很多表面上看似乎淡泊无奇、不为人注意的梦，在经过分析后却大都是有性的内容，而且是出人意料的。一般来说，在未分析前，谁曾会想到下面这个梦是拥有性的意愿呢？做梦者这么说：“在两个富丽堂皇的皇宫后面，有一个紧闭门锁的小屋，太太带我走过通往小屋的小路后把门打开，于是我很轻而易举地溜进了内部的庭院，那里有个上坡。”任何一位多少有点解析梦的经验者，就会立即意识到穿入狭窄的空间，和打开闭锁的门窗，都是最为常见的性的象征，据此可知此梦代表着肛门性交的意愿（在女性的两个臀部之间）。那个狭窄而有一点斜斜的上坡，显然指的是阴道，梦者在梦中受到太太帮助的插曲使我们这么断定，在现实里，可能是太大的顾虑使他不能实现这种意图。但是做梦的当天，有位女士正巧到梦者家里来，而且给予他这种感觉：如果他要这么做，是不会遭到太大反对的。两个皇宫之间的小屋可能是布拉格炮台的回忆，而这一点可以更进一步关系到此女士，因为别忘了她是由那里来的。

当我向一位病人反复强调说俄狄浦斯的梦会经常发生（梦者和其母亲性交），他却这样回答：“我从来没有做过这种梦。”但是，在这以后，病人记起一些其他并不显著、平淡无奇可却重复出现的梦。经过分析后表示这是一个俄狄浦斯的梦，我由此可以肯定地说，和母亲性交的梦多半是经过伪装，很少是直接表现的。

在很多关于风景及山水的梦中，梦者总是这么强调："我以前到过这些地方。"这种"似曾见过"在梦中拥有特殊的意义。这些地方通常指梦者母亲的生殖器官，因为再也没有别的任何地方可以让人有这种感觉，觉得他之前到过。

有一次我曾经对一位强迫性神经症患者的梦很困惑，他梦见去看一间他去过两次的一幢房屋。可这位病人曾经告诉过我他 6 岁的时候的一件事，有一次他和母亲同床而睡，却在她睡着时把手指误插入她的阴道内。

很多带有焦灼的梦经常都有这种内容，即梦者穿过狭窄的空间，或者在水中，都是在一种对子宫内生活的基础上，存留于子宫和生产过程的幻想而产生的。下面还有一个年轻男性的梦，表露出他在幻想中怎样在子宫内观察其父母性交的：

他梦见自己身处在一个深坑中，可是却带有一个像塞默林隧道中的窗口。开始时，他从窗口能看到空空的风景，但是很快他发觉一个图像填补了这个空隙（它立即呈现，并堵塞着这间隙），这图画描绘一片正被一个工具深耕的土地。而蓝黑色的泥土，新鲜的空气，以及辛勤工作的景象，让他印象深刻。之后他又看见一本有关教育的书在他面前铺开……更使他感到吃惊的是，里面有部分内容提到了孩童对性的感觉，而这让他想到我。

以下又是一个女病人很动人的关于水的梦：这在她的治疗中是极富有意义的。那是她避暑时常去的那个湖，皎洁的月色洒在湖面上，她毫不犹豫地跳入了湖中。

这就是那种有关分娩的梦，它们的解释恰好和梦的想法相反，不是"投入水中"而是"从水中出来"，也就是出生。我们通过这个从法语"lune"，联想到出生的部位。乳白色的月亮底部不恰好是代表孩子们想象他们出生的地方吗？而病人希望在她夏天度假的场所出生，这到底又有什么意义呢？我像这样问她，她毫不犹豫地说："这很像治疗，治疗不就为的是让我认为是再度出生吗？"因此这个梦便是邀请我在这个夏天度假的地方继续为她治疗。换句话来说，在这里治疗她，大约在这梦中也有一个轻微的欲做母亲的暗示。

以下是我从琼斯的书中摘录的另一个关于出生的梦：她站在海滩上，看着一位男孩在涉水，她感觉那个男孩就仿佛是自己的孩子。他一直走到水里，一直到她看到他的头在水中或浮或沉为止。紧接着这景象就转到一个挤满人流的饭店大厅，她的丈夫离开了她后，她和一陌生人进入了谈话。分析后发现第二部分的梦表现她欲背叛丈夫并与第三者建立亲密的关系……第一部分则是个显而易见的出生幻想，无论是在梦或神话中，孩子由羊水中生产出来通常是用孩子投入水中的改变来表现的。这些例子中较为人们所熟知的当然是阿多尼斯（Adonis，爱与美的女神阿芙罗狄娜所爱恋的美少年）、奥西里斯（Osiris，司阴府之神，地狱判官，古埃及的主神之一）、摩西及巴克科斯（Bacchus，酒神）的出生。在水中浮沉的头使病人想起她自己怀孕的时候的胎动。男孩进入水中又引发她的另一个幻想，那就是把他由水里拉出来，抱入育婴室，把他洗好并且穿戴好，之后带回家中。

由此可以看出来第二部分的梦即表露出属于梦的隐意（私奔）的前半部，这和第一部分的隐梦相符合，而第一部则和第二部分的隐意分娩部分相对应。除了这种秩序的颠倒外，在这两部分的梦中还有很多的颠倒。在梦的前半部中，男孩子涉入水中，之后是他头在水中浮沉：在蕴含的梦念中是指胎动，紧接着孩子破水（双重颠倒）。在梦的后半部分中，丈夫离开她，而在梦念中却正好是她离开丈夫。

亚伯拉罕曾经报告了另一个出生的梦，是一位快生产的年轻孕妇的梦："一个地下通道一直由她房间地板通到水源（生殖道——羊水），她打开通道的门，很快地冒出一只浑身长满褐色毛发、像海豹一样的动物，这动物顷刻之间变成梦者的弟弟，对他来说，梦者老是拥有母亲的象征。"

兰克在很多梦例中都曾指出，出生的梦常拥有和小便刺激的梦一样的象征。在后者中，情欲刺激是以小便刺激来表现的。这些梦的不同层次的意义与自孩童以来逐渐变化的不同象征意义相对应。

讲到这里，我们应该再回到前章暂时中断了的题目，那种影响睡眠的身体刺激对梦的形成的影响。受到此种影响的梦不仅公开表明愿望达成和为了方便的目的，而且经常是一个明确的象征。因为这种刺激一般是在象征式的伪装下，来面对它的刺激失败后被惊醒的梦者，这种情况很多见。而且，不仅适用于遗精与性欲高潮的梦，而且也适合于那些需要大便和小便所引发的梦的状况。遗精的梦的特殊性质，使我们可以直接了解到一些典型，或者是遭受到激烈议论的性的象征。由此我们相信，一些看来纯洁无邪的梦仅仅是性景象的前奏曲罢了。通常，后者只有在较少见的遗精的梦中才不通过伪装而直接表现，其他时候，则会变成焦灼的梦把梦者惊醒。

有很多尿刺激的梦的象征意义很明显，在很早之前就已经为人所知。希波克利特一度认为，梦见喷泉及泉水就意味着膀胱有毛病（哈夫洛克·埃利斯记载），施尔纳研究尿刺激的多重象征后，断定“所有拥有相当程度的小便刺激通常会转成性区域的刺激，而且象征性地表现出来……拥有小便感的梦一般是表现性内容的梦。”

兰克在他的那篇关于惊醒的梦的多重性象征的辩论中这么断定，有很多有关小便感的梦，实际上是由一些性的刺激造成的，可是却退化地想从幼童的尿道性欲中得到满足。尤其是那些由小便刺激使得的清醒和排尿。不过梦却继续着，但是那些不经过伪装的方法直接表露出情欲幻想的例子，则会更富有启迪性了。

同样，肠的刺激的梦的象征，也具有相似的比较，与此同时确认了社会人类学常提及的金子和粪便之间的关系。“兰克的一个梦例提到，曾经有患有肠胃疾病并受治疗的妇女，梦见一个人在一间看起来像是乡村户外厕所的小木屋附近藏着宝藏。梦的第二部分则表现她正在擦净小女儿刚拉完大便的屁股。”

拯救的梦也和出生的梦有关，在妇女的梦中，被拯救，尤其是由水中救出，和生产是拥有同样意义的。对男人来说，这种梦的意义就不同了。

盗贼、小偷、鬼怪等让某些人在睡前受尽惊吓，他们也常在人们熟睡之后攻击人们。这些梦都来自同一种类的童年回忆。他们作为夜间的来客，唤醒孩子免得尿床，或是掀开被子看看孩子双手的摆放位置。对一些焦虑梦的分析使我大概可以确定这些夜间来客的身份。在一切梦中，强盗代表着睡者的父亲，而鬼怪则代表穿着白色睡袍的女性。

六、一些梦例：梦中的计算和讲话

在界定控制梦形成的第四个因素的合理地位之前，我要先摘录所收集的一些梦例。目的在于证明前面已知的三个因素彼此间的作用，同时为前面还没得到证实的论断提供证据，并指出从它们之中会获得的结论。当说明梦的运作的时候，我发现很难用例子来支持我的看法，因为支持某种命题的状况只有在梦的解释的整个背景下才有意义，如果离开了整体背景，它就失去了意义。但是，由另一方面来看，即便是粗浅的分析也会引发出很多的内容来，所以使我们困扰而记不起原来想说明的思想。这技术上的困难，将是我的借口，那么，如果读者在下面描述中发现各色各样的东西，没有其他的共通点

(除了和前面几节的内容相关外)。

我想首先举几个很特殊的梦的表达方式的例子。

一位女士曾经梦到一位女佣人站在梯子上，似乎是要擦洗窗子的样子，身边带着一头黑猩猩和一只猩猩猫，然后梦者纠正那是安哥拉猫。这位佣人把这两只动物向她身上抛来；黑猩猩拥着她入睡，这令她觉得很厌恶。这个梦以一种很简单的策略来达成目的：利用暗喻明确得表现出来，“猴子”及一般的动物名称，常用来代表谩骂别人的。而由梦中的状况看来，代表这遭到谩骂。在下面的很多梦例中，我们还会遇见很多利用这种方法的梦的运作。

另外一个相似的梦：一位妇女生下一个颅骨畸形的孩子，梦者听有人说这孩子是因为在子宫中位置不当，因此变得那样子。医生说可以用挤压技术可以使婴儿的颅形接近正常，但那样做可能会损害孩子的脑子。她却认为他还是个婴儿，因此这么做是不会有什么害处的。这梦正好也暗含了经过更改的“儿童印象”，这种抽象观念恰好是梦者在治疗过程中，医生所给的解释。

以下的这个梦例中，梦的运作稍微有些不同。这梦是有关靠近格拉兹的兴泰的旅行。外面是倾盆大雨，有一座破烂的旅馆，到处漏雨，而床单都湿透了（梦的后半部分，并不像我所写的那样直接被报告出来）。这个梦的意思是“过剩”或淹过。梦念中的这种观念通过扭曲，进而表现为一系列词“泛滥”“溢出”“液体”等，等到后来又以很多相似的图像来表现：外面的狂风暴雨，墙壁里面的滴水，湿透床单的水。都是水，都同样淹没着所有事物。

在梦的表象中，文字的正确拼法并没有读音来得更重要，对此我们并不感惊奇，而在这首韵诗中，这种现象尤为明显。兰克曾经很详细地描述并分析了一位女孩的梦。这梦是有关她如何走过田亩，和割下大麦和小麦丰润的麦穗的。她童年时期的一位朋友向她走来，可她却企图避开他。解析显示此梦是关于一次接吻，一个“体面的接吻”。在梦里，那应该被切割而不是被拔除的 Ahren 表现为麦穗，而当这和“Ehren”连在一起时，它就代表着其他无数潜隐的梦念。

另一方面来说，文字的演进使梦的运作变得容易。因为文字中有很多是源自于图像和实体的意义，可是现在却变得抽象。因此，梦所需要做的事只是恢复此等文字的过去意义，或者是溯源其演进过程的早期状况。例如，某男人梦见其弟被困于一箱子中，在解析的过程中，Kasten 被 Schrank（衣橱——或者抽象的指“障碍”“限制”）所置换。因此，梦念即是他弟弟应该自我约束而不是梦者本身。还有一个男人梦见自己爬上高山顶，那儿有很广阔的视野。而实际上这个梦与其兄弟相关，那位兄弟正在编撰一篇关于远东的回顾。

在 DerGrüne Heinrich《绿衣亨利》中，提及一个有关精力充沛的马儿在燕麦田中漫步，而且每一麦穗都是“一个香甜的杏仁，一颗葡萄干和一枚新的铜板。……包在红色丝巾内，用猪毛捆起来。”作者（或是梦者）让我们直接解释这梦的图像：在麦穗的呵痒之下，马儿觉得很舒适，而且大叫道：“燕麦刺着我。”

根据亨生的观点，古代斯堪的那维亚人的梦尤其经常出现双关语与文字游戏，在他们的梦里，我们很少会发现有哪一个梦不拥是有双重意义或者是字眼的玩弄。

要收集这些表现的方法和根据其原则来分类是一件大事。有些表现方法可以看成是有意义的笑话，而使人认为，如果不经当事人的解释，其意义是不容易被猜到的。

1．一个男人梦见，有人问他某人的名字是什么，他却记不起来。他自己的解释是“我不应该梦见它”。

2．一位女病人说她梦见梦中的人块头都特别的大。她说，这肯定与她的童年有关，因为那个时候所有的成人看来都是特别的大，她本身并没有出现在梦里。至于童年的梦也可以用另外一种方法来表达，即把时间转变为空间。人物与景象似乎是在远处一样，或是在路的尽头，或者像是从望远镜看出去的那样。

3．一位在现实生活中，经常喜欢使用抽象或者不确定词句的男人（即便基本上来说头脑仍是很清醒的)，梦见曾经一次，他在火车抵站的同时到达火车站，不过让人奇怪的是，火车是静止不动的，可是站台却是移动的，一个和事实恰好相反的荒诞事件。不过这事实暗含着另一个梦内容而且肯定也是相反的。分析的结果使病人回忆起某些图书，里面印着一反过来用头支持身体，用手来走路的男人。

4．同一位梦者有一次告诉我另一个简短的梦。正如是个画谜同样，他梦见他叔叔在汽车上给他一个吻，之后他马上给我以下这个我根本不会想到的解释，这是指自淫（Auto－Emtism)。这梦中的情形如果发生在现实生活中，只不过是一个玩笑罢了。

5．一个男人曾经梦见自己把一位女士从床的后面拉了出来。这梦的意思是，他对她有好感。

6. 一个男人梦见他自己是一位辅助皇帝办公的官员。这是指他与父亲对立着。

7. 一个男人梦见他治疗某一位断腿的病人。分析的结果显示折断的骨头表示着婚姻的破裂。

8. 梦中白天的时刻经常代表着做梦人童年某个特定时期的年龄。因此梦中的“早上5时15分”是指梦者5岁3个月时。这是有意义的，因为那个时候他的弟弟出生了。

9. 这又是梦中表达年龄的方法：一位妇女梦见她和两位小女孩一起散步，而她们的年龄相差15个月，她不能想起她们是谁家的孩子。她自己这么解释，这两个女孩都代表着她，而此梦曾经提醒她童年时的两个创伤性事件相隔15个月。一件发生在她3岁半的时候，而另一件则是发生在她4岁零8个月的时候。

10. 在进行精神分析期间，病人常会梦见自己，并会在梦中表达出，自己对此治疗的想法与期望，这是不足为奇的。最常用来表现这种想象的方法是旅行，通常是汽车，因为它是现代化和复杂的工具。这时，病人即会借用车子的速度来当作对讽刺性评论的通气口，而如果潜意识（梦者清醒时思绪的一个元素）要在梦中表现的话，它很容易为一些隐蔽的区域替代在某些底下区域替代（即和精神分析治疗无关）。这些区域则代表着女性的身体或者是子宫，而与精神分析治疗没有关系。梦中的“下面”经常是指性器官，与之对照的，“上面”则是指脸部、口部或者是乳房。梦的运作通常用野兽、狗或者野马来表现一种梦者所惧怕的父亲形象，无论这是他本身还是他人全部的（但是，我们只要更进一层就可以用野兽来置换那些拥有这种冲动的人。此点和那些以供食用的牲畜，或是狗、野马来表现令梦者害怕的父亲的梦例相去不远，这不免让人想起图腾。）我们可以这么说，野兽是用来象征本身的欲望的，一种为自我恐惧和被压抑作用来抗衡的力量。梦者经常也会把他的神经症（他的病态人格）由自身分出来，并把他当作另外一个独立无关的人。

11. 以下是汉斯·萨克斯记载的一个例子：“由弗洛伊德梦的解释，我们知道梦的运作以各种形象的方法来表达出字眼或句子的意思。如果它所要表达的意思是不明确的，那么梦的运作就可能利用这模糊，使得其中这个意义存在于梦念，而另一个意义则表现在表象意义中。下面这个简短的梦就毫无疑问是一个这样的例子。而且它为了表现，很自然地利用了前一天的经验。在做梦的那个白天里，我得了感冒，而且决定晚上如有时间的话，我就尽可能地躺在床上休息。在梦里，我似乎是在继续做白天所做的事，那天我把剪报贴在本子里，尽力的按它们性质的不同归类，但是在梦里我尝试把剪下来的资料粘到册子上，但是它却没办法粘在纸页上，这使我感到很痛苦。醒来时，发现梦中的痛苦仍在我头脑中延续着，因此我不得不放弃上床之前的决定。这个梦在指引我睡眠的能力以内。用这句含糊的句子‘Er geht nicht auf die seite’（但是不要上厕所）来满足我这不想下床的愿望。”

我们可以这么说，为了用视觉形象说明梦念，梦的运作不惜利用各式各样的方法，无论是在清醒的时候，他本人觉得这是否合法。这使那些仅仅是听过梦的解释可没有实际经验的人，把梦的运作视为笑柄并对它有所怀疑。斯特克尔的书《梦的语言》拥有很多这种例子，但是我一直尽量不去使用它们，因为我认为作者没有批判的眼光，而且滥用其技巧，因此对任何没有偏见的脑袋来说，它们都是有缺点的。

12. 以下的例子是取自道斯克（V. Tausk）所写的名为《关于梦对颜色和人物的利用》的论文：

（1）A 君曾经梦到他过去的一位家庭女教师，穿了一件带有黑色光泽的衣服，臀部显得很紧，意思是他过去的女教师很淫乱。

（2）B 君梦到的是一个女孩在路上，沐浴在白色的光芒之下，而且穿着一件白色的宽罩衫，梦者在这条路上初次与一位姓白的女子有暧昧关系。

（3）C 太太曾经梦到 80 岁的老演员 Blasel 穿着盔甲躺在沙发上。之后他又在桌椅上跳来跳去，拔出一柄短剑，望着镜子里自己的像，向空中比画，似乎是在与一敌人作战。解释：梦者患有长期的慢性膀胱疾患。她躺在沙发上接受治疗，当她望着镜子内的身影的时候，她觉得年岁即便已经大了，可自己仍然是强壮的而且是精神饱满的。

13. 梦中的一个巨大的成就，一位男人梦见他是一位怀孕躺在床上的女人。他发现这种状况后很不快。他大叫道“我更情愿……”（在分析的过程中，当他想起还有一位护士后，他以“敲碎石头”来完成这句话）。在那后面挂着一张地图，地图的下沿靠一条木头来支持着，他拿着这个木条的两端把它弄开，木条却不在中间断开，而是沿着长轴裂成两条。这动作使他感到很舒服，而且能协助他分娩。

无须怎样的帮助，他把撕下木条分析成伟大的成就。他企图利用脱离女性的态度使自己离开这不舒适的状况（在治疗中）……如果那木条不在中间断裂，却不可置信地沿着长轴一分为二，对这个梦者是这么解释的：梦者想起的这种混着分裂为二和破坏的情景是阉割的一种暗示，梦经常用两个阳具来表现阉割，当作对某种相对意愿的大胆表示。正好是鼠蹊是靠近生殖器的部分，梦者自己总结梦的解释后说，他情愿接受女性的态度，因为这总比阉割好得多。

14．在用法文解析一个病例时，我不得不解释一个自己以大象的形象出现的梦，我问梦者为什么我会以这种形式出现，他回答道“你在欺骗我”。

梦的运作经常会用一些很微弱的联系成功地表现出不容易出现的材料，如某些特殊的名字。在我的一个梦里面，老布鲁克让我做一个解剖……我取出了一些看来很像一张捏皱了的银纸的东西（在后面我还会再提及此梦），对这一点的联想（我是费了些劲才得到的）是“Stanniol”［锡箔 = 锡纸；Stanniol 由锡（Stannium）变化而来］，后来我才发现自己所想的名字是“Stannius”。那位我小时候很钦佩的写了有关鱼类神经系统解剖论文的作者，而老布吕克叫我做的第一件科学工作，实际上是和某种鱼类的神经系统有关的。道理很简单，不能在画谜中用这种鱼类的名字。

这里仍是要记一个很奇怪却又是应该被注意的梦。因为这是个儿童的梦，而且容易用说理来解释。一位女士说道：“我记得小时候经常梦见上帝头上戴着一顶有边的纸做的帽子。”我经常在吃饭的时候被戴上那种帽子，为的是不让我看见别的孩子的餐盘里有这么多的食物。那么既然我知道上帝是万能的，那么这个梦的意思也即是，我是一个无所不知的人，即便我头上戴着那顶帽子。

当想到梦中所显露的数字和计算时，我们就能知道梦运作的性质和操纵梦念的方法。尤其是，梦中显现的数字经常会被人迷信地以为与将来的事件有关。因此，我选用了下面的材料。

梦例一

一位女士在她快要完成治疗时所做的梦：她准备去付账，她的女儿从她（梦者）的钱包里拿了 3 个弗洛林和 65 个克鲁斯，梦者问女儿说：“你干什么？它仅仅是 21 个克鲁斯而已。”据我对梦者的了解，我不需要她的解释，就能了解这梦的全部内容。这位女士是从外国搬过来的，她女儿正在维也纳念书。如果她女儿留在维也纳，那么她就会继续接受我的诊断。这女孩的课程将在三个星期后结束，而这也意味着她的治疗即将终了。做梦的前一天，女校长曾问她是否考虑把女儿再留在这学校学 1 年。她当然也联想到自己可以因此再继续治疗。这就是这个梦的意思，一年是365天，而余下的课程和治疗时间有三个星期，正好是21天（即便实际治疗的时数要比这个少）。这些数目在梦中却是指代钱，这并不是因为这种象征拥有更深层的意义，而是因为“时间即金钱”的联系。365克鲁斯等于3弗洛林65克鲁斯，梦中数目那么小的钱毫无疑问便是愿望达成的结果，梦者为了实现继续接受治疗的意愿，把治疗和上学的费用大大降低了。

梦例二

另一个梦所牵扯的数字则更为复杂。一位女士，很年轻，可已经结婚好多年了。这时她得知一位与她几乎同龄的熟人爱丽丝才订婚的消息，然后她便做了下述的梦：她和丈夫一起在剧院里，剧院前排另一边几乎没有人。丈夫对她说道，爱丽丝和她的未婚夫也想来，但是只能买到坏的座位——3张票1弗洛林50克鲁斯——自然他们不会要的。她想，如果他们买下那些票也没有什么坏处。

这1弗洛林50克鲁斯的来源是怎样的呢？实际上，它是起源于前一天的一件无关紧要的事。她丈夫曾经赠送150弗洛林给她小姨，而她妹妹很快就用这些钱来买珠宝了。不得不提的是150弗洛林是1弗洛林50克鲁斯的100倍。那么那3张戏票的“3”字又是从哪里来的呢？唯一的联系是，她那位刚刚订婚的朋友刚好比她小3个月，当我发现了“剧院前排另一边几乎没人”的意义后，整个梦的意思就清楚了。空座位暗示（不经过伪装的）了一件曾遭到丈夫嘲笑的小事。她准备去看一部预定在下星期上演的戏，而且在几天前就急急忙忙地去订了票，结果多付了一些订票费。因为当戏剧上演时，他们发现戏院几乎是空的，实际上，她根本不需要那么急着购票。

所以梦念是这样的：“这么早结婚是幼稚可笑的。我原来是用不着这么急的，从爱丽丝的状况来看，我最终也会得到一位丈夫。如果是那样，我会比现在好上100倍（宝藏）！如果我可以忍耐（和她小姨的急躁相对）我的钱（或嫁妆）可以买三个和他（丈夫）同样棒的男人！”

我们发现，此梦中的数字比前面那个梦更改的要多，经过更大的改观和变动。对于此点的解释是，梦念在可以表现之前，首先要克服很大的精神对抗。另外，我们不应忽视梦里那件荒诞的事，就是两个人要买三张票，关于荒诞的梦将在后面提及，不过在这里我想先指出，这个荒诞的事件尤其要强调的是梦念：“这么早结婚是幼稚可笑的。”而这个数字“3”恰好天衣无缝地满足了要求，它原本来自两个人年龄的不重要的差别。把 150 弗洛林减至为 1 弗洛林 50 克鲁斯则说明病人在受压抑的思想中故意低估了丈夫（或财产）的价值。

梦例三

这个例子则显示出梦中的计算方法，但这些方法给梦带来不好的名声。一位男人梦见自己在 B 家做客，而 B 是他的熟人，他对他们说："你们不让我娶玛莉是个大错。"之后他又问那个女孩："你今年几岁？"她答道："我生于 1882 年。""噢，那么，你是 28 岁啦。"

因为此梦发生于 1898 年，因此这计算很明显是错误的。如果没有别的解释，那么这种错误和白痴没有两样。这位男病人是那种见到女人就想追的人。而恰好这几个月来，排在他后面接受治疗的总是同一位年轻的女士，因此，他们就认识了。他经常问起她的情况，而且很焦灼地想给她留下好印象。他估计她大约有 28 岁。这解释了这个计算的结果。1882 年，则是梦者结婚的那年。另外，他也禁不住要与我诊所里的两位女佣人谈话（她们一点也不年轻）。她们经常为他开门，但是因为她们对他一点反应也没有，于是他自我嘲笑地说，可能她们觉得他是一位年老的严肃绅士。

梦例四

这个又是另一个与数字有关的梦，它有个明显的特点，也就是极其清晰的过度决定。这是 B. 达特纳医师提供的梦与分析："我那栋公寓的主人是一位普通的警务人员，他梦见他在街上执行任务时（这是个愿望达成的梦），一位领上挂着 2262 或是 2226 号码臂章的巡官接近了他，无论怎样，上面有好多个 2。"

梦者把 2262 这个数字分开来报告。即说明这个数字的不同成分拥有不同的意义。他记得在做梦之前的一天，同事们曾经在警察局提过每人的服役年资，其中一位巡官在 62 岁时，领取了养老金。而梦者自己却只服务了 22 年，他不得不再服务两年零两个月之后才能领取 90% 的养老金。梦首先满足了梦者一直想达到的巡官阶级的意愿。这个，也就是 2262 臂章的高级官员也就是梦者本人，他正在执行任务，这又是他另一个一厢情愿的愿望，即他已经是又服役了两年又两个月，因此可以和那位 62 岁的老巡官一样领取全部养老金了。

如果我们把这些例子和我将在后面提及的梦例加以考察，那么我们可以很有把握地说梦的运作实际上不会带有任何计算程序（无论是其答案是否正确），它只不过是用计算的形式表现出来的梦念，由这个暗示出某些不能用别的方法表达的材料。从这点来看，在梦的运用中，数字是一种表达目的的介质，这就和那些以文字表达的专有名词或语言完全一样了。

实际上，梦本身不能创造任何言语（请看第五章），无论是有多少言语或谈话出现于梦中，也无论它们合理与否，通过分析后都可以确认它们都是以一种任意的方法出现在梦念中。它不仅从某些背景中拾取支离破碎的片段进行取舍，甚至用一种自己的方式将它们以一定的方式组织起来。于是一个看来前后连贯的言谈，经过分析后可以知道是由三个或四个不同片段组成的。为了完成这新说法，梦经常要放弃梦念中这些话的本来意义，同时可能会赋予一些新的成分。一旦我们仔细研究梦中的言谈，我们就会发现，它一方面拥有一些相当清晰和紧凑的部分。另一方面则是一些连接的材料（可能它们是后来加上的，正如我们在看书的时候，会自行加入一些意外漏掉的字母及音节一样），因此梦中言谈的构造正如是角砾岩似的，各种不同种类的岩石被胶质紧紧地粘在一起。

严格意义上来看，这些叙述只能适用于那些具有感知的有关性质并被梦者描述为言谈的事物。还有就是其他的言谈，那些不被梦者认为是听到的或者是说出的言论（在梦中不牵扯听觉或行为动作的）则可能不过那些发生在清醒时候的念头，而且经常会原原本本地进入梦里。这种言语就像是一个永不枯竭的源泉，它由我们阅读的东西提供，但是，那些梦中被当作是言谈的东西，的确是清醒的时候听过或说过的。

我已经在解释梦的进程中提出了很多有关梦中言谈的例子，而且已经解释了梦中言语的起源。因此，在第五章中的“我不了解那是什么东西，我觉得还是不要买的好”。实际上就是使这梦变得“无邪”。梦者在前一天曾与厨师发生争吵而说出了一句气话：“我不知道那是什么，你做事必须做得像样点!”这看上去无邪的前半部分言谈很巧妙地加入了梦中（暗示着后半部分）而且天衣无缝地满足了梦中潜藏的幻想，可与此同时却又出卖了秘密。下面是很多拥有同样结论的例子中的一个。

梦者正坐在一个大庭院里，院里正在烧着很多尸体。他说：“我要立即离开这里，我实在无法看下去了。”（这不是明确的言语）随后，他遇到了屠夫的两个孩子，然后他问他们，“嘿！味道好吗?”其中一个说道：“不，我认为一点都不好。”这段对话中似乎指的是人肉。

这梦的起因是：梦者与太太在吃过晚餐以后一起去拜访一家邻居，他们都是好人，但并不是都很容易相处。这位好客的老太太恰好正在吃晚饭，所以强迫他（对于男性而言，“强迫”是用来开玩笑的短语，带有性意味）去试试这个菜肴的味道。他拒绝了，说自己一点胃口也没有。她再三要求道：“来，吃一点吧!”（或者是这一类的话）。于是他不得不试试看，而且违心地说：“味道的确很好。”不过当他和太太单独在一起的时候却又埋怨这邻居很固执和菜肴不好。而这句话“我实在无法看下去了（在梦中也不呈现为一种言谈）——则是暗示着那位请他吃东西的老太太的形象。这意思肯定是指他不想看到她。

以下的这个例子，它有一个很明确的言谈当作整个梦的核心，不过我要在后面提及梦中的感情的时候才能给予完全的解释。我很清晰地梦见：我晚上到布吕克实验室去，听到轻轻的敲门声，开门后发现是（已去世的）弗莱希教授带了一些陌生人一起走进来，和我只说了几句话后就坐在他的位置上。之后我又做了另一个梦：是关于我的朋友弗利斯很顺利地在 7 月到了维也纳，我在街上遇见他的时候，他正与我一位（死去的）朋友 P 君交谈。我们一起去往某个地方。他们两人面对面地坐在一张桌子边，我则坐在桌子的一角。弗利斯提及他姐姐，并说她在 45 分钟之内刚死掉，还说了诸如“这就是限制”之类的话。因为 P 不明白，于是弗利斯转过头来问我是否告诉过 P 君关于他的事。在这个时候，我被一些奇怪的感情所掌控，因此企图向弗利斯解释，P 君不可能知道，因为他已经去世了。可我那个时候错误，应该是“Non vixit”（我知道自己的错误）。之后我很凶地望着 P 君，在我的注视之下，他的脸色苍白，他的外貌变得模糊不清，他眼睛成为病态的蓝色，最后消融掉了。对于这件事我感到高兴，而且知道弗莱希只是一个鬼影，一个“Revenant”（还魂者，字意是“回来的人”）。我认为，只要我们有希望，这种人都可能存在，而如果我们不希望他存在，他就会消除。

在这个巧妙的梦中，包含了很多梦的特点，我在梦里所拥有的批判能力，错误地把 Non vixit 说成 Non vivit，即把“他死了”说成“他没活过”时我能发现自己的错误，与梦中对待死去的人的轻松态度，那荒诞的结论以及其给予我的极大的满足。如果要详细地予以说明，估计将耗费我大量的时间。在现实里我没办法完成梦里所能完成的事，即为了自己的意愿而不惜牺牲自己的好友。因此在这里和在后面我只会讨论其中的几个问题。

这个梦的中心是P君被我瞪了一眼后消融的那个场景，他眼睛变成一种古怪而神秘的蓝色后，然后就消失掉了。这个情景是从现实生活中的某一个事件里抄袭过来的。在我当生理研究所实验员的时候，很早就得上班，布吕克听说我迟到过。他曾经有意准时到达，等候我的来临。他对我说了一些简短而且有力的话，不过对我没有太大的影响，倒是他那蓝色的眼睛瞪视着我使我很不自在，在这眼神面前我变得一无是处，正如梦里的P君紧张时那样，在梦里，这角色恰好倒过来让我有些欣慰。只要记得那位伟人生气的眼睛，就不难理解当时那位年轻犯错者的心情了。

过了很久以后，我才找出了梦中"Non vixit"的源头，最后我发现这两个字并不是听到或说出来的，而是很真切地看到了，于是我立即就知道其来源，在维也纳皇宫的凯撒·约瑟夫纪念碑的基座上印着这些字：

Saluti Patriae Pixit
non diu sed tatus.
（意思是：为了他的祖国的利益，即使他活得不长，但却全心全意）

从印刻的文字中抽取几个可以用来表达梦念中的仇视思想的字，正好可以暗示，"这个人对此事没有表达意见的余地，因为他根本没有活着。"这提醒了我，因为此梦发生在弗莱希的纪念碑揭幕后几天之间，那个时候我在大学走廊里恰好再一次看到了布吕克的纪念碑，我在潜意识中替朋友P君的早逝感到很难过，他将一生贡献于科学，但是却不能在这种地方树立起纪念碑，因此我在梦中替他树立碑石，而他的名字又恰好是约瑟夫。

根据梦的解析规则，我现在仍然不能用Non vixit来代替Non vivit（前者是恺撒·约瑟夫纪念碑的文字，而后者是我梦念中的想法）。梦念中肯定会有某种东西促成这种转换。于是我注意到，在梦中我对P君同时拥有仇恨和慈爱两种感情，前者激烈，而后者却不太明显。不过它们都以"Non vixit"表现出。因为P君在科学上的贡献，我希望给他树立一个纪念碑。但是因为他怀有一个很恶毒的念头（在梦的末尾传达出来），因此我要将他消灭。我曾经注意到后面这句子有一种特殊的寓意，因此在脑海中一定是要走原有的某种模式。在什么地方才可以找到这种相似句子呢——对同一个人怀有的两种相反的反应，可看起来既正确而又不无矛盾。在文学上有这样一段文字在读者脑海中烙下深刻印记，那就是莎士比亚名剧《恺撒大帝》中布鲁特斯的一段辩护："因为恺撒爱我，因此我为他哭泣；他幸运，我为他高兴；他勇敢，所以我赞颂他。可因为他野心勃勃，因此我杀了他。" 这些话的结构和它们对立的意义不就与我梦念中所发现的一样吗？因此在梦里我扮演着布鲁特斯的角色。我要是可以在梦念中找到一个附带的联系点来确认这点该有多好！我想可能的联系点是"我的朋友弗利斯在 7 月到维也纳来玩"。对于这一点细节，真实生活中没有其他的实例可以说明，因为据我所知弗利斯从来没有在 7 月的时候到过维也纳，可七月这个月份是被恺撒而命名的，因此这很可能暗示着我充当了布鲁特斯的角色。

说起来也奇怪，我的确曾经扮演过布鲁特斯的角色，那是我在孩子面前介绍席勒的一出戏中关于布鲁特斯与恺撒的诗句。当时我 14 岁，比我大 1 岁的侄儿协助我。他从英国来看望我们，他也是个还魂者，因为在他身上，我看到了我最早的时候伙伴的回归。在我 3 岁之前，我们一直未曾分开，我们形影不离，即便有的时候也打架。这童年的联系对我与同龄人之间的关系上产生了深刻的影响，这点我已在前面暗示过。从那以后，我的侄子就有很多的化身，从而体现他不同的人格层次，但是我的潜意识中却仍是原来的他。他肯定有些时候对我不很热情，而我也肯定很勇敢地反抗过。因为家父（也就是约翰的祖父）曾这样责怪我："你为什么打约翰？"而我总是辩解道："因为他打我，所以我才打他。"那个时候我还不到两岁，肯定是这幼年的情景使我把"Non vivit"变化为"Non vixit"，因为在童年后期的语汇中 Wichsen（和英文的 Vixen［泼妇］发音一样），即打的意思。梦的运作，并不是用一成不变的关联方式。在真实状况下，我没有恨 P 君的理由，他的确比我强多了。因此他很适合作为我童年伙伴的替身，这仇视可能与我早年与约翰的复杂联系有关。后面我还会再提及这个梦。

七、荒谬的梦——梦中的理智活动

在梦的解析过程中，我们这么频繁地遇到梦的荒谬性，使我们必须对它的起源和意义进行研究。

我将以几个例子来进行解析，读者将发现它们的荒诞性起先是很明显的，不过在经过更深的研讨它的含义后，这种荒诞就消除了。以下就是一些关于梦见死去的父亲的梦，乍看起来似乎是种巧合而已。

梦例一

这是一位六年前丧父的病人做的梦：他父亲碰上一次重大的灾祸，他坐的夜班火车脱轨了。车座挤压到一块儿，他的头被挤在中间。梦者看到他躺在床上，左眉上方有一条竖直的伤口。他父亲会碰上车祸使他万分惊奇（因为父亲已死了，他在叙说梦时补充道）。父亲的眼睛是那么明亮！

根据一般人对梦的了解，我们应该这么解释：可能在梦者想象这个意外发生的时候，他忘记父亲已经死掉好几年了。可当梦在继续进行的时候，这回忆又再出现，因此使他在睡梦中对这梦感到惊异。由解析的经验可以了解，这种解释是没有任何意义的。梦者请一位雕塑家给自己的父亲做一个半身像，做梦的前几天他恰好首次去审核工作进行得如何，当时已经雕好了。这就是他认为的灾祸（在德语说来，bust 又指发生意外，或是不对劲）。雕塑家没见过他父亲，因此只好根据照片来凿刻。就在梦发生的一天前，他要一位仆人到工作室去观察这个大理石像，看他是否也同样认为石像的前额显得很窄。之后他就陆续回忆起那些构架成这个梦的材料。每当有家庭或商业上的困扰时，他父亲都会习惯地用两手压着两边的太阳穴，似乎他觉得头太大了，不得不把它压窄些。另外，在梦者 4 岁的时候，一支手枪不知道怎么意外失火，把父亲的眼睛弄脏了（父亲的眼睛何等明亮呀）。梦中发生在他父亲左边额头上那道伤痕，和生前由于沉思或难过而积累成的皱纹是一致的。而伤痕代替了皱纹的事实又导出造成此梦的另一个因。梦者曾经为他女儿拍了一张照，可此照片（译者按：早年照相所使用的涂抹以显出映像的化学物质的介质可能是易碎的，不是用纸制的）不小心从他手中掉下来，正好跌出一条裂痕，垂直地延长到她女儿的眉面上。他认为这是恶兆，因为他母亲去世前数天，他也把她照片的负片弄坏了。

因此，这梦的荒诞性只不过是一种相当于口头上把照片、塑像和真实人混淆在一起的粗心大意而已。例如在观看照片的时候，每个人都会这么说："你不觉得父亲有什么问题吗？"或者是："你不觉得父亲有些不对劲吗？"当然，此梦的荒诞性可以很容易避免。而且就这个例子而言，我们甚至可以说，这种荒诞是被允许的，甚至是被如此策划的。

梦例二

这是我自己做的一个极度相似的梦。我父亲死于 1896 年，父亲死后在马扎尔人中形成了重要的政治作用，使他们在政治上空前团结。这时候我看到一张很小而且很模糊的画像：好像是在德国国会上，一群男人聚集在一起，有人站在一两张凳子上，别的人都围在四周。记得他死去时躺在床上的样子，简直正像是加里波第。并为承诺终于实现了而感到高兴。

还有什么会比这些更荒诞和滑稽呢？做梦的时候恰好是匈牙利政局最混乱的时候——国会瘫痪导致了无政府状态，最后全凭泽尔的才智他们才得以挽救（这是匈牙利在 1898 到 1899 年的一场政治危机，由泽尔组织连接政治而获得解决）。在这张小画像中所包含的细节和此梦的解析有很大的联系。我们的梦念一般以同样大小的真实形式呈现，可在这梦中见到的画像却源于一本有关奥地利历史的书中插图，反映了在那有名的“Moliamur pro rege ncstro”（我们誓死效忠国王）事件中，玛利亚出现在普累斯堡的议会上的情景。和图片中的玛利亚一样，梦中父亲的周围绕着群众，可是他却站在一两张椅子上面（“椅子”），他让人们团结起来，就像是一位总裁判同样（stulrichter，表面意思是“主席裁判”。二者间的关联是一句常用德语“我们不需要裁判”，而在家父逝世时，的确围绕在他床边使他看起来像加里波第。他死后体温上升，两颊泛红，而且越来越深……回忆到这里，在我的脑海中便自然而然地呈现出：

Und hinter ihm in wesenlosem Scheine
Leg was uns alle bandigt，das Gemeine

（意思是：在他的身后，在那空洞的幻影中，存在着主宰我们每个人的东西——命运）

这种高层次的思想让我们对最后现实的“共同的命运”（Gemain）提前有个准备。人死后体温的升高和梦中这句语“他死后”是相对的，他最大的痛苦是在死之前数个星期肠子完全瘫痪了，我各种不尊敬的想法都与这点联系着。我一位同事在中学的时候就没有了父亲，那个时候我被深深地打动，于是我俩成为了好朋友。他曾向我提起他一位女亲戚痛心的经历。她父亲在街头暴毙，被抬回家把他衣服解开的时候，发现他在临死之际或是死后拉出了大便，她对这件事感到很伤心，并认为这是一件没办法从她对父亲的记忆中抹去的丑事。现在我们已经触及到此梦的愿望了，即“死要将自己的伟大和纯洁呈现在孩子们面前”。谁不是这样想呢？是什么形成这梦的荒诞性呢？

表面的荒诞是，因为真实地呈现了在梦中的一个暗示。而我们却经常忽视了在其成分间所蕴藏的荒诞性，在这里我们又一次不得不承认荒诞性是故意的和刻意策划着的。

因为死去的人经常会在梦里出现，而且与我们一起活动，甚至发生联系(正如是活着同样)，因此经常会造成很多惊奇，而且造成一些奇怪的解释。而所有这些只不过显出我们对梦知之太少而已。实际上这些梦的意义是很明显的。它经常发生在我们有这种想法的时候："如果父亲还活着，他对这件事到底会怎么说呢?"除了将有关人物呈现在某种特定的状况下以外，梦是没办法表达出"如果"的。比方说，一位从祖父那里得到大笔遗产的年轻人，正在悔恨某次花去很多钱的时候，他梦见祖父还活着，而且严厉地指责他不该如此奢侈。而当我们能断定这个人死去已经很久的时候，那么这个梦中的指责只不过是一种安慰的想法（幸好这位故人没有亲自看到)，或者是一种满足感（他不可能干涉）罢了。

还有另外一种荒诞性，这也发生在死去亲属的人的梦中，可是却不是表现为荒诞与可笑，而是暗含着一种极端的否认，因此它表示一种梦者想都不敢想的压抑的思想。除非我们坚持这一原则：梦是没办法去区别什么是愿望，什么是真实的，要不然就会要解释这种梦是不可能的。比方说，以为在他父亲最后那场大病中细心照顾他老人家的男人，在父亲死后的确悲伤了好久，做了一个无意义的梦。他梦见父亲又活了，和以往一样同他谈话，可他真的已经去世了，只是他自己不清楚而已。如果我们在"他真的已经死了"的后面加上"这是梦者的心愿"，和他"不清楚"梦者拥有这种想法，那么这个梦就可以解释了。在他照顾父亲的时候，他不断地希望父亲早些死去，这是一个慈悲的想法，因为这可以使他的痛苦得以结束；可在悲悼的时候，这个想法又变成为潜意识的责怪。是因为他的这个想法缩减了父亲的生命。从梦者幼儿期反抗父亲冲动的复活，使这种自责得以在梦中出现。梦的怂恿与清醒时思想的极端对抗，形成了此梦的荒诞性。

梦见梦者所喜欢的死者在解析梦的上面确是一件让人很棘手的问题，经常不能很完满地加以解释，原因是梦者和这个人之间有着特别强烈的矛盾情感，常有的形式是，这个人起初活着，可突然死了，之后又活了起来，这使人感到迷惑不解。不过我终于弄清了这种忽生忽死的变化其实暗含着梦者的冷漠（对我来说，无论他是活着或死去，都是一样的)，这种冷漠显然不是真实的，它仅仅是某种想法罢了，其功能不过是使梦者否认他自己那种强烈的而且是矛盾的感情。也就是说，这是矛盾感情在梦中的体现。而对于与死人发生关系的梦，这种不规律让我们很难理解。在另外一些与死人有关的梦里，以下原则对解释这些梦或许会有些帮助：如果在梦中，梦者不被提醒说那人已经死了，那么梦者就会把自己看成那个死者，也就是说梦见自己的死亡。可若在做梦的过程中，梦者突然惊奇地对自己说："奇怪，他已经死去好久了。"那么，他就是在否认自己的死亡。可我不得不承认，对于这种梦的秘密，我们还没有全部了解。

梦例三

在这个梦例中，我关注梦的工作刻意制作荒谬的活动，这种荒谬就梦的材料来说是无法理解的。它是我准备度假碰到图恩伯爵后不久做的梦。我在一辆马车上，请求车夫送我去火车站。在他提出一些不同的意见之后（似乎我把他弄得很疲倦似的）我说："显然我不可能和你一起坐车沿火车铁路走。"似乎我已经坐着他的车子驶过一段通常用火车来完成的旅程。对这种让人感到混乱而又没有任何意义的故事，经过解析后得到这样的结论：前一天，我曾经租一辆马车到多恩巴赫（Dombach，在维也纳城郊）一条偏僻的街道去，可车夫不知道这街道在哪里，他就一直漫无目的地兜来兜去（像这类高贵的人所通常做的同样）。直到我发现了向他指出明确的路线，并讥讽了他几句。在以后我还会由这个马车夫联想到贵族，因而引出一系列的思想。在这里我想指出的只是，贵族给我们这些中产阶级和平民留下的最深刻的印象是，他们很喜欢坐在车夫的位置上。都恩伯爵的确是奥地利国家这辆大车的驾驶者。在我的梦中的下一句话则是指我的哥哥。我把他与车夫混同了。那年我取消了和他一起到意大利旅行的计划："我不可能和你一起坐车沿火车铁路走"。这是对他不满的一种暗示，因为他经常埋怨我在旅途中把他累坏了（在梦中这点没有变化），这是因为我坚持要尽快地在许多地方之间赶来赶去，以便能在很短的时间里，看到更多美丽的风景名胜。做梦的那个晚上，他曾经陪我到火车站，可我们快到车站的时候，他却在郊区车站与总车站中间的地方下了车，以方便乘郊线车到布格斯朵夫（距维也纳约八英里）去。那个时候我对他说，你现在可以乘主线到布格斯朵夫，这样就可以与我多处一段时间了。这导致了梦中的那句话：坐着他的车子驶过了一段通常以火车来完成的旅程，这恰好与在真实中所发生的反过来，一种 tu quoque（拉丁文"你也是"）式的争辩。那个时候是这么说的："你可以和我一起乘上线车来走完你要用支线车（郊区车）经过的距离。”在梦中，我用“马车”代替了“郊区车”，而且把整件事混淆了（可恰好能把我兄弟和马车夫的漫不经心联系在一起）。如果这样的话我就可以成功地创造出一些看上去没办法解释又毫无意义的梦，而且与我梦中前段所说的事件发生冲突（“我不能和你坐车沿火车线路走”），因为没有任何的理由让我分不清到底什么是郊区车什么是马车，因此我肯定故意在梦里设计出这迷幻的原因。

可这又为了什么呢？下面我们将探讨荒诞的梦的意义和它发生的动机。上述梦的谜底是这样的：我很需要在梦中用一些荒诞的极不可理解的关系加在“fahren”这个词上，［在梦和分析中，已重复使用的德文“fahren”这个词，在英文中当作“驾”（汽车）和“乘”（火车），两者的翻译要看上下文不同而定。］因为在梦念里要有一个被表现的思想。一个晚上，我在一位慷慨而且幽默的女士家里，她在同一梦的其他部分以管家的身份出现，我听到两条我没办法解答的谜。别人大部分都猜对了，而我虽然经努力却还是没有找到答案，而且试图乱猜。实际上这两条谜语是建立在“Nach - kommen”和“Vorfahren”两个相关的语句上。整个谜语是：

在主人的吩咐下，
御者听从了：
每个人都拥有的，
它躺于坟墓中。

谜底：“Vorfahren”（“驾驶”“祖先”，它的字面意思是“前来”或“列祖”）

而使人迷惑的是，另一条谜语的前半部分与前面那首诗完全同样。

在主人的吩咐下，
御者听从了，
不是每个人都拥有的，
它在摇篮中休息。

谜底：“Nachkommen”（“跟在后面”“后裔”；字面的意思是“跟着来”和“继承者”）

就在我看到图恩伯爵庄重地来到，我坠入了费加罗式的心境，他这样赞扬伟大的绅士们，说他们是与烦恼共生的（即是 Nach - kommen），因此这个谜语就成为梦中运作的中间思想。又因为贵族和御者很容易被搅在一起，有一段时间我们又把驾车人称为“Schwager”（“马车夫”或者是“姐夫”）。所以我就通过凝缩的作用就把我兄弟引入到同一画面中，而这梦背后的内涵是：“为自己的祖先而感到骄傲是可笑荒诞的，最好是自己变成祖先。”这个决断（很多事情是可笑荒诞的）就造成了梦里的荒诞。这使梦其他比较模糊的部分也显得明朗了，即我为何想到之前和司机驶过一段路途［vorhergefahren（已驾驶过）——vorgefahren（驾驶过）——Vorfahlren（祖先）］。

如果梦思里面包含这样一个判断：某些东西是荒诞的，那么梦就会变为荒诞。也就是说，如果梦者潜意识是以批评与荒诞的动机，那么他的梦就是荒谬的梦。所以，荒诞是梦在运作中表现其互相矛盾的一种方法，这和显梦将一些梦念关系进行颠倒或者产生一种动作来抑制感知是一样的。但是梦中的荒诞性不能简单地翻译为“不”，因为它毕竟是用来表达梦念中的情绪的，它是梦念中所包含的矛盾与嘲笑的组合。只有在这种目的下，梦的动作才会造出一些荒诞性来，才能将一部分隐含的意义转变成表象意义。

实际上我们已经提及过一个拥有下列意义的荒诞的梦。对这个梦我只是加以解释而没有进行详细的分析，是有关瓦格纳的歌剧的：歌剧一直演到早晨 7 点 45 分才会结尾，在剧中，指挥者是站在高台上的……很明显，它是指：“这是个杂乱没有顺序的世界，是一个疯狂的社会，那些本应得到某些东西的人却没办法得到，而那些游手好闲、阿谀奉承的人却得到了。”之后，梦者又把她自己的命运与她的表妹（姐）的命运进行比较。在我们分析过的第一个荒诞的梦中，它和死去的父亲有关联，这并不是巧合。在这种例子中，造成荒诞的梦的情况拥有同样的特性。因为父亲的权威，很早的时候就受到了孩子们的批评，他对孩子的严格要求却使得孩子们（为了自卫的缘故）紧密注意父亲的每一个弱点。但是在我们的脑海里，由父亲的印象所激起的孝心（尤其在父亲死后）却严格地审核着，不让任何这种批评抵达意识所表达的层面上来。

梦例四

这又是一个关于已故父亲的荒谬梦：我收到故乡市政务会的信，谈的是 1851 年某人在我家忽然发病而住院的医护费用问题。我觉得很蹊跷，因为在

1851 年我还没有出生，而且可能与此有关的父亲已经去世了。于是我到隔壁房间把这件事告诉父亲，他当时正睡在床上。让我诧异的是，他记得在 1851 年，曾有一次他喝醉了酒被关了起来，那个时候他正在替 T 公司做事。所以我就问："那么，你是经常喝酒的？那么你后来是否紧接着就结婚了呢?"大概算起来我是在 1856 年出生的，似乎正是在接下来的一年。

从上面的讨论中我们可以推论，这个梦肯定要展现荒谬，只能暗示着梦念中某个极痛苦地强烈地争论。这种争辩在这梦里公开的表达出来，家父成为受嘲弄的对象时，我们将更为惊讶和奇怪。从表面来看，这种公开外露的态度与我们所谓梦的运作的审核相矛盾，但是进一步解析就会发现，在这例子中家父只不过是一种展现的人物，而各式各样讽嘲都是指向另一位隐藏着的人物的时候，我们就可以明白这种状况了。即便梦经常表现出对某人的反抗（一般背后隐含着梦者的父亲)，但是在这里却恰好相反。表面上是父亲，而实际上父亲却代表着另一个人。因此这个梦能在这种不经伪装的状态下进行（而这个人物经常被视为神圣的)，这是因为自己能确定所指的人，肯定不是父亲本人。这个梦发生在我听说一位年长的同事，对于我的一位精神病人的治疗已经进入第五个年头而大感惊奇的时候，我随后就做了这个梦。在一种不被察觉的伪装下，暗含着此同事曾代替家父所不能完成（满足）的责任(关于费用，医院的住费问题)，当我们之间的联系变得不友好时，我的感情冲突正如父亲与儿子发生误解时所产生的那样。因为父亲的地位和他之前给予儿子的帮助不能避免地产生了作用。梦念因为这指责并加以激烈地抗议，这种指责最初是指我对病人的治疗，后来就扩充到其他事物上。我想，难道有谁会治的比我更好吗？难道他不知道，这种病很难治愈甚至持续终身吗?那么四五年的时间与一辈子相比又算得了什么？何况在治疗过程中，病人的状况又变得如此的舒适呢!

这个梦之所以能给人带来荒诞感，是因为有很多从不同梦念而来的句子，不经过转换而直接地拼凑在一起了。比如，"我到隔壁房间见他"和前句话所牵扯的主题失去联系，这恰好明确地表现出我向父亲征求意见并决定结婚时的情景。因此这句话表现了老头子宽宏很多，与另外一个人的行为形成鲜明的对比。我们注意到，在梦里我爸爸允许受别人嘲弄，这是因为在梦念中他被列为模范的对象，而审核的特性，要求我们不可以谈论被压抑的事情，但是却可以说出关于此事物的谎言。下面那句"有一次喝醉了，被关了起来"，实际上这句话已经不再与家父有关。他所代表的人物毋庸置疑就是有名的梅涅特，我曾怀着很虔敬的心情跟随其后，而他对我的态度，在最初的赞赏以后就转变为公开的仇视。这梦引发了一些旧事，他曾告诉我，他年轻的时候曾因为氯仿而中毒被送到疗养院去。它又使我记起他死前不久曾发生的一件事。在研究男性癔症时，我曾与他激烈的长期论战。当我在他患病中看望他，并询问病情的时候，他说了很多关于其病症的话，最后说："你要知道，我自己就是男性癔症最典型的例子。"因此他终于认同了他固执地反对了很久的事，这使我感到既惊讶又满足。但是在梦里我怎么会用父亲来比喻梅涅特呢？我又看不见两者之间有哪些相似的地方。我们会发现，此梦很精简，可足以表达出梦念中这个条件句了："如果我是教授或枢密院顾问官的儿子的话，那么我肯定能发展得更快。"因此，在梦里我把父亲变成了教授和顾问官，梦里最明显的荒诞性是对1851年这个数字的强调，对我来说这似乎与1856年没有区别，就好像五年的差距是没有任何意义似的。而这也就是梦念所要表达的。四五年的时间正好是我得到梅涅特支持我的时间，而且又是我让未婚妻等待的时间，梦念仿佛在追求一种巧合，因为这也是我使病人能完全治愈所耗费的最长时间。"五年算得了什么？"梦念这么说，"对我来说，四五年根本就不算什么，不值得考虑。我还有足够的时间，而且，我完成了你不相信的那件事，如今我仍能够以同样的勇气和信心完成这件事。"此外，51本身却由另一种方法决定了拥有相反的意义（如果不去考虑前面那世纪的数字的话），这也是为什么它会在梦中出现多次的原因。51岁对男人来说似乎是一个很危险的年龄。我认识好些同事突然在这个年龄死去，而在这些人之中，有一位是在他刚被提升为教授后几天就去世了。

梦例五

这还是一个和数字有关的荒谬梦：我的一位熟人M先生受到一篇文章的激烈抨击，我们都认为批判者是歌德。M先生被这一个攻击弄惨了。他在餐桌上向大家诉苦，不过这一痛苦的个人经历并不影响他对歌德的尊敬。我试着找出它的时间顺序，即便是不大可能的，歌德死于1832年，既然他对M先生的批评要比那个时间早，因此当时M先生肯定还很年轻，在我看来那个时候他可能只有18岁。可我不清楚现在是什么年代，因此整个计算变得很模糊。很巧，这篇批评文章，歌德刊登在《自然》杂志上的有名论文里。

下面我们很快发现了如何使这个荒谬的梦变得合理。M先生是我在餐桌上认识的，不久前他要求我去检查他那表现出全身瘫痪症状的弟弟的身体。

他这个怀疑应验了。在那次的诊疗中发生了一件使人尴尬的事情，在与病人谈话时，病人在没有任何要求下说出了他哥哥小时候的很多荒唐事。我询问病人出生的日期，与此同时让他做几道小计算题，以便测定其记忆力的程度，他却答得很好。从这里面可以看出我在梦里的情景正像是那位瘫痪的病人，我不清楚现在是什么年代。梦的其他部分却来源于最近的另一件事。我的一位朋友是一本医学杂志的编辑，最近他的杂志上刊登了一篇文章，猛烈批评我的另一位德国朋友弗利斯新近出版的一本书。这篇抨击文章是一位年轻的判断力不足的评论家写的，我想我是可以去进行交涉要求他改正。编辑朋友对这事感到遗憾，觉得不应该刊登那篇文章，不过他却无法在杂志上做更改。然后我就与该杂志断交了，可是在断交信中希望我们的私人感情不受这个事件的影响。此梦的第三个来源是一位女病人提供的，那个时候这个记忆还很清晰，她那位患精神病的弟弟坠入一种狂暴地喊叫着"大自然！大自然"的情景中。曾经有为他诊治的医生觉得呼喊的内容是来源于他所阅读的歌德的抨击文章，《论自然》，而且也说明了他在研究自然哲学时的过分劳累。但是我却认为这与性有关——即便是未受过教育的人对自然也是这样的。后来这位 18 岁的病人竟然将自己生殖器割掉了，这最起码表明我的这个想法还没有错到哪里去。

我顺便要提一下的是有关我朋友那本遭到激烈批评的书（另一位书评家说过"不知道是自己还是作者本人疯了"），它讲述了一个人一生中发生的事，并显示了歌德的一生不仅仅是时间的倍数，而且还拥有生物学上的意义。因此很容易知道，我在梦中置身于此朋友的处境，我试图找出其时间顺序，可我的表现就像是个瘫痪者似的，因此梦就变成了一团荒诞的聚合。梦念就这么嘲讽："当然他（弗洛伊德）是一个发疯的傻瓜，而你们（批评家）是懂得很多的天才，难道就不能刚好倒过来吗?"如在这个梦中，这种相反的例子比比皆是，比方说，歌德批评这个年轻人就是件荒诞的事，而一位年轻人却很有可能去贬低伟大的歌德；还有我在计算歌德死亡的年代时，却援引了瘫痪病人出生的时间，对此这里已经有了详细的讨论。

我曾表明，没有哪个梦不被利己主义动机驱使着，对于此梦中我代替了朋友的位置，并把他的困难承担在了自己身上的事不得不加以说明，我清醒时，批判的力量不足以使我这样去做。那个 18 岁患者的故事以及医生们对他所喊叫的"大自然"作的不同解释，都暗示了大部分医生与我的意见不同(我相信神经症是基于性的)。因此我可能就对自己这么说："那些评论你朋友的言论同样可以发生在你身上。实际上，你已经受到某种程度的议论了。”因此梦中的“他”是可以用“我们”来代替的：“是的，你对，我们才是笨蛋。”梦里又用歌德那美妙的语句来显示着“我正在思考”，中学毕业的时候我对职业的选择感到犹豫不决，后来却因在一场公共讲演中听到了这篇文章的演讲，使我下定决心从事自然科学的研究（此梦将在后面更进一步的讨论）。

梦例六

在本书的前面，我曾提及另一个关于缺乏自我表现的自我主义的梦。那是在第五章的梦，M 教授说：“我的儿子是近视眼……”当时我说那只是一个序梦而已，另一个与我有关的主梦将会在此梦之后发生。以下就是当时省略的主梦，不经过解释是不能明白的，因为大量的荒谬和令人费解的言语被引入梦中。

罗马城发生了一些特殊的事件，出于安全的考虑，不得不把孩子们转移到安全的地方，这件事得以很顺利地进行了。之后看到大门的前景，那是一种古老的两扇式的大门［在梦中，我感觉那是意大利西思纳（Siena）的“罗马门”］。我坐在喷泉的旁边，感到极其忧郁而且几乎要落下眼泪。一位女服务生或是修女，带来两个小男孩，并交给他们的父亲（并不是我）。但是其中年纪较大的那位明显是我的大儿子，另外一位我感到很陌生。那个女人要孩子们和她吻别。她长着一只很大的红鼻子，孩子不情愿与她吻别，只向她挥手致意，并说：“Auf Geseres!”而且向我们两人（或者是我们两人之一）说：“Auf Ungeseres.”我认为这是很友好的表示。

这个梦是在我看过《新犹太人区》这部戏剧后产生的纷乱的思绪。这是有关犹太人的问题，因为犹太人的问题关系到子女们的前途，他们甚至无法拥有自己的国家，而且这也关系到孩子的教育问题，他们不能自由地跨越国界。因此我很焦灼，想好好地教育他们，使他们可以享受到公民的权利，这一切都能在梦念中分辨出来。

“在巴比伦的湖边我们坐下来哭泣。”西恩纳与罗马同样，因为美丽的泉水而久负盛名。如果罗马会在我梦中出现的话，那么它肯定会以另一个已知的地点来代替。西恩纳的罗马门附近有一座巨大而且灯火辉煌的雄伟建筑，那就是曼尼柯米阿疯人院。在这个梦发生前不久，我听到一位和我有同样宗教信仰的人被迫辞去了他一个国立疯人院中辛苦奋斗所得来的职位。

我的兴趣在于"Auf Geseres"（此梦中的情景使我们想到这字眼"Auf Wiedersehen"）和与它反向的又无意义的"Auf Ungeseres"。从语言学家那里得到的知识让我知道了"Geseres"是一句希伯来文，源于动词"goister"，它的意思最好是译为"遭受苦难""命定的灾害"。从谚语的用法中使我们认为它的意思是"哭泣与哀悼"。而"Ungeseres"则是我编造的词，与此同时也是第一个引发我注意的字眼，开始的时候我并不能从它那里知道什么用意。但是在梦的结尾中所说的那句"Ungeseres"表示比"geseres"更有好感的意思，却打开了联想之门，也说明了这字的意思。这种关系来自鱼子酱，无盐的（ungesalzen）鱼子酱要比咸鱼（gesalzen）的更受人欢迎。"将军的鱼子酱"是贵族的权利，在这背后隐含着对家庭里一位成员玩笑式的暗喻。因为她比我年轻，所以我希望她将来能照看我的孩子。这恰好和梦中出现过的一位人物（修女或侍女）同我们家里那位保姆相应合。而在 gesalzen—unsalzen（有盐—无盐）之间并不存在什么样的过渡思想，这可以从 gesaiiert—ungesatiert（发酵—不发酵）中挖掘。在离开埃及的时候，以色列人没时间让他们的面团发酵，为了纪念该件事，他们在复活节这天就吃不发酵的面团来纪念这件事。在这里我要补充一点突然呈现的联想。我记得在上个复活假期中，我和柏林的一位朋友一起去陌生的布罗斯劳。当我们在街上散步时，一位年轻姑娘向我问路，我不得不坦率地告诉她不知道。之后我对朋友说："我希望这姑娘长大后会更懂得怎样选择那些能够指引她的人。"不久，我看见一个门牌，上面写着"海罗医生诊疗时间……"我说："我希望这位同行不是一个儿科医师。"同时，我这位朋友对我提起他对两侧对称的生物学意义的观点，而且说了这么一句："如果我们和独眼巨人同样有一只眼睛长在额头中间……"于是便引出了梦中教授说的那句话："我的儿子是近视眼（Myops）……"（德文 Myop 是根据 Zyklop 型而构造的一种特定（adhoc）形式）现在我知道"Geseres"的主要来源了。很多年之前，当该 M 教授的儿子（今天已是独立的思想家了）还是中学生时，不幸患了眼疾，而且医生认为就是这眼疾成了他焦虑的原因。他解释说，只要眼病仍然只在一边就无所谓了，可如果感染到另一只眼睛的话，那么后果就太严重了。后来他这只眼睛的病完全好了，但是不久另一只眼睛却出现了受感染的迹象。当时孩子的妈妈很害怕，赶紧把医生请到家里（他们住在很遥远的乡下）。当医生诊察后，对他妈妈大声地说："你为什么把它看得那么严重呢？如果那只眼睛好了，那么这一只也肯定会好的。"结果证明医生是正确的。

现在我们不得不考虑：所有这一切与我和我的家庭到底是怎样的关联呢？M 教授的孩子读书时用过的桌子，后来由他的夫人赠与了我的大儿子，在梦里我通过他说出来了那句告别的话。我们很容易就猜出这种转换代表了其中的期望，这张桌子的设计是要使孩子避免得近视眼和只用一只眼睛看东西的习惯，因此梦中的近视眼（实际上背后是独眼巨人）和两侧对称的内容，具有很多意义。这并不是指身体的一侧性，与此同时也包含了智力发展的单侧性。难道梦里这所有荒诞不就是表示对这种焦灼的矛盾吗？这孩子转到一侧说再见后，再转到另一侧来说相反的话，似乎是要维持平衡，可他的行为似乎是暗示了要关注两侧对称！

于是，梦越荒诞，其意义就越深远。无论在什么年代，那些想要说什么可又知道说出来就会对自己无利的人都把那些话冠以一顶愚蠢的帽子。对于那些听这些禁忌话的人们来说，如果说话的人能同时自嘲，那么他们就会比较容易接受（忍受）它。剧中的那位皇子不得不把自己装扮成一个疯子，他的行为的确正像是梦在真实中扮演的角色似的，因此我们可以用哈姆雷特皇子概括自己的话来代替梦并加以注释，用智慧与晦涩来掩藏真相。他说：“我只在刮西北风时才发疯，当风朝南吹的时候，我就能分清苍鹰与手锯！”

至此，我解决了关于荒诞的梦的问题。梦永远不会是荒诞无稽的，即正常人的梦念不会是荒谬的，而梦的运作之所以会产生这些荒诞，或是梦的内容竟会含有个别荒诞的因素，是因为它必须要通过某种不被阻抗的方式，使梦念中所含的那些批评、荒诞与嘲笑得以表达。

我会在接下来让读者明白，我们只不过是将这四个因素进行组合之后使梦的功能得以发挥作用，最终目的是释梦。这四个因素除了已经提到的凝缩作用、移置作用和梦的表现力，还有我将提到的第四个因素。它的功能是通过这四个条件进行释梦，同时还包括心灵是以官能的全部或是部分进行梦的活动，我认为心理活动会全部或部分地加入梦的形成，这是一种没有依据事实而错误地提出的问题。可无论是怎样，梦里经常会出现一些判断、一些评论和一些赞赏，而且有的时候对梦中的一些元素会表示惊讶，甚至才会加以解释或申辩。所以下面将用一些经过挑选的例子来澄清这些现象所引发的反对意见。

简单来说，我的观点是这样的：每一件在梦里看来具有判断功能的活动，均不能被当作梦运作的心理成果，它仅仅是属于梦念的原料，它们仅仅是以一些现成的构造展现在梦的显示中的梦念。我甚至可能进一步地表述，即睡醒后对一个还记得很清的梦所作的论断，以及重述这个梦所产生的感知或多或少表现出梦的隐情，都要包含在解析的范围内。

1. 我已经援引过一个著名的例证作为此类梦的一个代表。一位妇人不情愿和我谈及她所做的一个梦，因为“它很模糊和混乱”。她梦见某人，可不知道那人是谁，可能会是丈夫或是父亲。之后，她又梦见一个垃圾箱。而且，产生了下面的回忆：当她刚刚收拾好屋子的时候，对一位到她家拜访的年轻亲戚说，她的下一个工作将是找到一个新的垃圾箱。第二天她就真的接到了一个，不过里面插满了山谷里的百合花。这个梦所表现出的一句德国常用的话“不是长在自己的粪便上”。(Nicht auf meinem eigenen Mistgewachsen，句子的意思是“这并不是我的责任”或者“这不是我的孩子”。Mist 的德文意思是“肥料”，俗语指垃圾，维也纳的方言中指“垃圾箱”）当分析完成后，我们会发现潜在的梦念是梦者小时候听到过一个故事所产生的结果。那是关于一位女孩生了孩子，但却不知道孩子的爸爸是谁。在这个梦例中，梦所要表现的内容又一次渗透到清醒的思想里，即用清醒时对梦中的断语来显现出梦念的一个元素。

2. 另一个相似的梦例是，一位病人做了一个我觉得很有趣的梦，他醒来后他立即对自己说：“我肯定要把这梦讲给医师听。”等到把此梦加以分析后，很清楚地显示出一种通奸关系。而在治疗的初期，他对我有所隐瞒。

3. 这个梦例是发生在我身上的。我和 P 一起去医院，途中经过一片房屋和花园，与此同时，我觉得之前好似在梦里经常见过这个地方。我不知道该怎么走，他指出一条转角就能到达餐室的路（在室内，并不是在花园里）。我在那里打听过多妮女士的消息，知道她和三个小孩就住在后面的一间小屋里。我向那里走去，可还没有走到那里就看见一个模糊的人影，带着我的两个女儿。和她们站了一会儿后，我就把她们带走了，而且对我的妻子把孩子留在那里很有怨言。

当醒来的时候，我有一种很满足的感觉，因为我觉得将从这梦的分析中了解“我经常在梦里见过这个地方”到底是什么意思。实际上，精神分析并没有告诉有关此类梦的意义，因此，“满足”是属于隐梦的一部分，而并不是对梦的任何判断。我对婚姻的满足是因为它给我带来了孩子，P 的生活经历初期和我相似，只是后来他在社会地位与物质上远远超越了我，可婚姻却因为没有孩子而不尽如人意。引起梦的这两件事并不足以对梦进行完全的解释，但是却显示出它的意义。做梦的前一天，我在报上读到多纳夫人逝世的消息

（而我在梦中称之为“多妮”），她是因为难产而死的。我太太说，负责接生的妇女就是替我们接生两个最小孩子的那个人，“多纳”这个名字之所以会引发我的注意，是因为不久前在一本英文小说中看到过它。另一件事是，此梦发生的日期，正是我长子生日的前一天晚上，他似乎颇有诗人的气质。

4. 梦见家父死后还在马尔扎人的政治领域中扮演某种角色之后，也有同样满足的感觉，我的解释是，这种满足感是梦中最后一个情景中情感的连续。记得父亲死去时，他躺在床上的那个样子就像是加里波第，并因为承诺终于实现了而高兴……（梦的后续部分不记得了）。分析终于使我可以填满这空隙，这是有关我二儿子的描述。我给他取了一个与历史上伟大人物同样的名字“克伦威尔”，这个名字在我孩童时期，曾经强烈地吸引着我，尤其是我到英国访问，在儿子出生之前，我已经决定如果生下的是个男孩子的话就肯定要取这个名字。出生后真的是男孩，让我觉得很满足（很容易看出，身为人父那的种被压制的自大是如何影响孩子的。而在现实生活中，这不过像是一种将压抑的感情付诸实施的办法。）可是小孩子之所以会在梦中出现，是因为他和那将要死的人有同样的瑕疵，容易把屎拉在床单上。请用这个眼光来将 Stuhlrichter（总裁判，根据字意解释乃是“椅子”或“凳子”的裁判）和梦中所展现出来的，要在自己的孩子面前体现出伟大与不受辱的姿态加以评比。

5. 接下来我们将注意分析梦中所表达的判断，而不再管那些还在呈现于睡醒时候或者是清醒时刻的判断。在歌德批评 M 先生的例子里就包含着很多的判断：“我企图找出其时间顺序，即便是不大可能的。”无论是从哪一方面看，它似乎都是批评这件荒诞的事，即歌德将会去抨击这位与我很熟知的年轻人。“我想他大概有十八岁”，这句话看起来似乎是经过计算的，即便是出自愚劣的脑袋。可最后那句“可我不清楚现在是什么年代”却似乎是梦中不确定的或者是疑惑的范例。

因此，上面这些话从表面看来都像是来源于梦中的判断。可分析结果显示出的这些文字还可以有其他的解释，只是解析过程中必不可少的，这些话还可以澄清各种荒诞。这句话“我企图找出其时间顺序”，使我置身于我朋友弗利斯的处境，他仍在想弄清楚人生的编年资料。这样它就会失去评判它前面极具荒诞性意义的句子的判断意义。插入的那句“好像是不大可能”则属于下面的话“我想他大概有 18 岁”的句子。在那位女士议论其弟弟病案的例子中，我差不多用了类似的句子。例如在我看来，这简直是不大可能的观点，即他大声呼喊“大自然！”这怎么会和歌德扯上什么联系呢？我认为更有可能这些语句拥有一些大家所熟知的性的意义。的确，此例子在现实中的确表达了某种判断，是被梦念追加起来而且加以利用的。显梦将这种决断巧妙地加以利用了，就像它利用梦念片段一样。在梦中，数字“18”中隐藏着真实判断的痕迹。最后的那句话“我不清楚现在是什么年代”，只是为了缩短我与这个瘫痪病人的距离。在我诊断他的时候，这种想法的确曾出现过。

从研究来看，这些似乎是对梦的评论的结果，在本书的前面所提及的解析梦的原则：不得不把梦各成分间的联系看成是无关的，与此同时又不得不从每一个要素本身出发去探讨其源由。梦是一个有机的整体，可在研究的时候不得不再把它分成碎片。从另一方面来说，在梦里肯定有种精神力量在运作，才会造成这些表面的连贯性，也就是说这种力量将梦的运作所连成的材料再度加以修饰。这是我们面临的另一种力量，它的重要性我们将在后面加以比较，现在且把它当作是构成梦的第四种要素。

6. 下面又是一个我曾援引过的梦例，可以当作判断在梦中运作的例子。在市议会寄给我信件的那个荒诞的梦中，我曾经这么问：“那么后来你是否紧接着就结婚了呢?”大概我是在1856年出生的，似乎刚好是信件中提到的年份的下一年。这就蒙上逻辑结论的外衣。家父在紧接他发病不久之后，也就是1851年结婚，我作为家中的长子，在1856年出世，因此这都是对的。我们知道梦中的虚假结论是为了达成某种愿望而设计的。而主要的梦念是这样子进行的：“四五年根本就不算什么，不值得考虑。”这种逻辑的结论的每个步骤，无论是与内涵或程序怎样的相像，都可以用梦念决定的另外一种方式进行解释。而我这位同事认为治疗时间过长的那位患者，已经决定要在治疗结束后去结婚。梦中我与父亲谈话的方法正像是审问或考试一样，这使我想起大学的一位老师，他习惯于记录选修他的课的学生的详细资料：“生日?”——“1856”——“父亲名字?”对于这一个问题，学生不说出自己父亲带着拉丁文字尾的教名他是不会罢休的。我们学生都这么认为，这位教授是否可以由学生父亲的教名能判断出什么结论，而且这是不能由学生的名字推断出来。因此梦中推断出结论不过是另一件推断结论（梦念中的一件材料）的重复罢了。所以说，这里又出现了一个新的问题值得研究，梦中出现了一个结论，毫无疑问，它一定是源于梦念，不过它在梦念中表现的方式可以是一段回忆材料，或者是用逻辑方法联结一连串梦念。无论是怎样，梦中的一个结论肯定是代表着梦念中的结论。

现在让我们再对梦进行分析。这位教授的询问不仅使我想起大学生的注册名表（是用拉丁文写的），并让我想起了自己的主修课程。攻读医学的五年，对我来说的确是太短了。于是我又静静地再多学习了几年。熟人都把我当作是混小子一个，甚至怀疑我是否能及格。之后我很快决定参加考试，而且获得通过，即便迟了些。这是我对梦念新的强化，凭借这个梦念我能坦然地面对批评我的人："虽然我耽误了时间，以至于你们觉得我不能通过，但是我最终还是及格了。我最终让我的医学学习得到一个满意结果。这已经得到了证明。"

梦开始的几句话里暗含着一些论证性的句子。这些争辩并不是荒诞的，而且在清醒的时候也可以发生：对市议会寄来的这封信我感到很奇怪，因为在 1851 年的时候我还没有出生，同时和这可能与已经逝世的父亲有关。这两个辩解不但本身是对的，而且如果我真的接到过这么一封信，针对它我也会有相同的论证。从前面的分析知道，此梦是来自内心深处苦恼及嘲讽的梦念。如果假定审核的动机是很强有力的，那么梦的运作就会用梦念中自有的模式制造一个对这种荒谬暗示有效地否决。但是分析的结果却显示出了梦的运作并非那么自由，它不得不利用从梦念得到的材料。这正如一道代数方程式（除了数字之外）其中包含着减号、加号、根号、幂号，如果叫一位不懂得数学的人把它记载下来，那各种符号和数字都可以被抄下来，但是却会将它们混淆在了一起。梦中的这两个论证可以溯源到下述材料上：当想起我对神经症病人作心理学解释所提出的基本前提总是受到那些首次听说的人的质疑和嘲弄时，我就会觉得很痛苦。比方说，我觉得人生第二年的印象（有的时候甚至是第 1 年）会一直存在于那些以后发病者的感情生活中，而这些印象，即便受到记忆的扭曲与夸张，都是造成癔症状的首次以及最深刻的根基。而当我在恰当的时机去向病人解释这点时，他们总是以一种嘲弄的口气按照这新得到的知识，去找寻一些他们还未活着的时候的记忆。而我的另一个发现是，父亲在女儿的早期性冲动所充当的角色（出乎意料的），也遭到同样的冷遇。但是无论是怎样，我认为会有足够的理由证实这些假定是正确的。为了确认这一点。我记起一个例子：他的父亲在他还很小的时候就去世了，而以后的事件证明，存在的潜意识中，仍是留有这位很早就去世的人的影子（这么想的确很使人费解）。这两个结论是基于正确性将会受到考验的推论上得出的，因此这就是愿望达成，也就是在梦运作中利用我害怕会遇到考验的论点，来推导出不会引发争论的结论。

7. 在梦开始的时候，梦者对突来的事物表示吃惊，对这梦我到现在还很少提及。老布吕克叫我做一些很奇怪的事。这与剖析我自己身体的下部（骨盆部和腿）有关。我好像在解剖室看见了我的骨盆和大腿，但是却没有注意到自己的身体缺少了什么，而且丝毫也没有害怕的感觉。N. 路易士站在旁边，后来和我坐在一起。我们可以看到它的上部，现在又可以看到下部，二者合为一体了，还可以看到一些肥厚肉色的凸起（在梦里面，使我想起痔疮）。一部分类似褶皱的锡纸的东西还盖在上面，我小心地把它剔出来。当时我还有双腿，在市镇里走路，但是因为疲倦的缘故，我就坐上了马车。使我惊讶的是，马车朝着一处房屋的大门奔去，而更奇怪的是，大门居然开了，里面有一条通道，在快到尽头的时候转了一个弯马车就又出来了。最后，我与一位拿着我行李的高山向导走过变化无穷的风景进行了一次旅行。在路途中，由于我疲倦双腿的缘故，他也背过我。地上很泥泞，因此我们沿着路的边沿走。看起来像印第安人或吉普赛人似的一些人坐在地上，其中有一位姑娘。在这之前，在泥泞的地上一步步前进的时候，我有这样一种惊讶的感觉，即经过解剖以后我怎么还能走得这么好呢？终于，我们到了一间小木屋，后面开了一个窗。于是向导把我放下来，与此同时拿起两块原有的宽木板架放在了那个窗台上，这样就可以形成一个跨越窗边陷坑的桥梁，那个时候我真担心我的双腿会有病。但是我们没有像预想中那样跨过木板，却看到两位成年男人躺在沿着木屋墙壁而架的板凳上面，好像还有两个男孩睡在旁边。似乎是小孩帮我们跨越陷坑（而不是木板）。我起来的时候，感到很害怕。

每一位对梦的浓缩作用有一些了解的人都会知道，要详细分析这个梦需要花费大量篇幅才够说清楚。幸运的是，在这里我只需要讨论其中一点，为梦中的惊奇提供例子，这和插入奇怪的感叹所呈现的那样。让我们来看看这个梦。那个在梦中帮助我工作的 N. 路易丝小姐以前找过我，要我借给她一些书读。我给了她哈盖特著的《她》，并向她解释说："这是一本奇书，潜藏着很多隐义，永远的女性，我们感情的永恒……"她打断了我的话，说："我知道。难道没有你自己的东西吗？""没有，我永恒的巨著还未写成。""那么你何时才能出版你那最终的解释呢？你曾说过让我们都能看得懂的那本书。"她以这种讥讽的语气问道。我发现这只是有人借她的口来向我挑衅罢了，因而就默默不语。我想即便只是把自己对梦的工作成果发表出来，也要付出很大的代价，因为我不得不公开自己的大量隐私性格。

Das beste was du wissen kannst

Darfst du den buben doch nicht sagen.
你所知道的最好的事情，
你都不可坦诚地告诉小孩子们。

梦里要我剖析自己，其实是在自己的梦例中进行自我分析，布吕克在这里出现是很恰当的，因为在我刚开始科学研究时，我就曾经把自己的一个发现放在一边，直到他再三坚持要我把它发表出来为止。和N小姐的谈话所引发的深层思想不能显现到意识中，它们分散到哈盖特的《她》所激起的材料里面。此书确实奇怪，该作者的另一本书《世界之心》也同样。梦中的好多元素就来源于这两个极富想象力的小说。著者被背过的泥泞地带，还有要用宽木板才能渡过的陷坑，都是来自《她》这本书。而印第安人、木屋以及女孩则来自《世界的心》。这两本小说的向导都是女性，而且都和危险的旅行有关。《她》描述了一条从未有人踏上的冒险之路，结果却引向一片崭新的天地。从我对此梦所做的笔记来看的，双腿的疲倦是在那个白天所感觉到的，可能这带来了一个疲倦的情绪和疑惑的问题："我的腿还能坚持多久?"《她》这部冒险故事书的结尾是，向导不仅没有替他人和自己找到永生，反而葬身于神秘的地下火海中。毫无疑问这种恐惧在梦念中活动着，那"木屋"就是暗示着棺材，即"坟墓"。但是梦的运作却成功地以心愿达成来实现这个愿望。因为我到过坟墓一次，那是靠近奥维托被挖空的伊特律利阿人的空墓，一个狭窄的小室，靠着墙壁有两个石凳，上面躺着两个成年男人的骷髅，梦中的木屋的内部和这个墓穴很像，除了石室变成木屋以外。梦似乎在说："如果你必须要在梦中的话，那你一定希望这里是一座伊特拉斯坎人的墓穴吧!"这种置换可以把最悲惨的期望转变成为很使人向往的事。但是可惜的是，梦虽然可以把伴随着感情的概念颠倒过来，可却不能经常变化这种感情。因此，梦醒的时候我就觉得害怕。即使孩子可以得到父亲失败的成就这种观念成功呈现，小说中认为一个人的身份可以一代代流传下去，连续达两千年之久。(本梦将在后面再度提及)

8. 还有一个梦的内容对梦中的经验同样让人感到惊讶和奇怪。但是这个惊讶和奇怪却与一个深刻的、牵强附会的，理智的解释有关，即使它不包含其两个有趣的特点，我也要将它加以解析。在7月18或19日晚上我乘着开往南方的火车旅行，当我睡着时听见："Hollthum 到了。停十分钟。"我马上联想到了棘皮动物（holothurians），一个自然的历史博物馆，这是英勇的人类在绝望中对抗统治他们国家的超级力量的地方，是奥地利的反抗解放的运动。正如是斯地里亚或泰罗的一个地方。接着我隐约看到一个小博物馆，里面放着这些人的化石或遗物。我很想走出火车，但又犹豫不决。在看台上有很多带着水果的妇人，她们蹲在地上，在那个姿势之下，邀请似的举起她们的篮子。我之所以会犹豫不决是因为我不知道时间够不够，但是火车没有动。突然我处在另外一间房子里，里面的家具和座位显得很窄以至于背部会直接抵触到车厢的靠背，对此我感到很惊讶和奇怪。可我想，自己可能在睡着的情况下被人换过了车厢。这间房子里面有好些人，包括一对英国兄弟，墙上书架清楚的摆着一排书，我看到亚当·斯密著的《国富论》，那是一本很厚的巨著，而且还包着褐色书皮。那男人提起一本有关席勒的书，问她妹妹是否忘记了。这些书似乎有时候像是我的，有时候又像是属于他们的，我想加入他们的谈话，为了确认或者支持前面所说的……我醒来时浑身是汗，因为全部的窗子都开了，车子正好是停在马尔堡（在斯地里亚内）。在记下这个梦的同时，我又记起另一个梦来，这是记忆所想忘记的。我与一对兄妹交谈，提及了一件特殊的工作："这是从（from）……"可接着我自己又改正为："这是由（by）……是的。"那人和他妹妹说，"他说得对。"（将在第七章再度提及）

在梦里面车站的名称一出现，毫无疑问就把我弄得半醒了，我用 Hollthum 代替了马尔堡，而在车长大喊"马尔堡到了"时我就听到的事实，由梦中提及席勒而得到确认。即他出生在马尔堡而不是斯地里亚的这个马尔堡（席勒不生于任何一个马尔堡，他是生于马尔巴赫，德国任何一个小学生都了解的，我也不例外，现在这是一个口误）。这一次旅行虽然我乘坐的是头等车厢，可却很不舒服，火车挤得满满的，我的那间小室内还有一对男女，看来很像贵族，可却很没有教养。又或是我认为，他们根本不需要装出因为我的进入而恼怒的样子，我礼貌地打了个招呼，但是没有得到任何回应。两个人是并肩坐着（背向着火车头），那妇人在我的眼光下很快地用阳伞挡住面对着她的那个靠窗的座位。这时候门马上要关上了，他们两人交头接耳的交换是否要开窗户的意见，可能他们一下子就猜出了我想透一口新鲜空气的愿望。这是个很热的晚上，完全密闭的小室很快就有使人窒息的感觉。根据以往的旅行经验来看，这种有傲慢和无情行为的旅客只有那些享受半价或免费优待的人才做得出来。当然有查票员走来，我将那花了很多钱买来的票交给他看时，从那个女士的嘴里发出一种傲慢的和似乎是不满的声调："我丈夫有免费优待。”她有种奸诈和不满意的外貌表明离女性美丽的凋零已经不远了。那个男人没有讲一句话，仅是坐在那里动都不动。这个时候我想睡一觉，因为在梦中我对这个使人不快的旅伴进行了很可怕的报复，没有任何人会怀疑在梦前半部的支离破碎的表面下隐藏着侮辱与轻视。当这个要求被满足之后，下一个希望就显现了，变换房间，在梦中各式的景象很快的变化，与此同时也没有引发任何的反对，因此如果我从记忆里找出一些更可亲的人物来代替面前的这两位，是丝毫也不会让人感到惊讶的。但是在这例子中，某个东西反对将景色变化，而且认为要加以解释。我为什么会突然转到另一个车厢里呢？我不记得是什么时候换的。只有一种可能：我肯定在睡着的状态下换了车厢，很稀奇的一件事，不过这种例子能在精神病患者里找得到，我们知道有些人可能以一种朦胧（半清醒半迷糊）的状态踏入火车旅途，没有一点迹象显示其不正常，可是直到到了某处才猛然醒悟过来，而且对中间那漏掉的记忆感到惊讶。因此，在梦中我宣称自己是“Automatisme ambulatoire”（无主漂游症，即一种癔症）的患者。

分析的结果让我又找到一个答案，那个希望解释的企图并不是我的意愿，如果把它归为梦的运用的结果，那么也太让我惊诧了，这是录自一位神经症患者。在这书的前面我提及一位受过很高教育，但是却是个在生活上很懦弱的男人，就在他父亲逝世后不久，他就一直不停地责怪自己并有谋杀的欲望，与此同时替他本人的安全措施而感到烦恼，这是一个被强迫症影响的很严重的病例，只是患者没有完全病的意识感。刚开始他一到街上就注意（强迫性冲动）他碰见的什么样的人在何地消失，如果那人突然逃脱他的视线，那么他就会感到很苦恼，而且认为可能自己已经把他杀掉了，这让他痛苦不堪。因此这里面包含着（除了别的以外）“隐幻想”（Cainphantasy）［Cain，《圣经》上的人物，亚伯的兄弟，后来杀死了亚伯，即谋杀者的意思。］因为“任何人都是兄弟”。他没办法做完这项工作（下手），因此不得不把自己锁在自己的房间里，但是报纸却带来了外界出现谋杀事件的消息，而他的良心就会以一种揣摩的形式向他暗示，可能他自己就是那个被缉拿的杀人犯。在头几个星期里，因为断定自己没有走出房子使他免除这些指控。但是有一天他认为自己可能会在一种无意识状态下走出房屋，虽然杀害了别人但他却不知道，从那个时候起，他就把室内的前门锁着，然后把钥匙交给管家，并再次的强调，肯定不能将这钥匙送到他手里（也就是他向管家要）。

这就是我试图解释的自己可能会在无意识状态下调换了车厢的来源。这其实是早就在我的梦念里已经安排好了，之后直接进入到梦内容中的，而且在这个梦中显而易见的要满足自己与病人类似的目的。我对他的回忆很容易地就被一个联想联系起来：前一个晚上我就和他在一起，因为他痊愈了，我和他一起到各省去看望他那些请我去的亲戚，我们两人共同拥有一间包厢，然后整个晚上都让窗子开着，我们谈得很高兴，我了解到他的病根是对父亲的仇恨，而这种冲动来自童年，而且和性有关。通过和他的坦诚，我也有坦白的冲动。而实际上，梦的下一部分以同样放纵的幻想了结。因为这两个人对我的粗鲁，而这又是出于我的到来使他们起先要在夜晚里拥抱、亲吻的计划落空，这个幻想还能寻找到孩童时期，那个时候可能处于某种好奇心，小孩子跑到父母的房间去，却让父亲赶出去了。

我也许需要找个更多叙述的例子，但它们都只不过能证实我前面所说的罢了，梦中的判断活动只是对梦念中原型的再现而已。一般来说，这种再想并不能完全的和谐，甚至会被加紧一个不适合的背景中，不过有时候却像我们最后这个例子所指明的那样，它使用的是那么的巧妙，使得初看之下，我们会以为这是在梦中单独的智力活动。在这里我们要注意，即便精神活动没有投入梦的修建，但是它却可以以某种模式将同一个梦中不同起源的成分合为一体，从而使其有意义而且不产生冲突。在讨论这个问题之前，我们首先要了解梦中发生的情感，并将它与梦念中的感情加以比较。

八、梦的感情

斯特里克勒敏锐的观察让我们发现，对梦中表达的情感，我们无法像平常习惯的那样，清醒后便轻易地忽略其内容。“如果我在梦里害怕盗贼，那么盗贼自然是想象的，但害怕却是事实。”在梦中如果我感到高兴也是这样的。由我们的感觉表明，梦中所体验到的感情和清醒时刻拥有同样强度的经验相比，是毫不逊色的，而梦的确以更大的精力要求把其感情包含真实的精神体验中。可在清醒时刻中我们却不会这样体验情感，因为如果这种情感没有和某种观念性的材料结合的话，我们是没办法对感情加以精神上的评价的。而如果感情和观念的性质与强度不能相配合，那么这清醒时刻的判断力就处在混乱的状态下了。

我们经常梦得很奇怪，观念内容在梦里并不伴随着感情（而在清醒时刻，这念头肯定会激起感情的）。斯特姆培尔曾经宣称梦中的思想是没有精神价值的。可梦中还有一种完全相反的情况，即一些看来是平淡的事件，却会引发强烈的感情激动。因此，梦中我可能处在一个可怕，危险和厌恶的状况可并不感到恐惧，反而对一些无害的事感到害怕，或者为一些幼稚的事情感到高兴。

不过，这梦生活之谜在明白其隐意以后却很快就解开了，比其他梦的难题解释的更快、更彻底。因此我们没有必要再为这谜伤脑筋，因为它已经再也不会存在了。这些分析的结果显示出观念材料会被移置和替换，但是感情却保持不变。因此对这现象我们不应再感到惊奇，因为观念的材料经过梦的扭曲，当然和那未曾变化的情感不再相符。而且通过分析之前的材料，我们会发现在一个遭受审核制度影响和阻挡的精神领域内，作为它的构成成分之一，情感是最不受到任何影响的，仅仅是这一点，我们就可以获知如何填补那遗漏我们的思想的指向。对那些神经症患者来说，这种对比会比梦更清晰一些。即便他们情感的强度会因为神经质注意力的移置作用而无限加大，但是性质是合理的。如果一位癔症病人惊诧于自己对一些琐碎无聊的事情感到很害怕，或一位患强迫性症的病患为自己对一些不存在的事情感到困扰和自责而感到很惊奇，那么他们都是迷失了自己的方向的，因为他们把观念内容，即那些琐事，或者不存在的事实，当作了最基本的东西。而且他们的挣扎也是不成功的，因为他们把这种观念内容当作是他们思想活动的起点（病的原因所在）。精神分析能使他们回归正途，让他们明白这些感情是合理的，而且将那些属于这个情感的观念找出来（已经受到压抑，并为一些代替品所置换）。这所有的前提是，感情和那些观念内容之间并不是有机的统一体。相反，这两个分离的整体不过是勉强凑合在一起，但是精神分析却能够使他们互相分离。由梦解析的经验来看，事实确是这样的。

下面我将举出一个梦例，在这个梦中，它原来的观念和原来应该引发的情感就处于脱离的状态，通过分析我们能解析这一切。

梦例一

她在沙漠中看见三头狮子，其中的一头朝着咆哮，即便后来她千方百计地要逃开它们，可她当时并不感到畏惧。她尝试着攀爬上树时，却看到她表姐（一位法文教师）已经在树上了。

分析得以挖掘它背后的这些材料。梦起因来源于英文习作中的一个句子："鬃毛是狮子的饰物。"她的父亲保存着一道胡须，留在脸上像是狮鬃似的。

她的英文老师的姓名是莱茵小姐。曾有一位朋友送给她一份 Loewe（德语，“狮子”之意）的民谣的收集本。这就是梦里那三头狮子的来源。那么，为什么她不害怕它们呢？她读过一部小说，描述一位黑奴因为鼓动同伴们反叛而被猎狗追捕，后来爬上树逃命。之后，她在一种高昂的情绪下说出她一些残留的记忆，如《飞叶》杂志上的一篇《怎样捉狮子》：“把沙漠沙子放在筛子上筛，那么狮子将会被留下来。”还有一个有关某官员的逸事，很有意思，很少有人知道，有人问那位官员为什么不去讨好上级，他回答说已经努力了，但是他已经在上面了。我们知道了她在做梦的那一天去拜访了自己丈夫的上司，于是整个梦就可解释了。他对她很有礼貌，而且吻她的手。而她一点也不害怕他，尽管他是社交圈中的主要人物，而且是一个“名人”（Bigbug，德文即 Grosses Tier，即大动物）。因此，这和《仲夏夜之梦》中那个暗含着的让每个人都舒服的狮子一样了，揭示的都是志同道合。所有那些梦见狮子而不恐惧的梦都是如此。

梦例二

我的第二个例子是原先提过的那位梦见自己姐姐的孩子死了的年轻女人的梦。她梦到姐姐的小儿子静静地躺在小棺材内，但是她却根本不觉得伤心与悲痛。经过探究我们可以认为，梦者只不过利用此梦来掩盖她想再见她所爱男人的愿望而已，她的感情不得不和愿望相适，而不是配合这种伪装的情景，因此她不需要任何的悲哀。

在有些梦例的里面，情感和代替了情感所附着的素材的观念，保持着某种相连之处。可在其余的梦里，两者的差别却变得很大，表现为感情与它那原属的思想从根本上脱离了联系，而在梦中其他的新成分进行结合。这状况就与我们前面提及的梦中判断的例子一样，如果梦念中有一个重要的结论，那么这种结论也就是梦的一部分，但是梦中的结论可能调换到不同的材料中。这种调换经常是遵循着反题对立的原则。

我将援引下面的这个例子来确认最后这种可能。我已经对此梦进行了最根本的分析。

梦例三

有一座城堡，开始的时候靠近海岸，后面的时候它并没有直接临海，而是通过一条很窄的运河连接大海。而那个城堡总督是 P 先生。我和他一起待在宽敞的招待室里——大大地开着三扇窗户，在窗户的前面是一道凸起的墙，就似乎是城堡上的齿形状似的凸起物，我属于防守军团，可能是一位志愿的海军军官。因为处在战争状况下，因此我们担心敌舰的到来。P先生正要离开，并交代我如果敌舰来临应该如何处理。他那受伤的妻子也带着孩子们住在这座城堡里。他说如果轰炸开始，就需要将大厅撤空。然后他的呼吸渐渐地加重，好像是转过身来要走，我问他如果必要时，应怎样与他联络。他刚讲了几句话就忽然倒在地上死去了。毫无疑问，我的问题肯定给了他一些很强的刺激。在他死后（我认为对我一点影响都没有），我考虑他的遗孀是否还要待在城堡里，是否应把他死亡的消息报告给更高的统辖当局，是否要替他管辖这个城堡（因为我的地位仅次于他）。我站在窗前，注视那些航行着的船只。这全是一些商船，快速地开过深蓝色水面，有一些船有烟囱，还有一些船则有着鼓胀着的甲板（正如在开始的梦中那个车站建筑一样，这里并没有在报告序梦）。那时我弟弟和我一起站在窗前，看着那条运河。当看到某一艘船的时候，我们恐慌地大叫道："敌舰来啦！"但结果不过是一艘我们自己的宜搜返航舰。又来了一艘小船，它被拦腰截断了，显得很可笑。船上有一些奇异的杯形或箱形的物体，我们一起说："餐船来了！"

船快速地行驶在那深蓝色的水面上，船上的烟囱上飘着褐色的烟，这一切组合成一种紧张、令人不安的景象。

梦中的地点是通过我几次到亚得里亚海和米兰梅尔，杜伊诺，威尼斯和阿奎利亚的印象所组合成的。在几周前，我和哥哥一起到阿奎利亚游玩的印象仍然很深刻。此梦也暗含着美国和西班牙之间的海战，战争带给我的焦灼感（事关我美国亲戚的安危）。梦中有两个地方应表现着情感。有一个地方是应该有感情冲动可没有发生，即我对于总督的死亡没有任何情感变化。在另一个方面，当我认为看到敌舰的时候，恐慌万状，而且整个睡眠也沉浸在恐惧中。在这个结构完整的梦中，感情配置得很好，结合没有产生明显的冲突。我没有理由要因为城堡主人之死而感到害怕，不过在成为城堡的统帅以后，见到敌人的舰队而感到恐慌确实会感到害怕。我们的分析表明，P先生不过是我自己的一个代替物罢了，在梦中我反而代替了他。我自己才是那猝死的城堡总督，梦念是有关我早死后家庭的未来命运，而这是梦念中唯一困扰我的问题。因此这件事中的害怕的情感被剥离出来，转而与我看到战舰这件事结合形成了恐惧的情感。另一方面，那部分和战舰有关的梦念却是由使我最快乐的回忆中得来。一年前我们到过威尼斯，并且暂住过奇尔沃尼河岸。在威尼斯的一个神奇而魅力的白天，我们一起站在房子的窗前看着那片蔚蓝色的水面，那天的湖上船只比较多，显得很热闹。英国的一个舰队的马上就要到来，为此准备了隆重的接待仪式。突然，我太太像孩子一样快活地大喊："英国战舰来啦!"在梦中我却因为这些相似的字眼而感到恐惧（我们再次发现，梦中的语言是由真实生活中重现而来的，我会在后面讲述我太太所喊的"英国"也脱离不了梦的运作）。因此，在把梦念转化为梦表象意义的过程里，我把快乐转变为了恐惧，我想说的是，这种转换也是隐梦的一部分。这例子也证实梦的运作可以把任意地情感与梦念原来的联系割断，并在表象意义中的某个部分将它讲出来。

现在我要利用这个机会来稍微地分析一下"餐船"的意思，它在我的梦中的显现，使原先很合理连贯的梦内容以一种无意义的方式结束了。当我对梦中的这个物象进行更详细的观察的时候发现这船是黑色的，而且从中间最宽阔的中部被截断了，它的形状和我们在埃突斯堪城的博物馆里被吸引的那些物件极其相像，那是很多方形的黑色瓷制托盘，上面有两个把柄，上面似乎是放着装咖啡或茶的容器，有点像今天我们使用的餐具。经过询问后，我们才知道这是埃突斯堪女人用的梳妆盒，还带着一个小盒，可以装胭脂和香粉。我们还开玩笑说，把它带回家送给自己太太是个很好的主意。因此，梦中这个景象的意义即是黑色的丧服，意思是死亡。这情景另一方面又使我想起了葬船——早些时候人们把尸体放在船上，让它在海上漂浮进行海葬，这与梦中船只的返航相联系着：

他平安地坐在船上，
只见老人静静地驶回港口。

——选自《生和死寓言》

由于那艘船失事后回航（德语"Schiffbruch"的字面意思即"船破"Ship-Break——船从中部断裂了），可"餐船"这名字的来源又是什么呢？这就是源自"战舰"前漏掉的"英国"。英语早餐意即是打破绝食。这打破和船的失事又再连接在一起，而斋戒和那黑色丧服又相互联系着。

但是餐船这名字还是梦中创造的，这不由得让我记起最近一次旅程中最快乐的一件事。因为不放心 Aquileia 供给的餐食，因此我们预先由 Gorizia 带来一些食物，而且从 Aquileia 买到了一瓶上好酒，就在这小邮轮慢慢地由

“德拉密”运河驶过空阔咸水湖而驶向格拉多的时候，我们这仅剩的两位旅客，在甲板上兴高采烈地吃着早餐。我们感觉自己似乎从来没有吃过比这个更感到痛快的。因此，这就是“餐船”。在这生活喜悦的回忆的背后正隐藏着对不可预料和神秘的将来所拥有的忧郁想法。

感情与其直接联系的解离是梦形成的一件最明显的事实，不过这并不是梦念转为梦表象意义过程中的仅有的或最重要的变化。如果将梦念的感情和梦中那些情感相比较，那么我们马上就会感觉到一件很明显的事实，即无论在什么时候，我们梦中的情感都能在梦念中找到，不过反过来则不然。经常因为经过种种处理后，我们梦中的感情已经远逊色于起先的精神材料，在我们重新构建梦的时候，经常会感到猛烈的精神冲动，总是有挣扎着想压倒一些与它截然不同的冲突和对抗从而进入梦境。但是再回头看它在梦中的表现，却会发现它一般是很平淡的，没有怎么强烈的感情。梦的运作不仅将内容而且也将我思想感情成分缩小到平淡的程度。甚至可以这么说，梦的运作造成感情的压制。比如说，那个关于植物学观点的梦。实际上，梦念是想要按照自己的选择去自由行动，并按照自己（只是我自己而已）认为对的想法来指导我生命冲动的感情要求。似乎是由这梦推论而来，可却不是这么说：“我现在写了一本关于这种植物的专论；这本书就在我的面前，它有彩色的图画，而且每一图画都带着一片脱水的植物标本。”似乎这就是个满目疮痍的战场换取的和平，可又看不出有任何迹象能表示那已经发生过的战争。但是有时候并非如此，活生生的感情有时候会进入梦中，可我们要先考虑以下的事实，即很多看来很平淡的梦，不过在追踪其梦念时却带有深厚的感情。

我不能对梦的运作过程将感情压制的事给予彻底地解释。因为在这样做之前，不得不先要对情感理论和压抑机制加以详细的研究。因此我只想提及两点。我被迫（因为旁的理由）这么认为，感情的发泄是一种指向我们身体内部的输出过程，跟运动及分泌作用的神经分布相似，专门向外部世界传导的运动冲动在睡眠状态下受到了限制，我们潜意识观念在睡眠中唤醒输出的情感会显得更困难。就在这种状况下，梦念的感情冲动本来就很微弱，进入梦中后更加微弱。从这个观点来看，“情感的压制”并不是梦运作的功能，而是因为睡眠造成的。这可能是真的，却不完全是真的。我们不得不重视，任何相当复杂的梦都是各种精神力量相冲突后互相协调而产生的。构建成愿望的思想不得不对付审核的阻抗；另一方面，潜意识思维内部也存在各种对立思想的对立抗衡。而与此同时，我们都清楚潜意识的每个思想串联都带着某些感情，因此这么想可能不会错到哪里去，即感情的压制是各种相反的力量互相牵制和审核压制的结果，因此，情感的压制应该是审核作用的第二结果，而梦的伪装则是第一结果。

下面我将提及一个梦，其平淡的感情可以用梦念中的反面对抗来以加解释。这个梦很短，不过肯定会使每位读者感到恶心。

梦例四

一个小山丘上面似乎有一个露天厕所：一个窄而长的座板，那上面有一个很大的洞，它后面的后边缘满满地堆着很多堆的粪便，拥有不同大小和新鲜度，背后是草堆。我对着座位小便，长条的尿流把全部的东西都冲净，粪堆很容易被冲掉，落入那个洞中，不过似乎座板末端还有些东西留了下来。

为什么我在此梦中一点也不觉得恶心呢?

分析的结果表示，此梦乃是由一些最使人满意、最快乐的思想构成的。我立即联想到海格立斯把奥金王的牛栏冲刷得很干净，而这个海格立斯就是我，山丘和草堆是来自奥塞湖的，我的孩子就住在那里。我已经发现神经症起源于孩童时期，因此住在那里就能预防患这种病。现在除了那个洞的座板和一位女病人出于感谢而送给我的一件家具的样子极其类似，这使得我想起这位病人曾经是多么的尊敬我，的确，以至于我会对因为一堆大便的出现而欣慰。无论是在现实中我是怎么样地讨厌它，但是在梦中它则暗示着一些事实，也就是意大利小城镇的厕所设施基本上都是这个样子。那个把什么都冲净的小便，肯定是个伟大的象征，在《小人国》的游历内，奥列佛就是用它熄灭利里普的大火，即便这使小人的皇后对他从此不再宠爱。拉伯雷笔下的超人高康大跨过诺脱达姆教堂，也是用尿来冲刷城市用以报复拜火教徒的。在做梦的前一天晚上，我刚翻看了尼尔对拉伯雷著作所做的插图，可是很奇怪的是，有一件事可当作我是此超人的证据。巴黎有名的诺脱达姆教堂是我喜爱的地方。每当闲暇的时候我都在教堂那充满着怪物与魔鬼的塔尖爬上爬下。那些尿流使粪便快速地消失使我想起这句座右铭来：“它们正在消失。”之后我曾经将这句话当作一篇关于癔症治疗作品的某一章的标题。

现在说一下此梦让人兴奋的真正因素。这是个夏天闷热的下午，傍晚的时候我讲演了有关癔症和性倒错的联系。我对讲演的每个细节都不满意，而且它们对我来说，似乎是毫无意义的。我很疲劳，以至于对这艰苦的工作感到全无兴趣。心里一直希望着这一切都赶快结束，早些和孩子们一同去美丽的意大利游玩。在这种情绪下，我从教室走到了一家餐馆吃了一些快餐，因为我毫无胃口吃其他的东西。一位听众跟来，当时我正在吃卷饼喝咖啡，他和我坐在一起。随后他说了一些奉承的话，说他从我这里学到了很多东西，说他如何用全新的眼光来观察事物，以及我关于神经症的观点是如何清洗掉了他那有奥金牛厩似的错误与偏见。总的来说，他说我是一个伟人。我那时候的心情对这种赞扬恰好不可能接受：于是我一直与自己的厌恶感斗争，然后以早早回家摆脱了他。入睡之前我翻阅拉伯雷的书，还读了卡尔・迈耶的短篇小说《一个男孩的悲哀》。

这就是形成这个梦的素材，而卡尔・迈耶的短篇小说让我想起童年的一幕。白天的烦恼和厌恶的情绪在梦中持续，而且提供给表象意义所有的材料。可在晚上，相反的心境，也可以说是一种夸张式的自我肯定情绪代换了前者。而梦内容希望找到一种形式能同时表达出自卑和夜郎自大的妄想，这二者的妥协造成了含糊不清的梦内容。可与此同时也变作一种淡漠的情绪，这是两个相反的冲动互相调和的结果。

根据愿望实现的观点，如果没有这种自大情绪（它即便受到压制，可却具欢愉的气氛）与厌恶感一起发生的话，那么此梦是没办法产生的。因为痛苦的事情很少在梦中表现，没有任何使我们痛苦的梦念可以进入梦境，除非它能让愿望得以满足。

梦的运作还有另一种处理梦中感情的方法，其实除了承认他们或者抛弃他们以外，梦的运作能把它们转化为对立面的情感。为了完成梦的解析，我们已经建构了一项原则，即在梦中，每一个因素都尽可能代表相反的意义。其概率是与表象意义一样，我们事前并不能知道它象征着什么。当然一般人会怀疑它的真实性，因而释梦的书经常采用“梦的意义和其表象意义相反”的规则，这种可以把事情转换为相反的事实是因为在头脑中，某件事与其对偶必然有很密切的联系。也就是说，这种转化是完全成立的。正如别的移置作用，它也能为了逃避稽查而采取某种措施。不过却经常是愿望实现的产物，因为愿望实现本身就是把一件很不痛快的事情以它的反面来取代。我们知道，有关观念哪能以反面呈现于梦中，梦念的感情也是这样，而且这种感情的变换似乎经常由梦的审核制度来完成。我们可以用最为大家熟知的社交生活当作审核梦的比较，因为在这种场合，利用压制加上相反的感情达到假设的目的，这种方式和稽查作用很像。如果和一位需要我毕恭毕敬的人谈话（而我又想要表现出对他有敌意的话），那么我首先要做的就是掩饰我的情感，之后再考虑思想感情的表达形式。如果我说一些很有礼貌的话，而表情或姿态却表现出恨意与轻视，那么效果就像是公开在他前面表露敌意一样。因此审核使我压制着感情，即如果我是伪装的高手（也就是所说的玉面狐狸），那么就能装出完全相反的情感愤怒时的微笑，充满毁灭欲望的时候却又一副温顺善良的表情。

我们在上面看到过一条有关感情以相反形式显现的例子。我在那个梦里看见我叔叔留着一些黄色的胡子。梦中我对朋友 R 先生怀有很深厚的感情，为什么却觉得他是一个十足的大傻瓜。一个一开始就把梦中感情颠倒的例子，引出审核存在的可能，可我们不需要假定说梦运作是凭空造出这种感情的，因为它早就存在于梦中了，而且是信手拈来，梦的作用是基于一种防卫动机产生的精神力量来将它们加强，直到可以在梦形成中独当一面。在刚刚提及的关于叔叔的梦中，相对而言，深厚的感情可能来源于孩童时代（在梦的后面部分暗示着），所以根据据我孩童早年和特殊的经历来看，叔叔与侄儿的联系成为所有友谊与仇恨的来源。

这里还有一个关于这种情感倒置的很好的梦例，费伦齐也曾经记载过：曾经一位老绅士半夜被自己的太太唤醒，因为他在睡梦中毫无拘束地大笑，让妻子很害怕。后来他说他做了这个梦：我正躺在床上，一位我认识的绅士走进了那个房间。我想把灯打开，可办不到，我一次又一次地尝试，但是都不成功。之后，我太太从床上下来协助我，但是她也同样办不到。因为穿着睡衣在外人面前觉得有点尴尬，因此她同样也放弃了尝试，然后又回到床上。这一切显得是那样的可笑使我忍不住大笑。太太问我："你到底在笑什么？你笑什么？"可我还是一直大笑，直到我醒来。第二天，这位绅士感到很沮丧，同时又很头痛：他自己认为是由于笑得太多了的缘故。

"仔细分析起来，这梦并不是那样好笑的。进入房间的那位他认识的绅士，从隐梦的角度来看那是'伟大不未知'的死亡形象，一个前一天在他脑海中显现的形象。这位老绅士患有一种严重的动脉硬化症，因此有理由在前一天想到死亡，而不可控制地大笑，则是替代了因为他不得不死亡所带来的悲伤和哭泣，因此他不能再扭亮的是生命之灯。这忧郁的心情与他的阳痿有关。前不久他曾尝试性交，他实验过，不过又失败了，即便太太半裸着身体进行帮助还是不行。他知道自己生命快到了尽头，已经开始在走下坡路了。梦的运作成功地把性无能与对死亡的忧郁以一幕滑稽剧表达了出来，而且把哭泣变成大笑。"

有一类特殊的梦，可以把其称之为“伪善的”，而且是对愿望达成这一理论的重大考验。这是从希尔弗丁女医师在维也纳精神分析协会所提供的罗赛格的梦时，就已经引起了我的注意。

罗赛格在自己的那本《解雇》中记下了这个故事：

我的睡眠状况都很好，可好多晚上却不能很好地入睡。作为一个文人，我的普通生活却因为多年来背负着一个关于裁缝的梦，而使我无法安宁，如影随形，让我很困惑。

在白天的时候，我并不会经常或强烈地想到过去。正如一个摆脱了世俗干扰而努力地征服地球的人自然不会有百无聊赖的时候，甚至作为充满干劲的年轻人时，我也没有空闲去思考晚上做过的梦。只是后来，在我养成思索的习惯以后，在我开始沾染世俗之气是，我才发现只要做梦，我在梦里就是一个裁缝，并且长时间的在师父的店里工作而没有薪俸。坐在他身旁工作时，我很清楚自己不再属于这工作，作为一个城里人，我还有很多更有意义的事情要做。但梦里我总是在度假，因此才会一直有闲暇时光，所以就坐在师父旁边帮他的忙。对此我感到很烦恼，我认为这浪费了太多的宝贵时间，而这些时间又可以用来做一些更重要的事情。如果工作出了错，就要挨师父的责备，但是他从来没有提及薪酬的问题。当我弯腰站在黑暗的店里工作的时候，我经常希望引起他的注意，并告诉他我要离开。有一次我真的这样做了，不过师父毫不理会，之后我又不得不坐在他的旁边继续开始工作。

从这种枯燥无聊的梦中醒来该多好！然而，这根本就不是我自己决定的。我曾下定决心，如果这持续不断的梦再发生的话，我要坚定地把它甩开并大声喊叫：“这只不过是个骗局，我正躺在床上睡觉……”但是第二个晚上我又坐在裁缝店里了。

于是这梦持续了好几年，而且很有规律。有一次我和师父在阿尔佩霍夫（这是我当学徒时在他家做活的农民）的家工作，师父对我的工作特别不满意，他阴沉着脸说：“我想知道你究竟在想什么！”他很严肃地望着我。我想最合理的反应该是站起来对他说，我工作的目的只是为了让他高兴，然后离开。可我没有那样做，当师父叫另一个学徒过来，然后命令我离开好给他挪出地方时，我没有任何的反抗就移到角落去缝补。同一天，有另外一个短工，一个来自波西米亚的伪君子被聘用，19 年前曾经在我们这里干过，但是有一次从小旅馆回家时却掉进了小河里。他要坐下来的时候已经没有空位了。我带着一种很疑惑的眼光紧紧地盯着师父，但是他向我这么说：“你做裁缝没有天分，你可以走了，你被解雇了！”我因为太害怕因此醒了过来。

灰色的晨曦从那扇没有挂上窗帘的窗子照进房间来。各种艺术著作环绕着我，我那漂亮的书架上摆着那个永恒的荷马、伟大的但丁、不可超越的莎士比亚，还有辉煌的歌德都是灿烂光耀的不朽人物。隔壁房间里传出孩子醒来和母亲玩闹的悦耳的笑声。我感到自己似乎又重新体会到一种如同田园诗般的甜蜜，那平静又充满诗意的生活，常使我从中体会到一种沉思的欢乐。但是使我感到不痛快的，我不是自己上交辞呈，而是被师父开除的。

我又是那么的惊喜！自从梦见被辞了之后，我就再次享受平和了，再也没有梦见缠绕了那么久的裁缝生活了，这个很朴素的生活的确使人快乐，可是却在我以后的生活中留下浓重的阴影。

在这一个系列的梦中（梦者是个作家，他年轻时做过雇用裁缝），我们很难发现愿望实现，梦者的欢乐完全构建在他白天生活的基础上，晚上做梦的时候，他又再次回到他努力挣脱的痛苦的生活中，进过最终他还是摆脱了这种生活。我自己做过的一些相似的梦使我对这个问题能稍微有些了解。就在我还是个年轻的医生的时候，有很长一段时间给化学研究所工作，却没有掌握好这门科学所要求的技术程度。因此在清醒的时候，我一直特别不愿意想起这乏味的和丢脸的初学工作。但是我却一直梦见自己在实验室工作、分析和做其他的各种事情。这些梦和考试的梦同样让人感到不快而且也不明确。当分析其中的一个梦的时候，我渐渐开始注意到“分析”这个词，这使我拿到解开这些梦的钥匙。从那时候开始我就是一个“分析家”。我现在做的就是那些被赞许的分析工作，当然实际上是“精神分析”。因此我发现，如果我对早上的分析工作感到满意，而且吹嘘自己是如何的成功，那么当天晚上做的梦就会提醒着另一件被我忽略的事，也就是我那些错误的分析。这其实是对暴发户惩罚的梦，就像那位成为大作家所做的关于雇用裁缝的梦一样。但是梦为什么会自我批评？为什么会磨灭最终成功的骄傲呢？为什么会呈现合理的警告却不是强硬的达成愿望呢？就似乎我前面说过的一样，这种问题的解答是艰难的。我们也许可以这样来说，这种梦的基础可能是一种夸张而野心勃勃的幻想，不过以后这泼冷水的思想也一同进入梦境。我们不能忘掉心灵有受虐狂冲动，也许就是这些冲动造成了这种倒置。我很赞成将这类梦命名为“惩罚的梦”以使得与“达成愿望的梦”相区分，我想这不会与我前面所提的各种观点矛盾，因为不过语言学上的一种暂时定义，以使那些认为两个相对立不太可能结合为一体的人不再提出异议。对这种梦的详细研究有益于我们对梦的解释的理解。在我有关实验室的很多梦当中，有一个背景很模糊。当时我恰好处在医学生涯中最忧虑和最失利的年龄，我没有职位，而且不知道要怎样赚钱生活，但我却还发现我有好几个可以选择的结婚对象！我又变年轻了，而且她也年轻了，这位和我共度好多年困苦生活的女性。于是，一个垂暮老人的愿望变成了潜意识的梦的煽动者。这种心灵上的虚荣及自我批评之间的对立，决定了梦的内容，但是只有那些深埋在心中的渴望年轻的欲望，才能将这冲动变成为梦。就算在清醒的时刻我们有时候也会这样对自己说："今天所有事情都很顺利，只是往事不堪回首。不过这都一样，因为那些时光是美好的，那个时候我还那么年轻。"

另一类会经常遇到而且认为是虚伪的梦，他的内容是和一些早已断了联系的朋友的交往。这些梦例的分析都会显现出一些使自己与他们断绝来往或已经成为敌人的事情。只是在梦中却描述成完全相反的关系。

对于那些拥有无穷想象力的作家的梦进行判断无疑会给我们造成困扰，我们可以断定，他们肯定会省掉那些他们认为不是很重要的或者是分散我们注意力的梦的内容，并由此造成一定的问题。只要他们将那些内容填补后问题就可以立刻解决了。

奥托·兰克曾经向我说过一个关于格林的神话故事"小裁缝"或是"一拳七个"拥有同样命运的成功者的梦，那位裁缝后来成了一个英雄，并且还被招为驸马。有一天晚上他梦见之前的手艺，那个时候他正躺在他太太（公主）的身旁，因此公主大生疑心，第二晚就叫武装的守卫藏在可以听见梦者说梦话的地方，并且准备将他逮捕，只是小裁缝事先受到警告，因此得以纠正他的梦。

要使梦念中的情感转化为梦中所呈现的情感，要经过一个很繁杂的程序的，就如删除、缩减及倒置等等，这种程序在经过系统的分析后合成的梦例中可以被分辨出来。下面我将再援引一些感情的梦例，它们将证实这些说法。

如果我们再追溯到那个奇怪的梦，即有关老布吕克让我解剖自己骨盆的梦（见第六章）。我们很容易发现在此梦里，我缺乏在这种情况下所应有的害怕感觉。从很多方面来说这都是某种愿望的达成，解剖即指我在这本关于梦的书中所作的自我分析，这种程序在现实生活里对我有大的困扰，导致我推迟了一年多不让它出版。后来想到我可以克服这种不快乐的感觉，因此造成了我梦中不害怕的感觉，我也很高兴它不再变为灰色。我的头发现在已经长得够灰了，这警告说我不能再继续推迟下去。在梦的结尾部分，要我的孩子完成我的艰难旅程的目标才可以表现出来。

梦例五

那么接下来我们再考察两个梦醒后感到满意的例子。第一个例子中，得到满意的是我预想到“从前我就梦到过这个”意味着什么，在梦中我的满意来自于我的第一个孩子的出生。而第二个例子感到满意的理由是我认为某些预期的事情正在成为事实，而实际上所指的与前个梦例相似，这种满意正是我的第二个儿子的出生引起的。在这些梦例中，梦念里的情感延续到梦中，不过我们可以有把握地说，梦中的事情并非如此简单。如果对这两个例子予以更深的分析，我们很容易发现这种避过审核的满意是还受到了另一来源的加强。这另一个来源有理由惧怕审核，而其伴随的感情，如果表面不用一些被允许的合法的类似情感的东西（来自一些被核准的源流）来掩盖，将自己置身于其掩护之下的话，那么毫无疑问它就会遭受阻抗。

不幸的是，我不能通过实际梦例进行证实。但是由其他生活领域的延伸事例可以使这意义变得清晰。假定我有一位很厌恶的熟人，每当他发生什么不好的事，我都会有一种很快乐的感觉。可是我性格中的道德部分却不使这冲动得逞，不敢表现出希望他倒运的愿望，每当他遭到厄运时，我都要压制着自己的满意，迫使自己表现出很遗憾的样子。任何人肯定都会在某个时候碰到我这种状况。如果我憎恶的人因为做了一件坏事正处在罪有应得的状况下，那么我就能够合理而充分地表示满意，可以和其他公正无私的人拥有一样的观点，即认为他得到了正当的惩罚。不过，我的满足要比他人来得更为强烈一些，因为我有别的来源支持（由我的憎恨）这种情感。即便直到那个时刻前一直受到审核的阻挡，可在这变化的状况下，它仍可以随意奔驰在社交生活中。在社会生活中，被厌恶或者是最不受欢迎的少数人如果犯了过错的话，经常会受到这种待遇。他们所受到的惩罚经常在应得以外再添上那些反感，而这种感情在他们犯错之前并没有产生任何后果。那些惩罚他们的人肯定是不公正的，但是他们自己却不知道，因为那长久的压制解除后所获的快乐将它蒙蔽了。在这种状况下，感情从质上说是对的，可量却是不正当的就在自我批评对某一点不予置许之后，它很容易忘记对另一问题的审核，就好似一道门被推开后，就会有比开始你所希望允许进入的人群进入。

神经质性格的一个主要特点是，即某一因素产生的结果，即便在质上是合适的，但是量却超常了。就心理学所已经了解的来说，也会做出一样的解释。量上超常是由于之前受压制而留在潜意识的情感有条件释放所引发的。这些来源有正当理由与真正的释放原因相联系，而使它的释放得到正当的表现途径。因此，我们注意到被压制和压制机制之间的联系，并不完全仅是互相地抵消或对立，有时候二者也会紧密合作，互相加强而造成一种病态的效果（这也是同样值得注意的）。

现在，让我们运用这些精神机制的提示来探讨梦中感情的表达吧！一个在梦中表现，并且可以轻易从梦念中找到属于它的恰当位置的满意情感，不可以由这种简单的关系充分的解释清楚，通常我们还需要在梦念中找寻另一本源，一个受到审核压制的来源。因为压制作用，这种来源产生的并不是满意的情感，而是一种对立情感。但是因为满意情感还有第二个来源，这第二个来源自身的满意情感就能逃脱压抑的束缚，同时强化着第一个来源中的满意情感。因此梦中的情感是由几个来源共同决定的，从另一个角度，它受到这些梦念的多重决定。那就是在梦的运作过程中，那些可以产生同样感情的来源，通常联合起来共同表达这种情感。

通过对那种以“Non Vixit”作为主题的梦的分析来看，我们已能对这繁杂的问题有一点了解。在这梦中，各种性质的感情在显梦中归组成两部分。当我用两个词把我的敌手和朋友歼灭后，仇恨和困扰的感觉就产生了——梦中的文字是“被一些奇怪的感情所克制着”。还有就是，另一部分发生在梦快结束的时候，我很高兴，认为可以通过愿望就可以将一些亡魂消灭（而我知道在清醒的时候，这种想法是很荒诞的）。

我还没有提及这个梦的一个很有趣的缘由，这是很重要的，了解这一点能使我们更深层地把握这个梦。柏林的一位朋友弗利斯告诉我，他将要做手术，我可以从他住在维也纳的亲戚那里打听一些有关他的状况。手术的前几个消息很模糊不清，因此我感到很焦灼。我本想亲自到他那里，但是那个时候我自己也在生病，全身疼痛的寸步难行。因此梦念中我很担心这个朋友的生命。据我所知他唯一的妹妹，在她还很年轻的时候就死于一场小病（我并不认识她，梦中，弗里斯说到他的妹妹，并说她在45分钟内就死掉了）。我是这么想，他的身体肯定也强壮不到哪儿，如果收到糟糕的消息后我也要抱病上路，但是去得太迟了，因此我将无法原谅自己。因此“来得太晚所受到的谴责”成为此梦的主题，而这恰好可用年轻的时候的良师布吕克，当我迟到的时候用蓝色眼珠瞪视并指责我的情景给充分地表现出来了。不过梦不能如此完整地再现有关布吕克的情境，理由我会在后面提起。因此他把蓝眼珠给了另外一个人，而且给予我歼灭的力量，很明显地看出这是为保证愿望达成而制造的倒置。我对这朋友身体状况的担忧，我对自己没有看望他的自责和羞愧，他曾来维也纳看我，我以自己生病为借口，这种种自责是造成梦中所表现的感情风暴的因素，也因此在梦念的这部分情感区域十分不安。

不过产生这个梦的缘由还有一个造成相反效应的起因。就手术最初几天接到坏消息的时候，他的状况好像不是太好，我被告诫不要和任何人谈论此事。这让我很伤心，因为这表示对我的谨慎没有必要的怀疑。当然我很明白这话不是我朋友说的，而是出于传递消息的笨拙和谨慎。但是掩饰的责怪却使我感到很厌恶，因而这并不是毫无理由。大家知道，只有那种实质性的指责才有伤害的力量，也只有这种指责才令人不安。我所想的事情与这位朋友没有实质性关联，而是涉及了我早期生活的某个阶段。可我在一次谈话中很愚蠢的将其中一位说的批评他朋友的话告诉了另外一位，当时我就受到了责怪，而且我永远也忘不了这件事情。这两个人一个是弗莱希教授，另一个是约瑟夫，这其实正是梦中我那朋友也是我的对手的P。

在梦中这一元素指责我不能保守秘密，弗利斯问我还告诉过P君多少有关他的事，也是同样的指责。不过就凭借着这个记忆（我早期不能保守秘密和造成的后果）反而会使我现在来迟了而受到的责怪转换为在布吕克实验室工作时受到的指责。而且，通过把梦中被歼灭的人比喻成约瑟夫，梦中的指责就不但指我来迟了，而且还包括我不能坚守秘密。由这个梦便可以看出凝缩作用和移置作用及其原因。

可我现在这个微不足道的愤怒（关于警告我不得透露关于弗里斯的疾病）却在心灵的深处得以加强，成为一种释放仇恨的洪流，甚至指向我在现实生活中所喜爱的人身上。这个加强的作用源于我的童年期。我已经说过，我的友谊与敌意来源于童年时与大我一岁的侄儿的联系，以及他到底是怎样凌驾于我之上，而我又是怎样学习保护自己。我们都是在一起生活，亲密无间，据长辈的回忆，我们也打架，而且埋怨对方的不是。从这一观点来说，我每个朋友都是他的化身，因此都是亡灵。少年时期，这位侄儿又再次出现，那个时候我们五次扮演着恺撒与布鲁特斯的角色。我的感情生活一直强调着自己应有一个很亲密的朋友和一个仇敌。而我一直可以使自己满足这愿望，我这孩童的概念经常会使我的朋友与敌人出现在同样的人身上，当然这不像童年早期一样在同一时间发生并且不断替换。

那么说到一件新近发生的事情如何会引发某种情感，怎样再现童年的某个情境并且被这一情境代替，我打算以后在讨论。这问题都是属于潜意识思想心理学的范围，应该在神经症的心理学解释中进行说明。对于梦的解析，我们可以这么假定，我对孩童的联想（或者由幻想所产生）多少拥有下列的内容：两个孩子因为抢什么东西而打架，到底是为了什么可以不管，即便记忆或虚假记忆中很明确，每一个孩子都说他比另一位先到达，因此有权利得到它。于是他们打起架来，结果却是强权战胜公理。由梦中的证据来看，我自己也察觉出自己有过错，但是强者应该占有场地。至于我们的失败者跑到我父亲（他祖父）面前，然后告我的状，而我用从父亲口中听来的话为自己极力辩护："因为他打我，所以我才打他。"这个记忆（更可能是幻想）在我分析的时候浮现在脑海中，在未有更多的证据面前，我很难说为什么会如此，它是梦念的中介元素，积聚着它们的感情（正如收集流进来的水流一样）。从这点来看的话，梦念是这样的逻辑："活该，你应对我让步，为什么你想要将我推倒？我不需要你，不久我便可以找到别的伙伴。"等等。然后这些便得到了进入梦中的途径。我也曾用这种态度对待我的朋友约瑟夫，他在我之后继任布吕克研究所的助理，该研究所的升迁又慢又哆嗦让人心烦。我的这位朋友明白自己的日子确实不多了，而且又与上司之间没有深厚的感情，因此经常会公开的表示出不满。再加上他的上司弗莱希病得很厉害，而P想要把他赶走的愿望可能不仅是为了自己的升迁，其意图可能更不好。当然，就在几年前，我也有同样的想法，因此，一旦有晋级和升迁的可能，那些受到压制的愿望就会再次出现。莎士比亚的哈姆雷特王子即便在他病危父王的床前，也压制不住把皇冠戴在头上的冲动，但是和我们的推理是相似的，这个冷漠的愿望导致梦要选择惩罚对象，当然那个对象不会是我，而是我的朋友。

"因为他野心勃勃，所以我就杀了他。"他等不到别人退位离开就自己走了。这是在我参加大学纪念堂的揭幕典礼以后马上产生的随想法，只是不是对他，而是对另外的人们，因此，我梦中所感觉到的满意，应该这样解释："这是一个公开的处罚！因为你是罪有应得。"

在P君的葬礼之后，一位年轻人曾经讲了下面这些似乎不合情理的话："那个教士说的话让我们认为这个世界失去这个人后，是根本没法存在的。"他其实也只是表达其忠诚的反应，其感伤因为夸张而得到困扰，但是他这些话则是下述梦念的起因："真的，他是没有人可以代替的。我已经看到很多人死去了呀！只是我现在还活着，因此我拥有了这个领域。"就在我还担心没法赶上见弗利斯（FD）一面的时候，类似这样的想法就涌现出来，我只能想到这种解释；因为自己比别人活得久些，他死去（并不是我）了，而我硕果仅存并拥有这个领域，而这不是童年以来所梦寐以求的。这来源于童年的满足（拥有这个领域）构成梦中情感的主要成分，我很高兴自己还活着，因此正如下面这轶事所表达的幼稚情绪一样。有一个丈夫对妻子说："如果我们中间有一人死去，那么我马上就会搬到巴黎安家。"因此，很明显的，我认为现在自己不是将死去的那个。

不可否认的是，解析与报告自我的梦需要拥有高度的自制力。因为这将使我们的报告者成为和他共同生活的人中唯一的坏人。因此，我觉得很自然的，我们可以随心所欲的通过意愿是亡魂存在或者永远的消失。通过分析我们知道，我的每个朋友其实都是我的首个童年朋友的替身。我可以随时为此角色找到代替者，这也能成为我满意情感的一个源泉。我认为这快要失去的朋友也可以找到一个代替者，因为没有人是不可以替代的。

可是审核在哪呢？为什么它对这麻木的利己主义不予以强烈的反对呢？为什么它不把联结在这思想串列中的满意转化为极度的痛苦呢？我想答案应该是和这个人相连的某种没办法对抗的思想串列同时也得到了满足，而且这种感情恰好掩盖了由于受抑制的童年体验所带来的情感。在揭幕典礼的时候，我感情的另一个层次是："我失去了很多朋友呀！现在是有些人死了，有些是因为友谊的破裂；我是多么的幸运，因为我已经用一个新的，甚至对我更有意义的人来代替他们，在这个不再能轻易获得友谊的年代，我要保持这种友谊而不再会失去它。""我会让一个新的朋友来代替失去的友谊"是能允许进入梦而不会受到任何的打扰的，只是同时却偷溜进了源自童年的拥有敌意的感情满足。毫无疑问，童年的感情增强了现在这合理的感情，但是童年的仇恨也很成功地获得表现出来的机会。

除了这些以外，梦中还含有另一种明确的暗示，而这种暗示的思绪却使我产生了正当的满意情感。就在不久之前，我朋友弗里斯终于有了一个女儿。我了解他是如何的哀悼着他夭折的妹妹，因此写信说他一定可以将他对妹妹的爱转移到这个女儿身上，而且他也能由女儿的到来弥补因为怀念亡妹而造成的情感创伤。

因此这个思想又和前面谈到的隐意的中介产生了联系（而由这思想发射出很多相反的路径），"没有人是无法代替的！只有那些亡魂才是真实的，所有失去的都将再度回来！"而各种梦念的对立成分根据下面的事实而构建成了一种对立统一的联想链，即我朋友小女儿的名字碰巧和我小时的女伴名字一样，这位女伴和我同年，而且是我那位最早的朋友兼敌人的妹妹。就在我听说这个婴儿命名为保利娜的时候，心中很满意，对此巧合的一种暗示是，我在梦中用一个约瑟夫代替了另一个同名者，而且发现毫无办法压制住两者之间开头字母的相似之处。现在我的思绪又再次回到自己孩子的名字上。我一直觉得他们的名字不要追求潮流，而应该通过名字来纪念那些我曾经深爱的人们，因此这些名字让他们成为还魂者。从某种程度上来说，孩子不就是我们到达永恒的唯一方式吗？

对待我们梦中的感情，现在我还有一点意见需要补充。从我们的睡眠者脑海中的某一元素造成我们所谓的“情绪”，可能是某种感情的趋向而这会对他的梦产生决定性的影响，这种情绪大约来源于他前一天的经历或思想，或者是依据记忆。无论怎样，它都伴随着恰当的思想串列。无论是梦念的概念决定了感情，还是感情决定了梦念的理念，对梦的框架来说没有什么不同。二者都显示出梦的框架受到心愿实现的影响，而且都是希望取得心灵的动力，这种事实上存在的情绪和梦中产生的情感是应该得到同样看待的，即有时候会被忽视，有时候会用来当作愿望实现的新解析。睡觉中的不安情绪可能是梦的原动力，因为它引发了生机勃勃的愿望，这正是梦所想要满足的。情绪所附带的素材因此被加以运作，直至它的愿望达成为止。而这不安情绪在梦念中如果越是强烈和占优势，那么被强烈愿望压制的冲动便乘机钻入自己的梦中；因为既然不快乐已经存在（否则它们需要制造出来），困难的部分就完成了让自己潜入梦中的工作。这是一个我们又遇到焦灼的梦的问题，之后我就会知道这将是梦活动的边缘的例子。

九、润饰作用

现在我们开始探讨关于梦的建构的第四个因素。如果我们用前面的方法来探索梦内容的意义，即以梦的表象意象和梦念的来源相比较，我们就会遇到一些不得不以全新的假定来加以解释的元素。我还记得这些例子，梦者在梦中感到惊奇，痛苦或者厌恶，而这是由梦内容的某个片段所引发的。在前一节的很多例子中，我们已经证明，这些梦中的不满意的情感，并非针对显梦中的内容，而是梦念的组成部分，并且在适当的时候发挥作用。但是有很多这类的材料却不能做出这样的解释，也就是它和梦念的对应物无法找到。例如，这句经常在梦中发现的话“毕竟这只是个梦而已”具有何种意义呢？

我们可以看出梦的一种批判性，这和清醒生活并无两样。而且这通常是睡醒前的序曲，而且常伴随一种痛苦的感觉，直到清醒地意识到这只不过是一个梦而已。当梦中产生“毕竟这只是个梦而已”的想法时，它和奥芬巴赫的滑稽剧里所说出的具有同样的目的：使刚刚体验到的情感的重要性降到最低，以使其能避开梦的稽查作用成功地表达出来。它的目的只是在向“睡眠”催眠，因为这精神因素可能使它激动，与此同时有可能造成梦的中断，或者是阻断该剧的发展。这么一来，就可以更舒服地睡下去，并且忍受梦中的一切，因“这毕竟只是一个梦而已”。我认为这个轻蔑的判断（其实只是一个梦而已）是在下述的状况下产生的：当那从来没有真正休眠的审核制度发现在不经意之下让某个梦产生，要压抑已经太晚，因此审核制度只好用这些话来对付因之而产生的焦灼感。这其实也只是精神审核制度的一个例子。

这让我们得以确认并非梦中每一事物都源于梦念，有时候和我们的清醒思想混淆一块的某种精神活动也可能是梦的材料来源。不过问题是，这种状况是例外，还是稽查动因在梦的形成过程中产生了某种可以一以贯之的影响。

我们可以肯定地认可后面的观点。我们仅谈到了审核机制可以删除和制约梦内容，不过它也可以增加或插入一些情节。还有这些插入的情节是很容易被辨认出来的。通常梦者叙述这些插入的内容时会显得犹豫，他们通常会首先说“大概是……”它们本身并不太使人注目，不过是用来联系梦内容的两部分，或是填补两个部分之间的空白。和梦念的材料的派生部分比较后知道它是很难停留在脑海中的，或者我们只能记住支离破碎的片段。这种说法来源于中介思想稍纵即逝的现象，而且如果我们把梦给忘了的话，这部分的记忆是最先失去的。一般情况下，这种中介思想经常能溯源到梦里，不过由于这样或那样的原因使得它很难进入显梦。似乎只有在很特殊的状况下，这种精神功能才会在梦的形成过程中产生新的事物。它会极尽可能地利用梦念所提供的一切材料。

梦的运作的目的就是将梦工作的这种功能加以区分并使其显现出来。这功能和诗人恶意形容哲学家的字眼一样：它以残破的碎片来修补梦结构的缺陷。它努力的目的是使梦失去荒诞与不连贯的特征，而接近于理智的经验。但是它的努力并非总能成功，从表面来看，梦似乎是合乎逻辑的，始于某个合理的情境，经过一系列的变化之后得到一个合理的结论（即便并不太常见）。这一类的梦肯定受过某种精神活动（和清醒思维类似）很多的修正。它们看来似乎是有意义的，可是却和梦的真实意义不一致。如果将它们一一予以分析，我们不难发现这种再度校正很随意的对梦的材料进行再加工，而且把它们之间的联系减到最少，直至消失。这些梦可以说还未呈现到清醒的思维之前就已经被解析一遍了。在别的梦例中，这种具有偏向的校正只能说是部分的成功而已，其连贯性只能维持一段时间，但是随后梦就显得杂乱无章了，它可能在合理与不合理之间摇摆不定。其实还有一些梦例，校正作用可说基本上是完全失败了，结果是使我们直接面对一堆毫无逻辑的材料片段。

我不否认这个属于第四种梦产生因素的存在，不久之后我们将对它感到十分熟悉。实际上，它是在四个因素中最被我们所熟知的一个。而且这个第四因素可以对梦做出新贡献。当然它和其他的因素一样，也是利用梦念中现有的精神材料根据偏好来进行选择。有一个情况是，它其实是不需要辛辛苦苦地为梦架建起一座冠冕堂皇的正面，因为这已经存在于我们的梦念中了。我习惯于把这些梦念叫作“幻想”。正如在清醒的时候说的“白日梦”似的，也许这么说可以避免误解。精神科医师对梦在精神生活中所扮演的角色还不太明白，即便本尼迪克特在这方面有很好的开始。可是白日梦所拥有的意义并不能逃过诗人那敏锐的眼光，例如都德曾在很有名的《富豪》中详细描述过一位小角色的白日梦。自觉幻想的不断出现有助于我们认清这些结构，对神经症病人的研究使我们很惊讶地发现幻想（或者白日梦）是癔症症状的直接前身，即便不是全部最起码也是大部分。癔症症状并不是与真实的记忆相关联，而是建立在一些对于我们记忆的幻想上。因为这些能意识到的白天幻想经常发生，使我们对此构造得以了解。不过，在这些意识到的幻想之外，还有更多的潜意识幻想，他们仍处于潜意识之中，其内容起源于受压抑的材料是它们变为潜意识的理由。详细讨论这些白天幻想的特点，使我们认为将它和晚间的思想产物梦相类比是较为适当的，他们拥有很多共同的特征，因此对它们的研究可能是了解梦最短且最有效的途径。

和梦一样，这些幻觉也是一种愿望满足，而且它们绝大部分是本源于幼童时经历到的印象，同样因为审核的松弛而得到某种程度的好处。如果再详细观察其结构的话，我们不难发现，“愿望的目的”正把所有的建构的材料重新组合以形成新的整体。它们来源于幼童时代的经验，正如是巴洛克宫殿和古代废墟的关系正是古代废墟的石径和圆柱充当了它的现代结构的来源。

由我们“再一次校正”（或者可以称为润饰作用）中，这个梦产生的第四个要素，我们再次发现它可以在不受抑制的白日梦的创作过程中起作用。可以简单地说，我们所说的第四个因素就是把提供的材料塑成一些像白日梦的事物。只是如果梦念中已经有现成的白日梦存在，那么梦运作的第四个因素就会利用这些现成的资料，将它纳入梦的内容。因此有些梦只是在再现白天的幻想。比方说，那个男孩梦见和特洛伊战后的英雄一起驰骋于战场。还有我的那个“自学者”的梦，其第二部分我和N教授谈话完全是白天的幻想（这个幻想本身是没有关系的）的重现。只是，这些有趣的幻想只形成梦的一部分，或是仅有一部分进入梦境中，或者只可以这样解释，即梦的产生需要满足很多繁杂的条件。通常来说，幻想和隐梦中的其他材料都会受到同等看待的，不过在梦中，它经常被视为一个实体。在我的梦中常有很多部分是奇特的，和其他部分明显不同，它们似乎是更加通顺，联系更为密切，而且比梦的其他部分来得更为短暂。我知道这些大都是进入梦中但是却从来没有成功地记下的幻想。除了这点以外，现在的这些幻想和梦念的其他成分同样会受到压制、凝缩和互相重叠等等。同时，虽然幻想完整地进入了梦中，在另一个极端，只不过以其中一些要素或是关联不大的暗示出现在梦的内容中，这不是一蹴而就的，这个过程中必然存在过渡情况。梦念中幻想的最后的变化结果自然也与它符合稽查作用和凝缩作用的程度有关。

而在前面所选择的梦例当中，我一直避免援引那些潜意识的幻想占据相当重要地位的梦，因为在介绍这个独特的精神因素之前，需要先花很长的篇幅来讨论潜意识思考的心理学。只是我还不能完全不考虑幻想，因为它们常被完完全全地移入梦中，更常见的通过梦我们就能意识到。在这里，我打算再援引一个梦例，在里面含有两个互相抵触的幻想，一个是很明朗化的，可是另一个则是前者的解析。它们既相互对立，又在某些方面具有一致性。

这个梦的内容大概是这样的，做梦者是一位年轻未婚的男士，他梦到坐在一家常去的餐馆里。之后出现了几个人，并要把他带走，其中一位甚至要逮捕他。然后他对他的伙伴说：“我等一会儿再付账，我马上还会回来的。”但是他们以一种轻蔑的语气嘲笑地说：“我们全都知道了，他们总是这么说。”其中一位顾客在他背后说：“又走了一个！”接着他被带到一个狭小的房间，在房间里面有一位妇女带着小孩。然后关押他的这个人说：“这是米勒先生。”还有一个警察或者是某种政府官员快速地翻阅着一堆卡片或是文件，而且反复念“米勒，米勒，米勒。”最后，他又问梦者一个问题，他答道：“我愿意。”然后他又回头瞪了那妇人一眼，却发现她长着大胡子。

在这个梦例里面，我们会发现它主要有两个成分。表面的一个是被逮捕的幻想，看来它由梦的运作造成的。只是我们仍可以见到它背后的材料，而这些材料受到了梦运作的稍加修饰，事实上那就是结婚的幻想。这两个幻想在同样特点中显得很清晰，似乎高尔顿相册上的照片一样。这个年轻人在走的时候还是单身汉，他告诉同伴他还会回来一起用餐，但受到同伴的质疑，所以他们在他背后喊叫“又走了一个（去结婚）”，这些特征都满足另外的一种解释。那向警官回答的“我愿意”也是这样。翻阅一大堆文件，并同时重复着同样的名字其实是婚姻典礼的一个特点，即阅读一堆祝贺的电报，它们的致电大都是拥有着同样名字的。结婚的想象实际上比表面的被逮捕的幻想更易成功，因为新娘在梦中的确出现了。经过进一步询问我得知为什么新娘会有胡子。在做梦的前一天，梦者和一位朋友（和他一样对婚姻感到害怕）在街上散步，他们注意到一位黑发美女从对面走来，然后他朋友说：“的确不错。只要现在这位美女在几年以后，不要像她们父亲一样长着胡子就好了。”自然在这个梦中，梦的伪装仍在发生作用。比如，“一会儿再付”指的是害怕岳父对他们的聘礼的态度。的确，各种疑虑都会使梦者无法从这结婚的幻想中得到快乐，其中的一个疑虑就是害怕结婚会让他成为不自由的人，因此在梦中他变成了被逮捕的角色。

我们暂且回到这个观点上，即梦的运作喜欢利用梦念中现成的幻想，而不是利用梦念来重新地制造一个，那么现在我们就有可能解决与梦有关的一个难题。我曾经提及过，莫里在长梦结束以后醒来，他的后颈被小木板打中，在梦中表现的是法国大革命时期的故事，他在梦中被断头台上的刀砍掉了脑袋。即便此梦的结构很紧密，似乎是使惊醒他显得合理，然而据他解释，使他醒过来的那种感觉，是他所不可预测到的。因此就只有一种状况是可能的，即梦恰好是在木板撞击他的头和他醒来之间的相当短点的时间内形成的。在清醒的时候，我们一直不敢认为思维活动会如此活跃，因此认为梦的运作拥有加速人的思想程序的看法是正确的。

这迅速成为大家所熟知的观点，同时很多现代作者都激烈反对，他们不断地怀疑莫里对梦的解释的正确性，又想证明，清醒时刻的思绪并不比这梦来得慢，假如夸张的部分能消除的话。这些辩论引出的诸多原则性的问题，可是我却不认为它们能立刻得到解决。我不得不承认，他们所做的论证，尤其是伊格对莫里断头台的梦的反对，是无法使人折服的。我却以为这梦可能应该做这样的解释：莫里的梦表现出来长期以来一直埋藏在他记忆里的幻想。这个幻想在他被木板惊醒的那一刻瞬间唤起，或者说是形成了暗示。事实如果真的如此，就不难解释为什么这么长而详细的梦会在如此短的时间里被制造出来，这是因为这故事早就做好了。假如这块木板在清醒的时候击中莫里的头，那么可能他会这么想："这就像在断头台上被砍头一样。"但是既然他是在梦中被木板击中的，梦的工作自然会很快利用这敲击的刺激而使愿望实现。对于一个年轻人在强有力的印象下形成这样的梦并不是很难理解。在那个恐怖时代，不分贵贱，人们都希望可以置生死于不顾，甚至在生命的最后一刻优雅地、清醒地死去。至少这对于法国人或者是痴迷于人类文明史的人来说，这实在太富有吸引力了。想象自己与一位女士吻别后义无反顾地步向绞刑架，或者野心正是这幻想的主要动机，自己是这样一个可怕而有影响力的人物，这又多令人心驰神往！这些人只凭借其思想和雄辩的能力就能统治城市中那些痉挛触动的人心，而且通过信念就把千千万万的人送上了断头台，而铺陈整个欧洲大陆改革的道路。与此同时，他们自己的命运也虚无缥缈，因为终会有一天他们的头颅也会落在断头台的刀下！你想一下把自己看成纪龙德分子（1971 年法国国会之和平共和党员，其领袖都来自纪龙德州）或者是伟大的英雄道尔顿，又是多么使人兴奋的啊！这就是此梦的一个特点，他被众人拥护着走向断头台，看来他的幻想就是这种野心型的。

这形成已久的幻想并不一定在梦中完全展现，只要触发一下就可以了。我的意思是，这就像弹几个音符，马上就会有人辨别出这是莫扎特的《费加罗》，很多回忆会瞬间回到我的脑海中，可事前我一点也没有想到，它们也不是依次进入我的意识中。关键的词句就会把全部的联系都搅动了起来，潜意识的思想程序也是一样。一个唤醒他的刺激就能让精神兴奋起来，从而让整个断头台的幻想得以实现。可这幻想并不是在梦中进行逐一展示，只是在他们睡醒之后才回想出来。醒来之后，他能够通过努力辨认而想起幻觉中的每个细节。但是在梦中，这个幻想的角色不过是一个被激活的整体罢了。所以说，一切忆起的回忆并不都是在梦中发生的。这种解释，即这只是之前准备好的幻想，然后被一个唤醒的刺激激活的观点，可能会同样适用于另外的被外在刺激唤醒的梦，例如拿破仑一世在战场中被炮弹吵醒的梦。

托波沃尔斯卡为了那关于梦的长度所作的论文而收集的梦例中，我认为最有价值的是麦卡里奥所描述的剧作家波佐做的梦。一个傍晚的时候，卡西米尔·博左想去观看他剧本的首次演出，可他是那样的疲惫以至于当戏幕刚拉开的时候，他就开始打瞌睡。在他的睡梦中他看完了整部戏剧的五幕，以及各幕上演的时候观众的情绪表现，还有在戏演完后他很高兴听到热烈的鼓掌而且高喊他的名字。突然他醒来了，可他难以相信自己的耳朵和眼睛，因为戏不过才刚演了第一幕的开头几句话。他睡着的时间绝不会超过两分钟。我们这么想是不会太轻率的：做梦的人看完五幕戏，而且观察观众对各个部分反应态度的事，并不需要在睡梦中以任何新鲜的材料制造出来，而完全可以由已经存在的幻想再次出现。图波沃士卡和别的作家一样，再次强调那些观念倾盆而出的梦都有共同的特点：它们都是尤其连贯的（这和别的梦不同），而对它们的回忆仅仅只是摘要而不是细节，当然这是那些由梦运作触发形成的幻想所拥有的特点，但是原作者并没有提出这个结论，我显然是没有断定全部被唤醒的梦都适用这种解释，或者说梦中迅速呈现的观念都是通过这种方法处理的。

在这里，我们不得不去讨论梦内容的再次校正与其他梦运作的因素之间的联系。难道制造梦的程序是像下面描述的那样吗？梦的形成因素，如凝缩作用的效力，逃避审核制度的需要，以及精神手段的表现力所要有的顾及等，首先将梦念中的材料抽取出来构成一个暂时的显梦，之后对这些内容进行重新塑造直到完全符合第二种动因的要求呢？可这是不可能的。我们倒不如假定这因素从一开始就如同凝缩作用、审核制度和表现力一样，梦念不得不满足第二个因素的需要才能被指引与选择出来，而成为梦内容的一部分，这些因素似乎可以对很多的材料起作用。无论是在哪个梦例里，这个最后提及的梦的因素，对梦拥有着最小的束缚力。

下面的讨论将会使我们认识到，我们称为“再度校正”的精神功能和清醒时的思维活动很可能是完全等同的。我们清醒（也就是潜意识）的思维活动对所有可认知的材料的作用方式，和再度校正对待梦中内容的材料的方式根本不一致。对于清醒的思维说来，我们很自然地给这些材料建立秩序，制造互相间的联系，与此同时使它满足一些理性的期望。实际上这样做时常会显得过分，魔术师就很容易利用这些理智习惯来愚弄人们。我们努力使各种感知印象综合成一种很合理的模式的时候，通常使我们陷入最奇特的谬误中，甚至把眼前材料的真实性否决掉。

关于这方面的证据是大家都知道的，我现在不再在这里花费太多的笔墨。人们通常在阅读的时候把印错（把原意破坏）的部分误认为是正确的。曾经有法国一本通俗杂志的编辑打赌说，如果叫排字工人在一大篇论文中加入“之前”或“之后”这两个词，一定没有一个读者能察觉出来，其结果就是他赢了。很多年前，我曾在报纸上看到一条有关这种虚假联系的滑稽例子。曾经有一次，一个无政府主义者投掷的一枚炸弹在法国国会会议上爆炸。迪皮伊勇敢地说："会议继续进行。"来缓解恐惧的气氛，从而平息了骚乱。有人问了与会者对这件事的印象，其中两个来自外省的人，其中一个说，他的确在某人发表言论后听到过爆炸声，可是他说国会在每个发言人说完后鸣炮一声是一种惯例。第二个可能听过几次演讲，但是也有同样的结论，他认为鸣炮是对一些成功演说的致敬。

因此，我们对梦的内容的提出必须是能够理解这个要求的精神动因，这个就是我要需要保证正常的思维活动，否则就容易因为首次解释的印象而对梦的内容造成误解。为了解解析的目的，我们的原则是，无论是任何的梦例，我们都不考虑梦表面的联系性，而重点考核各部分的不同来源，因此无论梦本身是清晰的还是含糊的，我们都得遵照着各因素原先的路径追溯到梦念的材料中去。

现在我们就能清楚地知道，他前面所讨论的有关梦的清晰或一些含糊都不是非常独立存在的，再三校正产生效果的那部分是清晰的，而不能产生效用的部分是含糊的。又因为梦中含糊的部分通常又是不太鲜明的，因此我们能这样断定：续发的梦的运作也能提供各个梦要素的强度。

如果我们要选择一个对照物来和这个梦的最终形式（经过正常思维辨析过后的形式）相比较，那么没有比扉页上那些很久以来吸引众多读者的铭言更恰当了。这些铭言旨在提醒读者"考虑对照"，这是一句通俗的拉丁文铭言。为了达到目的，单词中的字母被拆分开，再重新排列组合。而一些地方难免出现一些真正的拉丁文字，还有些地方则像拉丁文的缩写。而另外的部分又似乎是掉了一些字母或删除了文字，这使我们以为被分离的字母没有实际意义。为了不被愚弄，我们不得不把注意力从名言的表面排列机构转移到注意字母本身，最终把它重新组成自己的母语，只有这样才能真正了解。

再次校正其实也正是梦运作四个元素中，最能被大多数作者察觉到而且了解其意义的，哈夫洛克·埃里斯曾对再度校正进行过一些很有趣地描述："实际上我们可以想象，睡眠中的意识对自己这样说过，"我们的大人（清醒时刻的意识）来了，它是一种强而有力的理智和逻辑等等。赶快！把材料收集好，然后将它们排列好，怎样的秩序都可以，就在它再掌握实权之前。"

再度校正和清醒思维在作用方式上的同一性，曾经被狄拉克罗斯特描述为："这个分析的功能并不是梦所特有，我们清醒的时候对感知材料所做的逻辑协调也是一样。"詹姆斯·萨利和狄拉克罗斯特也有同样的见解："精神对这些不连续的幻觉所做的所有努力，就和白天它对感知所做的逻辑协调一样，它把全部分散的意象通过想象的环节连接起来，并把它们之间的巨大缝隙填修补完整。”

根据其他作者的说法，这种整理和解释程序从梦开始发生的时候起，一直连续到清醒时为止，对此保尔汉说过：“在我看来，梦在记忆中很大程度上被误解了……那些产生系统化的想象在睡梦开始的时候起作用，不过却要在睡醒的时候就已经实现了。因此，思维的真实速度，在清醒时段的想象力会很明显地增加。”

李罗对狄拉克罗斯特说过：“反过来说应该是，我们对梦所做的解析与协调不但需要借助于梦中的资料，而且也需要用到清醒时段的资料……”

所以，这个大家所共知的因素不可避免地被过分地高估了，甚至有人认为要将所有梦都归于再度校正的结果。戈布洛特认为这种创造性工作是在睡醒刹那间所产生的，而福考尔特更进一步认为，清醒时刻的思想把睡眠的时候浮现的思绪制造成梦。对这个观点，伯纳德－勒鲁瓦和狄拉克罗斯特有以下评论：“因为有人认为在清醒的时刻可以发现梦的进行，因此这些作者认为梦是因为清醒时刻的思维根据睡眠的时候所产生的影像构建而成的。”

根据对再度校正的讨论，我将更进一步研究梦运作的另一个因素。这是由新近锡伯尔的细心观察和研究发现的。我前面曾经提及，锡伯尔是在极度疲倦的状态下强迫自己从事理智活动，这其实就类似于将思维转变为意象的过程。在那一刻，他所处理的思想不见了，这种抽象思维常常被一些图像所代替。不过实验中所产生的意象（可以当做梦的成分）有时候并不是正在从事的理智活动，而是与疲倦或工作的烦恼相联系的思想。换言之，它呈现的是从事这项工作的人的主观状况和身体机能，而与他所从事的所有活动对象没有关系。赫伯特·西尔伯勒把这常发生的事情称作“机能现象”，这和“物质现象”形成一种对比形式。

比方说：“一天下午，我疲倦地躺在沙发上，很想睡觉，但是又强迫自己思考一个哲学上的问题，我想比较康德与叔本华两人对时间的不同看法。不过因为太疲乏了，我没办法立即把他们两人的争论同时浮现在脑子里，而这是比较他们言论的必要前提，因此也就不能比较。在经过几次徒劳的尝试后，我只好把全部意志用来将康德的推论展现在脑海中，以便能将它应用于叔本华的观点中。可当我把注意力转移到后者，之后再返回到康德的时候，却发现他的论证已被我忘掉了，我没办法再把它们挖掘出来。要把藏匿在脑子里的康德观点找出来的徒劳尝试，使得它通过一种具体而富有变化的符号形象呈现在我眼前，就像是一幅梦境：我向一位脾气不好的秘书追问着某件事情，他那个时候正弯着腰伏在办公桌上，而不打算帮我的任何忙。他半直起腰，给我一个极其愤怒而难看的脸色。”

下面是赫伯特·西尔伯勒举出的关于往返清醒和睡眠之间的例子：

“环境条件：早晨散步。在我快清醒的时候，回想起头一天所做的一个梦，想要不断地重复和继续下去，却发现自己愈来愈接近清醒，不过心里却想一定要留在这朦胧的状态。”

“梦境：我正要渡河，一只脚已经进入水中，但是我又马上把脚收了回来，因为我改变主意，打算要停留在河的这一边。”

例六同例四：他想要在床上多躺一会儿，但是不要睡得太深以免睡过，即“我现在想要多睡一会儿”。

“梦境：我正和某人道别，并安排不久和他（她）再见面。”

赫伯特·西尔伯勒观察到的官能性现象（代表某种精神状态而非对象）主要是发生在入睡与清醒两种状况下考察。明显的是，梦的解析和后者有关。还有赫伯特·西尔伯勒的例子有力地指出，在很多梦中，显示梦的最后部分正好是睡醒的序曲。通常只是表现清醒过程，抑或是有清醒的欲望，这种表现可能是跨过门槛、从一个房间走到另一个房间、离开、回家、与朋友道别或者潜入水中等。但是通过自己的梦或分析别人的梦，我却没办法找到很多和门槛象征有关的梦的要素，而赫伯特·西尔伯勒的著作却使我寄希望找到更多的象征。

这种门槛象征可能解释梦的某些结构，比如关于睡眠深度的转变以及梦的中断可能性等，但是，在有关这方面的确凿证据还未找到之前，较为常见的是多重决定的例子，在这些例子当中，和梦念相连的梦的内容只是用来表现某种精神活动的状态而已。

赫伯特·西尔伯勒所表现的这一有趣的官能性的现象（即便错不在该作者），却导致了很多滥用的行为。因为有人认为这是为那些古老的有象征和抽象意义的梦进行解释的有效凭证，可以通过它为古老的释梦提供有效论据。很多痴迷于“功能类型”的人甚至将在梦念具有所有理智活动或情绪活动程序都判断为功能现象。这些材料和别的材料一样不过是头一天的残留经验在梦中的表现。

我以为赫伯特·西尔伯勒的现象是清醒时候的思想对梦形成的第二个贡献（第一个贡献我们已经借再度校正的名义研究过了）。我们已经充分表现了白天的注意力连续在睡眠状态下指引着梦。局限性地看它，然后还会批评它，而且保存着中断它们的权利，看来这个留存的精神机构唤醒了审核机制，可这对梦的形式具有很强的限制性。赫伯特·西尔伯勒的观察所能追加的是，在一些状况下，自我观察也扮演着某种角色，而且形成一部分梦的内容。这种自我观察机构可能在哲学家的心灵里很发达，其与别的如精神反省、察觉的错误的感知、良心、梦的审核等联系，还是在别处讨论更为恰当。

下面我将会把这有关梦运作的长篇讨论加以总结，我们面临的问题是，精神是以它全部力量还是仅以剩余的受限定部分来生产我们的梦？研究的结果发现这问题是不合适的，可如果我们被迫要肯定回答的话，那么我们只能说两者都是对的。即便看来这两个答案是互相排斥的，在制造梦时，我们可以分辨出两种精神活动：形成梦念的精神活动和通过某种方式将梦念转变为显梦的精神活动。梦念是绝对理性的，它是我们所能拥有的全部精神力量所制造出来的。它们属于那些不在意识层面的思想程序，然后会经过某些变异，这程序也产生我们意识的思想，而且不论梦念多少值得讨论的问题，却都和梦没有特别联系，因此不必在有关梦的问题中予以讨论。但是形成梦的第二种精神活动（把潜意识思想转变为显梦的活动）却是梦所独有。这特殊的梦运作和清醒时刻思维形式的分野远比我们想象得还大，即便对梦的形成中的精神功能被我们低估。梦运作不仅是更粗心、更荒谬、更健忘、更不完整，它和清醒时刻的思想完全不同（就质来说），因此是没办法加以比较的。其实它并不思考、计算或者判断，它只是把自己限制在给予事物新的变形。我们前面已经不厌其烦地叙述种种它在产生结果前所不得不满足的状况。那个结果，其实最主要的是要可以通过审核制度，为了满足这个目的，梦的运作还可以移置各种精神的强度，甚至把所有的精神价值都改变了。梦念不得不完全或主要以视觉或听觉的记忆痕迹来表现，而这又要求梦运作在进行置换时做出表现力考虑。由于夜间可能会需要产生比梦念所提供的更高的强度，因此就需要凝缩起作用。我们应该去注意梦念之间的逻辑关系，它们只是特别的梦外形的一个伪装。不过，我们的梦念的感情与其观念内容相比不会产生太大的变化。这些感情通常是被支配着存在梦中的，而当它们获得了表现的机会，就会和原来附着的观念相分离，而且与同样性质的感情结合在一块儿。梦的工作通常活动很有规则，有一个例外，即通过半清醒的思维对材料进行校正，这在一定程度上与别的作者的观点相符合，即他们都试图对梦的构建活动进行解释。

第七章　梦过程的心理学

在他人告诉我的梦中，有个梦很值得我们关注。它是一位女病人告诉我的，是她在一次关于梦的讲演中听到的，梦的真实来源何在，我至今不知道。然而，梦的内容给这位女士留下深刻印象，使她自己“重做”了这个梦，即她在自己的梦中再现了它的某些内容，并因而通过这种方式在某个方面传达了她对这个梦的赞同。

这个梦例的序幕如下：曾经一位爸爸在孩子快逝世的时候日夜守在病榻旁，孩子死了以后，他到隔壁房间休息，却让两室相连的大门敞开，以便他能望见置放他孩子的房间以及被蜡烛环绕的尸体。而且他请一位老头看顾着死尸，并且在那里低声地祷告。睡了数小时之后，这个父亲梦见他孩子站在他床边，抓着他的手臂，低声地怪罪他：“爸爸，难道你没发现我在燃烧吗?”然后他就醒了过来，发现隔壁房正燃着耀目的火焰，紧接着赶过去，却发现那位守候的老先生睡着了，有一支燃着的蜡烛掉下来了，把裹尸布和他深爱的孩子的一条手臂给烧着了。

这位病人和我说，这个感人的梦很容易解释，而那讲演者也曾很正确地加以说明。那经过大门传来的火焰照射在他的眼睛使他得到下述的结论（如果清醒时，他也会有同样的印象）：肯定有蜡烛跌下来在尸体附近燃烧着某些东西。也有可能他在睡入梦乡的之前就在怀疑那老人是否能够尽职。

对这个解释，我实在是没有异议，不过要追加的一点是，梦的内容肯定是多重决定的，梦中那孩子的话肯定在生前说过，而且和他爸爸心灵中的一些重要事件有所联系。例如说“我在燃烧”可能病人曾在最后这场病中发着高烧的时候说过。而那“爸爸，难道你没发现”可能和某些我们尚不可知的被高度情感化的情境有关。

但是，即便知道此梦是一种具有意义的程序，而且联系着梦者的心理体验，但是我们却很奇怪此梦为什么会在这种急需醒过来的状况下发生，因此这梦也是某种愿望的达成。在梦中，这个男孩的行为像是活着一样：他走到父亲的床前，握住他的手臂，这很像生前发高烧时一样。为了满足此愿望，因此父亲多睡了一会儿。他喜欢梦中的状况，因为只有在梦中，他的孩子才能活过来。假如父亲先醒过来，之后才达到以上结论而赶到隔壁，那么孩子的生命就缺少了这段时间。

到目前为止，我们主要针对梦的隐义进行了探讨，在这个过程中我们发现了隐义所使用的方法以及梦是如何运用伪装手段达到愿望实现的目的的。直到现在为止，我们重要的论点都放在梦的意义上，发现这种意义的方法，还有梦的运作如何隐匿其意义之上。换言之，梦的解析一直是我们的主题，而现在我们却遇到了一个其意义很明显，分析毫不困难，但是留下的某些特点与清醒的时候有所不同的梦，而且对此区别不得不加以解释，只有把有关于梦的解析的工作放在一旁，才会体会出我们对梦的心理的了解是何等的贫乏！不过在踏上“梦的心理”这条路之前，我们不得不停下来向四周望望，看看在后面那段路途中是否遗漏了一些重要的事物。因为我们不得不了解，之前经过的路乃是此旅程中最顺利的（如果我没有太大错误的话），那么直到现在，我们所走过的路都是通向光明，即指向更深入的了解。不过一旦我们要更深入了解有关梦的精神程序，那么我们面临的是一片黑暗。我们不能以精神程序来解释，因为所谓解释即是将某事件溯源到一些已知的知识上，而眼前并无一些确定的心理学基础知识使我们可以用来作为梦心理探讨的基础。反而，我们不得不就心灵结构和其内部各种因素的相互作用提出新的假设，不过我们必须谨慎，这些假设必须建立在有一定逻辑的基础上，否则就会因为太过于模糊而失去意义。可即便我们的推论没有错误，而且考虑过各种逻辑的可能性，结论也未必就正确。梦与其他的精神机能是相互联系的，如果贸然孤立，那么只能徒劳无功，或者是仅仅得到部分的证实。我们不得不把全部的这类机能综合起来加以比较研究，才有可能得到较接近真实的结论。因此我们暂时把梦的精神分析衍生而得的心理学假设放在一旁，直到它能够让我们由另一角度去探讨同一问题的结论为止。

一、梦的遗忘

所以我建议，我们应首先研究一个存在某种困难的问题。这个困难尽管我们现在还没有考察，但却能够侵入我们所有的梦的解析工作的基础。很多批评者都认为实际上我们并不了解那些我们进行解释的梦，或者应该更准确地说，我们没有把握它是否真正如所描述那样发生。

第一，我们的记忆的模糊性使得我们对梦的记忆以及对它的解释的依据显得疲软无力。我们的记忆对梦印象的保存能力很弱，而且经常把最重要的部分忘却。当我们把注意力集中在某个梦的时候，常会发现即便曾经梦得更多，却只不过能记得一小部分，而这部分又是很不确定的。

第二，经验表明，我们对梦的记忆并不是完整的，甚至记忆还在一定程度上扭曲着。一方面，我们怀疑梦是否真的如记忆那样不连贯；另一方面，我们也要怀疑梦是否像叙述的那样连贯，我们是否在回忆的时候，任意将一些新的和经过挑选的材料填补被遗漏的部分，或者我们有没有通过某种方式对梦进行润色、校正，使得没办法判断哪部分是原来的内容。曾有一位作者斯皮塔说，梦的所有条理性或者连贯性都是在回忆的时候加进去的。因此，我们想判断其价值的印象是否有可能恰好被我们错过呢?

到现在为止，我们一直都忽视了上述的警告。反过来，我们把一些琐碎、不明显和不确定的部分和那些明显确定的部分赋予同样的解释价值。伊尔玛打针的梦中，就有这个句子“我马上把 M 医师叫来。”我们假设它是源于一些特殊的缘由，因此，我即能溯源到一个不幸病人的故事。我就在他的床榻旁“马上”就把上级同事叫来。那个“将 51 和 56 看成不可分别”而明显是荒诞的梦中，51 那个数字几度出现，我们没有把它当作一件自然或者是无意义的事件。反过来我们可以由此推论，51 背后肯定埋藏着另一个隐意；遵照着路线，发现原来我害怕 51 会是我的大限，这和梦的主要内容所夸耀的长寿产生强烈的对比。在那个“Non vixit”的梦中，我就开始忽视了一个中途插入的不明显事实：“因为 P 不了解，因此弗里斯转过头来问我”。当解释过困难时，我就回到这句话上，结果溯源到孩童时代的幻想，而这恰好是梦念中间的重要的一个分歧点。这是由下面这几句话推断来的“你们很少了解我”“我也不了解你们”“直到我们现在在泥巴中相见”“才会很快彼此了解”。似乎每个分析中都有很多例子可以显示出在我们的梦中，其中最琐碎的元素经常是解释过程中不可或缺的，如果忽视了这一点，梦的解释工作将寸步难行。我们对梦中所展示的各种形式的字词都赐予同样的重要性。即便梦中的内容显得无意义或者难以做出解释，似乎我们不能对它正确的描述，我们也应该把这种缺陷加以考虑。换言之，别的作者认为是随意糅合，而且草率带过以免除混淆的部分，我们都会加以重视。对这个不同意见，我认为有解释的必要。

这些解释都对我们有利，即便别的作者并不一定错。从我们新近获得对梦来源的知识来看，以上的矛盾就彻底地消失了。在再一次叙述梦的时候，我们都会把它歪曲。这个过程是梦在再度校正（通常被误解）通过正常的逻辑思维在起作用。而扭曲作用就是梦念受到梦审核制度修正的一部分。别的作家在此点都会注意或怀疑这运用明显的梦的歪扭的作用，可是我们对此却没有太多的兴趣，因为另一个更为深远的扭曲作用（即便较不明显）早已经从隐藏的梦念中脱离出来在梦的形成过程中发挥着作用。之前作家所犯的唯一过错乃是认为将梦用语言表达出来所造成的扭曲是任意的、无法解决的，因而给予我们一个错误的梦的图像。他们太过低估精神事件被决定的程度了，它们从来不会是随意的。我们很容易发现这样的现象：如果某元素不被甲的思想串列所决定的话，那么乙的思想串列很快地就会代替了甲的位置。比如说，我要任意地想的一个数字。但是所想到的数字很明确并且完全由我的思想来决定，那么我们就不能说它们与我当时的想法偏离太多。在清醒时刻，梦所受到的更改，也同样并不是任意而为的，它们和被代替的事件间有着关联，而且向我们指出通往该材料的路径，而梦的这个材料可能又是另一个材料的代替品。

在解析梦时，我通常会运用以下手段，而且几乎没有失败过。如果病人首次向我叙述的梦难以理解，那么我就会要求他再重复一遍。他很少会运用同样的话把梦复述一遍。而他那运用不同的语言来描述的部分正是梦伪装的弱点。在我看来，它的意义正如西格弗里德斗篷上的绣记对哈根所表示的意义一样（那是西格弗里德身上唯一的缺点，哈根说服知道这一秘密所在的克里姆希尔德，在西格弗里德衣服上的这一致命的地方绣了一个小十字架，并根据这个刺杀了他）。这就是梦解释的起始点，我要求病人重复一遍，就是在让他明白我是真的打算花费精力来分析这梦。因此病人会怀着抵触心理，在反抗的压力下，他着急地企图掩蔽梦伪善的弱点，用一些很不明显的字眼来代替那些会泄露真实意义的话。不过，他这样做恰好引起了我的注意。因此梦者企图阻挡梦被解释的努力倒为我的解释提供了一个途径，进而找出他伪装的目的。

前述作者过分强调不要容易接受病人对梦的描述，但这样说太过于感情化。一般来说，我们没法保证记忆力的正确性，但对它拥有信心是我们最起码要做到的，这也是我们释梦的基础。对于梦或者梦的某一细节是否精确地被反映出来的怀疑，实际上是梦审核制度的一个变体而已（就是说梦念要进入意识的层面所遭受的阻挡）。这种阻挡不因已经产生的移置和替换而消除，它仍然以其他的一种存疑的姿态附着在那些被认为可以出现的材料上。我们很容易误解这一点，因为它是作用不太明显的要素。但是我们已经清楚，梦所表现的是经过我们的精神价值的完全倒置，已经与梦念不同。伪装不得不在消除精神价值后才可能产生。它经常以这种方法进行表达，而且偶然也安于这种现状。可如果某种含糊的梦的内容被怀疑的话，那么我们就很有把握说，这是一个被禁止的梦念的一个直接派生物。这正如某个古代国家的伟大革命，或者是文艺复兴后的状况：曾经一直掌控整个国家和局势的掌握实权的贵族家庭被放逐，所有的高级官员被新阶层所代替。在那些依附权贵的人当中，只有那些最穷困或最疏远的依附者才会被准许住在城内。即便这样，他们还是不能完全享有自己的公民权利，而且不被信任。这种不信任和上面所提及的怀疑是相对应的。这就是为什么我要强调分析梦的时候，全部都来评价确定性的方法都要废弃。梦中的蛛丝马迹，不得不进行彻底地肯定性分析，在追踪梦中的某一元素的时候，我们应当坚持这个态度，否则分析必将搁浅。如果对某个要素的精神价值抱有疑问，那么这对梦者的作用是，那些元素背后所藏有的观点就再也不会自动进入梦者的脑袋。这个结果是不会太明朗的。梦者可能会说："我不太清楚这是否真的发生在梦中，不过我相信我所想到的就是真实的。"这样的话本身是没有什么意义的，而且也从来没有人这样说过。实际上，怀疑是精神阻挠的一种工具或衍化物，这从它会使分析中断可以看出来。精神分析就是符合情理的怀疑，它的其中一个前提是：凡是阻挡分析工作进行的都是一种阻抗。

除去考虑精神审核制度，梦的遗忘就会成为不可解的谜题，在很多例子中，梦者认为梦见很多事情，却记得很少，这可能具有其他意义，比如，梦的运作整晚都在高度警惕地进行，但最后只留下了一个短梦。毫无疑问，时间越久，我们忘掉的梦的内容也就越多。有时候即便费尽心思也没办法将它们记起来。我认为这种遗忘经常被高估，而且梦之间的沟壑的限制也被我们过分夸大了。一般情况下，被遗忘的部分可以通过分析再度唤醒。而且在大多数情况下，我们可以用分析的方法来填补忘掉的梦的内容，最起码在很多例子中，能依据一个剩余的部分框架分析出全部的梦念（当然，不是梦的本身，而这实际上并不重要）。为了达到这个目的，梦者不得不在进行分析的过程当中付出更多的注意力与自制力，但是这也显示出梦的遗忘中可能会有相对的阻抗在起作用。

借着观察这种初步遗忘的现象，我们可以发现梦的遗忘乃是有倾向性的，而且是种阻抗的表现。在分析的过程中，被遗忘的梦的某部分又再次出现。病人经常会解释说他刚刚才想起来。借助这种方法而得以呈现的梦的部分一般是梦的最重要的部分。它经常是位于通往梦解释的边缘，因此也就受到更多的阻抗。在本书的梦例中，其中一个梦即有一部分就是借着这种事后想起的方法呈现出来。那是一个旅行的梦，我对那两位恼人的旅伴感到很无奈。那个时候，我因为很讨厌这个梦的内容而没有深入解析。其实这个梦那段被省略的部分是这样的：我（用英文）提及席勒的一部著作，说“它是从……”当我察觉自己犯错的时候就主动改正为“它是……写的”。“是的，”那人对他妹妹说，“他说得对。”

这种梦中出现的一种自我更正，即便引发某些作者的兴趣，在此地却没有必要花费我们太多的心血。可我却要借着这一梦例说明关于梦中发生语句错误的典型例子。这发生在我19岁时，我在爱尔兰的海边度过的一整天。我自然很高兴地在沙滩上捡起浪潮所留下来的水生物，我当时注意到一只海星——这个梦就是以“hollthurn”和“holothurians”（海参之类的东西）这些词开头的，梦中一个漂亮的小女孩突然走上前来问道：“它是海星吗？它死了吗?”我回答道：“没有，它还活着。”我马上发现自己的错误，很尴尬地赶紧加以纠正，又说了一遍正确的。而在梦中我却以另一个德国人常犯的失误来代替之。“Das Buchist von Schiller”应该翻译成这本书是用“由”，而不是“从”。在明白了梦通常会极尽可能地为达成目的不择手段时，这个错误就不难理解了。如果听到这个英文“from”是借着和德文“from（虔诚）”的同音而达到极度凝缩的作用。但是我那个关于海滩的记忆何以会呈现于梦中呢?它表示，用一个最纯真无邪的例子，我把词性搞错了，即在没有性区分的地方用了性（“he”）这当然是解释此梦的钥匙之一。而且，任何一个听过马克思（在梦中讲到的）的“Mater 和 Motion”这个标题词源的人，都不难填补：默里哀“LeMaladeImaginaire”中的 La Matierest—elleLaudable——肠子的蠕动（motion）。况且我还能以亲眼目睹的事实来确认梦的遗忘大部分是因为阻抗的结果。一位病人对我说，他刚做一个梦，不过却全部忘了，于是我们再继续进行分析，之后遇到一个阻抗。于是我向病人解释一番，借着鼓励与压力帮助他和这不能令他满足的思绪取得妥协。我几乎要失败，他却突然间大声叫道：“我现在记得自己梦见什么了。”因此妨碍我们分析工作的阻抗也同时使他遗忘了此梦，而借着克服这个阻抗后，这梦又回到他脑海中。

同样的，一位病人在达到某种分析过程后，可能会想起他好多天前所做过的梦，而这梦在此之前是完全被遗忘的。

精神分析的经验提供另一个证据说明，梦的遗忘主要是因为对该事情的阻抗，而不是因为睡觉和清醒是两个互无关联的境界。即便别的作家也强调这一点，可我经常有这样的经验（别的分析家与正在接受治疗的病人也有同样的经验），在睡眠被梦吵醒后，我马上以拥有的理智力量去进行解释。在那种状况下我经常坚持如果不能完全了解，就不再睡觉。但是第二天早晨醒来时，完全把解释和梦的内容忘得一干二净。即便记得我的确曾做过梦而且解释过它，只是理智没办法将梦保存在记忆内，引申梦经常和解析的发现一起烟消云散。可这并不像某些权威人士所认为的那样，伟认为分析活动和清醒时刻的思绪间并没有这样的精神阻隔。

莫顿·普林斯先生对我的“梦的遗忘”极力反对，他认为遗忘只是解离（分裂的）精神状态所产生记忆丧失的一种特殊状况，而我对这种特殊记忆丧失的解释没办法引申到其他记忆类型上，因此我的解释是毫无价值的。我要提醒读者，在对这种解离状态叙述上他根本没有尝试去找寻一种动力性的解释。如果他这样做了的话，他肯定会发现压抑（或者更精确的说，由它而来的阻抗）是造成精神内涵的遗忘与解离的主要因素。

在准备这篇文章的时候，我通过一次观察已经发现到梦的遗忘和其他的精神活动的遗忘没有什么两样，而且梦的记忆也和其他的精神功能相似。我曾经记载下很多自己的梦。由于一些原因，有些当时没办法完全解释的，或者有些则根本未加以解释。而现在（已经过了一两年），我是为了想得到更多的实证而对某些梦加以解析。这些分析都很成功，我可以说，这些梦在经过长时间隔离后，反而变得比在当时更容易解释了。一部分原因可能是在这段时间内我自己把一些内在的阻抗克服了。在进行分析时，我经常把之前的梦念和现在的加以比较，发现现在的总是更为丰富，而过去的经常是被包含在新的梦念里面。起先我很惊讶，不过很快就不以为然了，因为长久以来就有病人向我诉说他们的旧梦，而且把它当作昨日的梦加以解析的习惯：实施同样的步骤，而且可以成功。当研究到焦灼的梦时，我将要提出两个这样延迟解析的例子。我之所以做这种实验，是由于它有一个合理的预期，即梦和神经症状诸方面都很相似。因此我用精神分析来治疗精神神经症病人，比如歇斯底里症病人时，我不仅要解释那病人的现有症状，而且还试图解释那些早就消除的早期症状，通过这个尝试我发现，病人的早期症状比现在的问题更好解决。甚至在 1895 年，我在《癔症研究》上曾经替一位年龄超越 40 岁的女病人解释她 15 岁时首次歇斯底里症的发作的一些情况。

下面，我将提及些关于解析梦更进一步却不相互关联的观点。这可能当作读者的一种辅助工具，如果读者想通过分析自己的梦来验证我的观点的正确性的话。

要知道，解析自己的梦并不是一件简单容易的事。即便没有阻抗这种感知的精神动机，可要察觉这种内心的现象或者其他平时不太注意的感知，都必须经过不断地尝试。要把握住那些“不自主的观念”更是难上加难。任何一位想要做到这一点的人，都必须对本书所提及的各种要求很熟悉，而且遵循这些原则进行分析，而且不能带任何先入为主的观念、批评，或者情感和理智上的一切成见，必须牢牢记住法国生理学家克劳德·贝纳德对实验工作者的规劝：“像动物一样工作。”他是说要拥有野兽般的忍耐性，而且不计较后果。如果你能遵循这劝告，那么此事就不再是困难的。

梦的解析通常不会一次就完全解释清楚。在对梦进行了错综复杂地联想之后，我们通常会发现自己的精力消耗殆尽，当天也就不可能再使梦的解析有什么进展。此时最好的办法是暂时放弃，以便日后再继续工作，那样可能从梦的另外的内容中找到原来并未注意到的，而且导出更深一层的含义。这种办法也许可以称为梦的“分段”解析。

对于初学梦的解析的人来说，当他对已经找到了梦的意义而且又合理时，他想当然地认为他已经对梦做了全面的解释，解析工作已经结束了，因为他已经完全了解了梦的每一个成分。但是同一个梦可能还有别的解释，即我们曾提到的“多重解释”，然而这可能是初学者所注意不到的。的确，我们不容易有这样的概念，即丰富的潜意识思想活动挣扎着寻求被表达的机会。而且也不容易做到对梦的工作中一些能涵盖数种意义的合理表达，正如神仙故事中的小裁缝中的难题，读者可能埋怨我在解析过程中加入了一些没有必要的技巧，不过实际的经验将使人们知道得更多。

从另一方面来说，我不能证实 H. 西尔伯勒第一个提出的观点：每个梦（或很多梦，或某类的梦）都必须有两种不同的解析，而且两者之间有某种固定的关联。西尔伯勒成其中一个是“精神分析”解释，经常赐予梦某种意义，而且往往拥有童年期性欲的意义。另外一种他认为较重要的解释是“神秘”解释，这里面暗藏着梦的运作中被视为更重要且更深刻的思想，梦的工作所需材料通常来自这里。西尔伯勒并未引述更多的梦例来说明这两点，从而提供足够的证据支持他的观点。而我认为西尔伯勒的论断并不能成立。无论如何，多数的梦并不需要特别“多重解释”，尤其是所谓的神秘的解析。西尔伯勒的观点和近年来所流行的观点一样，他们都是掩盖梦形成的基本前提，且把人们的注意力从梦的本能根源上转移开。在某些状况下，我可以证实西尔伯勒的说法，通过分析的方法，我们发现，在某些状况下梦的运作不得不把一半高度抽象的概念转变为梦，可这些思想是没办法直接表现的为了解决这个问题，它必须把握另一组的理智材料，而这材料与那抽象概念稍微有些关联（通常以一种隐喻的方式），而且要表现也没有那么多的困难。对于这种方法形成的梦，梦者轻而易举地说出其抽象的意义。而对于那些中间插入材料的正确解释借助那些我们已经熟知的技巧就可以轻易解决。

我们是否可以解析所有的梦呢？答案是否定的。要记着，在分析梦的时候我们应该对抗那些使梦伪装的精神力量。因此，问题就变成了两种力量之间的抗衡，这考验了我们的理智兴趣，自律能力，心理知识和解析梦的经验是否足以应付那些内在的阻抗。通常，我们可以得到一些进展，这让我们自己相信此梦拥有某种意义的结构，并且由此得知它的意义。常见的状况是，随后的第二个梦将证实第一个梦的解释是否正确，并能更深入地解释。因为连续几个星期或者几个月的一系列的梦，经常基于同样的来源，因此不得不互相关联地进行分析。详细观察两个相互连贯的梦，我们会发现 A 梦的中心在 B 梦中并没有很重要的地位，反之同样。因此，它们的解析经常是互补的。之前我曾经举过的很多例子表明，同一晚上所做的几个不同的梦一般可以作为一个整体来进行解析。

即便分析最彻底的梦，也经常有一部分内容不得不放置不顾，因为在解析的时候，我们发现这部分内容是一些不能解开的互相缠绕着的梦念，而且也不能增加我们对梦内容的了解，此部分内容就是梦的关键，由此伸展一直到无知。由解析得来的梦念并没有某种确定的本源，它们在我们错综复杂的思想世界中向各个方向延伸。而梦的愿望却由某些特别接近的纠缠部分滋生出来，这正如蘑菇从菌丝体长出来的情况一样。

现在我们需要回到有关梦被遗忘的一些问题上来，到现在为止，有一个重要的结论我们还没有得出。我们已经看到清醒生活有一种倾向性即趋向于要把晚间所形成的梦给遗忘掉，或者是在睡醒后就全部忘掉，或者是一点点地忘掉。我们知道遗忘的主要动因是精神的阻抗，在晚间它就尽其所能地反抗过了。如果这种观点是成立的就引出了一个新问题：梦如何在这种抵抗作用下形成的？让我用最极端的例子来解释（意即清醒时刻把梦中所有都忘掉，就好像从来没有梦见一样），在这种状况下，可以这样推论，晚间的阻抗如果和白天的一样强，那么由精神力量之间的相互对抗产生的结果就是，我们的梦就不会产生了。于是结论就出来了，晚间的阻抗力量较小，但并没有彻底失去（因为它仍然是梦伪装的动力因素）。正因为夜间的抵抗作用减弱了，才使梦的形成得以进行。现在我们很容易理解为什么阻抗在恢复全力以后能把它虚弱时所允许的事否定掉。描述心理学告诉我们，梦形成的一个基本条件是心灵不得不处在睡眠状态下。现在我们已经可以解释此事实：睡眠使梦得以进行，是精神内涵审核度减弱的结果。

毫无疑问，现在我们想把这一点当做梦遗忘的很多事实所能推导出的唯一结论，而且以此为基础更进一步地研究睡眠中和清醒的时候这阻抗的能力相差多少，但是现在我们暂时不能下定论。当我们更深入研究梦的心理的时候，我们会发现梦的形成因素还可以从别的角度来看。在抵抗的力量还未减弱时，梦念仍然可以避开抵抗，从而进入意识中。我们认为梦的形成可以借助这两种因素：抵抗力量的减弱和对抵抗的逃避，这两种方式都使得梦得以形成，而这可以通过睡眠状态达到目的。对此问题，我准备留到后面进行详细的讨论。

现在必须考虑另外一些反对我们解析梦的程序的意见了，我们需要对他们进行逐一反驳，否则我们的正确性就仍会受到质疑。我们的解析程序是，首先要把平时那些指引我们的所有有意观念抛弃而不顾，之后把注意力全部集中在梦的单一要素上，记录下不由自主浮现的和它有关的任何观念。然后以这种模式解析梦的另外部分。无论我们的思想往哪边去，我们都将会任其发挥，而且可以由一个题目转移到另一个题目（即便自己并没有直接参与），可我们有信心在最后得到梦起源时的梦念。

而那些反对者的理由是：梦中某一元素能导致联想是不足为奇的，因为每个观念可以产生很多联想。值得惊讶的是，这些没有目的而且任意的思想序列是如何导出梦念来的呢？很可能是自我欺骗而已。我们一直跟踪着某一要素的联想，直到它由于某些理由而中断。接着再按同样的方式去跟踪第二个成分进行联想，在这种情况下，原来信马由缰地联想会越来越窄，因为我们的脑海里仍然浮现着原先的记忆，因此在分析第二个梦念时，我们很容易捕捉到和第一道思绪有关的联想。我们可能会出现这样一种幻觉，仿佛两者有一个联结点。因为决定自由的联想是被允许的，实际上我们不承认的只是发生于正常的思维活动，两个观念之间的过渡，直到最后我们能找到我们认可的被称为梦念的中介思想，这是没有保证的，因为我们不可能知道梦念到底是什么，但我们自认为找到了梦的精神构成。我们所见到的一切都是通过一种巧妙方式创造的偶然的连接，它们不过是很任意纯粹的观念。在这种状况下，任何人只要可以愿意，都可以通过梦编造出任何的解析。

如果只是面对这些反对意见，那么我们只需要如此辩驳就可以了，即我们的解析会造成深刻的印象；某个观念所引起的联想与梦的其他成分之间关联性很高；而且除非按照原本就有精神上的关联的模式，否则是不能对梦进行详细地解释的。另外，我们也可以指出，这种梦的解析和解除歇斯底里症状的方法是一样的。这方法的可靠性已经用歇斯底里症状的呈现与消失进行了证明，对于本书来说，这又是一种旁证的手法。可这些都不能说明任意而无目的的思想序列是怎样成为预先存在的目标的。但是我们并不需要回答这个问题，因为尽管我们不能解决这个问题，却可以证明这个问题本来就不成立。

在解析梦的时候，即便我们摒弃了所有成见，并让所有的思想自由浮现，但是我们并非是没有目的地联想。我们所否定的不过是已知的有意观念，而在这个时候开始起作用的就是那些未知的，或许是属于潜意识的观念，它们决定着固定观念的过程。不会有任何的影响力能支配我们的精神力量进行无意义地思考，甚至无论是什么样的精神混乱的状态都不可能。精神科医师们过于草率地放弃他们对精神程序完整的信心。我知道，在歇斯底里症和偏执狂中，无目的的思绪和梦的形成一样，是没有办法产生的。可能这种无目的的想法原本就不可能表现在任何内发的精神异常上。如果劳列的看法没有错，那么谵妄或者意志迷乱的状态也是有意义的，我们只不过是看不明白罢了。在观察这些病症的时候我也有同样的想法：谵妄之所以会产生是因为审核制度不再隐藏它的操作，即它们不再同心协力制造一些不被反对的形式，而是草率地把所有不合格的删除掉，因此剩下来的就支离破碎，不知该做什么了。这种审核制度的行为正如俄国边界的报刊审核委员会的工作同样，他们要把外国新闻删了很多段落后才让这些都送到他们所保护的民众手中。

在器质性脑损的病人身上，这些思想可以通过一些偶然的联系而自由推演。可在精神神经症中所谓的自由推演却可以用那受到审核影响而被推到台前的思想串列（其意义被隐藏着）来说明的。如果下面这些所谓表面联系被看作是自由联想（不受意识力量主宰），也即是通过谐音，并且是含糊不清的字义、时间巧合，又或者是在幽默和文字游戏中所运用的联系。这些特殊的联系恰好存在在那些由梦元素通往中间思想串列的过程当中；同样，它们也存在于由中间思想通往梦念本身。我们很惊奇于能在很多梦的分析上看到这样的例子，架构于两种思想之间的联系，没有任何一种是过分放松以至于不配合，也没有任何一种玩笑是开得太过于粗鲁而不能使用。因此，它充当了思想转化的中介。无论是什么时候，当两个元素之间有着很表面或者牵强的联系时，它们之间肯定还有一个更深刻而且正统的关联，不过却要受到审核制度的强烈阻抗。

表面联系频繁出现的真正原因不是因为抛弃了目的性观念，而是因为审核所施加的压力。如果当审核封锁了正常的渠道后，自然表面的联系就要取而代之了。我们可以想象出这样的比较：一个山区主要交通遭到堵塞（例如洪水泛滥），但是与山区的联系仍然可以利用一些陡峭不便的小径来实现（这些小径平时都是为猎人所利用）。

这里我们要辨别两种状况，它们从本质上来说基本一致。第一，审核制度只强调两种被许可的思想的结合，这种情况下，两种思想可以相继进入意识层面，二者间的真正连接被隐藏了，可却有层表面的关联（这种关联我们本来不会想到的）。这种连接并不发生在以被抑制着的本质联结为根基的观念那里，通常它会发生在观念情节区域。第二，两个思想之间的内容都各自受到审核的阻抗，于是不得不以一种代替的形式表现。可在选择两个代替的时候，只有那些具备表面联结同时又能够体现被替代的两种思想之间的主要联系的思想才能够成为入选对象。在这两种状况下，审核都将正常而严肃的联系移置成一个表面似乎是荒诞的联系。

这其实也是精神分析最常用的两个定理：当意识层面的观念被抛弃后，潜意识中有意义的概念则被掌控了。

因为有这种移置作用的存在，因此我们在解析梦的时候，然后就会不假思索地依靠联想进行解析，而不必纠结于选择表面联想或其他的联想。

还有就是以下的两个原则在现实中对神经症的精神分析中应用最为普遍：第一，因为摒弃了意识中的有意义概念，概念即被我们潜意识中有意义的概念所掌控；第二，表面的关联只不过是一些更为深层的和被压制的关联的代替物而已。的确，这种观点已成为精神分析的基础，在我要求病人舍弃充当任何角色时，他就会把脑海中浮现的全部情节告诉我，我深信他未能摒除那些有意义的概念，而且即便他提起的是那些看似无意或者是任意的事物，实际上却与他的疾病有关系。另外一个病人是有意义的概念，即我对“我的人格”深信不疑。至于这两个定理的确认和其重要性的体会，其实已经属于叙述精神分析治疗方法的范畴。因此在这里，我们不得不暂时将梦的解析置于一旁。

综合以上众多反对的意见，我们现在可得到一个真正的结论，我们可以把全部解析工作的联想都当作是我们的夜间之梦的运作。但是在清醒的时候进行分析工作的时候，我们会沿着与梦的工作相反的方向，紧随着一条由梦念通往梦元素的路径，而梦的运作所遵循的那条路线也我们反向。这些路径也并不是全部是双线大道，可以两面相通，我们白天的分析会循着一条清晰的线索进行工作，在这条线索上我们可能会碰到中介思想或者是梦念。我们知道白天的材料也会被列入解析的队伍中，而且可能因为夜间以后所增加的阻抗让我们不得不做更多的改道。我们走过的河道有多少支流无关紧要，只要它可以带我们找到所要找寻的梦思就行了。

二、回归作用

在辩驳了各种反对意见后，或者说最起码在显露了我们的防御准备后，我们不应该再延迟那些准备很久的心理学研究了，如今让我们把近来的主要发现摘录一下：梦是一种精神活动，和其他的一样重要；其动机通常是一个寻求满足的愿望；它们之所以不被认为是愿望，同时具有很多特点与荒诞性，完全是因为精神审核制度在梦形成过程中加以影响的结果，除了回避审核制度外，下述的因素也在梦的形成过程中饰演着某种角色：①需要把精神材料凝缩起来；②同时要能以意象来表现；③还需要一个合理可解的梦构造的外表（即便不肯定）。以上每一主张都可以开拓一个新的心理学研究领域。因此我们不得不探讨梦的意愿动机与梦形成的四种条件之间互相的联系，和这些条件之间的相互联系，而且也不得不找出梦在精神生活中所占据的地位。

在本章的开头，我援引了一个梦，目的是揭示很多我们仍未解决的问题。这个梦（也就是关于被燃烧的童尸）并不难解析，不过用分析的观点来看的话，它并没有被完全解释清楚。那个时候我问过这问题，为什么这父亲只是梦见而不是醒过来，我当时的观点是，那个要孩子仍然活着的愿望是他不愿醒来的一个动因。在更进一步地讨论之后，我们将发觉此梦还有另一个愿望在起作用。如今我们可以这么说，睡眠的时候思想程序的愿望达成是促使此梦的形成首要条件。

如果把此梦的愿望达成因素去掉，那么梦念与梦这两种精神事件之间的差别，就只剩下一个特征了。梦念可能是这样的："我看见孩子尸体停放的房间传来一些火光，大概是一支蜡烛掉在孩子的身上，烧到我的孩子了。"梦毫不变化地反映出这些思想，不过却是用一种真实的情境来表现（正如在清醒时同样的用感知器官来感知），这就是梦程序最明显的特点：一个表达愿望的思想，在梦中都被具体地物象化了，并以某种情境来表现，正如是亲身体会过一样。

那么，之后我们又该怎样解释这梦运作的特点呢？或者说，它在错综复杂的梦的精神过程中是怎样发挥作用的呢？

如果更详细地分析这个梦，我们会发现梦的表象意义具有两个互相独立的特点：一是思想在这里用一种直接的情境表现出来，从而省略了"可能"这个字眼。二是思想被变形为视觉形象和语言。

在这个梦例中，那个把期望式的思想变化成现在式的时候所产生的思想变化并不是很明显，这也许是因为梦中的愿望达成只需要扮演次要角色的缘故。让我们再来看另外一个梦例，如伊尔玛打针。这里，梦的愿望并未脱离那被带入梦境的清醒时候的思想。它的梦念一个条件句："如果奥托医生应该对伊尔玛的疾病负责的话，那该是有多好！"只不过梦却一直在压制着这个条件，用一个单纯的现在式表示"当然，奥托医生应该对伊尔玛的疾病负责"，这个是梦（即便是最不伪装的）带给梦念的变化，我们没必要在这一点上浪费时间。在意识的幻想（白日梦）之中，理想观念也受到同样的对待。就在都德笔下的儒安厄瑟先生在巴黎街头流浪的时候，他的女儿却相信他已经找到一份工作，而且正在办公室里坐着。奥托梦见一些发展给他带来了一些拥有影响力的帮助，使他能如愿地找到工作，而他正是以现在式的方式梦见的。因此梦和白日梦一样的利用现在时态，现在时态就是用来表达愿望达成的时态。

第二个梦的特色是，将思想内容转变成感性形象（可以由这点与白日梦去区别）。对这种形象我们不仅是极富于信心的，而且像体会过似的。我如今不得不补充的是，并不是每个梦都能把概念转变成感性的形象。有些梦只是很多思想的组合，但不能因此去否定梦的本质特征。我那个"自学者"的梦就是一个很不错例子，它所包含的感知要素并不比我白天所想的少。只要比较长的梦，肯定会包含某些要素没有转变成感知的形式，就像是我们在清醒生活中思考和认识事物一样，它们不过是被思考着。还有就是我们要了解这种将观念转变为感知形象的事并不是仅仅发生在梦里，在我们的幻觉与幻觉上也可能发生（无论是发生在精神神经病患者，还是一些健康人身上），这些幻觉之间相互独立。简而言之，就是我们如今所观察到的联系并非梦独有的特征。可是这个梦的特点（如果它呈现的话）却是最明显的，因此我们想象梦境的时候没有丢掉它。为了了解它，我们必须进行更为详细地讨论。

作为探究的开始，我想提一个很有价值的观点。伟大的费希纳指出梦的性质："梦中活动的意象和清醒的时候的概念世界是不同的。"这是使我们知晓梦的特殊性的唯一假设。

以上的文字给我们带来了精神位置的概念。我们将不考虑精神机构作为解剖式的精神位置，我们将仅局限在心理学的基础上，我建议把这个让精神功能推动的装置想象成一架复杂的显微镜或照相器材。在这个基础上，精神位置就类似于这类器材中形象的初级阶段得以呈现的那个地方。我们知道在一些显微镜或望远镜中可能会存在这种理想点，即便没有任何可以触摸的零件存在于这点上。我们其实根本就没有必要因为这比喻似乎不够完美而感到遗憾，因为这种类比只不过是为了帮助了解精神功能的复杂性，通过把它的功能分解，然后也同时将不同的成分划归类于这类器材的不同部分。据我们所知，到如今为止，现在还没有利用这种方法去探讨心理机构是如何组合起来的，而我认为这样做没什么不合理。只有我们能保持冷静的头脑，而且不把建筑的骨架搞错，我坚信可以让假定自由奔驰。因为首次接触未知的题目之时，我们都需要一些辅助观念作为基础，因此我将提出一个最根本、最具体的假定。

我们把心灵器官想象成一个复杂的机器构造，它的各个组成部分我们称为"动因"。为了使表达得更清楚，把它称为"系统"。之后我们可以预测这些系统间互相存在着一些有规律的空间联系，就好比在望远镜里，各个系统的镜片所处的位置一样。严格地说，没有必要假定精神系统必须以某种空间顺序存在。实际上只要有时间的先后顺序就够了，通过某一精神过程的兴奋传递这种顺序同时建立起固定的模式。在别的程序中，可能存在另一种模式，而且这也是可能的，但是我们在此处不进行讨论。出于简单的考虑，我们暂时把这个心灵机构的成分称为"Φ 系统"。

最开始这个由系统组成的复杂结构具有感觉或者方向性。我们全部的精神活动都是开始于刺激（无论是内在或外在的），终止于神经传导。因此我们将给予这个装置一个感知及运动的终端。精神程度或步骤经常由感知端进行到运动端。可这也只是满足我们就熟知已久的需求——精神装置还应该拥有像反射弧一样的构造，反射动作是每种精神功能的模型。精神机构的总图式见图1。

之后我们在感知端加以第一级分化。感知刺激后，精神装置会留下一些痕迹，我们可以把它称为“记忆的痕迹”，和这相关的功能则称为“记忆”。如果我坚持让精神程序附在系统上的假说，那么我们记忆痕迹必将以各系统成分的永久变化形式存在。但是正如在别处指出的一样，同如果既要一个系统留住不动，又要持续保持新鲜度以接受新的刺激将是很困难的。因此，依据假定的原则，我们应该把这两个功能归功于两个不一样的系统。我们假设第一个系统位于此装置的最前端，接受感知刺激，可不留下丝毫知觉的痕迹，因此没有记忆。在它之后的第二个系统，则会将第一个系统的短暂的兴奋转变成为永远的痕迹。

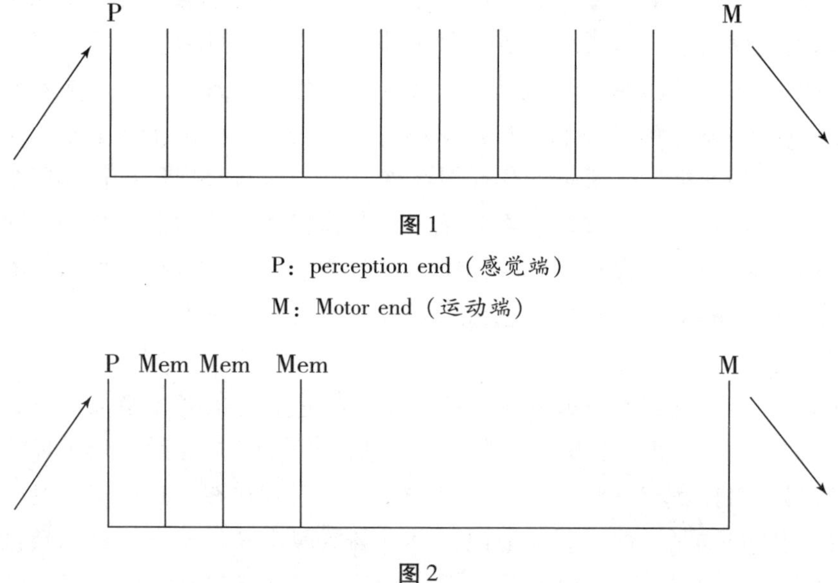

图1

P：perception end（感觉端）

M：Motor end（运动端）

图2

Mem：Memory（记忆）

我们知道我们的记忆所保存的东西，多于刺激感知系统的感知内涵。在人们的记忆中，各种知觉是互相关联的，尤其是当两个感觉同时发生的时候，我们将这事实称为“联想”。很明显，如果感知系统没有记忆的话，联想的痕迹是不可能存在的。如果先前的联结痕迹影响新的感知，那么分离的知觉成分在执行功能的时候就不免要受到阻挡了。因此我们不得不假定，记忆系统内肯定存在着相关联的基础，这关联就是在阻抗减少和在便利的沟通途径形成以后，刺激比较容易由此记忆元素传给与之相关的另一个记忆元素。

经过详细考虑后，我们发现这种记忆要素的存在不是只有一个，而应该存有好多个。那么如此一来，由感知元素传导的同一机构便会留下很多不同的永久性痕迹。第一种记忆系统便会记录下同一时段内发生的关联，而且同一个感知材料在以后的记忆系统中则依据其他的巧合而安排，比方说“相似”的联系，等等。不过，要把这种系统的精神意义以文字来表达的话那是在浪费时间。其特点依据它与不同的记忆原料的联系而定，就是在传输这类要素带来的激动时，它所给我们的不同程度的阻抗。

在这里我想插入一个一般性的评价，可能会有重要的启发。那些没有记忆力的感知系统可能会带给我们意识层面的各种繁杂的感知性质。与此同时，我们的记忆力与潜意识的关系就是如此。它们可以被提升到意识层面，同时能在一种潜意识状态下实行它们的活动。我们的“性格”就是基于我们印象的记忆痕迹。另外，那些对人影响很大的印象，发生于人生早期童年时代的印象几乎不会转化为意识。但是如果记忆被提升到意识层面，它们的感知性质和感知相比，它虽说不等于零的，也极其微弱。如果下面这个观点能被确认，那么我们就很有希望可以了解造成神经症激动的因素，这个观点是：在系统中，记忆与标识意识的特质是互相排斥的。

关于精神装置感知末端的构造，到目前为止我们还未谈及，也没有涉及我们根据梦所延伸出的心理学知识。在前面已经提及为了了解梦的形成，我们不得不假定两个精神动因，其中一个批判动因对另一个进行批判，并将它在意识层面抹掉，或者说从未进入。我们得出的结论是，这个批评性的机构要比那个受批判的机构更接近意识层面，它似乎是一道筛子，存在于意识与第二个动因之间。而且，有理由认为可以将这个批判的动因和那指引我们清醒的时候的生活，并决定我们自主意识行为的动因同体化。如果我们把这些动因用系统来代替，那么这些批判（审核）的系统肯定位于此精神机构的运动末端。现在我们就把这两个系统引入示意图并给出名称，以示其与意识之间的关系（图 3）。

在我们的运动端的最后一个系统是属于人们的“前意识”的，表示这个系统的兴奋程序可以不再受到阻挡而直接到达我们的意识层（这里假定其他

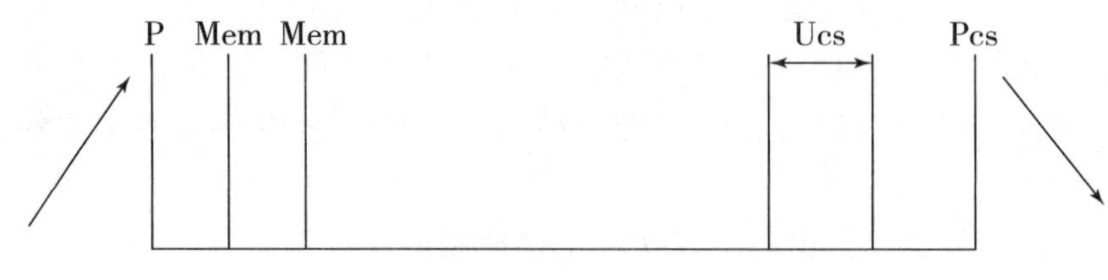

图 3

Ucs：Unconscious（潜意识）

Pcs：Preconscious（前意识）

的条件可以满足的话，比方说达到某种程度的强度，还有那个被称作“注意力”的功能有着极为特殊的分布等等）。而且这个潜意识也掌握了一些除了自主运动之外，我们把它后面的系统称为“潜意识”。因为，除非是经过前意识，要不然它是没办法到达意识层的，而且通过这关卡时，其激动的程序必定会发生变化。

那么梦产生的动力到底要放在哪个系统呢？为了简单起见，我们放在“潜意识”中。但是在以下的讨论中，我们会发现这并不是完全正确的，因为梦形成的程序不得不与属于潜意识的梦念相关联，可如现只考虑梦的愿望，那么我们将发现产生梦的动力是由潜意识提供的。因为这个缘故，我们可以把潜意识当做梦形成的起点，正如其他的思维结构一样，这个梦形成的促进者努力地想到达潜意识，之后进入意识层。

通过实验可以得知，潜意识通往意识的路径，在白天清醒的时候都因为审核的阻挡而被封锁。要到晚上睡着的时候它们才有办法进入意识层，问题是怎么样进入，或者是要经过何种变动。如果梦念是因为晚间潜意识与前意识之间的阻抗力减弱而得以潜入的话，我们的梦应该是有概念式的性质，而不具备我们所要讨论的幻觉的性质。因此前意识与潜意识间审核标准的降低，只可以解释像“自学者”之类的梦一样，而不能像解释我们当“尸体被燃烧”的梦那样轻松明确。

那么，我们的幻觉式的梦到底是如何产生的呢？我们只能说，兴奋传导方向是反向的，即它并不是指向运动端，而是经过感觉末端，最后传到知觉系统。如果我们把清醒时候的潜意识的精神程序的发展称为一种“前进”的，那么我们就可以认为梦具有“后退”的性质。

这个后退（退行）毫无疑问是梦程序的一个心理学上的特点。但是这不只是发生在梦里，回忆和正常思考的程序也同样需要精神机构的后退作用，由较多繁杂的概念回到构成它们的记忆痕迹的原始材料上。但是在清醒的时候，这种后退作用不会超越记忆意象，它不会使知觉意象产生幻觉式的重现。为什么在梦中就可能呢？在提及梦的凝缩作用时，我们不得不假定某个概念所附着的强度，可以通过我们的梦的运作转移到另一个概念上。也许就是这个正常精神程序的变化才使感知系统的传导反向：由思想的概念开始，一直到达完全鲜明的感知上。

我们希望如今在谈论这名词的重要性的时候，没有自欺欺人。因为我们所做的事不过是在命名一个错综复杂的现象。当概念在梦中通过后退而变成原来的感知意象时，我们称之为“后退”现象。如果这名词不会带来一些新知识，那么它的命名又有什么意义呢？我相信“后退”这名词对我们来说的话是有用的，最起码它连接了一个我们通过图解早就知道的事实（在这个图解中，精神装置是拥有方向性的）。现在，这图解首先就给我们带来好处了，因为只要再对它仔细观察一下（没有必要做进一步推论），我们就可以发现梦形成过程的另一个特征。如果把梦看作假设精神机构中的“后退”现象，那么我们就能解释为什么全部梦念的逻辑联系在梦的活动中会全部消除，或者难以表达出来。因为依据图像，这些联系并不存在第一个记忆系统，而是出现于后一个系统上。而且在以后退为感知形象的时候，除去知觉意象，它们必然会失去表现力。在后退的现象中，梦念的构架融解为原先的材料。

什么变化导致白天不可能产生后退现象呢？对此，我们必须满足一些设想。这个时候每个系统不得不在能量上加以变化，从而改变兴奋过程通过各系统的可能性，在这种装置上有很多方法都可以使激动的通道产生变化。最先是睡眠状态对感知端产生的能量贯注的变化。白天，有持续的兴奋流从知觉系统向运动系统传导。晚上，这种流动就停止了，因此不能阻挡兴奋流的反向传导。按照某些作家的观点，与外面世界隔绝可以解释梦的心理特点，在解释梦的后退现象时，我们肯定要考虑病态状况下的后退（迟化）现象。在这种状态下，刚才的解释根本是派不上用场的，即便兴奋流不间断，可后退现象仍然会发生。对于歇斯底里症和妄想症，及正常状况下的幻象，我的解释仍然是“后退现象”，即我们的思想移形为意象。但是可以产生这种转换的思想，只能是那些被压制或者处在潜意识中的记忆密切相连的思想。

这里，我要说的另一位歇斯底里症病人（40 岁的妇人）告诉我在她生病前的一个幻视。在一天早上，她睁开眼睛，突然就看见她弟弟在她房间里

（即便她知道他正住在一家疯人院里接受治疗）。她的小儿子睡在她的旁边，为了不让这孩子看见舅舅的样子而心生恐惧，她用床单遮住他的脸，这个时候那个幻影就消除了。这个幻影实际上是她孩童时期记忆的一个变形，此记忆是有意识的，只不过和她脑子里的潜意识材料有着极为密切的联系。她的保姆曾经提起过她的母亲（她很年轻就死去了，那时候我的这个病人才 18 个月大），说她母亲患有癫痫或是歇斯底里的病，这就要归咎到她弟弟（即病人的舅舅）用一条床单罩住自己的头扮鬼使她受到了惊吓。因此，这幻影和她的记忆有同样的因素：弟弟的出现、床单、惊吓及其结果。所不同的是，这些因素重新组成了另一种新的内容，而且转移到别人的身上。而明显的动机（或者是它所代替的思想）是她害怕自己的儿子会和他舅舅一样患病，因为他和舅舅长得很像。

例如，我有一位很年轻的歇斯底里症病人（一位 12 岁的男孩），他因受到一个红眼青面者的恐吓而不能入睡。这现象的原因是他四年前得到另一男孩的压抑记忆（即便这有时候会到意识层）。那个男孩送给他一份有关孩童（包含手淫在内）的坏习惯所导致的严重恶果的警世手册。这位病人现在正因为这个坏习惯而自责。他妈妈曾形容行为不检的孩子为红眼青面（红眼圈）。这就是他幻觉的来由，而这又恰好提醒了他妈妈说过的另一个预示，这样的孩子长大以后会变成傻子，在学校里根本学不到东西，或者很早就会夭折。我这位小病人实现了预示的前一部分，他的学习成绩的确很差，而从他的自由联想来看，他正害怕另一半的实现。还有就是我要多说一点，这个孩子在经过治疗之后，已经可以顺利入睡了，神经质也消除了，而且在学年结束时，他得到了优秀的成绩。

我引用的这两个例子并不是完全与睡眠无关，对于我想让它们证实的事来说，以它们为例并不是很恰当。因此我还要提起一位患有幻觉性偏执狂的女病人的病情分析，以及我未发表的对精神神经症病患的心理研究手稿。我们发现在这种思想后退变形的状况下，记忆的力量不可小觑，尤其是那些源自童年时代，被压抑或留在我们的潜意识里的记忆。这些记忆把和它联系而且被审核禁锢的思想拉入后退现象中，从而使它像记忆那样表现出来。还有在《癔症研究》中我们发现，就在我们把幼年时代的意象（无论是记忆或幻想）回升到意识层面来看待时，它们会像幻觉同样被看到，而这特点只有在用语言叙述的过程中才会消除。我们还发现那些记忆很少是前视觉性的，不过他们对孩童时候的回忆一直保持着感性的鲜明性。

如果我们不否认童年期经验和源于它们的幻想占梦念的地位，同时又注意到这些经历的碎片经常会在梦中出现，而且很多梦的愿望来源于它们，那么我们就能肯定在梦中，思想在梦中也转化为一种视觉形象，就是因为这些视觉记忆渴望复活，部分地以感性形式存在并挣扎着寻找表达而产生吸引结果。从这观点看，我们可以把梦形容为儿童时代物象的代替品，因为变成新近的材料而加以变更，幼童时代的物象不能自己复活，因此只好满足于把它们变成一个梦。

如果这么说幼童时代的景物（或者是它们幻想的产物）可以成为我们的梦的模型，那么施尔纳和他的信徒的所谓内源刺激的假定就变成多余的了。施尔纳在1861年假定梦中呈现很明显或者很多的视觉元素的时候，梦者肯定是正处在一种"视觉刺激"的状态下，即是视觉器官受到了内源的刺激。我们没有必要摒弃这假说，但是只要假定这激动指的是视觉器官的精神感知就行了。不过我们也许可以进一步指出，这种激动情况是由某个记忆引发的，同时也是某个视觉刺激的记忆的复活。我不能从自己的经验里唤出产生这种结果的幼童记忆，我认为自己梦中的感知成分比别人的少。但是在我近几年最明显与最美丽的梦里，我从梦里清楚的幻觉中溯源到新近或是近时期印象中的感知部分。在第六章中，我曾记载下一个梦境，在梦里有蔚蓝的海，还有清晰可见的船上的烟囱冒出来褐色的烟，以及深褐色和红色的建筑物，这给我留下极深的印象。如果说来源的话，此梦肯定可以追踪到某种视觉刺激。但是，到底是什么东西使我的视觉器官产生这种刺激呢？这是一个由过去很多系列的印象相联合组成的近期印象形成的。我所梦见的颜色就是前天孩子们用玩具砖头堆砌的并向我炫耀的那个精致建筑物的颜色；还有那些大砖头是一样的深红色，而那个小一点的是蓝色和褐色，这也与我游意大利的时候的色彩印象有关：那个环礁湖和伊桑佐的美丽蓝色和卡索平原的褐色（Trieste背后的灰石地）。梦里的漂亮颜色其实只是我们记忆的反复罢了。

接下来让我们就梦倾向于用感性形象对其观念内容的特性重构的问题进行的研究进行总结。如果让我们扔掉从这个梦的特点学到的东西，我们大约无法利用已知的心理学定律来解释这个梦的运作的特点，我们已经把它揭示出来并称为"后退现象"。我们认为这种现象不但是抗拒思想以正常路径进入意识层的阻挡作用，同时也是具有鲜明视觉感的记忆产生吸引的结果。感知器官在白天源源不断地产生着刺激，而晚间刺激却停止产生，在这种状况下，就会促进"后退现象"的发生。在后退状况下，因为没有辅助力量，引发后退的动机必然被其他动机的巨大强度替代。可是我们不应忘记，在梦里或者是病态下的后退，其能力的转移肯定和正常的精神生活不同，对于前者，它可以使感知系统产生全部的幻觉。在前面对梦的运作“表现力”的讨论，可认为是梦念所引发我们的感性回忆的选择性地吸引。

还有就是后退现象在神经症状形成的观点中所占的地位，并不输给其他相关的梦的理论。我们可以把后退（退化）分为三种现象：首先是地形学性后退现象，这是指我们在系统中所讨论的那种后退；其次就是时间性的后退现象，是指我们会后退至旧的精神架构；最后是形式性后退现象，这是指原始的表达方法代替了表达的正常方法。这三种后退现象本质上来说是一致的，而且经常同时产生。因为时间上的旧其实就是形式上的原始，就心理地形学来说，也更接近于感知末端。

在对我们梦中的后退（退化）现象的讨论结束的时候，我们不得不提起一个不断向我们的观点冲击的观念（在更深入地研究神经症时，这种观念会再度以不同的强度出现）。从总体上看，梦是退化到梦者早期状况的例子，是梦者童年的冲动和表达方法的再现，在童年的背后，我们可以看见人类进化的图像，个体的发展只是生活的偶然条件下对人类发展的一个缩影而已。在我看来，尼采的话是正确的，他说梦中其实“存在着一种原始人性，而我们不能直达那里”。我们可能期望从梦的解释中去了解人类的古老传统，追寻人的精神本质。梦和神经症都保存有比我们期望的更多的精神遗迹。因此对那些关心并想重建人类起源的最早也是最晦暗的历史时期的各类学科来说，精神分析毫无疑问是极有价值的。

我们可能对第一部分梦的心理研究感到不尽如人意，不过应该感到安慰的是，毕竟我们已经在黑暗中探索出一条路。只要我们没有谬误的话，从别的研究中肯定也能到得出类似的结论，那么也许到一天我们会对自己的发现感到满意。

三、欲望满足

在本章开头所表述的燃烧童尸的梦，让我们有个好机会来思考梦是愿望达成这个观点所面对的困难。显然如果有人说梦仅仅只是愿望达成，那我们每个人都会感到惊讶的，这不仅仅因为和焦灼的梦相矛盾。当前面的分析显露梦的背后还隐匿着某种意义或精神价值时，我们根本没有想到这些意义是如此单一。根据亚里士多德那个精确而简短的定义："梦是一种在睡眠状态下发生的思维活动。"既然我们白天的思想程序能产生那么多的精神活动，就像是判断、推论、否定、期望、意向活动等等，为什么在晚间就把自己单单限制于愿望的产生呢？其实相反的是，不是有很多梦显示出其他不同的精神活动吗？而本章节开头那个燃烧童尸的梦不就是这样一个梦吗？当火焰的光芒照射在这位睡着父亲的眼睑上，他立即可以推演出这样的结论：可能一支蜡烛倒下来烧着儿子的尸体了。他把这结论转化成梦，而且赋予它感性的情景以及现在时态。愿望满足在此处所起的作用是什么呢？在这个例子，难道我们看不出，由清醒时刻延续而来的思想或者是新的感知刺激拥有垄断式的影响力吗？这些考虑都是合理的，我们不得不更进一步地去研究愿望达成在梦中所扮演的角色，以及持续入梦的清醒思想到底带有何种意义。

我们早就依据愿望实现把梦分成两类。我们发现，第一类很明显地表露出愿望实现，而另一类梦的愿望实现不可轻易察觉出来，而且经常极尽手段加以掩盖。在后一种状况下，我们知道是审核影响的结果。那些具有不被伪装的愿望的梦大部分是发生在孩童时代，不过简短而且明了的愿望达成的梦也会同样会发生在成人身上，不过他们伪装的程度会较高。

接下来我们要问的是，梦中的愿望到底来自什么地方？在提出此问题时，我们脑海中是否还会显现出其他什么可能的种类，或者完全相反的意向呢？我想这个显著的比较正是白天的意识生活和潜在意识的精神活动（只有晚间才会引发我们注意）之间的对比。对于这种意愿，我想到了三种可能的来源：（1）可能在白天受到了刺激，只是因为外在的原因没办法得到满足，因此把一个被承认却未被满足的意愿留给晚上。（2）可能来源于白天，却遭受抑制，因此留给夜间的是一个不满足而且被压抑的愿望。（3）可能和白天全无联系，它是由于心灵受到抑制而只有在夜间才活动的愿望。如果再回到那个精神机构的图解上，就可以把这些愿望的源头勾画出来：第一种愿望来源于我们的前意识系统。第二种愿望从前意识中被赶到潜意识去，并在潜意识系统中继续存在。第三种愿望冲动没办法突破潜意识系统的束缚。现在的问题是，这些不同来源的愿望对梦说来是否拥有同样的重要性，而且是否有同样的力量促使梦的形成？

如果对全部已知的梦进行筛选，那么我们会觉得应该马上加上第四个愿望的来源，就是晚间随时产生的愿望冲动（比方说口渴或者是性需求）。我们认为梦愿望的起源并不影响促成梦的能力。我想起了那个小女孩因为白天中断而在晚间继续划船的梦，以及其他被我记载下的孩童的梦，这些梦被我称为前一天未被满足而遭到压抑的愿望。至于那些因为白天受压抑的愿望在晚上化为梦的例子，实在是不胜枚举。对于这一类梦我只想举一个很简单的例子。做梦者是个很喜欢作弄别人的女士，有一位比她年轻的女友订了婚。很多熟人问她，是否认识那个男人，以及印象如何。她的回答即便都是一些应酬的赞语，实际上隐藏了她自己真正的批评态度，即她很想照实说出来：他只不过是一个普普通通的人。就在当天晚上，她就梦见到别人问她同样的问题，而且她还以这种方法进行了回答："在重复的顺序中，只需要说出号就可以了。"经过分析很多的例子后，我们发现如果梦曾被伪装，那么其愿望一定是源于潜意识，而且在白天是没办法察觉到的。因此这给我们的印象时，所有的愿望都有同样的价值和力量。

即便我在此没办法提出任何证据，我仍要说并不能太过于武断地认可这种事实，因为梦愿望的选择是极其严格的。显然，我们可以用孩童的梦确认，白天不能满足的意愿可以促使梦的产生，与此同时也不该忘记，这仅仅只是孩童的愿望，是孩童所特有的愿望冲动的力量。我对"成人白天没有满足的心愿在夜间可以产生梦"是持有怀疑态度的。我宁可这么想：当人们学会以理智来掌控本能的生活后，越来越不会形成或保存那种对孩童说来是很自然的强烈愿望。对此当然有人与人之间的差别，有些人可以把这种幼童式的精神程序保存很久，正如童年很鲜明的视觉想象力的减弱也存在个体差别一样。可是一般来说，我认为一个前一天未被满足的愿望是没办法使成人产生梦的。虽然来源于意识层的愿望会帮助梦的产生，不过只能仅局限于帮助而已，如果前意识中的愿望没办法得到其他的援助，梦是没办法产生的。

梦的强化实际上来源于潜意识。我相信，我们意识的愿望只有在得到潜意识中相似的意愿加强后，才能有梦的产生。目前从神经症病人的精神分析来看，可以相信潜意识往往处于活跃状态，只要一有机会的话，它们就会和意识的冲动结盟，而且将自己的强度传递到较弱的意识上。因此从表面上看，只有意识的愿望在梦中得以实现。但是，由梦形成的某些不很明显的特征才可以看出潜意识的联盟痕迹。永不会消亡的潜意识愿望，让我想起了有关泰旦族人的神话故事，已经记不清到底经过了多少年，这些被胜利的诸神用巨大的山岳埋在地底的族人，仍然以他们那强劲四肢的痉挛而形成了大地的震颤。可根据神经症的心理研究，我们知道这些遭受压抑的梦都来源于幼童时期。于是我想把刚才下的结论（梦的愿望来自哪里并不重要）取消，并改成以下说法：在我们的梦中呈现的愿望肯定是幼童时期的。在成人那儿来说的话，它来源于潜意识，而因为孩童前意识和潜意识之间还没有清楚的分界（仍没有审核制度的产生），或者只是在慢慢地分化而仍不清晰，于是它的愿望是清醒时候的未满足或者受压抑的愿望。我知道这个结论还未证实是否正确，可却通常确认属实（即便在一些我们不怀疑的例子中），因一位我们并不能对此提出对立的例证进行反驳。

因此，可以认为清醒时候的愿望冲动在梦形成的时候被放到次要的地位。它们除了充当别的因素的中介，比如为梦内容提供一些真实感知的材料以外，还不能找到它的其他作用。现在我将用同样的思路来考虑那些白天留下来的精神刺激（可并不是愿望）。当人们睡觉的时候，我们对清醒时刻的思维活动的能量贯注会暂时停止。可以轻易做到这一点的人都会睡得很好，拿破仑就是一个很好的例子。可人们并不是经常可以这样，一些仍未解决的问题、使人头痛的烦忧、过于激烈的印象等，这一类的事情都会讲思维活动延续到睡眠之中，而且保持着我们称作前意识系统的精神活动。我们可以将持续入梦的思想冲动分成以下几类：1. 那些在白天被排挤与压抑的。2. 因为心智能力的不足，而没能完全处理的。3. 因为一些偶然的因素，没能在白天达成结论的。4. 全部无关紧要的白天印象，因此没有被处理的。5. 为潜意识在白天的作用使处在潜意识中的愿望受到强有力的激动的。

其实，我们低估了梦里那些从白天残留下来的精神强度的重要性，尤其是那类白天未被解决的问题。我们的确知道这种激动在晚间仍然为表现而努力挣扎，而且我们也可以假设，前意识无法在睡眠的情况下对这种兴奋进行一般方式的处理，以至于在进入意识层面之前就被中断。在晚上的时候如果人们的思想可以按正常的路径通往意识层，那么人们肯定没有睡着。我不知道睡眠状态到底会给人们的潜意识带来什么样的变化，可毫无疑问这种特殊系统在睡眠时的能量贯注是形成睡眠的心理特征，而这系统也控制行动的能力，但是在睡眠的时候运动却瘫痪了。可是另一方面，梦的心理学研究证明，除了潜意识继续发生的变化外，睡眠可以是潜意识中发生的事件发生别的变化。因此在睡眠中除了从潜意识而来的愿望兴奋之外，没有任何的来源可以造前意识的兴奋：前意识的兴奋不得不得到潜意识的强化，并且不得不和潜意识结合在一起才能以梦的形式显现出来。可前一天在前意识残余到底对梦有什么影响呢？它们肯定会广泛地寻求入梦的路径，即便在夜间也想利用梦的内容来进入我们的意识层。甚至它们有的时候还掌控着梦的整个内容，强迫它完成白天未完成的活动和愿望。这些白天的残留除了愿望外，当然还有其他的性质。在这里我们要分析它们到底需要满足什么条件才能进入梦中，这是很重要的，可能和愿望满足理论有着决定性的关系。

现在让我们用一个之前提过的梦为例。如我梦见我的朋友奥托像生病的例子中他表现为巴塞杜氏病的症状。在我做梦的前一天，我曾经对奥托的脸色感到担忧，这忧虑正如与他有关的其他事一样影响到了我。我想这种关切肯定被我一起带进了我的睡眠，我可能很焦灼地想知道他到底是什么地方不对劲。这个担忧终于在做梦的那晚得以实现了，其内容并没有意义而且也不是愿望实现。因此，我开始调查这忧虑不恰当表现（梦）的本源。经过仔细地分析，我发现这位朋友与L男爵类似，而我却与R教授类似。为什么会选择这种特殊的代替，我现在只有一个理由解释，我肯定整天都在潜意识内与R教授类比，因为通过类比，我孩童时期自大狂的愿望才能得到满足。而在白天我对朋友的敌对思想被压制，因而我日间的忧虑就通过一些代替品在梦的内容中表现出来。这白天的思想（并不是愿望反是忧虑）和在潜意识受到压抑的幼童时期思想相对应的结束。让它们得以经过恰当地伪装后进入意识层。这忧虑的支配性越强，连接的力量就越微弱。因此，在这忧虑和愿望之间，并不需要有任何的关联。实际上，在这个例子中的确如此。

也许继续对这个问题加以分析是有必要的。如果梦念的材料和愿望刚好相反的时候，如一些恰当的忧虑、困扰的现实、痛苦的反省，梦会怎样？可能的结果可大致分为两种：（1）梦的运作成功地运用相反的观念代替了全部的痛苦观念，同时压制了归属于它们的痛苦感情，结果造成了一个简单而使人满意的梦，一个看来是愿望实现的梦。（2）这痛苦的经历能进入梦中，即便经过修饰，可仍能或多或少地被认出来。而且就是这类的梦使我们怀疑“梦是愿望实现”这一观点的真实性，因而需要我们进一步地探讨。对这种带有使人困扰因素的梦，人们的反应可能是冷漠，也可能与观念内容相符的痛苦情感，甚至可能发展成焦灼或担忧而使人惊醒过来。

可是从分析的结果来看，这些使人不快的梦，和其他的梦一样，也是愿望实现。一个属于潜意识而且受压制的意愿（它的满足对我来说是痛苦的）在白天痛苦经历的不断激发下，把握时机得以入梦。在第一种情况下，潜意识和意识的愿望是相符合的，而在第二种状况下，意识与潜意识（压抑与自我）之间的不协调则显露出来了，而这正如那个实现三个愿望的童话故事里面，神仙曾经答应那对夫妇实现愿望的情境一样（请看第七章第一节）。这种被压抑的愿望得以呈现后所带来的极大满足也许可以中和那些白天的残留所带来的不快。在这种状况下，梦者的感觉是无关紧要的，即便它与此同时满足了愿望和恐惧。可能睡着后的自我在梦的形成中也占据重要的地位，对那被压抑的愿望的满足产生了强烈的不满，甚至会以焦灼感来终止梦的进行。因此我们不难发现，不快乐的梦和焦灼的梦同样都是愿望达成，这与我们的观点是一致的，而且这与那些直接表达的愿望实现的梦没有两样。

不快乐的梦可能是处罚性的梦。不得不承认，因为对这种梦的认识使我们对梦的观点增加了很多新的知识。在这些梦中得到满足的也同样是潜意识的愿望，换言之，这个愿望要处罚梦者，因为他产生了一个被禁忌的冲动。到现在为止，那些梦还能满足下面的条件：梦形成的动力一定是潜意识的某个愿望提供的。但是经过详细的心理解析后，我们发现它们不同样于其他愿望的梦，在第二类的状况下，梦的形成愿望是潜意识而且受到了压制的。而在处罚的梦中，即便同样属于潜意识，不过不是压抑，而是属于“自我”的。因此，处罚的梦显示自我在梦的生成上可能会占有更大的分量。如果我们以“自我”和“压抑”的比较来代替“意识”和“潜意识”的比较，那么梦生成的机能可能就会更清晰一些。不过在这样说之前，不得不清楚心理症的产生因素，因此在这本书里我不能这么做。我想强调的是，处罚的梦不一定是白天发生了痛苦事件才发生，相反，当梦者感到自在时最容易发生，白天的残留物即便带有一些使人满意的思想，可它们所表达的满足却是被禁忌的。形成这些思想的唯一痕迹我们只能从其反面察觉得到，这和前述第一类的梦一样。因此处罚的梦的特点是：其梦产生的愿望并不来源于被压抑的材料（即便是在潜意识）的潜意识愿望，而是反对者，即反对这个愿望出现的一种惩罚性愿望，而它自身也是潜意识的（也就是潜意识）。

这里我想谈一下自己的梦，来说明前面所说的观点，尤其是关于梦怎样处理前一天的痛苦残余。

“其实一开始不是很明显。我告诉我的太太，我有些很好消息要讲给她听。她很惊讶，并说她不想听。我向她保证听了这些消息后她肯定会高兴的，然后我告诉她，我们那孩子所属的军团寄来了一笔钱（5000 克朗）……还有优异的表现……分配品……这时我和她一起走进了一间小房间（看来有点像储藏室），仔细地找些东西。突然我看见了儿子，奇怪的是他没有穿制服，而是穿着一套绷得很紧的运动服（像只海豹一样），头上还戴着一顶帽子。只见他爬上橱柜边的篮子，似乎想把什么东西放在里面一样。我大声地叫他，可是他却不回答，他的脸和前额似乎都缠着绷带。他用手在嘴巴里搅动了半天，好像是把什么东西塞了进去，他的头发闪着灰色光芒。我想：‘他怎么那么疲乏？难道是他装了假牙了吗？’可是我还没有来得及再叫他一声，就醒过来了。即便没有感到焦灼可心却跳得很厉害。这个时候我床边的表指着：凌晨2点30分。”

对这个梦要完全加以解析是根本不可能的，因此只能强调几个重点。前一天的痛苦期望催化产生了这个梦：我们又有一个星期没有接到在前线作战的孩子的消息了。我们很容易辨识梦所表达的意思，即他事实上不是受了重伤便是被杀害了。在梦开始的时候，梦的运作极力以一些相反的事物来代替那些使人困扰的思绪，如要说一些使人快乐的消息，就是那些关于寄来的钱……优异……分配品（这笔钱来源于我行医时的一件使人满意的事，因此我想要把此梦拖离原来的主题）。但是这种努力都失败了，而我的太太则因为想到一些可怕的事，而不愿意听我说。这个梦伪装显得过于浮浅，它的伪装处处漏洞。如果我的孩子战死了，那么他的战友就会将他的东西寄回来，同时我将把这些东西分给他的兄弟姐妹以及其他的人作纪念。一般来说，对于阵亡军官，都要颁发“奖章”。因此梦即便努力挣扎，却还是表露了开始想尽力地否认的事实，愿望实现的趋向也通过被伪装的形式表现出来的（在梦中这种场地的变化，毫无疑问，可以视为赫伯特·西尔伯勒所谓的那种阈限象征作用）。我没办法说清到底是什么东西形成了此梦的动机力量（因此表露了我这困扰的思绪）。在梦中，我的孩子其实并不是倒下（在战场倒下来，也就是死去的意思，可他却是爬上去，实际上，他是一名成绩优异的爬山运动爱好者）而且他没有穿制服，而穿运动服，这表明我将忧虑的地点和先前担忧的时间地点进行了替换。因为他曾在一次滑雪中跌下来，把自己的大腿摔断了。还有，他的穿着使我立即想起某个年轻人，我们那个可爱的外孙，而从他的灰头发又使我联想起了我女婿，他在战争中度过了极其困难的日子。可是这又是什么意思呢？……我认为我已经说的够多了。因为场地是一个储藏室，还有一个我想从那儿拿出某些东西的碗柜（在梦中却变为“他想放入某些东西”）这代表着我曾发生的一起事故。那个时候我不过才两三岁，我爬上仓库里的凳子，然后他想拿碗柜或桌子上某些好吃的东西，可是小凳子翻倒了，它的边缘打中了我的下巴，我差点把牙磕掉。想起伴随着这样的一个告诫，这似乎是指向那些勇敢士兵的一种敌意冲动。通过更深层次的分析，使我发现那暗含着的冲动竟在我孩子的可怕意外事件中得到了很大的满足，这是老头子对年轻人的妒忌（而在真实生活中，老年人却认为自己完全地把它压制着）。毫无疑问，像这种灾难的确发生后会带来的悲哀的感情，为了取得一点安慰肯定会找寻某种压抑的愿望实现。

我现在能很清晰地判定潜意识对梦所扮演的角色。我不得不承认有一大类的梦，其产生的因素大部分来源于白天生活的残留。再回到奥托的梦去看一看，如果我因为对朋友健康状况的忧虑而没办法入眠，那么那个希望自己将升为教授的愿望就可能使我安然入睡。可忧虑无法独自形成梦，梦生成所需要的动力不得不由愿望来提供。而如何才能捕捉一个愿望来当做梦的动力来源，那就是值得忧虑的事了。

也许可以用一个类比来说明这种状况。白天的思绪在梦中扮演着企业家的角色。可正如人们所说的，企业家即便很有头脑，若没有钱也是没用的，他要一位有钱的资本家支持各项的支出，而且这个负责精神消费的资本家毫无疑问肯定是来源于潜意识的愿望，无论清醒时候的思绪是什么性质。

在现实中，有时候这个资本家本身就是企业家。在人们梦中，这也是常见的。一个潜意识的愿望被人类白天的活动激活而形成了梦，还有就是在我的这个类比中各种允许的经济状况，在梦中都可以找到一些对应的地方。企业家本身可能是一些小投资者，几个企业家可能共同寻求一个资本家的帮助，或者是几个资本家联合支持某个企业家的资金。同样，我们遇到过具有很多愿望的梦，还有其他相似的状况，不过现在没有进一步扩大研究的必要。以后再详细讨论梦的愿望。

上述类比中的第三种比较要素，也就是企业家所可以动用的那笔恰当的资金（在类比中是钱，在梦中却是一种精神能量），对生成梦建构的细部还具有很大的影响力。在前面谈到转移的作用时我曾经指出过，在梦中都可以找到一个感知强度很明显的中心点。一般说来，这个中心点就是愿望实现的直接表现，因为如果把梦的运作的转移作用删除后，我们会发现梦念各要素的精神强度都被梦内容的各要素的感知强度所置换，而相邻愿望实现的要素与它的意义没什么相联系的，它们只是与愿望相反，而且是使人困扰的思想衍生物罢了。它们依靠的是与中心要素的人为的关联而获得足够的强度，因此可以在梦里呈现。因此愿望实现得以表达出来的力量并不是只集合在一点，而是像球形一样的扩散在它的四周，它所包含的全部要素，包括那些本身没有意义的，因此有足够的力量得以表现，在这些含有若干愿望的梦里，我们可以很容易地把个别愿望实现的范围界定出来，而梦中的间隙便是这些范围之间的边缘地带。

上述的讨论中即便白天的残留物在梦中所占据的重要性很不稳定，可还是应该给予它们更多的重视。它们肯定是梦生成过程中的重要部分，因为我们从以往的经验中发现了这使人惊讶的事实，即每个梦内容都与新近的白天印象，一般是最不显著的有连带关系。直到现在为止，我们还不能说明为什么这是需要的。当我们把潜意识愿望所扮演的部分印在脑子里，并从神经症心理学那里去找寻现实的材料，我们也许就能得到解释。从那些神经症病人那里我们了解到，事实上潜意识的观念本身是很难进入前意识的，它只是通过将自身的强度移置到这种观念上进行掩饰，同时建立起某种关联，最终才能在前意识中产生某种影响。这里我们会接触到“移情”这一现象，它的出现可以解释神经症病人精神生活的很多现象。这无缘无故地获得的前意识概念，即便被转移，也可能不引发变化，或者会因为受到转移内容的压力而被改变。我们不妨用一个生活中的例子作比喻，即被压抑的观念的处境就像身处奥地利的美国牙医：他不能开业行医，除非他能请到一位合法的医生代他签字，而且在法律上“庇佑”他。似乎成功的开业医师很少与这种牙医师结盟。同时，作为被压抑对象的掩饰的观念，并非是在前意识中异常活跃的观念，那些观念通常会吸引很多的注意。因此潜意识更喜欢和前意识那些不被注意、受漠视的或刚被打击排挤的概念发生联系。在关联的规则中，有一条是众所周知的（由经验加以确认），如果概念在某方面得到很密切的联系时，它就会排挤其他的各种新联系。我之前曾想据此创立歇斯底里麻痹的观点。

假设心理分析过程中所发现的对压抑概念的移情也在梦中运作，我们就可以立即解决梦的两个谜：一是在每个梦的分析上，我们都可以找到一些新近发生的印象交织在梦的结构中；二是这些新的要素一般都是琐碎的。这些刚刚才发生且无足轻重的要素，之所以能代替古老梦念进入梦中，是因为它们不怕阻抗的审核。即便这些琐碎要素很容易入梦的事实可以用不受审核制度阻抗来说明，可近来发生的事物在其中经常出现的事实也指出了移情作用存在的必要。这两件事都满足了压抑的要求（需要一些还未发生联想的材料），还有个原因是它们还没有时间去形成联想。

因此，我们知道这些被划进无足轻重地位的白天残留物，不只是从潜意识中借用了一些东西，也就是那些压抑愿望所具有的本能性力量，而且将一些梦的形成所必需的东西提供给我们的潜意识，也就移情现象所必要的联结点。如果想从该点更深入地去探讨心灵的过程，那么我们就不得不更深入地了解前意识兴奋和潜意识兴奋之间的互相作用，这可根据神经症的研究来达到目的，但是梦与这一点却没有什么关系。

但是我还有一点要补充。那些白天的残留物，其实才是真正的睡眠打扰者，而并非我们的梦，反倒是梦促进着我们的睡眠。我今后会再次回到这论点中。

到现在为止，我们一直都在讨论梦的愿望：溯源潜意识的来源，而且分析了它与白天残留物的联系，而这残留物可能是一种愿望，或是一种精神冲动及新近产生的印象。在这种状况下，我们还分析了各式各样清醒时刻的思绪在梦的生成中所扮演的重要角色。甚至还可以解释各种极端的梦例，比如梦意外地解释了在清醒生活中尚未解决的问题。我们所缺乏的只是这样一种例子，以此来分析它幼童时代压抑的愿望源泉，由于这愿望的能量使前意识的活动达到成功地强化。但是这一切并不能使我们对这个问题，即为什么潜意识在睡眠当中除了是愿望达成的动力外而没有提供别的任何的东西。现在这问题的回答需要我们研究愿望的精神本质。我想参照之前叙述过的精神装置的图解来回答。

我们毫不怀疑这种精神机构在达到现在的完整性之前肯定经过了长期的演变过程。我们可以上溯到它的机能发展的某个早期阶段。通过其他领域中已经被证实的假设，我们知道精神机构的原始形式是使自己尽量地避免刺激，从而使自身的完整性得以保存，因此其初期的构造是根据反射装置的蓝图设计的，接受的感知刺激可以迅速地通过运动渠道产生反应。可它所面临的生命危机却干扰着这种简单的机能。另一方面，这种精神机构之所以可以更进一步的发展也是因为这种因素。它最先面对的生命危机主要是肉体的需求。很多内在的需求所产生的激动要从运动中找寻发泄，这些可以被称为“内部交换”，或比喻成“情绪的表达”。例如一位饥渴的婴儿会没有缘由地哭闹，可情况并没有改善，因为来源于内部的需求而产生的兴奋，并不是只能产生一种暂时性的冲击的能量，它是持续不断的。只有经过某种外部的协助以使其产生了满足体验之后，情况才会好转，因为这种体验能抚慰这种内部刺激。这些满足体验的主要组成部分是一种特殊的感知，在这个例子中，便是人体的营养感知。随后，这种记忆意象与需求所产生的兴奋的记忆痕迹相联系。这种联系建立后，一旦这种需求再次出现，就会立即引起一种精神冲动，重新加强这种感知的记忆意象，并再次唤起这种感知。换言之，即重新建立首次满足的情况。这种冲动我们把它称为愿望，而感知的两次出现即是愿望的满足，需求产生的兴奋直接造成的感知的充盈是满足愿望的捷径。可能可以假设一个原始的精神机构应该遵循的路径，就是愿望结束于幻觉。因此原始的精神活动的目的在于建立起“知觉同一性”，即重复着与满足需求相联系的感知。

生命的痛苦经历肯定使这种原始的思想活动变为一种继发性的而且是更适宜的思维。这种通过设置内的后退作用的捷径所建成的知觉同一性，对心灵其他部分的影响与同一知觉在外部形成的精力贯注相比，结果自然不同。这是因为对于后者来说，满足没有实现，需求仍存在。这种内发的精力贯注只能在不停产生的状况下才能与外部贯注拥有共同的价值，实际上此状况可发生在产生幻觉的精神病人和一种饥饿幻想的情况中，依靠对愿望对象的依附而消耗整个精神活动。为了更便利地利用这种精神能量，它不得不在后退现象还未完成前就与它断绝，让它不得超出记忆意象以外，还可以寻求其他的路径达成我们所希望的知觉同一性。第二个系统的工作由对后退的阻抗以及随之产生的兴奋转移产生，它可以控制随意运动，同时利用运动来完成记忆的目标。但是，这些复杂的精神活动，也就是从记忆意象到建立知觉同一性，仅仅是达成愿望的迂回的路径罢了。实际上思想仅仅是幻觉式愿望的一种代替品而已，显而易见，梦肯定是愿望实现，所以只有愿望才会让我们的精神机构运作。那么从这个角度来看，梦只是通过后退现象这条捷径实现我们的愿望的，只不过是我们所保留的一种精神机构的原始运作方法，这种方法早已因缺乏效果而被我们遗弃。这个曾经一度掌控着清醒生活的方法，现在似乎被流放到夜间去了。梦是那早已被废除的幼童精神生活的一部分。这种精神机构的运作方法在正常的状况下是被约束的，而在精神病人中却又重新建立起来，在与我们的外在世界的联系上，却表现出它们不能满足我们需要的很多真实原则。

很明显，我们潜意识的愿望冲动也试图在白天发生作用，而这种作用的移情现象（精神病症也同样）很明显地指出，它们主要通过前意识系统进入意识层面并得到掌控运动的力量。因此潜意识和前意识之间的审核制度，应该受到我们的认同与尊敬，因为它是我们精神健康的守护者，而梦则表示了稽查作用的存在。那么我们是否应当这样想象：这个守护者在晚上的松弛是一种粗心大意的行为，因此这让潜意识中的压抑冲动得以表露，而且导致幻觉式的退化现象再次产生？我认为不是这样，因为在这重要的守护者去休息而我们并没有熟睡的时候，它与此同时也关紧了活动力量的大门。无论是正常状态下被抑制的潜意识冲动在台上怎样高视阔步，我们也没有必要担心，因为它们是无害的，它们不可能让那些可以变化外在世界的运动装置发生运动，睡眠保证了那不得不加以防御的阵地的安全。而如果这种力量的转移并不是因为守护者夜晚的松弛，而是因为它的力量的病理性减弱，或是潜意识兴奋能量的病态加强，与此同时前意识仍然充满着很大的潜能，去往行动能量之门依然敞开时，状况就不那么简单明了了。在这种状况下，守护者抵御不住，潜意识兴奋压倒我们的潜意识，掌控了言语和行动，强有力地造成幻觉式的退化，并通过知觉吸引造成精神上的一种能量分散而指引着那些并不为它们设计的精神机构，这种状况被我们称为精神病。

我们现在最适于搭建潜意识和前意识之间的心理学桥梁了。即便我们停顿在介绍潜意识与潜意识那点上，我们有理由继续讨论所谓的“愿望是制造梦的唯一精神动力”。我们现在已经接受了这种观点：梦之所以是愿望的满足，是因为它们都是潜意识系统的产物，而它的活动除了我们愿望的实现之外，没有其他的目标，而且除了愿望的冲动外，不拥有别的能量。现在如果我们继续坚持这种基于解析的事实而创立的具深远影响的心理学推论，那么就有责任证实这种推论将会把我们的梦置于人的其他精神活动的联系中。如果潜意识这个系统存在的话（或者是与它类似而适合于我们讨论的东西），那么梦不可能只是它的独一无二的表现。我们的每一个梦都可以是一种愿望的实现，但是除了梦以外肯定还有别的病态形式的愿望实现。实际上所有关于神经症症状的观点也都说明了一点：它们必须当作是潜意识愿望的满足。我们的解释仅仅是让梦成为那类对精神科医师拥有重要意义的一个首要因素罢了，而且对梦的解释仅仅是显示了精神病学所遇问题的一种纯粹心理学方向的问题。

这一类愿望实现的其他部分，例如歇斯底里症，拥有一个基本的特点，而这种特点是梦所不具备的。在本书里经常提及我们在研究中发现的，为了要形成歇斯底里的症状，脑子里的两个决定因素不得不合在一起，可是这些症状不只是一个可实现的潜意识愿望的表露，而且在潜意识中肯定还有一个满足这个症状的一种愿望，因此这些症状最起码有两个决定性的因素，各自来源于两个与这种冲突相联系的系统，这在某种程度上与梦具有一致性，它们对更进一步的多重决定并没有限制。据我所知，梦念中与梦念为敌的思想不可能存在，更不用说像梦念那样获得愿望的实现，例如一种自我惩罚行为。因此可以这么说：“所谓的歇斯底里症只有在由不同精神系统引发的两个相反愿望可以在单一的表露中汇合而得到满足的时候才能出现（请与我新近表述牵扯的有关歇斯底里症的起源的论文《歇斯底里幻想和它与双向的联系》相比较）。我的一位女病人的还有歇斯底里性呕吐，这一方面是满足她青春期开始时的潜意识幻想，即她会连续怀孕，生下无数个孩子的愿望，还形成了一个她与很多男人结合以便实现上述结果的愿望。所以她才会产生了一个很有力的自我保护的冲动以抗拒这不道德的愿望。另一方面，因为呕吐会使她失去美好的身材，也就失去了很多对其他人的吸引力，因此这种症状也能满足那些处罚自己的愿望。同样这一病症能满足这两方面的要求，所以就可以成为真实。这和古安息国皇后对待罗马三执政者之一的克拉苏的方法其实是一样的。因为她相信他之所以出征是爱好黄金的缘故，因此她下令将熔化的黄金倒入他尸体的嘴巴里面，之后说："现在你已得到你想要得到的。"到现在为止，我们所了解的关于梦的产生就是它们表露的潜意识愿望的满足。可从表面来看，操控大局的潜意识似乎在迫使愿望产生某种伪装以后才允许这种满足。我们经常在梦中找不到一个与梦愿望相反的思想串列。只有偶然从梦的解析中才可以看到一些反应物的痕迹，例如在我梦见叔叔（蓄着黄胡子）的梦中表现出我对我的朋友 R 的感情。但是这些漏掉的部分可以在前意识的其他地方找到痕迹。梦通过各种曲线表达出潜意识的愿望，可操纵大局的系统退后到我们睡眠的愿望内，体察那愿望而变化辖属于它权力范围内精神设置的能量，而且在整个睡眠过程中继续把握着这个愿望。

这个属于潜意识对睡眠的决定性的愿望经常可以促进梦的形成，让我们不由得回想本章开头那位父亲的梦，他曾经通过隔壁房间传来的火光，推想到他孩子的尸体可能被火烧着，这位父亲在梦中达到了这个推论（而不是在被火光弄醒的时候）。我们曾提出，产生这种结果的其中一个精神力量，是那一瞬间延长他孩子的生命的愿望。而其他源于压抑部分的愿望可能未被我们观察到，因此我们没办法解析这个梦。可以假定，另一个产生此梦的动力是这位父亲很需要睡眠。他的睡眠（与这孩子的生命一样）因为梦的缘故而延长了，他的动因是"让梦继续吧，否则我就得醒过来"。在别的梦中（就和此梦一样），想要继续睡眠的意愿实际上是支持了潜意识的愿望。在第三章我曾经描写了一些表面看来是"方便的梦"，但是有些梦都可以应用以上所说的形容词（睡眠的意愿）。这种继续睡眠的愿望的操控最容易在那种"惊醒的梦"中发现，它们将外来刺激通过某种方法的伪装，从而使这些刺激与睡眠不发生任何的冲突，然后它就把刺激编入梦中，因此使它们失去了沟通外在世界刺激的能力。同样的愿望肯定会发生在其他的梦中，即便这种愿望本身可以通过内部让当事人从睡眠中醒来。在一些例子的中间，当梦见不吉利的事的时候，我们的前意识会这样和意识说："不要紧，再继续睡吧！这只不过是梦罢了！"以上这些不过是泛泛而论，不过反映了主要的精神活动对梦所持的观点，我不得不做以下的结论（即便事实不肯定如此）：在整个睡眠状态中，人们很清楚知道自己是在做梦的，就与知道自己在睡觉同样地确定。因此必须过于注意这些相反的语调，即我们的意识从来没有想到后者，而且后者也只是在特殊的情况下步入意识中的（当审查制度解除护卫的时候）。还有另一方面，有些人在夜晚时能很清楚地知道自己是在睡觉还是在做梦，因而似乎拥有用意识指引梦的能力，比方说这种梦者对此感觉不满意时，可以将其中断而醒过来，之后再从另一个新方向开始，这正如一位通俗的戏剧家在众人要求之下，会把他的戏剧套上一个使人较为满意的结尾。或者在其他状况下，即当梦使他步入一种性兴奋的状态时，他可以自己这么想："不要再做下去了，以免因为遗精而消耗精力，一定要忍住，留待一次真实的情境。"

瓦歇德所记载的圣但尼斯的埃威侯爵自称是一种可以随心所欲地加快梦的进程，而且还能如愿以偿地把梦转到任意的方向和内容上，似乎在那种状况下，睡眠的欲望被另一个潜意识的愿望所代替也就是观察自己的梦而且去享受它。这种愿望和那种在某种特殊条件获得满足的时候而不想醒来的愿望（如第五章提及的保姆或者是"被尿湿的"保姆的梦）一样，和睡觉不产生冲突。此外，大家都很明白，如果某人开始时就对梦有兴趣的话，那么他醒后所能记得的梦也就更多。

费伦齐在讨论有关导引梦出现的其他的观察中，曾经这么认为，"梦从各种角度精心掩盖着这刹那间占领着心灵的思想，如果某一梦的影像威胁着愿望实现，那么它就会消弭掉这个意象，与此同时继续找寻新的答案，直到最后，它终于可以产生一个能满足这两个心灵机构的愿望实现"。

四、梦中惊醒——梦的功能——焦虑梦

我们已知道，前意识整晚都关注睡眠愿望，于是，就可以接着对做梦过程加以研究。但此前，我们先对前面的认识进行概括。

做梦的状况是这样的：它可能是前一天清醒时刻的残留物，而且没有完全失去其所含的能量贯注；或者是白天的清醒生活的思维活动把潜意识中的

一个愿望给刺激出来；又或者是此两种状况的偶然结合（我们已经讨论过各种可能的状况）。潜意识的愿望和白天的残留物结合起来，而且产生移情作用，这可能在白天的过程中已经产生了，同时也能在睡眠状态下成立。一个新的愿望可以由对新近材料的移情而产生，而一个被压制的愿望在得到一定程度的强化之后而获得新的东西。这个愿望必然要经过思维过程的必经之路，即通过前意识努力地冲向我们的意识。可它还是碰上那仍然很活跃的审核制度，而且受到它的影响。这个时候它已经被歪曲，而且经过了愿望对新近材料的移情之后，这种扭曲已经以独特的形式存在。在这个阶段，它正在向成为一些强迫性思想、妄想之类的东西（受到移情作用而加强的思想）的方向上行进着，而且因为审核制度的缘故在表达上产生歪曲。但是它进一步地发展却因为受到前意识的睡眠状态的影响（可能这个系统借着减少兴奋来保卫自己，以免受到侵害）而停止。于是梦的程序进入后退的道路。这条路因为睡眠状态的特殊性质而畅通无阻。而且，各类的记忆吸引着并指引它上路。某些记忆只是用一些视觉贯注的形式存在，并没有成为续发系统中的字眼。就在它后退的路途中，梦程序获得了表现力。至此，梦就完成了它漫长的旅程，结束了第二部分的探索。旅途的第一部分是前进的过程，潜意识的景象或者幻觉指向我们的前意识，而第二部分则由审核制度的前沿再度回到知觉上来。但是当梦程序的内容变为知觉以后，它就冲破了由审核制度与睡眠状态在潜意识中所建立的障碍。结果是，它很成功地将注意力转向自己，而是自己被意识察觉。

因为意识这个我们当作是用来理解精神性质的感知器官在清醒的时刻中可以在两方面接受刺激。首先，它由整个精神机构的周边（知觉器官）取得兴奋的信息。另外，它还能接受快乐与不快乐的兴奋，这种兴奋是精神机构内部和能量所具备的唯一精神性质，对于这一点，我们已经证实。而系统中别的程序（这包含前意识）都不具有精神性质，因此不能成为意识的对象，除非它们能将快乐或不快乐带到知觉上去。我们可以相信：这种快乐和不快乐的产生，自动调整整个能量贯注的过程。但是为了使更细微的调节，使得工作得以执行，于是各程序不得不使自己尽量不受痛苦的影响。因此，前意识系统必须拥有一些可以吸引住意识的性质，而这些性质可能需要前意识程序与语言符号的记忆系统（语言符号系统具备自己的性质）的关联而才能得到。因此，本来只是知觉感官的意识通过借助这种性质就变成思维程序感知器官的一部分了。于是，我们可以说意识拥有两种感知面，一种是对知觉来说，另一种则是对前意识的思维程序来说的。

我需要这种假定，即睡眠状态使意识指向前意识的感觉面比针对知觉系统的感知面更不易受到刺激。这种在夜间对思维程序的兴趣的减弱甚至丧失具有另外一种意义，即因为潜意识需要睡眠，所以思想需要停止活动。但是一旦在梦成为知觉后，它就能通过新获得的性质而刺激意，这种感知刺激能促进前意识里的一部分以利用的能量转向引起兴奋的因素。这是梦的唤醒功能在起作用，我们不得不承认每个梦都有唤醒功能，即它让我们前意识中静止的一部分能量活跃起来。在这种能量的影响下，梦就会受到人们所说的“再度校正”的影响，针对其连续性与可理解性。其实这就是说，此能量把梦与其他的知觉内容给予了同样的待遇。只要梦中的材料允许，它也得到同样的预期性概念。如果梦程序的第三部分具有方向性，那它肯定也是前进的。

为了免除误解，我想谈一谈有关梦程序时间上的关联——我认为这不是太离题。毫无疑问，在有暗示性的关于断头台的梦中，高博提出了一个很引人注意的结论。他要说明梦不过是占领着睡眠和清醒之间的过渡时期。人醒来的过程需要一些时间。在这段时间里，梦产生了。我想，可能是这样的，在最后梦的意象是那么的强有力，以至于把人们弄醒。实际上，在这一瞬间人们已经准备起床了，因此它才具有这种力量，梦只是刚刚开始清醒的产物。

杜加斯曾经指出，戈布洛特为了要推广他的观点，忽视了很多事实。因为梦是发生在人们还未清醒的时候，例如在一些梦见自己做梦的例子里，凭借我们所拥有的知识来看，我们不能同意，梦只是占领了快要醒过来的那段时间。相反，梦动作的第一部分可能在白天就已经开始了，这是在潜意识的掌控下进行的，第二部分——审核制度所做的变动，潜意识情景的吸引，和挣扎着希望成为我们的感觉的努力，毫无疑问是整个晚上都在进行着的。从这些观点来看，当人们感知整晚都在做梦却不知道梦到什么的时候，我们可能是正确的。

但是我认为，没有必要过分强调梦在形成上的次序性，即认为梦的进程在到达意识层面之前要我所讲述的一种的时间顺序：首先出现的梦念，接着又是审核制度所造成的伪装，最后是方向上的后退。我是为了描述的需要才会清晰地描述这个顺序，而实际上它们是同时进行的。有时候会这样，还有时候那样，直到最后它在某个最有希望的方向上集合以后，才将拥有特殊性的一组保存下来。凭我个人的经验来看，我认为梦的运作所需要的时间不是一朝一夕的，如果这一观点确立，那么我们对于梦的建构之精细感到诧异了。

那么我的观点是，在意识对梦产生注意之前，要求梦建构可理解的知觉系统的条件就已经在起作用了。从这点开始，梦形成的步伐就开始加快了，因为从这一刻开始梦与其他被感知到的事件一样，开始接受同样的处理方式了。这似乎和放烟火一样，准备的时间很久，可在一瞬间就放完了。

到这个时候，梦的过程或者已通过梦运作得到足够的强度来吸引意识的注意并唤醒前意识（无论是睡了多久，也无论是我们睡的深或是浅）；或者其强度仍然不足以达到此临界点，因而不得不继续留存在一种准备的状态之下，直到我们要醒过来的那一刹那，我们的注意力变得较活跃而与之会合为止。部分梦只有较低等的精神强度，因为它们都需要在醒来的时候才会实现。这还可以解释以下的事实：就在人们由深睡中醒过来的时候，经常可以发现一些梦见的东西，在这种状况下，我们首先注意到的是梦运作所创造的知觉内容，之后才察觉到外在世界所提供的有关知觉内容。

但是，具有高度观点价值的梦是那些能在睡眠的中途将人们弄醒的梦。大家可能会这么问，梦为什么具有力量打扰睡眠？其答案肯定存在于那些我们现在还不了解的能量关系那里。如果拥有这种知识的话，那么就会发现，让我们的梦自由地发挥及施加于我们的梦以或多或少的注意力是一种能量的节省，如果与类似白天般地严加掌控潜意识的状况相比较。从目前的经验来看，即便在晚上使睡眠中断数次，梦与睡眠也不是互相排斥的。我们常会在晚上醒来一会儿，之后马上又睡着了，这就似乎在睡眠中把苍蝇赶走一样，可以说那是一种特定的觉醒方式。如果我们再度入睡，则干扰就会被排除掉，正如那个熟知的保姆或被尿湿的保姆的梦中所表现的一样，那种想睡觉的愿望的满足与维持某种程度的注意力是不会互相违背的。我们曾经断定潜意识是永远运动着的，但是同时又说它们在昼间没有丰富的能量使自己被发现。但是如果睡眠的状态仍然继续，潜意识的愿望也显示出它超强的能力来创造出我们的梦，而且因此唤醒了潜意识，那么为什么梦在被察觉到的时候这种力量又消除了呢？梦会不会继续重现，正如讨厌的苍蝇被赶走后又飞回来呢？我们又有什么资格来断定梦是驱除了“睡眠的打扰者”呢？

潜意识的愿望永远在活动是不可否认的事实，它们代表那些经常被利用的途径，只要稍微有些兴奋就可以发挥作用。的确，这种不可毁灭的性质其实是潜意识程序里的一个明显特点。在潜意识里任何东西都是没有终点的，而且也是不会过时的，哪怕仅仅只是被遗忘。在研究神经症病患（尤其是歇斯底里症）的时候，这一点显得更加明显。那些导致歇斯底里症产生的潜意识思想，只要我们有足够的兴奋堆积起来，那么就可能再现一次 30 年前所受到的侮辱，只要它可以进入潜意识的情感内，那么我们这 30 年来的感受就像是新近发生的一样。无论是什么时候只要这个记忆一被触发，它便马上复活起来，这表现为兴奋对它的贯注而得到运动的释放。这正好是我们的心理治疗所要干涉的地方。心理治疗的工作目的就是使我们的潜意识程序可以被处理，最后得以忘掉。那些印象被渐渐遗忘，情绪不再清晰，记忆痕迹仿佛被时间渐渐抹去。我们向来都把它视为理所当然，而实际上这是辛勤的工作所带来的次生变动。这是我们的前意识做出的工作，而心理治疗现在所能做的就是将潜意识带到我们的前意识的管辖区之内。

所以，任何一种特殊的潜意识兴奋程序都可能产生两种结果。一是在这种状况下它最后会在某个地方突破，并因此得到将其兴奋释放并行动的机会。二是它受到前意识的影响，因此其兴奋不仅不会被解除，反之，可能会受到前意识的束缚。这第二种状况就是在梦程序中所出现的。来自潜意识的兴奋，因为受到梦的前意识贯注而在梦转化为知觉的过程中发挥作用，导致的结果便是束缚梦的潜意识开始兴奋，使之干扰睡眠的能力丧失殆尽。如果梦者真的清醒的话，他肯定是赶走了那些干扰他睡眠的苍蝇。而我们与此同时也发现这是一种比较方便而且比较经济的方法，使潜意识的愿望自由发挥，通过打开后退现象之路以产生梦。接着利用潜意识运作的一点力量紧紧地将这个梦束缚住，而无须在整个睡眠之中持续不断地把潜意识愿望紧紧地束缚住。梦即便不是一个有意义的程序，但是在精神力量的相互作用上也获取了一些特定的功能。我们现在看一看这些功能是什么。梦使原先自由的潜意识兴奋处于前意识的控制之下，在这个过程中，其把潜意识的兴奋释放了，使之成为一个安全阀门，利用我们的一点点清醒时刻的活动就足以保持我们的前意识的睡眠。正如很多精神构造一样，它促成一种妥协，同时为两个系统服务，使它们能相互协调，以便同时满足这两个愿望。如果现在我们翻过来看第一章中罗伯特所提的关于梦的“分泌理论”，那么我们可以认为他的论述从本质上是合理的，即便他的前提及有关梦程序的观点与我们的略有不同。

所谓“使两个系统的愿望互相协调”暗示了梦的功能有的时候也是会有一点失误的。梦在开始的时候是对我们的潜意识愿望的满足，可如果这个愿望达成的目的过于强烈地扰乱了前意识以至于不能再继续睡下去，那么梦就破坏了这种妥协的联系，而且不能进行第二部分的工作。在这种状况下，梦就完全被中断了，并成为完全清醒的状态。即便在这状况下，梦即使看起来像是睡眠的打扰者而不是正常睡眠的守护者，可这并不是梦的过错。这种事实完全没有必要让我们对梦有某些特殊的目的而产生偏见。这并不是唯一的例子，对个体来说，那些正常状况下有用的计策在状况发生了某些变化后，就变成无用的甚至是碍手碍脚的实例是很常见的。而这些困扰最起码拥有一两种使个体的调节机构重新进行调整来应付变化的新功能。当然现在我脑子里想的是“焦灼的梦”。为了不使别人误解，认为我是为了逃避这种与我的愿望满足理论相矛盾的证据，我将在下面提及一些有关“焦灼的梦”的解释。

对我们而言，产生焦灼的精神程序最终目的就是满足某个愿望，这和我们的观点并不矛盾。而且可以这样来解释，即愿望属于潜意识系统，而它却必然受到前意识的反抗与压制。即便是在完美无瑕的健康心理中，我们前意识对潜意识的压制也并不是完全的，而这种压制行为还可用来衡量精神健康程度。神经症的症状显示出这两个系统发生了冲突，它们正是使两者之间的冲突得以终止的产物。神经症一方面让我们的潜意识兴奋并有发泄的场所，也就是给它一个发泄口，而另一方面也能让前意识对潜意识有某种程度的掌控。在这里可以对歇斯底里症或广场恐惧症进行分析。假定一位神经质的病人不敢一个人上街，我们就可以很正确地称这种情况为“症状”。如果迫使他去做那些他认为没办法做的事情，那么将导致焦灼的发作。而实际上广场恐惧症的导火线经常是在马路上发生的焦灼。因此我们会发现，症状之所以产生是为了避免焦灼的发生，恐惧症正如是一个对抗焦灼的前哨。

如果不去探究那些感情所扮演的角色，我们的讨论根本就没办法继续下去。只是在现在的状况下，我们不能完全做到这一点。让我们先这样假定，感情对于我们潜意识的压制是绝对有必要的，如果让潜意识自生自灭，它便会产生一种本来拥有快乐的情感，但在受到抑制以后，就变得很痛苦。压制的结果和目的便是阻止痛苦的释放，这种压制扩展到潜意识概念的全部内容，因为痛苦的释放是从这些内容开始的。在这里我们将以一个有关感情来源的而且是相当确定的假说来当作今后讨论的基础，这一假定视感情为一种运动或者分泌功能，不过它的神经传导之谜却要在我们的潜意识中找寻。在前意识的掌控下，这些观念被束缚和抑制，使得不能产生情感的冲动。因为如果来自前意识的能量贯注暂停的话，那么潜意识的兴奋就有可能释放出一种不快乐与焦灼感情。

如果此梦的过程能够这样自由的发展，那么这种可能性就会物质化。那些使它可以实现的条件是，压抑必须早就发生，而且冲破压制的愿望冲动也要足够强烈。而这些决定性因子就不在梦形成的心理构架里面。如果不是潜意识在睡眠过程中的活动必然导致焦虑，我将会取消有关“焦灼的梦”的讨论，而且由此就可以不必讨论与之相关的模糊性问题。

我已经再三说过，形成“焦灼的梦”的观点是神经症心理学的一部分。事实上可以这么说，梦中的疑难是个焦灼的问题，而不是梦的问题。在指出它和梦的过程相连的部分后，我们就没有什么可做的了。我现在还余下一个问题：既然我曾经判断出神经症的焦灼源于性，那么我就要解析一些“焦灼的梦”以显示梦境中所存在的性材料。

在此，我更有理由将神经症病患者的很多例子置于一边而援引一些年轻人的焦虑梦。

几十年来我都没有做过一些真正“焦灼的梦”，可我仍然记得 7 岁或 8 岁的时候所做的一个梦，而在 30 多年后再给予解析，这梦还很清晰。我在这个梦中曾经看见我深爱着的母亲，她的外表有一种很安静的表情，然后就被两个或三个长着鸟嘴巴的人抬入屋里，放在床上。然后我醒了过来，突然又哭又叫，甚至是把父母都吵醒了。那些穿着奇怪而且长着鸟嘴巴的人，是我在菲利普森圣经上的插图中看到的。我想他们肯定是那些从古代埃及坟墓上的雕刻出来的鹰头神。另外经过分析之后，我还引出一位坏脾气的男孩，他是一个看门人的小孩。当我们还小的时候，经常一起在屋前的草地上玩耍，这个男孩子名字叫菲利浦。我似乎是从这个男孩那里听到了有关“性交”的名词，而一些有教养的人用拉丁文“交媾”说来这种事。在这梦里我居然选用了鹰头，肯定是依据那年轻指引员（他对生命的事已经很熟知了）的脸色来猜测此字具有性的意义。梦中我妈妈的那个样子，则是抄录祖父死前的那种数天昏迷、喘着气的样子，对于这个梦的“再度校正”的解析是我妈妈将要死了，她的坟墓的雕刻和这鹰，我醒来的时候充满一种焦灼的情绪，直到把父母吵醒以后还不停止吵闹，我记得一看到妈妈的面孔，心里就平静起来了，似乎我需要她并没有死去的依据。而这个梦的“继发的”解析在焦灼的影响下已完成了。我并没有因为梦见妈妈将要死去而感到焦灼，之所以会产生焦灼是因为在潜意识的校订中我已受到了焦灼的影响。当我们把压抑再一次考虑的时候，这焦灼之情可以追究到那含糊的却又明显的由梦中视觉内容所表现的带有性的意味。

一位已经得病一年的 27 岁男性曾向我讲述梦。他告诉我说他在 12 岁的时候经常反复地做这样一种梦（伴有严重的焦虑症），而且他还为此感到很担忧。一个男人拿着一把大斧头在追赶他，他想要逃开，但是他的脚似乎麻痹了，不能移动半步。这是一个很常见的关于“焦灼的梦”的例子，而且从来不会被认为是与性有关。在分析的时候，梦者还突然想到他的一位叔父告诉他的故事（在那梦首次发生之前），说他有天晚上在街头被一个奇怪的人袭击。做梦的人自己由这联想得到了以下的结论，他在做这个梦那段时间听到过一些与这些情境相似的事。如果提到斧头的话，他记得那段时间在一次劈柴的时候曾用斧头把自己的手指砍伤了。之后他又立即提及他和弟弟的关系，他对自己的弟弟非常不好，经常讲他打他，他还记得有一次他穿着长靴踢破了弟弟的头，流了很多血，然后他母亲对他说：“我很害怕有一天你会把他杀掉。”当他好像还在回忆这次事件时，他突然想到他 9 岁那年的一件事。有一天晚上，他父母亲很晚才回家，尔后一起上了床，而他恰好没有睡着。不久之后就听到了喘气声音和其他奇怪的声音，并且可以判断出父母在床上的位置。进一步的分析显示他将自己与弟弟的关系和父母的这种关系相类比。他把父母亲之间发生的事包含在暴力与挣扎的概念下，而且找到了对这种观点有利的证据：常在母亲的床上找到很多血迹。

那么现在可以这么说，成人之间可能算是家常便饭的性交会使看见的小孩感到奇怪，而且产生焦灼的情绪。这种焦灼之所以产生乃是因这种性兴奋不能为小孩所理解，同时又因为是父母在这件事中，因此性兴奋转为焦灼。另外我们知道在一个早期的生命过程中，孩子对异性父母的性冲动还未受到压抑，因而这种性兴奋得以自由地表达。

儿童中经常会在夜间惊醒，而且常常伴有幻觉，我毫无怀疑地给予同样的解释。这种例子也是一种算是性冲动的问题，因为不被了解从而受到排挤引发的。而如果把它记载下来会显示出发作的周期性，因为性本身的欲望可以因为偶然的兴奋印象导致，也可以因为自动的周期性发展从而得到加强。

可是，我没有足够的材料来证实这一解释。

而在另一方面，小儿科医生无论是对孩童的身体或是精神方面都欠缺这种纵观整个现象的见解。下面我要援引一个有趣的例子，如果不小心被医学神话所蒙蔽，那么就很容易的会将它认错，我要借用德巴克尔的有关论文《夜惊》。

曾经有一位 13 岁的男孩，他的身体极其虚弱，感到焦灼而且多梦。他的睡梦开始受到困扰，几乎每个星期几乎都有一次从睡眠中惊醒，焦灼之中还伴随着幻觉。他一直都能清晰地记得这些梦。他还会说那怪物向他大喊：

“啊，我们现在捉住你了！啊，我们捉住你了！”然后就嗅到一种沥青和硫黄的味道，他似乎觉得皮肤受到了火焰的烧伤。他从梦中醒来的时候总是感到很恐惧，甚至都叫不出声来。当能够听到自己的声音时，他记得自己清晰地说：“不，不，不是我，我真的什么也没有做！”或者：“请不要这样！我肯定不会再做了！”或者有时候说：“我认为艾伯特从来不会这样做！”后来他再也不肯脱衣服，“因为火焰只有在他不穿衣服的时候才会来烧他的”。当他依然做这种恶魔的梦时，他被送到了农村。18 个月以后他恢复了。在他 15 岁的时候，他承认：“我不敢承认，可我却一直有一种针刺的感觉，而且那个部位的过度兴奋使我感到很焦灼，好几次我真想从宿舍的窗口跳出去。”

很容易推断出：（1）这男孩小的时候曾经手淫过，他想要否认它，并且害怕因此受到惩罚。（2）可是在青春期，这种手淫的引诱又再度通过一种生殖器官的刺痒感觉而复活了。（3）现在他产生了对压制的挣扎，可他虽将他的本身的欲望压制下来却又形成焦灼，而这种焦灼则将他之前扬言要处罚自己的方法综合起来。

现在让我们迪巴克尔此例的分析，以下是他的推论：

1. 通过观察可以很清晰地看出青春期可以使一位健康的男孩的身体变得很虚弱，并产生较高程度的大脑贫血。

2. 这种大脑贫血会使他的性格发生变化，产生罪恶的幻觉，同时伴随着很强烈的夜晚焦灼状态（可能还有白天的）。

3. 这个男孩的魔鬼幻想和自我谴责要追踪到宗教教育在小时候对他产生的影响。

4. 所有这些症状在相当长的一段乡村生活以后消除了，这是因为身体的运动和青春期结束后体能和精力的发展所致。

5. 可能影响这男孩大脑发展的可能是因为先天的遗传因素，或者是受他父亲的性病感染。

以下是他的最终的结论：“我们把这病例归属于虚弱型无热性谵妄类别，因为这个症状是因为大脑贫血的缘故。”

五、原初过程和继发过程——压抑

为更进一步地研究梦的过程心理，我为自己规定了一个异常艰难的任务：对这件事来说，我认为我的解释能力是不够的。我一方面只能把这些复杂而又与此同时产生的元素分解开，进行一个个地描述（不能同时进行）。另一方面在描述每一点的时候，又不打算讨论它的基础，像这一类的困难，都是超出我自己本身的控制力量以外的。在叙述梦的心理的时候，不能根据我的观点的历史发展轨迹。对这些我必须予以补偿，即便我对梦这问题的探讨方向甚至是依据之前对神经症病患的研究而定的，可我并不想把后者当作我现在这工作的参照基础，即使我一直想这么做。不过我却想从反方向来进行，即以梦来作为对我们的神经症病患心理研究的探讨方向。我知道读者所将遭遇的很多困难，不过我却找不到任何的方法可以免除这些困难。

因为我对这些问题的不满意，我很情愿在此稍微暂停一下，以便能考虑别的观点，它们似乎对我的努力给予较大的价值。正如在第一章中所描述过的同样，我发现自己正在面对着一个各派作家各具有完全不同意见的论题。在对梦这问题的处理上，我们都能将主要的矛盾给予合理的解答。我们只反对其中的两个观点——所谓梦是一种“无意义的过程”，和它是属于肉体，除了这两点以外，我都能在自己的复杂论题中各自证实了这些互相矛盾的意见，而且指出它们都照亮了部分的真实。

关于梦是清醒时候的兴趣予以确认，而这又和那些对我们拥有重大意义与兴趣的事情发生关系。梦永远不会为所谓的一些小事忧心，不过我们又很担心接受相反的意见，即梦收集白天各种无关痛痒的残留物，而它们不能把握白天任何重大的兴趣，除非它们和清醒时的活动分离。我们发现对梦的内容来说，这也是很正确的——它借着伪装而将梦念的表达给予变化。因为联想的因素，我们知道梦的程序比较容易掌控住近期或者毫无联系的概念性材料（而这还未被清醒时刻的思想所封禁），而它也因为审核制度的因素，将精神强度从一些重要可又遭受反对的对象转移到一些无足轻重的事情上。

至于梦具有强化记忆的性质，而且可以利用幼童时期的有关材料，而且这早就成为我们梦的理论基石，在我们梦的观点中，源于幼童时候的愿望是梦的形成所不可或缺的动力。

显然，我们无须怀疑睡眠时外来刺激所拥有的意义，曾经的实验已经证明这一点。不过我们曾经指出这些材料和梦愿望的联系，相当于白天活动中连续入眠的思想残留物一样。我们也没有理由反对这个观点：梦对客观感知刺激的解释和错误的感知同样，只是我们已找到了产生这种解说的动机。这些理由都被其他的作者忽视了。对于这些感知刺激的解说是这样的：不去打扰我们的睡眠，而且用来满足愿望达成。至于感知器官在睡眠时感受到的主观性刺激状态，曾由特朗布尔·拉德先生予以确认。我们并没有把它们当作梦的一个特殊来源，可我们却可以运用那在梦背后活动的记忆的后退（退化）性的复苏来解释这种激动。

至于到那些内脏器官的感知，曾经也成为解释梦的主要论点，也在我们的概念中占领一席之地，即便不很重要。这种感觉，如落下来、浮游或者被压抑的感觉，是一种随时“待命出动”的材料，无论是什么时候，只要合乎我们的需要，梦的运作都会利用它来作为我们梦念的表达。

我们很相信梦的程序是迅速而且同时发生的。这个观点，如果以“意识对已造好的梦内容的察觉”来看无疑是正确的，不过在这之前的梦程序则可能要经过一个缓慢而拥有波动性的阶段。至于梦之谜，在一个很短的时间压了很多的材料的疑问，对于这个我们的解释是，它们把心灵内那些已经做好的构造拿来使用。我们知道梦都是伪装的，而且是受记忆的截割，不过这并不造成阻挡，因为它不过是梦开始形成的那一刻就已存在的伪装活动的公开，而且是最后的一部分。

关于那些令人失望和表面看来没办法达到妥协的争论：心灵在晚间是否也睡觉，或者它仍然像白天那样地统领着各种精神机构？我们发现二者都对，可并不是全部都对。在梦念中，我们能确认很复杂的理智活动是存在的，它几乎和精神机构的所有其他来源一起运作。但是我们没办法否认这些梦念皆源于白天。而且，也要假定心灵会有类似睡眠的状态。因此即便是“部分睡眠”的观点也有其价值，即便我们发现睡眠状态的特点并不是心灵联结的解体，而是白天统辖的精神系统将其精力集中于睡眠的愿望上。由我们的观点看来，这从外在世界退缩的因素也自有其意义，它即便不是唯一的决定性因子，也是促使梦表现的后退现象得以进行的因素。所谓“放弃对思想流向的主动指引”的概念也不完全错，可精神生活并不因此而变得漫无目标时，不随意观念就取代它了。因为我们知道，当自主（主动）的具有意义的思想被舍弃后，非自主的思想则取得统辖权。另外，我们不难发现梦中含有各种松弛的关联，而且还能指出其他我们想象不到的连接。而这松弛的关联不过是另外那些确定而且具有意义的连接的代替物。的确，我们会把梦视为荒诞的，不过梦例却又给我们这样的教训，即无论梦表面是如何的荒诞，它还是很合理的。

就梦的功能来说，每个作家都有自己的看法，对此我们毫无异议。例如“梦是心灵的安全阀”，而且罗伯特曾说“全部有害的东西，经过梦的表现后，都会变得无害了”等等，这种观点不但与我们所说的梦的双重愿望理论吻合，而且就这句话来说，我们比罗伯特了解得更深一些。认为“心灵能自由地建构梦”的观点也体现于我们的梦中，即认为前意识默认梦自由地发生。对于心灵自由地建构梦这一观点来说，就相当于潜意识的活动让梦自由发展却不予以干扰，像“在梦中，心灵回复到胚胎时期”这一类的文字，也如哈夫洛克·埃利斯形容梦的话“一个古老的世界，拥有庞大的感情和不完全的思想”使我们感到高兴，因为这与我们的论点不谋而合（我们为白天被压制的原始活动和梦的构造是相联系的）。我们也能诚恳地接纳萨利所写的：“我们的梦带回我们早先的和依次发展的人格。在睡眠中，我们恢复从前对事物的看法和感知，和那些曾经统辖我们的冲动和反应。”还有，我们也和德拉格一样，认为那些受到“压制的”愿望是梦的主要动力。

我们还很看重施尔纳叙述的关于“梦的想象”的重要性和解释，可我们不得不把问题转到另一个角度来看。实际上，问题不在梦创造了想象，而是在梦念的修建上，潜意识的想象活动占领了重要的部分。不过我们仍然感谢施尔纳，因为他指出梦念的来源。但是，他所描述的梦的运作几乎都归于全白天的潜意识活动，这种潜意识活动促使梦生成的能力不次于促使神经症症状的产生。这与我们关于的梦的运作是不同的，而且梦运作包含的范围也较窄。

因此我们没有理由放弃研究梦和心理紊乱之间的联系，不过应在一个新的立场上建立一个更加巩固的联系。

我们在自己建筑的结构内，容纳早期各派作者们所提出的各种不同的互相矛盾的发现，并将所有观点结合成为一个更高级的单元。对于很多新的发现，我们却给予了新的意义，遭到我们否决的是少数。但是，我们的建筑仍未完全。除了那些我们因为进入梦心理的死角所遇到的复杂问题以外，似乎又遇到了一个新的矛盾。一方面，我们认为梦念起源于完全正常的心理活动；可另一方面，我们又在梦念中发现很多病态的思想过程，这些程序后来进入了梦的内容，而且在解析时又重映了一遍。所有那些被称为“梦的工作”的过程却与我们所知道的理性的思维程序不同，从而使得作者们产生这样的观点，即梦中产生的较低层次的精神活动的最尖刻的判断才是合情合理的。

只有做更进一步的研究才能得到解释，并使我们走入正确的轨道。现在让我们再把另外一个梦形成的联结加以更详细地观察。

我们已经发现，梦代替了很多来源于日常生活具有完整的逻辑秩序的思想。因而没有必要怀疑这些思想是来自正常的心理生活。我们认为价值很高的思想和很复杂的行为都可以在梦念中找到，但是我们不需要假定这些思想行为都是在睡眠的时候完成的，这种假定有可能混淆我们所援引的关于睡眠精神状态的概念。反之，这些思想可能是来源于头天，只是一开始就逃过了意识的注意，在睡眠开始的时候，就已经完成了。因为有这个前提，那么现在我们最多也只可以下这样的结论：复杂的思想成就不需要意识的帮助也是能够完成的。在接受精神分析治疗的一些癔症患者或强迫思想症患者中，我们都可以找到这种事实，这些梦念的本身在白天无法进入意识层的，并不是梦念本身的原因，肯定有很多别的因素。要被“意识”到和那些特殊的精神功能、注意力有关，这个功能拥有肯定的数量，因此可以从某一有问题的思想串列转移到别的目标上。另外，还有一种方式其实也可以使这些梦念无法进入意识层面。意识的反思显示，我们在施以注意力的时候是沿着一种很特殊的路径进行的。如果按照这条路径行进的过程中，遇到了一个无法经受住批判的观念，这样我们就崩溃了，即中断了这一进程，也就是集中对这一观念的能量贯注。似乎这样开始并被遗弃的思想就会在未受注意的情况下继续进行下去，除非它在某一点达到一个很高的强度，迫使注意力再去注意它。因此如果某个思想串连开始的时候就受到排斥（可能是意识的），在我们的直接的理智用途下，判断它是错的，或者是根本就毫无意义的，那么就可能造成这样的结果：现在这一思想串连将在不受注意继续地进行下去，直到入睡前才被意识到。

概括地说，我们把这一类的思想串都会列称为“前意识”，并认为它是完全理智的，而且相信它要么被忽视，或者被排挤、受压制。让我们用更简洁的语言讲述我们对思想产生的看法。我们相信当产生一个有目的的概念的时候，会有一些数量的兴奋，即被称为“贯注能量”的东西，会由着这种概念选择的连接路径，然后开始移置过去。那些被忽视的思想，就是没有得到这种“贯注能量”从而受到压制或排挤的思想串连，同时也是贯注被收回的思想。所以在这两种境况下，思想要想发展就必须依靠自己的兴奋。在很多时候这些思想串连，具有目的性贯注的思想可以吸引意识的注意力，而后再通过意识的作用而得到过度的“过度贯注”。那么接下来的话，我们要说明意识的功能和性质。

在我们的前意识中前进的思绪最后会有两种结果：自动消除或者延续下去。对于前者来说，应该这样认为，思想序列的能量通过联想网络传播开来，这种能量使整个思想网络都处于一种兴奋的状态，这种兴奋状态持续一阵以后就消退了，这是因为找寻解脱的兴奋转变为静寂的贯注。如果是这第一种结果的话，对梦的生成来说，已不再拥有任何意义了。可是前意识中仍然隐藏着其他有目的的概念，它们来源于潜意识，也来源于通常处于警觉状态的愿望。它们有可能掌控住这些潜意识中未被注意的思想所具有的兴奋，并建立起它与潜意识的联系，并将潜意识愿望的能量传递过去。因此，即便它所接受到的潜意识强度不足以进入意识层，但是被压抑或受轻视的思想仍然能够继续进行下去，可以这么说，这种前意识的思想已经被带入了我们的潜意识中。

其他可能引发梦形成的条件如下：前意识的思想串连可能一开始就与潜意识的愿望相连，因此受到了具有目的性潜能的拒绝。或者，一个潜意识的愿望，因为一些因素（如从肉体而来的）而变得积极起来，而且找寻机会把能量移情到那个潜意识所不支持（不供给能量）的精神残留物上去。这三种状况都有相似的结果：通过这些途径，使一个思想进入前意识，并接纳某个潜意识愿望的贯注，而不是我们的前意识贯注。

从这点开始来说的话，这种思想串列将进行一系列的变形，我们不能再认为这是正常的精神程序，这将最后导致一个使我们费解的结论（一个心理病理学上的构造）。下面我将对这些过程进行分类说明：

1. 每一个单独思想的强度都可以进行整体的释放，然后由一个思想传递给另一个思想，进而在某些概念形成时赐予了极大的强度。又因为这过程可以数次重复，因此整个思想串列的强度最后会集中在某个思想观念之上。这就是我们所说的梦运作的“压缩”或“凝缩”。凝缩作用是人们对于我们的梦感到费解的主要因素，因为在正常的心理活动中，找不到相似的东西。在我们正常的精神生活中，或许可以找到一些属于基本上使整个思维系列的结果连接的概念，它们也具有很高的精神意义，但是其价值并不是以其对内部知觉有明显感性特征的方式体现出来的。也就是说，它们的知觉特征与其自身的精神意义无关。另外就是在凝缩的过程中，每个精神的相互关联都变成为概念内容的强化。这种状况就与我写书的时候，用斜体或粗体印刷来表达那些我认为是应该重点区别的重要部分。在我演说的时候，我肯定要用更大的声调和特殊的语气，用以强调那些重要的句子。第一个比喻使我马上想起了梦的运作所提供的那个实例：在“伊尔玛打针的梦”中的那个词“trimethlamin”（三甲胺）。还有就是艺术史学家们要我们注意到这样的事实，也就是最早的而且最具有历史性意义的雕刻都服从于同样的原则，它们以形象的不同大小来代表雕像的地位。国王肯定是要比他的侍从或他的手下败将大二到三倍，罗马时代的雕刻则利用一种更微妙的技巧来表现这种效果。比方皇帝被放在中央，并且是直立着的，总是会被特别谨慎地加以细致地雕塑，而他的敌人却臣服于他足下。而今天就在我们的中间，下级对上级所进行的鞠躬礼也就是这种古老表现形式的一种延续。

还有就是梦中凝缩的行进方向，一方面受到梦念中理性前意识的影响，凝缩作用的结果是产生那些可以穿透而进入知觉系统所需要的强度，另一方面又受到了潜意识中视觉记忆吸引力的影响。

2. 同强度的转移和协调一样，中介思想（和妥协相似）也通过凝缩作用而形成。这也是常规思想所欠缺的，在常规思想中最主要的是选择和保存那"正确的"概念要素。另一方面，在我们尝试用语言表达出前意识的思想时，复合结构和妥协经常会出现，而并因此产生了"口误"。

3. 在那些相互转移强度的概念之间，拥有特别松弛的联系。它们之间的联系是我们正常思维所不屑一顾的，特别是那些同音不同义的和一语双关的状况，它们和别的联想一样具有价值。

4. 互相矛盾的思想，不仅不互相排斥，反而因互为对立物而各自发展，同时又相互依存。它们经常会组合成凝缩的产物，似乎矛盾并不存在一样，或者它们达成了一种妥协，对这种妥协，我们的意识是同样不能接受的，但却常在行动中出现。

上述是一些梦念在梦的运作过程中最为显要的异常步骤。以后将还会看到这些程序的重点是使贯注能量得到释放，而贯注所面对的精神成分的具体内容和意义在此刻却显得不那么重要。有人说这些潜能所附带的精神要素所具有内容与真正的寓意往往并不被重视，我们甚至是可以这样假定的：凝缩作用和妥协的产生是为了促成一种后退作用，就是让思想转变为意象的作用。至于一些梦的分析和梦的合成，如"自学者"的梦，即使不会有退化现象所产生的意象，也会和别的梦一样，拥有同样的移置和凝缩作用。

因此，我们很容易得到这样的结论，即梦的生成与两种基本上就不同的精神程序有关，其中一种产生途径基本上合理的梦念，与正常思想拥有同样的正确性，而另外一种则以最令人费解和最不合理的方法来处理这些梦念。我们已经在第六章的论证中，把第二种精神程序称为梦运作本身。对这精神程序的来源，我们又该如何解释呢？

如果我们早先没有深入地了解神经症的心理，特别是那些歇斯底里症的，我们就不可能回答这个问题。通过这些研究，我们发现另一个不合理的精神程序在歇斯底里症状的产生中占领着突出的地位。在歇斯底里症中，我们也会发现和意识思想同样有效地、十分理性的思想。可是我们在最初的时候并不知道这些思想是以这种形式存在的，只有在我们的追踪研究知道它们引起我们的注意时才发现。通过对病人症状的分析之后，就会发现这些正常的思绪受到了不正常的处理。它们通过凝缩作用而产生一种妥协，通过表面的关联性，在不矛盾的状况下，由退化现象的小径转变为外在所表现的症状。因为梦运作的特点与那些产生神经症状的精神活动完全是一致的，因此我们可以把歇斯底里症的结果借用在我们的梦里。

我们借用那种癔症的理论得到下述主张：一个正常的思想串列只有在如下状况中才会受到前述不寻常的精神处理，即当一个来源于幼童时期而且受到压抑的潜意识愿望移置到正常思想上的时候，这思想才可以得到这种处理。我们以前曾经假定产生动力的梦的愿望均来源于潜意识（这与上面的观点是相符合的)，可这种假定即便没办法驳斥，但却也不是完全正确的，不能得到广泛的证实。那么为了解释已经被多次使用的“压抑”一词的意义，我们有必要更进一步去研究一种我们的心理框架。

我们已经提及过关于原始精神机构的假定，其目的是避免兴奋的过度积累，使之尽可能地维持在平静的状态，从而保护自身不受影响。因为这个因素，它的修建蓝图根据的是反射装置，而运作力量本身作为一种能引发身体内部变化的方法，受到它的控制并且构成兴奋释放的途径。之后我们要继续研究“满足体验”所引发的精神后果。在这点上，我们又加入另一个假设：兴奋累积的体验是痛苦的，与此同时它可使精神机构产生作用，以降低兴奋程度便于再次接受体验，也包括减弱兴奋并产生快乐的感知。精神机构里的这道主流，由不快乐流向快乐，我们将其称之为“愿望”，它在痛苦中产生，在快乐中结束。我们可以断定只有愿望才能使这机构产生作用，而快乐与痛苦的感知则自行调整兴奋的路程。最初愿望的产生可能是满足记忆的幻觉性贯注，不过对于这种感知除非可以得到完全的消耗，要不然就没办法使需求停止，因此也就没办法靠它获得快乐的感知。

因此我们需要第二种活动，或者称之为“第二个系统”的活动，它使记忆贯注不超越知觉的范围，束缚着精神力量。而且把由需求而来的兴奋加以改造，使它按照一条特定的路，直到最后通过一种自觉的行动操纵外在世界，使个体可以真正地感觉到那个满足对象。在精神机构的图解中我们已经详细地描述，这两个系统就是在完全发展的机构里所说的潜意识和前意识的本源。

为了可以达到用行动将外在世界恰当地予以变化的目的，就必须在记忆系统中积累一大堆的经验，和很多由不同的“有目的的概念”记忆材料所产生的永久性关联。这样我们就可以将假定向前推进一大步。第二个系统的活动是在通过摸索的前进过程，交替的发出或收回能量贯，一方面它需要不受约束地管理各种记忆材料；另一方面，如果它只沿着各个思想小径释放很多的精神关注，那么将使它随意漂流而且毫无效果损耗掉。与此同时，还减少了那些用来变化外在世界的力量。因此从有效性的角度来看，我们可以假定，这第二个系统将其大部分能量置于休眠状态，而只利用一小部分能量移置在现象上。我不了解这些程序的机制，但是每一位想真正了解这一概念的人都可以应用物理学对比帮助理解，即想象神经细胞兴奋时所伴随的行动。我所要强调的观点是，第一个系统的目的是使兴奋的能量可以自由顺畅地流出以抑制这种释放，在将能量贯注成功转入休眠的同时，也提高了能量贯注的潜力。而第二个系统却是用由此产生的潜能，把那汹涌的流出口堵住，并使它变为静止的潜能，同时提高其能量。因此我假定，第二个系统掌控兴奋所遵循的路径与第一个系统不同。当第二个系统在其探索性的思想活动中达成结论后，它就解除压抑和兴奋的束缚，而且把积累起来的兴奋释放掉用以产生行动。

如果把抑制第二系统内压制的释放与痛苦原则的调节功能加以类比，那么就可以获得一些有趣的结论。例如，现在先指出满足的死对头，即客观的恐惧经验。我们假定，某种知觉刺激作用于这个原始装置，而且是痛苦的来源，因此产生了一种协调的运动行为，直到最后一个运动使这个装置与知觉分开，与此同时，也远离了痛苦为止。如果知觉再次出现，这种运动行为也会马上进入状态进行运作，直到知觉再次消除。在这种状况下，没有任何趋向会以幻觉或其他的方法作为痛苦来源的知觉能量贯注。相反，如果有什么发生而导致这种使人迷惑的记忆图像重新显现，这个原始装置会马上把它删去，因为这种兴奋可能由于过多而流入知觉，而产生痛苦。这种记忆上的回避，不过是重复了当初对这个知觉的回避，这个过程还会受益于以下事实，即记忆不像知觉，它没有足够的能力来唤起意识，因此不能获取新的贯注。这样通过精神程序的方法毫不费力地回避那些曾经产生困扰的记忆的方式，将为我们提供一种原型和范例。这是一个经常可以见到的事实，即回避那些使人困扰的刺激，这在成常人的心理活动中经常见到。

考虑到痛苦原则，第一个系统则不能将任何不快乐的事情带入其思想中。它除了满足愿望以外，别的什么都不能做。如果一直停留在这一点上，那么第二系统的思想活动肯定会受到阻挡，因为它需要很自由地与各种经验的记忆沟通，因此会产生两种可能。一是第二系统也许可以完全不受痛苦原则的约束，因此可以继续进行而不会受到痛苦记忆的影响。二是它会利用对痛苦记忆施加贯注的方法使得痛苦的释放行为不能进行。我们要删掉第一种可能性，因为痛苦原则很明显地掌控着第二系统的激动过程（与第一系统中的一样）。因此只余下一种可能，即第二系统在能量贯注的同时抑制了记忆兴奋的产生，这当然也抑制了痛苦感的产生。因此出于两个不同的出发点，我们依据痛苦原则和前面所说的耗费最少能量的原则，可以得到这样的假设，那就是第二系统能量贯注的同时也产生了兴奋传导的压抑。不得不牢记（这是了解压抑定律的一把钥匙）：只有第二个系统能量可以抑制住某一概念所引发的痛苦感知的时候，才能将能量贯注与这一观念。任何可以逃脱抑制的观念都将没办法进入第二系统，因为痛苦原则的缘故，它会迅速地被删除掉。这种对痛苦的抑制并不肯定是很彻底的，不过它必须有一个开始，只有痛苦开始之后，才能使第二系统知道这种记忆的性质以及它对此思想过程最终结果的不良影响是什么。

我们通常会把第一系统里所进行的精神程序命名为“原发过程”，却把由第二系统的抑制所产生的程序命名为“继发过程”。

而且我们还能找出另外的理由说明，即为什么继发过程会进行修正。原发过程全力进行兴奋的释放，并由累积起来的兴奋形成“知觉同一性”。但是，继发过程放弃了这个企图，以另一个来代替它的位置，即建立“思想同一性”。无论什么样的思想都是通过某个满足的记忆（被认为是“有目的的概念”,）绕道而到这一记忆的同一关注性回路罢了，想通过运动经历再次获得，它需要注意的是概念之间的彼此关联，可又不能被它们的强度引入歧途。很明显，观念的凝缩以及那些中介机构、妥协结构等，都形成类似于同一性的障碍，因此这些作用在不同观念之间进行着彼此替代。因此此类情况都是继发性思想需要极力避免的。我们也可以看出，痛苦原则即便在另一方面为思想过程提供了很多重要的指标，但是在建立“思想同一性”的时候却成为一大阻力。因此思想不得不从痛苦原则的排他性中脱离出来，同时将情感的发展降到最低的程度，使它恰好能产生信号便可。这种高度精确地活动结果，只有在意识进行了过度的能量关注之后才能实现。不过我们很清楚，即便是在正常的精神生活中，这个目标也很难达成，但是我们的思考仍然客观存在因痛苦原则的影响而经常发生错误。

但是这种使思想表现为继发性思维活动的产物，并不是一种精神装置功能上的缺陷。(这个方法可用以解释梦以及癔症的产生)。功能缺陷本源于发展历史中的两个综合的因素。其中一个完全属于精神机构，并对两个系统的联系有着决定性的作用。而另外一个因素的作用则表现为一种波动性的变化(时大时小)，把器质性的一种本能力量带进我们的心理生活中。这两个因素都来源于童年期，而且是自婴儿期开始的，是我们的所有经验的躯体性和心理性变化的产物。

当我们把精神装置里的一个精神程序称为“原发过程”的时候，我们其实不只是对其重要性和效率进行考虑，这个名称同时也体现了时间上是首先存在的。根据我们所知的那样，还没有任何精神机构仅拥有原发过程，因此这样的一个机制只能是观点上的虚构物。可下面这点却是事实：在我们精神机构中，原发过程是最先产生的，而继发过程则是在生命的过程中逐渐成形的，抑制之后掩盖过原发过程。但是要完全掌控它可能要等到壮年，因为继发过程出现得很晚，因此我们存在的本质还是前意识所不能到达和了解的，即各种潜意识愿望的组成。而前意识发挥作用也只能依赖于潜意识的愿望冲动引导出一条最为便捷的道路。这些潜意识的愿望对之后的一切心理倾向趋向能施以强迫的压力，这是后者所不得不遵循的，但是后者也可以努力地将这些潜意识力量进行疏导，且将之指引入更高层的目标。继发过程出现较晚的另一个结果是前意识无法进入到绝大多数的记忆材料中。

在这些来源于婴儿期就产生而且不能被毁灭或压抑的愿望冲动中，包括一些与继发思想中的目的性观念相矛盾的愿望冲动。这些愿望的满足非但不再产生快乐的感情，而且只会产生痛苦。这种情感的转变恰是我们所谓的“压抑”的本质所在。还有就是压抑的问题是，它是怎样发生的？其动机力量是什么？对这些问题，我们在这里只要稍有涉及就行了。只要了解这种转变是一种发展的过程中产生的，而且发生这种转变需要回忆孩童时期怎样发生厌恶感，而这本来就是不存在的，而且同继发系统的活动有关就足够了。那些被潜意识的愿望用来释放情感的记忆，永远无法接近前意识，因此附于记忆的情感的释放也不会受到它的控制。即便把附在它们上面的愿望能量转接给前意识思想，我们的前意识思想一样会因为这种情感的起源而没办法和它靠近。反之，痛苦原则则会掌控大局，使前意识远离这被移情的思想。因移情思想就被抛弃了，很多幼童时期的记忆一开始就被前意识抛弃了，这是压抑的必然结果。

其实最佳的状况是，关注从前意识中的移情思想收回的同时，痛苦的生成也告一段落，这同时说明痛苦原则的干涉其实是有一定目的的。但是当被压抑的潜意识愿望通过器质性变强了以后，再将这种强化传递到移情思想，情况就不同了。在此状况下，即便丧失了前意识的所有关注，这种移情思想所引发的兴奋也能使这些思想突破重围，从而进入前意识。因为前意识会反过来加强对压抑思想的对立（反向关注），于是就产生一种防御性对抗，同时这些移情思想通过症状产生的妥协方式进入前意识。但是这被压抑思想得到潜意识思想的强烈关注，同时前意识也不再对其施加关注时，它们就受到原发性精神的支配，结果就趋向于使运动得以释放，又或者是使知觉同一性的幻觉得以重现。我们是知道的，上述这些不合理的过程只能发生在被压制住的思想中，现在我们还能看到更深一层的含义。那些发生在精神机构中的不合理过程本就是原发过程。只有观念被前意识所抛弃，然后就是自由发展了，而那些不被压抑的能量我们也很容易从寻求出路的潜意识中找到。其他一些观察也能证实我们的观点，这些非理性过程，其实是精神机构的从压抑中释放出来的活动模式，而不是正常过程的理智错误。因此我们发现驾驭潜意识由兴奋转变为行动这个过程仍然是同样的情况，但是潜意识思想与文字之间的联结可能出现同样的转移和混淆，对此我们常把它归因于粗心。最后，要控制很原始形式的功能，我们需要掌握更多能量的证据只是存在于以下的事实中：一旦我们让这些力量突破到我们的意识层，就会产生一种很滑稽的效果。

有关精神神经症的观点指出了下面这个不容置疑的事实，即尽管幼童时期的性冲动，在孩童的发育过程中受到抑制，但是只有这种性欲冲动才会在以后的发展中重新复苏过来（可能是作为个体从最早的双重性欲发展中得到的性的体质成熟，或者是因为其性过程所导致的不良影响），因此可提供各种精神神经症症动力力量。只有推断到这些性力量，我们才能把压抑观点中仍存在的缺陷弥补。关于这些性的和幼童时期的因素是否也适用于一些观点的问题，我暂时不作回答，我仍未完成这方面的观点研究，因为假定梦愿望永远是从潜意识中产生的就已经超越我能解释的范围。在此我也不想再深入研究形成梦和歇斯底里症之间的精神力量到底有哪些不同，其实对这个问题我还没有足够的梦例及知识。

此外还有一个问题我认为是重要的，正是因为这个问题我才推导出了有关两个精神系统的讨论，它们的运作方法和压抑的事实。现在要解决的不是我是否能将这与有关的心理因素总结出一个恰当且正确的概念，或者我的看法是否歪曲或不完善，即便这是有可能的。判断精神审核和梦内容的合理与异常的修正中，我们会有很多分歧，但是这类过程在本质上和癔症症状是很相似的。但是梦并不是病理现象，它并没有表现出对任何精神平衡的干扰，况且它也不会发生一种功能被破坏的后果。可能有人认为，不可能从我的梦或者我病人的梦中得出任何有关正常人的梦的结论。可我坚信这个反对意见根本就是不堪一击的。如果我们的争论可以由所见的现象溯源到我们的动机力量上，结果会发现神经症病人所应用的精神机制并不是对心灵的病态干扰而导致的，而是早已存在于正常机构之中。还有的就是这两个精神系统以及它们之间的稽查作用，一个活动对另一个活动的压制与重合，两者与意识层的联系，或者其他对此观察到的事实的更为可信的解释，其实这些组成了我们正常心理的结构，而梦则指出了一条让我们可以了解这心理结构的道路。我们保守地运用我们已经证实了的知识作为依据，对梦我仍然可以这么说，它确认了那些被压制的东西仍然将继续存在于正常人或精神病患者的心理中，而且还具有活跃的精神功能。梦本身也是这些受压制材料的一种表现形式。从观点上来讲，每一梦例都是像这样的。从实际的经验看，起码可以在大多数的情况中找到，特别是那些显示出最明显的梦生活的特点者来说，这一点很清楚。清醒生活中，因为矛盾态度的互相中和，因此心理上被压制的材料不能被表达，而且没办法被内部的知觉所感受。但是在夜间，在妥协的方式下，这种被压制的素材找到了进入意识的方法与路径。

梦的解析是了解潜意识活动的大道。借着我们对梦的分析，我们可以了解这最神秘最奇异的构造。毫无疑问，其实现在这只是一小步，可却是个开始，而且这个开始使我们可以更进一步分析。而疾病，最起码那些正确的被称为官能性的，并不是表示这机构的解体，或者也就是说在内部产生新的分裂。它们需要很多有动力的解释，即在各个力量的相互作用下，是有些成分被加强，还有些变弱，所以很多活动在正常机能下不会被察觉。我希望在别处可以显示这两种机构合成的机构，这样要比只有其中一个来得更为优越。

六、潜意识与意识——现实

若仔细研究，就会发现前几节的心理讨论使我们假定有两种兴奋的过程或者释放的方法，而不在两个靠近精神机构运动端的另个系统，可这对我们并没有很大的影响，因为我们如果发现一些更恰当和更靠近未知真实的东西来作为代替时，我们必然随时把之前的概念架构抛弃。因此让我们来改正一些错误的观念，我们仅从字面意思上判断这两种系统处于精神机构的不同位置，就很容易引起各种误解，例如“压抑”与“强行进入”中所蕴含的这些错误观念的痕迹。因此当我们说某前意识思想找寻机会进入潜意识，之后突破进入意识界的时候，我们大脑中所想的并不是在新的地方形成一种新的思想，而那个突破进入自己的意识的概念，也并不指位置的变化。同样的，我们也可以说潜意识的思想被压抑或忧郁潜意识所驱逐而加以代替。这些印象（采用争夺一块地盘的观念）很容易使我们认为某个地点的心理群集真的消失，而且还有以另一个新据点的心理群集来代替。现在让我们用一些和现实更接近的东西来代替这种类比：某些特殊的心理群集使得自己被某一能量贯注或是被收回，因此这结构就可以受到某特殊机构的掌控或者脱离。在这里我们用一种类似于动力学的观念来代替前述的地形学观点，即我们认为可变动的不是精神结构本身，而是对于它的神经传导的变动。

但是我认为可以利用这两个系统的形象化的比喻，这是很合理的。如果把以下的观念放在脑海中，那么就可以避免任何滥用这种表现方法的可能，即很多观念、思想和精神构造一般来说不应认为是神经系统内的器质性成分，而在它们之间，由于各种阻挡和便利的道路形成了相对应的产物。可以说，内部的知觉的所有对象都是假象，也就是一种虚构的，如同用望远镜通过光线的折射所形成的影像。可这个系统本身并不是很精神的，而且永远不能为我们的精神知觉所察觉，然后也会把它看成是像望远镜投影的透镜一样的东西，都是很合适的。但是如果继续进行比较，我们会把两系统之间的审核制度类比为光线从一介质进入另一种新介质中所发生的一种折射作用。

到现在为止，我们只是靠自己的摸索来发展我们的心理学理论。接下来我们应该考虑那些盛行于现代心理学的定律，而且比较它们和我们假说间的联系。利普士（1897）在他那有影响力的文章中曾经表示，就心理学来说，潜意识问题并不是心理学上的学术问题，而是心理学能否存在的一个问题。

如果心理学家漠视此问题，并坚持认为“精神”指的是“意识”，并认为“潜意识精神过程”是毫无根据的，那么医生对一种非正常精神状态的观察则不可能用心理学去评估。医师和哲学家只有相互承认“潜意识的精神程序其实是对事实的准确无误的表达”后也许才有可能得到一致结论。如果有人对医生说，“意识是精神不可或缺的特点”，那么他就只好耸耸肩膀，不过如果他对这些哲学家仍然有最起码的敬意的话，他就会这么假定，即“我们和科学上所追究的并不是同样的问题”。因为是对神经症病人精神生活做一次观察，或者是对梦做一个分析，都能使任何人产生很深刻的印象，也就是说，哪怕是最繁杂和最合理的理想程序，而且毫无疑问是对精神程序都可以在不引发意识的注意时产生。当然，医生只有在这些潜意识过程对意识产生某种效应之后才能了解这些潜意识过程，因为只有意识才能够被观察和进行沟通。可在这意识呈现的结果可能是和潜意识不同的精神特点，导致内在知觉没办法辨别乙或者是甲的代替物。医生们不得不借着潜意识程序对意识的影响中，以推论的方法继续深入了解。因此，医生可以通过意识的效应推导出潜意识的精神过程。而其后者不只是以这种方法呈现在意识界，它不仅并未成为意识，甚至可以逃避意识的注意，在不被察觉的情况下存在以及活动。

我们必须放弃这种想法，心理事件必然是有意识的，否则我们就不能理解心理事件的起源。正如李普斯所说过的，我们的潜意识是精神生活的一般性基础。我们的潜意识是个很大的领域，它包含了“意识”这个很小的部分。每个意识事件都具有一个潜意识的原始阶段，而潜意识可能还停留在那个阶段上，不过却具有完善的精神功能。所以，我们的潜意识才是真正的精神实，有关它的内在性质，我们正如对外在世界的真实一样的知之甚少。而意识资料不能对潜意识进行完整地表现，正如我们的感知器官对外在世界进行观察一样的感到不完备。

当我们抛弃了意识与梦之间的对立，同时将潜意识精神现实置于一种很高的地位上时，很多早期作者关注的关于梦的问题都失去了意义。比如一些曾使人们感到惊奇的成功地在梦中表现的活动，已经不再被当作是梦的产物，而是属于潜意识的产物，它在白天的活动其实是并不少于夜间。如果就像施尔纳所说的那样，梦是身体的象征性表现，那么我们现在知道，此类表现是一些特定潜意识幻想的产物（这可能源于性的冲动），它们不仅表现在梦中，而且呈现在歇斯底里症和其他的症状上。如果在梦中继续进行白天的活动，不仅完成它，而且还带来了具有价值的新观念，那么现在我们所要做的只是撕下梦的伪装。这种伪装是梦以及心灵深处不知名力量共同作用的产物（如塔蒂尼奏鸣曲之梦中的魔鬼）。梦中的理智上的成就和白天产生同样结果的精神力量是完全一致的。即便在理智和艺术的产物上，我们可能也趋向于要特别的强调意识的部分。从某些创作力特别旺盛的作家的报告来看，如歌德和赫姆霍尔兹，他们创作中的那些新的和重要的部分是整体地呈现在脑海中，并不是经过一番思考的。当然，在另外的状况下（需要每个理智成分的专注时），意识活动也有部分的贡献。但是我们不能因为意识的参与而看不到别的什么活动，这样就极有可能夸大了意识活动的作用。

把梦的历史性意义当作一个独立的问题来讨论是不值得的。一个梦也许促使某个领袖去做一些大胆的尝试，甚至可能因此而改变历史。但是，只有在认为梦是一种与其他心灵力量不同的神秘力量时，才能产生此问题。如果把梦看作是在白天遭受了挫折后的冲动的一种表达方法（在晚间被心灵深处的激动来源所加强），那么这问题也就不存在了。古人对梦的尊崇是基于一种正确的心理认识，认为梦是人类心灵中没办法掌控，也没办法摧毁的力量，以至于崇拜那个产生梦愿望的“魔鬼”以及在我们的潜意识中一种运作的力量。

在提及潜意识的时候，我并不是没有任何目的。因为我所描述的潜意识和其他哲学家所说的潜意识不同，甚至和李普斯的也不同。在他们看来，这个名词只是意识的相反词，这个他们以同样的热诚、精力去赞成和反对的论题是——除了意识以外，肯定还有潜意识的精神力量。而这并非我们所要证实的论题。李普斯更加进一步的断言说，所有属于精神的都是存在于潜意识之中，而且其中的一部分也同时存在于意识中。但是，这个论题通过对清醒时候正常生活的体会就完全可以证实它的正确性。从精神病理学结构和此类的首要组成成分的分析所得到的新发现是，潜意识属于精神的是两个独立系统的功能组合，无论是针对正常人还是精神病人都是如此。因此就有两种潜意识，到现在仍没有为心理学家们所辨别出来的。从心理学上的用法来说，它们都是发自一种潜意识的，但是从我们的观点来看，其中一个被称为“潜意识”的那一类是根本就无法进入意识层的，而另一个我们称为“前意识”，因为其兴奋，在满足某些限定，或者是经过审核考核以后是可以到达意识界的，关于这种兴奋到达前必须通过一套固定的有层次的动因筛选，这使我可以用一种空间的类比来描述它们。在前面，我们已经谈过这两个系统的相互联系，即前意识存在于潜意识与意识之间，就如同一道筛子同样。前意识不仅阻挡了潜意识和意识的沟通，而且掌控着随意运动的能量，控制着可以变动的潜在的可能性分布，其中的被大家所熟知的一部分就是我们常说的“注意力”。

此外，我们应回避分辨超意识和下意识之间的不同，虽然这两个词在近期的精神分析文献上频繁出现，但是这种划分方式似乎在强调精神和意识间的等同性。

在我们的理论框架中，意识还有什么别的角色呢？意识曾经被认为是万能的，可以代替其他的作用，其实他的作用简单说来不过是提供了一个感知精神性质的感官而已。从我们设计的图解的基本意义来看，我们现在只能把意识感知说成一种特殊系统的功能，因此缩写成“Cs”是恰当的。从物理的观点来看，我们认为这个系统和知觉系统很相像，它可以接受各种性质的刺激，但是却没办法保存变化的痕迹。也就是说，难以拥有记忆。以知觉系统的感知器官指向外在世界的精神机构，对意识的感知器官来说，自身就是一种外在世界，而自己的意识存在的目的就是靠着这个联系。这里我们一再接触到各种机构组成一种层次性的原则，它好像支配着精神机构的结构。兴奋的材料由两个方向传到意识的意识器官：一是从知觉系统，即兴奋决定刺激的性质。可能在变成意识感知之前，先经过新的修饰；二是从精神机构的内部而来，在有某些变化以后，就会进入我们的意识，而其过程的数量是由快乐和痛苦的质的不同程度被感知出来的。

那些发现理智和极其复杂的思想结构不经过意识也可以产生的现象的哲学家们会感到很迷惑，这迫使他们怀疑意识的功能，因为现象表明似乎意识仅是整个精神过程中多余的反应。可我们却依赖着我们的意识系统和知觉系统的类比避开了这种尴尬。我们知道感知器官的结果，是把注意力贯注在传导感知兴奋的输入路径中，知觉系统不同性质的兴奋是精神机构运动量的调节的因素。我们也可以认为，意识系统的感知器官也有同样的功能。凭借对快乐与痛苦的观察，它影响精神机构内能量贯注的运动量，并任意的进行分配。痛苦的原则很可能先对贯注的移置作用产生自动的调节作用，但是对这些性质的意识，会导致更进一步的更微妙的调节，甚至可能与第一种相对立。那么为了使机构的功能完善，不惜冒着与原来计划相反的危险，指引而且克服那些会发生痛苦的联系。那么从神经症心理学来看，这些因感知器官不同性质的刺激而引发的调节程序占领了这种精神机构功能的地位。原始痛苦原则的自动调控和效率上的局限，受到感知调节的中断（它的本身也是自动的）。我们发现压抑（即便开始变得很有效，可是后来终于失去了抑制力和心理的掌控）比知觉更容易影响记忆，因为压抑不能从精神的感知器官中获得更多的贯注。众所周知，一个要被排斥的思想，因为它受到压抑而不能变为意识。还有就是另一方面，这种思想有时候之所以受到压抑是因为别的因素而将它退出意识层。以下是一些解开潜意识症结所能利用的治疗程序。

意识的感知器官对于那运动量的调控可以造成了过强的贯注，可以从以下的事实表露出来其存在价值。因为这种后果产生了一些新的系统，并因此带来了一些新的调节过程，这是造成人类优于所有动物的因素。思想程序本身其实并不拥有任何性质，除了伴随着的快乐或者是痛苦的兴奋。我们知道必须对此加以某些限制，因为它们可能干扰思想。为了要使思想程序拥有一定量的质，对人类来说，它必须和语言记忆有关联。而语言记忆的痕迹则可以吸引意识的注意，而使意识赐予思想程序一种新的可变化的意识贯注。

只有对癔症的思想程序进行解剖，才可以帮助我们了解意识的多面性。从这里可以得到这样一个印象，即由前意识进入到意识的时候也存在类似于前意识与潜意识之间的一种审核制度。同理，这个审核制度也在通过某种数量的限制后才产生了一些作用，因此低能量的思想构造就会逃开它的掌控，我们可以在心理症症状中找到很多不同的例子。这些例子就会显示出某个思想为什么不能进入意识，或者为什么能在某种限制下挣扎着进入了我们的意识。这些例子都指出了一些审核制度与意识中间的那种既密切又相反的联系。之后，我将举两个例子来结束对这个问题的讨论。

去年，我应邀对一个病人进行治疗方案的讨论。她是一位很聪明的女孩子，衣着很是古怪。一般来说女人对衣着都很在意，但是她却有一只长筒袜没有穿上，外衣有两颗扣子没有扣上。她说她腿疼，并且很随意地就露出小腿给我们看。她说她主要的迷惑是在她的身体里有一种感觉，似乎有些东西“刺了进去”，“前后翻动”，一直不停地“摇动着”她，有时候又使她全身“僵硬”。我一位医学同事也在场，他看着我，显然他了解她讲的意思。可使我感到惊奇的是，这个病人的妈妈却对这毫不在乎，即便她自己也肯定经常处于她孩子所说的状态下。这女孩全然不知她自己的话里所包含的意义，否则她就不会说出来了。就在这个病例中，审核制度可能受到了蒙蔽，因此使一个本来曾被困在前意识内的幻想通过一种很伪装的无邪的话进入了意识。

下面是另外一个例子。曾经一个14岁男孩患着癔症性呕吐，还有挛缩性抽搐、头痛等病症，而他经常会来找我做精神分析。然后我开始这样对他治疗：要他把眼睛闭上，之后如果见到什么影像或者有什么思想则马上告诉我。他以对影像的描述来回答，他来见我之前最后的那个印象在记忆中浮现。那个时候他正和叔叔玩象棋，看着面前的棋盘，他想到几种状况，无论是有利或者不利的，和一些不安全的想法。之后他看见棋盘上有一把匕首，那是一个属于他爸爸的东西，可是却在他的幻想下，放在了棋盘上。接着又是一把镰刀，之后是大镰刀，之后是一位老农夫在他家的远处用大镰刀修剪草地。过了好几天，我才发现这一系列图像的意义。这位小孩因为家庭的不快乐而感到难受，他爸爸是个粗鲁容易发脾气的人，和病人妈妈的婚姻并不融洽，而且他所受的教育中具有太多的"威胁"。他的父母离了婚，他的妈妈是一位温柔、富有感情的女人，后来又再婚。突然有一天他爸爸带回一位年轻女人，那就是这病人的继母。几天之后，这孩子的病就发作了。他对父亲的恨被压制后产生上述一系列图像，其隐含的意义是很明显的。它们的材料源于一种神话的回忆。因为镰刀是宇宙之神宙斯阉割他父亲的东西；大镰刀和老农夫的形象则代表那残暴的老人克罗诺斯，因为他把自己的孩子吃下肚，并且对他的行为宙斯给予那么不孝的报复。而只是他父亲的再婚给孩子一个机会去报复他父亲很久之前所给予他的责怪和威胁，因为他玩弄自己的性器官。在这个例子里面，长期被压抑的记忆及由此记忆所衍生出来的东西一直存在于潜意识中，现在却用一种绕圈子的办法，以一种表面上看起来是非常无意义的图像来潜入我们的意识内。

如果有人问梦的研究到底有何理论价值呢？那么我的回答是，它对我们的心理学知识有所贡献，而且是投射到精神神经症问题的曙光。有谁预测对精神机构的构造和功能彻底了解是具有何其重大的意义呢？因为即便在今天这种不全了解下，我们仍可用于能治疗的心理症，而且获得很好的治疗效果。但是把这个研究当作是了解心灵和每个人隐藏的特征的工具，我曾经听过这样的问题，到底有何种实际上的意义呢？从梦所泄露出的潜意识冲动是否显示出生活中真正力量的重要性呢？压制愿望中的道德意义是否不要予以重视，它们现在创造了梦，以后会不会创造别的东西？

我不认为自己可以回答这些问题，因为我并没有深入地研究有关这方面的梦的问题。但是我认为罗马皇帝将他的一名百姓处死，因为梦见谋杀皇帝，这种做法必然是不合理的。他应该先找出此梦的意义，而这种意义极可能和它表面不同。可能存在另一种内容上并非是弑君的梦，实际上含着这种弑君的意义。我们难道不应该认为以下的说法是对的吗？柏拉图曾经断定善良的人满足于梦见恶人行恶。因此，我认为梦应该是无罪的。至于这些潜意识里面的愿望是否应该变为现实呢？我就不敢说了。不过那些中介的或关于过渡的思想则肯定不应该是真实。如果潜意识以其最本真的样貌呈现在眼前，我们仍是毫不犹豫地得出这样的结论，即精神现实也是一种很特殊的存在，不应该和物质上的现实混为一谈。因此，人们不接受梦境的不道德似乎是没有必要的。在了解我们精神机构的功能以及认识意识和潜意识之间的联系后，我们就会发现，梦中生活的不道德部分和幻想的生活中的不道德成分都消失了。汉斯·萨克斯曾经说过："如果回到意识中去找寻那些梦曾经告诉我们关于一个现实状况的东西的时候，我们就不必惊讶于梦中见到的庞然大物其实不过是一只小小的毛毛虫。"

就在判断人类性格的目的而言，一个人的行为和实际表达出来的思想就足够作为重要参考了。行为更应该是第一个被考虑。而且是最重要的标准。因为很多进入意识层的冲动在我们未付诸行动前就被精神生活的真正力量中和掉了，从而无法产生行动。但实际上，这些冲动在进行的时候经常不会遇到任何的阻挡，因为潜意识确定它们在某个阶段中肯定会被阻断。无论怎样，对于培养我们的美德的这片土地的深入了解是很有裨益的。因为人性被动力向各个方向推动着渐渐变得复杂，不像古老道德哲学上所提的那样能简单地以二选一来表现。

那么，梦是否能预演将来呢？这个问题当然不成立。更准确和真实的说法是，梦为我们提供过去的经验，因为从每个角度来看梦都是源于过去。而古老的信念认为可以预演未来，也并不是全无道理。以愿望实现来表现的梦当然预示着我们期望的未来，但是这个未来（梦者梦见的是现在）却是被他坚定的愿望以从前的模式塑造出来的。